高等学校"十二五"规划教材
浙江省"十二五"重点建设教材

物理化学解题指南

唐浩东　吕德义　刘宗健　编

化学工业出版社
·北京·

本书共分十一章，每章由四部分内容组成。第一部分为本章概述，该部分对本章节内容进行了系统的梳理、概括和总结，目的在于帮助读者理清思路，形成大局观。第二部分是主要知识点概述，该部分简明扼要地汇总了本章的主要概念及公式，目的在于帮助读者理清知识脉络，夯实基础。第三部分为习题详解，该部分对理论教材中的全部习题均进行了详细解答，并简明扼要地说明了解题思路、解题关键和结果分析讨论。第四部分为典型例题精解，本部分配合章节重点、难点，选取了一些有代表性的填空题、选择题和计算题，并对题目进行了详解。通过练习，可加深对章节内容的理解和掌握，提高分析和解决物理化学问题的能力。

本书可帮助化学化工类本科生更好地学习物理化学，更是广大考研学生的必备指导书。

图书在版编目（CIP）数据

物理化学解题指南/唐浩东，吕德义，刘宗健编．—北京：化学工业出版社，2014.2（2024.8 重印）

高等学校“十二五”规划教材

浙江省“十二五”重点建设教材

ISBN 978-7-122-19485-5

Ⅰ.①物…　Ⅱ.①唐…②吕…③刘…　Ⅲ.①物理化学-高等学校-题解　Ⅳ.①O64-44

中国版本图书馆 CIP 数据核字（2014）第 005200 号

责任编辑：宋林青　　文字编辑：张春娥

责任校对：王素芹　　装帧设计：史利平

出版发行：化学工业出版社（北京市东城区青年湖南街 13 号　邮政编码 100011）

印　　装：北京盛通数码印刷有限公司

787mm×1092mm　1/16　印张 17¼　字数 421 千字　2024 年 8 月北京第 1 版第 7 次印刷

购书咨询：010-64518888　　售后服务：010-64518899

网　　址：http：//www.cip.com.cn

凡购买本书，如有缺损质量问题，本社销售中心负责调换。

定　　价：32.00 元

前言

本书是与高等学校“十二五”规划教材及浙江省“十二五”重点建设教材——《物理化学》（上、下）（浙江工业大学化工学院吕德义、李小年、刘宗健、唐浩东编，2014年）相配套的学习参考书。编写目的在于帮助读者对物理化学的基本概念和基本原理进行系统归纳和总结，使读者能更加深入地理解物理化学的基本原理。

本书共分十一章，每章由四部分内容组成。第一部分为概述。该部分对本章内容进行了系统性概括和总结，并在此基础上对本章内容用框图的形式进行了梳理、归纳，标明了各个知识点之间的关联，非常清晰地对整个章节的内容进行了概括。目的在于帮助读者理清思路，形成大局观。第二部分是主要知识点概述。该部分内容是在架构框图的基础上汇总了本章的主要概念、公式及说明。对概念的阐述力求严谨、准确，并给出了各公式的适用条件。目的在于帮助读者抓住重点，夯实基础。第三部分为教材中的习题详解。该部分对理论教材中全部习题均进行了详细解答，部分习题给出了多种解法，并简明扼要地说明了解题思路、解题关键和结果分析、讨论。这部分内容不仅可帮助读者检验学习结果，还可以通过解题过程和结果分析，进一步加深对相应各章物理化学定理、定律、公式及使用条件的理解。第四部分为典型例题精解。该部分内容配合各章节重点、难点的理解和掌握，选取了一些有代表性的填空题、选择题和计算题，对题目进行了详解，并给出了详细的解题思路。通过这部分例题的练习和分析，做到举一反三，有助于读者拓展思维，全面深入地理解物理化学的主要内容。这一部分的内容不仅可加深对相应章节内容的理解和掌握，同时可帮助读者运用物理化学基本原理，进一步提高分析和解决物理化学问题的能力。对于第四部分内容，建议读者认真做过一遍之后再看详细解答和分析，收获一定会更大。

作为浙江工业大学编写的《物理化学》的配套学习参考书，本书的名词、术语、公式、符号等均与理论教材保持一致，计算所涉及的基础数据，均取自教材中相关数据表及附录。

本书由唐浩东、吕德义、刘宗健编，由唐浩东统稿。编写过程中，参考了近年出版的其他物理化学教材、习题集和试题库等（见本书参考书目），获益匪浅，在此表示衷心的感谢。

由于笔者水平有限，书中难免存在疏漏之处，恳请广大读者和同行专家批评指正。

编者

2013年10月于浙江工业大学

目录

第1章

气体的pVT关系和性质

1.1 概述

本章主要叙述了理想气体的定义、分子模型及其遵循的状态方程，道尔顿分压定律及阿马加分体积定律。描述了真实气体与理想气体的差异，即真实气体分子之间有相互作用力、分子本身有体积。这种差异导致了真实气体在低压下比理想气体易压缩而在高压下难压缩及真实气体在临界温度以下可以液化等现象。介绍了真实气体状态方程，如范德华方程、维里方程、真实气体普遍化状态方程（$pV_m=ZRT$）及对应状态原理，普遍化压缩因子图及该图在工程计算中的应用。

本章的基本要求如下：

① 熟练掌握理想气体状态方程及其应用。

② 理解理想气体的模型。

③ 掌握道尔顿定律及阿马加定律及其应用。

④ 理解真实气体的 pV_m-p 行为。

⑤ 准确理解临界状态和临界参数。

⑥ 理解真实气体和理想气体的差别，能理解建立范德华方程的思路。

⑦ 了解对应状态原理，能应用压缩因子图进行真实气体 pVT 计算。

本章各知识点架构纲目图如下：

- 气体
  - 理想气体
    - 三个低压气体经验定律 → 理想气体状态方程
      - 波义耳定律
      - 盖-吕萨克定律
      - 阿伏加德罗定律
    - 理想气体模型
    - 理想气体状态方程
  - 真实气体
    - 分子间作用力
      - 吸引力（范德华力）
        - 永久偶极作用力
        - 诱导偶极作用力
        - 瞬间偶极作用力——色散力
      - 排斥力（短程力）
    - 范德华方程
    - 真实气体的 pV_m-p 行为及液化
      - pV_m-p 行为
      - 临界状态
        - 临界参数定义
        - 临界状态特征
      - 气体的液化
    - 范德华方程对真实气体的应用
      - 范德华常数与波义耳温度关系
      - 范德华常数与临界参数关系
      - 范德华方程对真实气体 pV_m-p 行为的解释
    - 压缩因子及压缩因子图
      - 压缩因子定义
      - 压缩因子的物理意义
      - Z-p 图
      - 临界压缩因子
      - 范德华方程对 Z-p 图的解释
    - 对应状态原理与压缩因子图
      - 对应状态原理
      - 范德华对应状态方程
      - 对应状态原理对真实气体的应用——压缩因子
      - 压缩因子图的应用

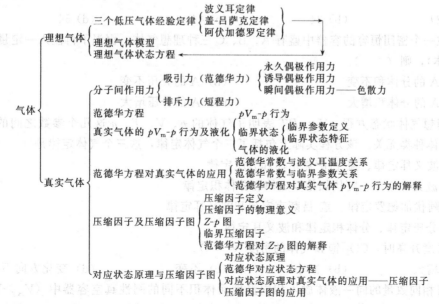

1.2 习题详解

1.2.1 填空题

1. 范德华方程式为______________________________。

2. 临界温度是气体可以液化的______温度（最高，最低）。

3. 水的临界点的温度是647K，在高于临界点温度时，不可能用______方法使气体液化。

4. 气体的液化条件是________和________。

5. 某气体符合状态方程 $p(V-nb)=nRT$，b 为常数。若在一定温度和压力下，摩尔体积 $V_m=10b$，则其压缩因子 $Z=$____________。

6. 实际气体符合理想气体行为的条件是在________温度时，该气体的 $\left[\frac{\partial(pV)}{\partial p}\right]_{T,p\to 0}$ 的值应等于______。

7. 两瓶不同种类的气体，其分子平均平动能相同，但气体的密度不同。问它们的温度是否相同？压力是否相同？为什么？

答案：1. $\left(p+\frac{a}{V_m^2}\right)(V_m-b)=RT$；2. 最高；3. 加压；4. $T\leqslant T_c$；$p\geqslant p^s$；5. 10/9；6. 波义耳；0；7. 温度相同，压力不相同。

1.2.2 选择题（单选题）

1. 理想气体模型的基本特征是（　　）。

(a) 分子不断地作无规则运动，它们均匀分布在整个容器中

(b) 各种分子间的作用力相等，各种分子的体积大小相等

(c) 所有分子都可看作一个质点，并且它们具有相等的能量

(d) 分子间无作用力，分子本身无体积

2. 在两个气球中分别装有理想气体 A 和 B，已知两者的温度和密度都相等，并测得 A 气球中的压力是 B 气球的 1.3754 倍，若 A 的相对分子质量为 32，则 B 的相对分子质量为（　　）。

(a) 24　　(b) 34　　(c) 44　　(d) 54

3. 在一个密闭恒容的容器中盛有 A、B、C 三种理想气体，恒温下再注入一定量 D 气体（理想气体），则（　　）。

(a) A 的分体积不变　　(b) A 的分压不变

(c) A 的分体积增大　　(d) A 的分压增大

4. 理想气体状态方程 $pV=nRT$ 表明了气体的 p、V、T、n 这几个参数之间的定量关系，与气体种类无关。该方程实际上包括了三个气体定律，这三个气体定律是（　　）。

(a) 波义耳定律、盖-吕萨克定律和分压定律

(b) 波义耳定律、阿伏加德罗定律和分体积定律

(c) 阿伏加德罗定律、盖-吕萨克定律和波义耳定律

(d) 分压定律、分体积定律和波义耳定律

5. 温度升高时，CO_2 饱和气体的密度（　　）。

(a) 增大　　(b) 减小　　(c) 不变　　(d) 变化方向不确定

6. 将相同数量的同一液体放入相同温度而体积不同的刚性真空容器中（$V_A>V_B$），则

两容器内的压力关系为（　　）。

(a) $p_A=p_B$　　(b) $p_A>p_B$　　(c) $p_A\leqslant p_B$　　(d) $p_A\geqslant p_B$

7. 对于 A、B 两种实际气体处于相同的对比状态，下列正确的是（　　）。

(a) A、B 两种气体处于相同的状态　　(b) A、B 两种气体的压力相等

(c) A、B 两种气体的对比参数相等　　(d) A、B 两种气体的临界压力相等

8. 物质临界点的性质与什么有关？（　　）。

(a) 与外界温度有关　　(b) 与外界压力有关

(c) 与外界物质有关　　(d) 与物质本身性质有关

9. 对临界点性质的下列描述中，错误的是（　　）。

(a) 液相摩尔体积与气相摩尔体积相等　　(b) 液相与气相的界面消失

(c) 汽化热为 0　　(d) 固、液、气三相共存

10. 理想气体的压缩因子（　　）。

(a) $Z=1$　　(b) $Z>1$　　(c) $Z<1$　　(d) 随所处状态而定

11. 实际气体的压缩因子（　　）。

(a) $Z=1$　　(b) $Z>1$　　(c) $Z<1$　　(d) 随所处状态而定

12. 若气体能通过加压而被液化，则其对比温度应满足（　　）。

(a) $T_r>1$　　(b) $T_r=1$　　(c) $T_r<1$　　(d) T_r 为任意值

13. 临界温度高的气体（　　）。

(a) 易液化　　(b) 难压缩

(c) 有较大的对比温度值　　(d) 不能近似为理想气体

14. 关于物质临界状态的下列描述中，不正确的是（　　）。

(a) 在临界状态，液体和蒸气的密度相同，液体与气体无区别

(b) 每种气体物质都有一组特定的临界参数

(c) 在以 p、V 为坐标的等温线上，临界点对应的压力就是临界压力

(d) 临界温度越低的物质，其气体越易液化

15. 气体的 $\left[\dfrac{\partial(pV_m)}{\partial p}\right]_T$（　　）。

(a) 大于零　　(b) 小于零　　(c) 等于零　　(d) 以上三者皆有可能

16. 对于真实气体，下面的陈述中正确的是（　　）。

(a) 不是任何实际气体都能在一定条件下液化

(b) 处于相同对比状态的各种气体，有大致相同的压缩因子

(c) 对于实际气体，范德华方程应用最广，是因为它比其他状态方程更精确

(d) 临界温度越高的实际气体越不易液化

17. 两种物质处于对应状态，则它们的（　　）。

(a) 温度相同　　(b) 密度相同　　(c) 压缩因子相同　　(d) pV_m 相同

18. A 球中装有 1mol 的理想气体，B 球中装有 1mol 的非理想气体，两球中气体的 pV_m 相同，在小于 T_c、p_c 的温度、压力下，非理想气体将比理想气体的温度（　　）。

(a) 高　　(b) 低　　(c) 相等　　(d) 不能比较

答案：1. d；2. c；3. b；4. c；5. a；6. a；7. c；8. d；9. d；10. a；11. d；12. c；13. a；14. d；15. d；16. b；17. c；18. a

1.2.3 计算题

1. 物质的体膨胀系数 α_V 与等温压缩率 κ_T 的定义如下：

$$\alpha_V=\frac{1}{V}\left(\frac{\partial V}{\partial T}\right)_p$$

$$\kappa_T=-\frac{1}{V}\left(\frac{\partial V}{\partial p}\right)_T$$

试导出理想气体的 α_V、κ_T 与温度、压力的关系。

解： 对于理想气体

$$V=\frac{nRT}{p},\ \left(\frac{\partial V}{\partial T}\right)_p=\frac{nR}{p},\ \left(\frac{\partial V}{\partial p}\right)_T=-\frac{nRT}{p^2}$$

所以 $$\alpha_V=\frac{1}{V}\left(\frac{\partial V}{\partial T}\right)_p=\frac{p}{nRT}\times\frac{nR}{p}=\frac{1}{T},\ \kappa_T=-\frac{1}{V}\left(\frac{\partial V}{\partial p}\right)_T=-\frac{p}{nRT}\times\left(-\frac{nRT}{p^2}\right)=\frac{1}{p}$$

2. 在 0℃、101.325kPa 的条件常称为气体的标准状况，试求氯乙烯（C_2H_3Cl）在标准状况下的密度。

解： $$\rho=\frac{m}{V}=\frac{pM}{RT}=\frac{101.325\times10^3\times62.5\times10^{-3}}{8.314\times273.15}\text{kg}\cdot\text{m}^{-3}=2.789\text{kg}\cdot\text{m}^{-3}$$

3. 某气柜内贮存有 122kPa、温度为 300K 的氯乙烯（C_2H_3Cl）300m³，若以每小时 90kg 的流量输往使用车间，试问贮存的气体能用多少小时。

解： $$m=\frac{pV}{RT}M=\frac{122\times10^3\times300}{8.314\times300}\times62.5\times10^{-3}\text{kg}=917.13\text{kg}$$

$$t=\frac{m}{u}=\frac{917.13}{90}\text{h}=10.19\text{h}$$

4. 有一抽真空的容器，质量为 30.00g。充 4℃的水之后，总质量为 130.00g，若改充以 25℃、24.79kPa 的某碳氢化合物气体，则总质量为 30.0160g。试估算该气体的摩尔质量。水的密度按 $1\text{g}\cdot\text{cm}^{-3}$ 计算。

解：

$$V=\frac{m}{\rho}=\frac{(130.0000-30.0000)}{1}\text{cm}^3=100.0000\text{cm}^3=1.0000\times10^{-4}\text{m}^3$$

$$M=\frac{m}{\frac{pV}{RT}}=\frac{(30.0160-30.0000)\times10^{-3}}{\frac{24.79\times10^3\times1.0000\times10^{-4}}{8.314\times(25+273.15)}}\text{kg}\cdot\text{mol}^{-1}=0.0160\text{kg}\cdot\text{mol}^{-1}=16.0\text{g}\cdot\text{mol}^{-1}$$

5. 在两个容积均为 V 的玻璃泡中装有氮气，玻璃泡之间有细管相通，细管的体积可忽略不计。若将两玻璃泡均放在 100℃的沸水中时，管内压力为 50kPa。若一只玻璃泡仍浸在 100℃的沸水中，将另一只放在 0℃的冰水中，试求玻璃泡内气体的压力。

解： 设玻璃泡内的压力为 p'，根据物质的量守恒定律，建立如下的关系

$$\frac{p'V}{RT_1}+\frac{p'V}{RT_2}=2\times\frac{pV}{RT_1}，即\frac{p'}{T_1}+\frac{p'}{T_2}=\frac{2p}{T_1}$$

$$\frac{p'}{373.15\text{K}}+\frac{p'}{273.15\text{K}}=\frac{2\times50\text{kPa}}{373.15\text{K}}$$

得 $p'=42.26\text{kPa}$

6. 一容器的容积为 $V=162.4\text{m}^3$，内有压力为 94430Pa、温度为 288.65K 的空气。当把容器加热至 T_x 时，从容器中逸出气体在压力为 92834Pa、温度为 289.15K 下，占体积

114.3m^3；求 T_x。

解：根据物质的量守恒定律，建立如下的关系

$$\frac{pV}{RT}=\frac{pV}{RT_x}+\frac{p'V'}{RT'}，即：\frac{pV}{T}=\frac{pV}{T_x}+\frac{p'V'}{T'}$$

$$\frac{94430\times162.4}{288.65}=\frac{94430\times162.4}{(T_x/\text{K})}+\frac{92834\times114.3}{289.15}$$

解得：$T_x=933.314\text{K}$

7. 测定大气压力的气压计，其简单构造为：一根一端封闭的玻璃管插入水银槽内，玻璃管中未被水银充满的空间是真空，水银槽通大气，则水银柱的压力即等于大气压力。有一气压计，因为空气漏入玻璃管内，所以不能正确读出大气压力：在实际压力为 102.00kPa 时，读出的压力为 100.66kPa，此时气压计玻璃管中未被水银充满的部分的长度为 25mm。如果气压计读数为 99.32kPa，则未被水银充满部分的长度为 35mm，试求此时实际压力是多少。设两次测定时温度相同，且玻璃管截面积相同。

解：密闭在玻璃管内的空气可视为理想气体，在两次测量温度相同的条件下，根据理想气体状态方程可知

$$p_1V_1=p_2V_2$$

$$p_2=\frac{p_1V_1}{V_2}=\frac{(102.00-100.66)\times(A\times25\times10^{-3})}{A\times35\times10^{-3}}\text{kPa}=0.96\text{kPa}$$

因此，$p_{实际大气压}=p_{读数}+p_2=99.32\text{kPa}+0.96\text{kPa}=100.28\text{kPa}$

8. 0℃时氯甲烷（CH_3Cl）气体的密度 ρ 随压力的变化如下：

p/kPa	101.325	67.550	50.663	33.775	25.331
$\rho/(\text{g}\cdot\text{dm}^{-3})$	2.3074	1.5263	1.1401	0.75713	0.56660

试作 ρ/p-p 图，用外推法求氯甲烷的相对分子质量。

解：0℃时氯甲烷（CH_3Cl）气体的密度 ρ/p 随压力的变化如下

p/kPa	101.325	67.550	50.663	33.775	25.331
$(\rho/p)\times10^5/\text{kg}\cdot\text{J}^{-1}$	2.2772	2.2595	2.2504	2.2417	2.2368

作 ρ/p-p 图，如附图所示。用外推法求得 $\lim\limits_{p\to0}\frac{\rho}{p}=2.2234\times10^{-5}\text{kg}\cdot\text{J}^{-1}$，由理想气体状态方程 $\rho=\frac{m}{V}=\frac{pM}{RT}$，得 $\frac{\rho}{p}=\frac{M}{RT}$

$$\lim_{p\to0}\frac{\rho}{p}=\frac{M}{RT}=2.2234\times10^{-5}\text{kg}\cdot\text{J}^{-1}$$

解得：　$M=50.5\times10^{-3}\text{kg}\cdot\text{mol}^{-1}$

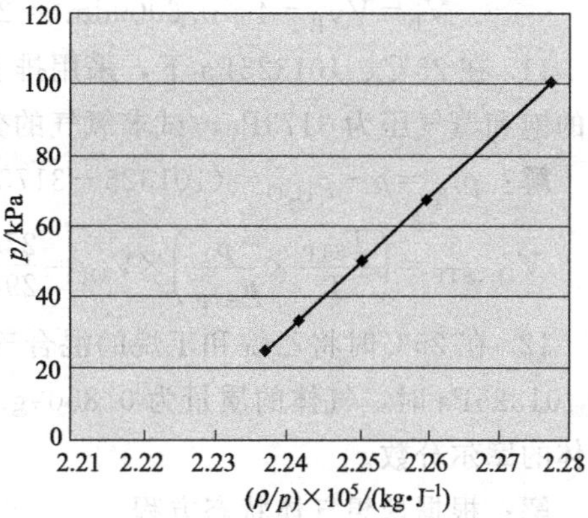

习题 8 附图

9. 让 20℃、20dm³ 的空气在 101325Pa 下缓慢通过盛有 30℃溴苯液体的饱和器，经测定从饱和器中带出 0.950g 溴苯，试计算 30℃时溴苯的饱和蒸气压。设空气通过溴苯之后即被溴苯蒸气所饱和；又设饱和器前后的压力差可以略去不计（溴苯的摩尔质量为 $157.0\text{g}\cdot\text{mol}^{-1}$）。

解：据题意，空气的物质的量为

$$n_{空气}=\frac{101325\times20\times10^{-3}}{8.314\times293.15}\text{mol}=0.8315\text{mol}$$

饱和空气中溴苯的物质的量为：

$$n_{溴苯}=\frac{m}{M}=\frac{0.950}{157.0}\text{mol}=0.006051\text{mol}$$

因为 $p=p_{空气}+p_{溴苯}=101325\text{Pa}$ (1)

又因为 $p_{空气}=py_{空气}$；$p_{溴苯}=py_{溴苯}$

所以 $\dfrac{p_{空气}}{p_{溴苯}}=\dfrac{y_{空气}}{y_{溴苯}}=\dfrac{n_{空气}}{n_{溴苯}}=\dfrac{0.8314\text{mol}}{0.006051\text{mol}}=137.400$ (2)

联立式(1)、式(2) 解得：$p_{溴苯}=732.12\text{Pa}$

10. 两个容器 A 和 B 用旋塞连接，体积分别为 1dm^3 和 3dm^3，各自盛有 N_2 和 O_2（二者可视为理想气体）均为 25℃，压力分别为 100kPa 和 50kPa。打开旋塞后，两气体混合后的温度不变，试求混合后气体总压及 N_2 和 O_2 的分压与分体积。

解：根据物质的量守恒，建立如下的关系

$$\frac{p(V_A+V_B)}{RT}=\frac{p_AV_A}{RT}+\frac{p_BV_B}{RT}$$

则 $$p=\frac{p_AV_A+p_BV_B}{V_A+V_B}=\frac{100\times1+50\times3}{1+3}\text{kPa}=62.5\text{kPa}$$

$$n_A=\frac{p_AV_A}{RT}=\frac{100\times10^3\times1\times10^{-3}}{8.314\times(25+273.15)}\text{mol}=0.04034\text{mol}$$

$$n_B=\frac{p_BV_B}{RT}=\frac{50\times10^3\times3\times10^{-3}}{8.314\times(25+273.15)}\text{mol}=0.06051\text{mol}$$

$$y_A=\frac{n_A}{n_A+n_B}=\frac{0.04034}{0.04034+0.06051}=0.4000$$

$$y_B=1-y_A=1-0.4000=0.6000$$

$$p_A=py_A=62.5\times0.4000\text{kPa}=25.0\text{kPa}$$

$$p_B=py_B=62.5\times0.6000\text{kPa}=37.5\text{kPa}$$

$$V_A=Vy_A=4\times0.4000\text{dm}^3=1.6\text{dm}^3$$

$$V_B=Vy_B=4\times0.6000\text{dm}^3=2.4\text{dm}^3$$

11. 在 25℃、101325Pa 下，采用排水集气法收集氧气，得到 1dm^3 气体。已知该温度下水的饱和蒸气压为 3173Pa，试求氧气的分压及其在标准状况下的体积。

解：$p_{O_2}=p-p_{H_2O}=(101325-3173)\text{Pa}=98.152\text{kPa}$

$$V_{O_2,\text{STP}}=\left(\frac{T_{\text{STP}}}{T}\times\frac{p}{p_{\text{STP}}}\right)\times V_{O_2}=\frac{273.15}{298.15}\times\frac{98152}{101325}\times1\text{dm}^3=0.8875\text{dm}^3$$

12. 在 25℃时将乙烷和丁烷的混合气体充入一个 0.5dm^3 的真空容器中，当容器中压力为 101325Pa 时，气体的质量为 0.8509g。求该混合气体的平均摩尔质量和混合气体中两种气体的摩尔分数。

解：根据理想气体状态方程

$$n=\frac{pV}{RT}=\frac{101325\times0.5\times10^{-3}}{8.314\times298.15}\text{mol}=0.02044\text{mol}$$

$$M_{\text{mix}}=\frac{m}{n}=\frac{0.8509\text{g}}{0.02044\text{mol}}=41.63\text{g}\cdot\text{mol}^{-1}$$

又 $$M_{\text{mix}}=M_{乙烷}y_{乙烷}+M_{丁烷}y_{丁烷}=30.07\times y_{乙烷}+58.12\times(1-y_{乙烷})=41.63\text{g}\cdot\text{mol}^{-1}$$

解得：　$y_{乙烷}=0.5879$，$y_{丁烷}=1-y_{乙烷}=0.4121$

13. 如下图所示，一带隔板的容器中，两侧分别有同温同压的氢气与氮气，二者均可视为理想气体。

H_2	$3dm^3$	N_2	$1dm^3$
p	T	p	T

(1) 保持容器内温度恒定时抽出隔板，且隔板本身的体积可忽略不计，试求两种气体混合后的压力；

(2) 隔板抽去前后，H_2 及 N_2 的摩尔体积是否相同？

(3) 隔板抽去后，混合气体中 H_2 及 N_2 的分压力之比以及它们的分体积各为若干？

解：(1) 根据理想气体混合物分体积定律

$$V=\sum_{B}V_B=3+1=4dm^3$$

$$p=\frac{nRT}{V}=(n_{H_2}+n_{N_2})\frac{RT}{V}=\left(\frac{pV_{H_2}}{RT}+\frac{pV_{N_2}}{RT}\right)\frac{RT}{(V_{H_2}+V_{N_2})}=p$$

(2) 因为 $V_{m,H_2}=\frac{RT}{p}$，$V_{m,N_2}=\frac{RT}{p}$，因此

$$V_{m,H_2}=V_{m,N_2}$$

(3) 根据分体积定律

$$y_{H_2}=\frac{V_{H_2}}{V}=\frac{3}{4}，y_{N_2}=\frac{V_{N_2}}{V}=\frac{1}{4}$$

$$\frac{p_{H_2}}{p_{N_2}}=\frac{y_{H_2}}{y_{N_2}}=\frac{\frac{3}{4}}{\frac{1}{4}}=3，V_{H_2}=3dm^3，V_{N_2}=1dm^3$$

14. 室温下一高压釜内有常压的空气。为确保实验安全，采用同样温度的纯氮进行置换，步骤如下：向釜内通氮直到 4 倍于空气的压力，而后将釜内混合气体排出直至恢复常压，重复三次。求釜内最后排气至恢复常压时其中气体含氧的摩尔分数。设空气中氧、氮摩尔分数之比为 1∶4。

解：设釜内的混合气体为理想气体，则在一定温度下，在每次通入 N_2 气前后釜内 O_2 气的分压不变，每次排气前后釜内氧气的组成不变。设在置换之前釜内原有空气的压力为 p_0，氧气的分压 $p_0(O_2)=0.2p_0$，每次通 N_2 后，釜内混合气体的总压 $p=4p_0$。

第一次置换后

$$py_1(O_2)=p_0y_0(O_2)$$

$$y_1(O_2)=\frac{y_0(O_2)\times p_0}{p}=\frac{y_0(O_2)\times p_0}{4p_0}=y_0(O_2)\times\left(\frac{p_0}{4p_0}\right)$$

$$p_1(O_2)=p_0\times y_1(O_2)$$

第二次置换后

$$y_2(O_2)=\frac{y_1(O_2)\times p_0}{p}=\frac{y_0(O_2)\times\left(\frac{p_0}{4p_0}\right)\times p_0}{4p_0}=y_0(O_2)\times\left(\frac{p_0}{4p_0}\right)^2$$

$$p_2(O_2)=p_0\times y_2(O_2)$$

第三次置换后

$$y_3(O_2)=\frac{y_2(O_2)\times p_0}{p}=\frac{y_0(O_2)\times\left(\frac{p_0}{4p_0}\right)^2\times p_0}{4p_0}=y_0(O_2)\times\left(\frac{p_0}{4p_0}\right)^3=0.2\times\left(\frac{1}{4}\right)^3$$

$$y_3(O_2)=3.125\times10^{-3}=0.3125\%$$

15. 氯乙烯、氯化氢及乙烯构成的混合气体中，各组分的摩尔分数分别为 0.89、0.09 及 0.02。于恒定压力 101.325kPa 下，用水吸收其中的氯化氢，所得混合气体中增加了分压力为 2.670kPa 的水蒸气。试求洗涤后的混合气体中 C_2H_3Cl 及 C_2H_4 的分压力。

解： $$p=p_{H_2O}+p_{C_2H_3Cl}+p_{C_2H_4}$$

$$p_{C_2H_3Cl}+p_{C_2H_4}=p-p_{H_2O}=(101325-2670)\text{Pa}=98655\text{Pa} \tag{1}$$

$$\frac{p_{C_2H_3Cl}}{p_{C_2H_4}}=\frac{0.89}{0.02}=44.5 \tag{2}$$

联立式(1)、式(2)得 $p_{C_2H_4}=2168.24\text{Pa}=2.168\text{kPa}$，$p_{C_2H_3Cl}=96486.76\text{Pa}=96.487\text{kPa}$

16. 一密闭刚性容器中充满了空气，并有少量的水。当容器于 300K 条件下达平衡时，容器内压力为 101.325kPa。若把该容器移至 373.15K 的沸水中，试求容器中达到新平衡时应有的压力。设容器中始终有水存在，且可忽略水的任何体积变化。300K 时水的饱和蒸气压为 3.567kPa。

解： $$p=p_{空气}+p_{水}=\frac{T_2}{T_1}\times p_1+p_{水}=\left[\frac{373.15}{300}\times(101.325-3.567)+101.325\right]\text{kPa}$$

$$=222.920\text{kPa}$$

17. 25℃时饱和了水蒸气的湿乙炔气体（即该混合气体中水蒸气分压力为同温度下水的饱和蒸气压）总压力为 138.705kPa，于恒定总压下冷却到 10℃，使部分水蒸气凝结为水。试求每摩尔干乙炔气在该冷却过程中凝结出水的物质的量。已知 25℃及 10℃时水的饱和蒸气压分别为 3.17kPa 及 1.23kPa。

解：(1) 在 25℃时，根据题意：$p=p_{H_2O}+p_{C_2H_2}$，故

$$p_{C_2H_2}=p-p_{H_2O}=(138.705-3.17)\text{kPa}=135.535\text{kPa}$$

又根据道尔顿分压定律：$\frac{n_{H_2O}}{n_{C_2H_2}}=\frac{p_{H_2O}}{p_{C_2H_2}}=\frac{3.17\text{kPa}}{135.535\text{kPa}}=0.02339$

(2) 在 10℃时， $p_{C_2H_2}=p-p_{H_2O}=(138.705-1.23)\text{kPa}=137.475\text{kPa}$

$$\frac{n_{H_2O}}{n_{C_2H_2}}=\frac{p_{H_2O}}{p_{C_2H_2}}=\frac{1.23\text{kPa}}{137.475\text{kPa}}=0.008947$$

因此 $$\left(\frac{n_{H_2O}}{n_{C_2H_2}}\right)_{T_1}-\left(\frac{n_{H_2O}}{n_{C_2H_2}}\right)_{T_2}=0.02339-0.008947=0.01444$$

即每摩尔干乙炔气在该冷却过程中凝结出水的物质的量为 0.01444mol。

18. 今有 0℃、40530kPa 的 N_2 气体，分别用理想气体状态方程及范德华方程计算其摩尔体积。实验值为 $70.3\text{cm}^3\cdot\text{mol}^{-1}$。

解：(1) 用理想气体状态方程计算 N_2 的摩尔体积

$$V_{m(理想)}=\frac{RT}{p}=\frac{8.314\times273.15}{40530\times10^3}\text{m}^3\cdot\text{mol}^{-1}=5.6039\times10^{-5}\text{m}^3\cdot\text{mol}^{-1}$$

(2) 用范德华方程计算 N_2 的摩尔体积

$N_2(g)$ 的范德华常数 $a=0.1408\text{Pa}\cdot\text{m}^6\cdot\text{mol}^{-2}$　$b=3.913\times10^{-5}\text{m}^3\cdot\text{mol}^{-1}$

根据范德华方程：

$$\left(p+\frac{a}{V_m^2}\right)(V_m-b)=RT$$

将上述范德华方程改写为：

$$V_m=\frac{RT}{p+\frac{a}{V_m^2}}+b=\left(\frac{8.314\times273.15}{40530\times10^3+0.1408/V_m^2}+3.913\times10^{-5}\right)\text{m}^3\cdot\text{mol}^{-1}$$

用逐步逼近法求上述方程的近似解，先将实验值 $V_{m(实验)}=7.03\times10^{-5}\text{m}^3\cdot\text{mol}^{-1}$ 为初值代入上式的右端，可得 $V_{m,1}=7.203\times10^{-5}\text{m}^3\cdot\text{mol}^{-1}$；再将此值代入方程的右端 $V_{m,2}=7.291\times10^{-5}\text{m}^3\cdot\text{mol}^{-1}$，…，如此反复逼近，可得 $V_{m,2}=7.308\times10^{-5}\text{m}^3\cdot\text{mol}^{-1}$。

若无实验值，可由理想气体的摩尔体积值作为初始值进行上述计算。这种方法快速、简便，一般经过数次逼近，即可准确得到四位有效数字。

19. 把 25℃的氧气充入 40dm^3 的氧气钢瓶中，压力达 $202.7\times10^2\text{kPa}$。试用普遍化压缩因子图求钢瓶中氧气的质量。

解： 查书中附录一得氧气的临界参数：$T_c=154.58\text{K}$，$p_c=5.043\text{MPa}$

计算临界参数　$T_r=\frac{T}{T_c}=\frac{298.15\text{K}}{154.58\text{K}}=1.929$；$p_r=\frac{p}{p_c}=\frac{202.7\times10^2\text{kPa}}{5.043\times10^3\text{kPa}}=4.019$

根据 T_r，p_r 查普遍化压缩因子图得 $Z=0.951$

$$n=\frac{pV}{ZRT}=\frac{202.7\times10^5\times40\times10^{-3}}{0.951\times8.314\times298.15}\text{mol}=343.94\text{mol}$$

$$m=nM=343.94\times32\times10^{-3}\text{kg}=11.01\text{kg}$$

20. 300K 时 40dm^3 钢瓶中储存乙烯的压力为 $146.9\times10^2\text{kPa}$。欲从中提用 300K、101.325kPa 的乙烯气体 12m^3，试用压缩因子图求钢瓶中剩余乙烯气体的压力。

解： 查书中附录一得乙烯的临界参数：$T_c=282.34\text{K}$，$p_c=5.039\text{MPa}$

计算临界参数　$T_r=\frac{T}{T_c}=\frac{300}{282.34}=1.063$；$p_r=\frac{p}{p_c}=\frac{146.9\times10^2}{5.039\times10^3}=2.915$

根据 T_r、p_r 查普遍化压缩因子图得 $Z=0.45$

因此，原钢瓶中储存乙烯的物质的量

$$n=\frac{pV}{ZRT}=\frac{146.9\times10^5\times40\times10^{-3}}{0.45\times8.314\times300}\text{mol}=523.53\text{mol}$$

提用乙烯的物质的量：

$$n=\frac{pV}{RT}=\frac{101.325\times10^3\times12}{8.314\times300}\text{mol}=487.49\text{mol}$$

所以，钢瓶中剩余乙烯的物质的量

$$n=(523.53-487.49)\text{mol}=36.04\text{mol}$$

$$Z=\frac{pV}{nRT}=\frac{p_cp_rV}{nRT}=\frac{5.039\times10^6\times40\times10^{-3}}{36.03\times8.314\times300}p_r=2.243p_r\text{，即 }p_r=0.446Z$$

$$p_r=0.446Z \quad (1)$$

由对比状态原理可知：　$Z=Z(T_r,p_r)$　(2)

在压缩因子图上绘出 $p_r=0.446Z$ 直线，该直线与 $T_r=1.063$ 的对比等温线相交，该交点满

足式(1) 和式(2) 两个方程，该对比状态对应的压缩因子 $Z=0.88$，所以

$$p_1=(5.039\times10^6\times0.446\times0.88)\text{Pa}=1978\text{kPa}$$

21. 函数 $1/(1-x)$ 在 $-1<x<1$ 区间内可用下述幂级数表示：

$$1/(1-x)=1+x+x^2+x^3+\cdots$$

先将范德华方程整理成

$$p=\frac{RT}{V_m}\left(\frac{1}{1-b/V_m}\right)-\frac{a}{V_m^2}$$

再用上述幂级数展开式来求证范德华气体的第二、第三维里系数分别为：

$$B(T)=b-\frac{a}{RT}\qquad C(T)=b^2$$

解：因为 b 很小，且 $0<b<V_m$，即 $-1<b/V_m<1$，所以

$$\frac{1}{1-b/V_m}=1+b/V_m+(b/V_m)^2+(b/V_m)^3+\cdots$$

将范德华方程 $p=\frac{RT}{V_m}\left(\frac{1}{1-b/V_m}\right)-\frac{a}{V_m^2}$ 整理成

$$pV_m=RT\left[1+\left(b-\frac{a}{RT}\right)/V_m+(b/V_m)^2+(b/V_m)^3+\cdots\right]\tag{1}$$

维里方程为

$$pV_m=RT[1+B(T)/V_m+C(T)/V_m^2]\tag{2}$$

比较式(1) 和式(2) 得范德华气体的第二、第三维里系数分别为

$$B(T)=b-\frac{a}{RT}\qquad C(T)=b^2$$

22. 试证明理想混合气体中任一组分 B 的分压力 p_B 与该组分单独存在于混合气体的温度、体积条件下的压力相等。

证明：根据分压的定义，$p_B=y_Bp$，对理想气体混合物，有 (1)

$$p=\frac{\left(\sum_B n_B\right)RT}{V}\tag{2}$$

故

$$p_B=y_Bp=y_B\frac{\left(\sum_B n_B\right)RT}{V}=\frac{n_BRT}{V}$$

即 p_B 与该组分单独存在于混合气体的温度、体积条件下的压力相等。

23. 试由波义耳温度 T_B 的定义式，证明范德华气体的 T_B 可表示为 $T_B=a/(bR)$。式中，a，b 为范德华常数。

证明：根据 T_B 的定义，$\left[\frac{\partial(pV_m)}{\partial p}\right]_{T_B,p\to0}=0$，有

$$\left[\frac{\partial(pV_m)}{\partial p}\right]_{T_B,p\to0}=\left\{\left[\frac{\partial(pV_m)}{\partial V_m}\right]_{T_B}\left[\frac{\partial V_m}{\partial p}\right]_{T_B}\right\}_{p\to0}$$

将范德华方程 $pV_m=\frac{RTV_m}{V_m-b}-\frac{a}{V_m}$ 代入上式，得

$$\left\{\left[\frac{RT}{V_m-b}-\frac{RTV_m}{(V_m-b)^2}+\frac{a}{V_m^2}\right]\left[\frac{\partial V_m}{\partial p}\right]\right\}_{T_B,P\to0}=0$$

即
$$\frac{RT_B}{V_m-b}-\frac{RT_BV_m}{(V_m-b)^2}+\frac{a}{V_m^2}=0$$

整理得
$$RT_B=\frac{a}{b}\left(\frac{V_m-b}{V_m}\right)^2$$

当 $p\to0$ 时，$\frac{V_m-b}{V_m}\to1$，所以 $T_B=\frac{a}{Rb}$

第2章 热力学第一定律

2.1 概述

能量转化与守恒定律："自然界的一切物质都具有能量，能量有各种不同的形式。能量能从一种形式转化为另一种形式，在转化中，能量的总量不变"。将能量转化与守恒定律具体应用于热力学系统就是热力学第一定律。

本章的主要内容是通过热力学第一定律计算系统从一个平衡状态经过某一过程到达另一平衡状态时，系统与环境之间交换的能量。在具体应用热力学第一定律时，首先必须确定系统，所谓系统就是被划定的研究对象；而在系统外，与系统密切相关的部分称之为环境。根据系统与环境的关系，可将系统分为三种：孤立（隔离）系统、封闭系统和敞开系统。在第 2 章和随后的第 3 章中，主要研究的是封闭系统。确定了研究对象（系统）之后，还要解决如何具体描述系统所处的状态问题。在热力学研究中，通常用系统宏观可测性质，如体积 V、压力 p、温度 T、黏度 η、表面张力 γ 等描述系统的状态。这些可测量的量称为热力学变量或热力学性质或状态函数。可分为两类：广度性质或称广度量（V、n、U 等）和强度性质或称强度量（T、p、η 等）。描述一个单组分、物质量一定的均相封闭系统的热力学状态，只需两个独立的变量，T、p 或 p、V，或 V、T，且 T、p、V 之间存在一定的关系：$V=f(p,T)$。系统状态函数之间的定量关系称为系统的状态方程。系统经过某一过程从状态（1）→状态（2），在系统与环境之间交换的能量是以热力学能的改变值 ΔU 给出的。尽管理论上可以根据状态函数的性质利用公式 $\Delta U=U_2-U_1$ 来计算系统从状态（1）→状态（2）在系统与环境之间交换的能量，但是，由于热力学能 U 的绝对值不知道，我们无法进行直接计算 ΔU。热力学第一定律是建立热力学能函数的依据，其数学表达式为 $\Delta U=Q+W$。式中，热 Q 是系统与环境之间由于温差而交换或传递的能量；功 W 是除热以外，系统与环境之间交换的其他所有形式的能量。换句话说，热和功之和是系统与环境之间所能交换的所有形式的能量。根据热力学能的定义和能量守恒定律，有 $\Delta U=Q+W$。$\Delta U=Q+W$ 既说明了热力学能、热和功可以互相转化，又表述了它们转化时的定量关系。因此，我们可以利用热力学第一定律通过计算系统从状态（1）→状态（2）的变化过程中系统与环境之间交换的 Q 和 W，进而来计算系统与环境之间交换的能量 ΔU。

遗憾的是，Q 和 W 不是状态函数，而是过程函数。系统从同一始态（1）经过不同的过程变到同一终态（2），其 Q 值以及 W 值是不同的。因此，在热力学第一定律这一章（包括热力学第二定律）中，为了计算从状态（1）→状态（2），系统与环境之间能量交换导致热力学能的变化 ΔU（或其他状态函数的改变值），用了大量的篇幅介绍系统经过不同过程发生的简单（pVT）状态变化、相变化、化学变化和几种变化兼而有之的复杂变化时 Q 和 W 的计算。这些不同过程可以是可逆或不可逆的恒压过程、恒温过程、恒容过程、绝热过程和由几种简单过程串联进行的多步骤过程以及节流膨胀过程。

有许多过程例如相变化、化学变化多在恒压条件下进行，为方便计算过程热，在本章中引进了一个辅助函数——焓（$H\equiv U+pV$）。焓函数也是状态函数，且为广度量，其绝对值不知道，焓只是 U、p、V 的一个组合，并没有其他的物理意义。但是，在封闭系统、恒压不做非体积功条件下有 $Q_p=\Delta H$，该式有明确的物理意义；同理，封闭系统、恒容不做非体积功条件下，有 $Q_V=\Delta U$。

热力学第一定律在化学反应中的应用叫热化学，其目的同样是计算系统经过化学变化从状态（1）→状态（2）时系统与环境之间所交换的能量。若封闭系统化学反应在恒压条件下进行，且 $W'=0$，则可用 ΔH 表示化学反应前后系统与环境之间交换的能量，且有 $Q_p=\Delta H$。由于 H 的绝对值不知道，为了便于反应前后摩尔反应热 $\Delta_r H_m$ 的计算和不同反应间 $\Delta_r H_m$ 大小的比较，特定义了标准摩尔生成焓和标准摩尔燃烧焓。根据手册数据，我们能很容易地计算出 298K 时反应的摩尔反应热 $\Delta_r H_m$。为了计算不同温度下的摩尔反应焓，必须用到基希霍夫定律。此外，还有一个 Hess 定律。其实 Hess 定律是热力学第一定律在热化学中的必然推论。

本章各知识点架构纲目图如下。

系统状态变化时，计算系统与环境间交换的能量

- 系统及状态
  - 系统：隔离系统；封闭系统；敞开系统
  - 环境：在系统以外与系统密切相关部分
  - 状态及状态函数
    - 状态：系统的所有物理性质和化学性质的综合体现
    - 状态函数（热力学性质）
      - 类型：广度量；强度量
      - 特性：①改变值只与始、末态有关而与具体途径无关；②不同状态间的改变值具有加和性；即殊途同归，值变相等；周而复始，其值不变
  - 热力学平衡：热平衡；力学平衡；相平衡；化学平衡
- 状态变化及过程
  - 单纯的 pTV 变化
    - 恒压过程（$p_{始}=p_{终}=p_{环}$）
    - 恒温过程（$T_{始}=T_{终}=T_{环}$）
    - 恒容过程（$V_{始}=V_{终}$）
    - 绝热过程（$Q=0$）
    - 节流过程（$H=0$，$Q=0$）
  - 溶解及混合
  - 相变化
  - 化学变化
- 系统与环境间交换能量的计算（封闭系统，$W'=0$）
  - 简单的 pTV 变化
    - 理想气体（IG）系统：$\Delta U=n\int_{T_1}^{T_2}C_{V,m}\mathrm{d}T$；$\Delta H=n\int_{T_1}^{T_2}C_{p,m}\mathrm{d}T$
    - 恒压过程：
      - $Q_p=\Delta H=n\int_{T_1}^{T_2}C_{p,m}\mathrm{d}T;W=-p_{外}(V_2-V_1)$
      - $\Delta U=\Delta H-p\Delta V$（常压下，凝聚相；$W\approx 0$，$\Delta U\approx\Delta H$）
    - 理想气体恒温过程
      - 焦耳实验：（1）结论：$(\partial U/\partial V)_T=0$；（2）推论：$U_{IG}=f(T)$；$H_{IG}=g(T)$
      - $\Delta U=\Delta H=0;W=-Q=-\int_{V_1}^{V_2}p\mathrm{d}V=-nRT\ln V_2/V_1$（可逆）
    - 恒容过程：$W=0,Q_V=\Delta U=n\int_{T_1}^{T_2}C_{V,m}\mathrm{d}T$
    - 绝热过程：$Q=0$，$\Delta U=W$
      - 不可逆（恒外压）：$nC_{V,m}(T_2-T_1)=-p_2(V_2-V_1)$
      - 可逆：$nC_{V,m}(T_2-T_1)=\dfrac{p_1V_1^{\gamma}}{\gamma-1}\left(\dfrac{1}{V_2^{\gamma-1}}-\dfrac{1}{V_1^{\gamma-1}}\right)$
    - 节流膨胀：$Q=0$；$\Delta H=0$；$\mu_{J\text{-}T}=(\mathrm{d}T/\mathrm{d}p)_H$
      - >0 致冷
      - $=0$ T 不变（例如理想气体）
      - <0 致热
  - 溶解焓及混合焓：标准摩尔溶解焓、稀释焓、混合焓的定义及计算
  - 相变化
    - $Q_p=\Delta H$；$W=-p\Delta V$
      - $=-\Delta nRT$（气相视为 IG）
      - ≈ 0，$\Delta U\approx\Delta H$（常压下凝聚态间相变化）
    - $\Delta U=\Delta H-p\Delta V$
    - 相变焓与温度的关系：$\Delta_\alpha^\beta H_m(T_2)=\Delta_\alpha^\beta H_m(T_1)+\int_{T_1}^{T_2}\Delta C_{p,m}\mathrm{d}T$
  - 化学变化
    - 反应进度定义、标准摩尔生成焓和标准摩尔燃烧焓的定义
    - 摩尔反应焓的定义：$\Delta_r H_m=\Delta_r H/\Delta\xi$
    - 标准摩尔反应焓的计算：$\Delta_r H_m^{\ominus}(T_1)=\sum\nu_B\Delta_f H_m^{\ominus}(B,T)$
    - 恒压反应热与恒容反应热的关系：$Q_p=Q_V+\sum\nu_B(g)RT$
    - 基希霍夫公式：$\left(\dfrac{\partial\Delta_r H_m^{\ominus}}{\partial T}\right)_p=\Delta_r C_{p,m}$；$\Delta_r H_m^{\ominus}(T_2)=\Delta_r H_m^{\ominus}(T_1)+\int_{T_1}^{T_2}\Delta_r C_{p,m}\mathrm{d}T$
- 热力学第一定律及焓函数
  - 热（Q）：系统与环境间由于温差而变换的能量，是物质分子无序运动的结果，是过程量
  - 功（W）：除热以外的、在系统与环境间交换的所有其他形式的能量，是物质分子有序运动的结果，是过程量。
  - 热力学能（U）：又称为内能，是系统内部能量的总和。是状态函数，且为广度量，但绝对值不知道
  - 热力学第一定律数学表达式：$\Delta U=Q+W$，在封闭系统、$W'=0$、恒容条件下，$\Delta U=Q_V$
  - 焓函数（H）：$H\equiv U+pV$，是状态函数，且为广度量，但绝对值不知道。在封闭系统、$W'=0$，恒压条件下，$\Delta H=Q_p$

2.2 主要知识点

2.2.1 状态函数的性质

状态函数也称热力学性质或变量，其值由系统所处的状态决定。当系统的状态变化时，状态函数 Z 的改变量 ΔZ 只决定于系统始态函数值 Z_1 和终态函数值 Z_2，而与变化的途径过程无关。

即 $\Delta Z=Z_2-Z_1$

如 $\Delta T=T_2-T_1$，$\Delta U=U_2-U_1$

另外，状态函数也即数学上的全微分函数，具有全微分的性质。例如，$U=f(T,V)$，则

$$dU=(\partial U/\partial T)_V dT+(\partial U/\partial V)_T dV$$

热力学方法也即是状态函数法，所谓状态函数法就是利用状态函数：①改变值只与始、末态有关而与具体途径无关以及②不同状态间的改变值具有加和性的性质，即殊途同归，值变相等；周而复始，其值不变的特点。用一个或几个较容易计算的假设的变化途径代替一个难以计算的复杂变化过程，从而求出复杂的物理变化或化学变化过程中系统与环境之间交换的能量或其他热力学状态函数的变化值。

2.2.2 平衡态

在一定条件下，将系统与环境隔开，系统的性质不随时间改变，这样的状态称为平衡态。系统处于平衡态一般应满足如下四个条件。

① 热平衡：系统各点温度均匀；

② 力学平衡：系统各点压力相等；

③ 相平衡：即宏观上无相转移；

④ 化学平衡：化学反应已经达到平衡。

应该特别注意平衡态与稳态的不同。一个处于热力学平衡态的系统必然达到稳态，即各热力学性质不随时间而变化。但是处于稳态的系统并不见得达到平衡态。稳态只不过是系统的各物理量不随时间变化而已。例如，稳定的热传导过程，系统各处温度并不相等，但不随时间变化；还有，稳定的扩散过程，各点浓度并不相等，但却不随时间变化。

2.2.3 热

系统与环境间由于温差而交换的能量。热是物质分子无序运动的结果，是过程量。在绝热系统中发生了放热反应，尽管系统的温度升高，但 $Q=0$。这是因为系统没有与环境交换热量。热不是状态函数。从同一始态到同一终态，途径不同热也不同。常用的有恒压热 Q_p 和恒容热 Q_V。热值的符号规定为系统吸热取正值，放热取负值。

2.2.4 功

除热以外的、在系统与环境间交换的所有其他形式的能量。功是物质分子有序运动的结果，也是过程量。热力学中将功分为体积功和非体积功。涉及到的非体积功主要有表面功和电功，将分别在界面现象和电化学部分进行讨论。功不是状态函数，故相同的始态和终态间发生的变化，其途径不同所做的功是不同的。即功与过程有关。体积功的计算公式为

$$W=-\int_{V_1}^{V_2} p_{\text{amb}}\,dV$$

式中，p_{amb}为环境压力。这是体积功计算的基本公式或通用公式。此公式对可逆或不可逆功、膨胀功或压缩功的计算都是适用的。若是可逆过程，系统压力与环境压力处处相等（实际上只相差无限小量），此时环境压力 p_{amb} 可以用系统压力 p 来代替，体积功的计算公式变为 $W=-\int_{V_1}^{V_2} p\mathrm{d}V$ 。功的符号规定为系统对外做功取负值，环境对系统做功取正值。

2.2.5　热力学能

热力学能也称为内能，是状态函数，包括系统内部一切能量，但是不包括系统整体的动能和势能，即系统整体所处位置的高低，以及系统整体是处于运动状态还是处于静止状态对热力学能并无影响，热力学能的绝对值不知道。理想气体的热力学能仅是温度的函数。因为理想气体分子间没有作用力，体积变化不会引起分子间势能的变化，但是温度的改变会引起分子动能的变化。对于凝聚态物质，如果压力变化范围不大，则压力对热力学能的影响可忽略不计。

封闭系统在恒容及 $W'=0$（W'表示非体积功，下同）的条件下，$\Delta U=Q_V=\int C_V \mathrm{d}T$ 。对于单纯（简单）的 pVT 变化过程，$\Delta U=\int C_V \mathrm{d}T$ 。对理想气体即使不恒容仍可用此式计算热力学能的变化，因为理想气体 $U=f(T)$，仅是温度的函数，恒容与否对 ΔU 并无影响。

2.2.6　焓

焓的定义为 $H=U+pV$。焓是状态函数，绝对值不知道。从定义式看，焓并无明确的物理意义。比较重要的性质是封闭体系在恒压及 $W'=0$ 时，$\Delta H=Q_p$。即此时焓的改变值与恒压热相等。对于单纯 pVT 变化，在上述条件下有 $\Delta H=Q_p=\int C_p \mathrm{d}T$ ，但对于非恒压过程焓的变化并不等于过程热。不过对于理想气体即使不恒压仍可用此式来计算焓变，因为理想气体 $H=f(T)$，仅是温度的函数，恒压与否对 ΔH 焓并无影响。同热力学能一样，在通常情况下，由于凝聚系统的不可压缩性，改变压力导致系统状态的变化很小，故状态函数焓的变化值也就很小。

2.2.7　热力学第一定律

热力学第一定律的数学表达式为 $\Delta U=Q+W$。要注意此式的使用条件是封闭系统。另外，要注意功和热的正负号。值得注意的是：当系统从状态(1)→状态(2)，通过不同的途径时，W 和 Q 分别有不同的值，但二者之和 $Q+W$ 却为一定值，只与始末态有关。$\Delta U=Q+W$ 既说明了热力学能、热和功可以互相转化，又表述了它们转化时的定量关系。因此，可以利用热力学第一定律通过计算系统从状态(1)→状态(2) 的变化过程中系统与环境之间交换的 Q 和 W，进而计算由于系统与环境之间能量的交换而导致系统热力学能的变化 ΔU。

2.2.8　C_p 与 C_V 的关系

$C_p-C_V=[p+(\partial U/\partial V)_T](\partial V/\partial T)_p$。对于理想气体，上式变为 $C_p-C_V=nR$。对理想气体，其 $C_{V,\mathrm{m}}=\frac{3}{2}R$，$C_{p,\mathrm{m}}=\frac{5}{2}R$；对双原子理想气体，其 $C_{V,\mathrm{m}}=\frac{5}{2}R$，$C_{p,\mathrm{m}}=\frac{7}{2}R$。

2.2.9　可逆过程

系统经过某一过程由状态（1）变到状态（2）之后，如果能使系统和环境完全复原（即系统回到始态且不在环境留下任何痕迹），则这样的过程就称为可逆过程。可逆过程有如下特点：

① 状态变化时推动力与阻力相差无限小，系统与环境始终无限接近于平衡态；

② 过程中的任何一个中间态都可以从正、逆两个方向到达；

③ 系统经过一个循环后，系统和环境均恢复原态，变化过程中无任何耗散效应；

④ 在相同的始、终态间，恒温可逆过程系统对环境做最大功，环境对系统做最小功；

⑤ 由于状态变化时推动力与阻力相差无限小，所以完成过程所需时间为无限长。

可逆过程是一种科学的抽象，是一种假想的理想化过程，实际发生的过程均为不可逆过程。尽管如此，可逆过程却是物理化学中一个非常重要的过程，例如“在相同的始、终态间，恒温可逆过程系统对环境做最大功，环境对系统做最小功”；在热力学和电化学之间起着桥梁作用的重要公式 $(\Delta_r G_m)_{T,p}=-ZFE$ 也只有在可逆条件下才成立。对于实际的变化过程，有些状态函数的改变值只有通过设计可逆过程才能进行计算，例如计算实际变化过程熵变 ΔS。可以毫不夸张地说，通过设计可逆过程来计算不可逆过程状态函数的改变值是物理化学的重点之一。如何辨别和设计可逆过程，是进行物理化学计算必须重点掌握的内容。在物理化学计算中，将在推动力与阻力相差无限小条件下进行的实际过程如：在 $p_{体}-p_{环}=\pm dp$ 条件下进行的恒温膨胀和压缩过程，在 $T_{体}-T_{环}=\pm dT$ 条件下进行的传热过程，在某一温度以及与该温度对应的平衡压力下进行的相变过程等近似按可逆过程处理。

2.2.10 理想气体绝热过程

理想气体绝热可逆过程方程式有下列三种形式：$pV^{\gamma}=$常数；$TV^{\gamma-1}=$常数；$Tp^{(1-\gamma)/\gamma}=$常数。其中 $\gamma=C_p/C_V$，称为热容比，也曾称为理想气体的绝热指数。理想气体绝热过程是物理化学的重要内容之一。对于理想气体绝热过程，关键是求终态温度 T_2。值得注意的是，可逆过程和不可逆过程（如恒外压过程）求 T_2 所用的方程是不同的，千万不可用错。对于可逆过程，根据题目给定的条件，可用上述三个过程方程中的任意一个计算 T_2；而对于恒定外压为 p_2 的不可逆过程，则只能用公式 $nC_{V,m}(T_2-T_1)=-p_2(V_2-V_1)$ 计算 T_2。

2.2.11 相变焓

通常纯物质的相变化是在恒定压力和恒定温度下进行，因此恒压下的相变焓也就是相变过程的热效应，故也称相变热。

2.2.12 标准摩尔反应焓的计算

主要有两种方法计算标准摩尔反应焓 $\Delta_r H_m^{\ominus}$，即由标准摩尔生成焓 $\Delta_f H_m^{\ominus}$ 和标准摩尔燃烧焓 $\Delta_c H_m^{\ominus}$ 计算。

$$\Delta_r H_m^{\ominus}=\sum_B \nu_B \Delta_f H_m^{\ominus}(B) \quad (由标准摩尔生成焓计算 \Delta_r H_m^{\ominus})$$

$$\Delta_r H_m^{\ominus}=-\sum_B \nu_B \Delta_c H_m^{\ominus}(B) \quad (由标准摩尔燃烧焓计算 \Delta_r H_m^{\ominus})$$

2.2.13 标准摩尔生成焓

物质 B 的标准摩尔生成焓是一定温度下由热力学最稳定单质生成化学计量数 $\nu_B=1$ 的物质 B 的标准摩尔反应焓。离子的标准摩尔生成焓是在标准状态下由最稳定单质生成无限稀溶液中 1mol 离子的焓变。规定，在标准状态下由 $H_2(g)$ 生成无限稀溶液中 1mol H^+ 的标准摩尔生成焓为零。值得注意的是，物质 B 的标准摩尔生成焓并不是其焓的绝对值，而是相对于稳定单质的标准摩尔生成焓为零的焓值。

2.2.14　标准摩尔反应焓随温度的变化——基希霍夫公式

$$\Delta_r H_m^{\ominus}(T_2) = \Delta_r H_m^{\ominus}(T_1) + \int_{T_1}^{T_2} \sum \nu_B C_{p,m}(B)\mathrm{d}T$$

2.2.15　恒容反应热与恒压反应热的关系

对于没有气体参加的凝聚态间的反应 $W\approx0$，$\Delta(pV)\approx0$，$Q\approx\Delta U\approx\Delta H$。对于有气态物质参加的反应 $\Delta_r H_m = \Delta_r U_m + \sum_B \nu_{B(g)} RT$ 。

2.2.16　节流膨胀

绝热条件下，气体始末态压力分别保持恒定的膨胀过程。该过程是一个等焓过程。$\mu_{J\text{-}T}=(\partial T/\partial p)_H$ 称为焦耳-汤姆逊系数，或节流膨胀系数，是系统的强度性质。通常情况下，大部分气体经节流膨胀后 $\mu_{J\text{-}T}>0$，温度下降，产生致冷效应。理想气体经节流膨胀后温度不变。

2.3　习题详解

1. 一刚性、绝热且其中装有冷却盘管的装置中，一边是温度为 T_1 的水，另一边是温度为 T_1 的浓硫酸，中间以薄膜分开。现将薄膜捅破，两边的温度均由 T_1 升到 T_2，如果以水和浓硫酸为体系，问此体系的 Q、W、ΔU 是正、负，还是零。如果在薄膜破了以后，且从冷却盘管中通入冷却水使浓硫酸和水的温度仍为 T_1，仍以原来的水和浓硫酸为体系，问 Q、W、ΔU 是正、负，还是零。

解：(1) 将薄膜弄破以后温度由 T_1 升到 T_2，因水和浓硫酸为体系，虽然体系的温度升高了，但无热量传给环境，所以 $Q=0$，又 $W=0$，根据第一定律 $\Delta U=Q+W$，则 $\Delta U=0$。

(2) 从冷却盘管中通入冷却水带走浓硫酸和水混合所产生的热量，则 $Q<0$，又 $W=0$，根据第一定律 $\Delta U=Q+W$，则 $\Delta U<0$。

2. 一个外有绝热层的橡皮球内充有 100kPa 的理想气体，突然将球投入真空，球的体积增加了一倍。忽略橡皮球对气体的弹性压力不计，以球内理想气体为系统，指出该过程中 Q，W，ΔU 和 ΔH 的值（用正、负号表示)。

解：$Q=0$，$W=0$，$\Delta U=0$，$\Delta H=0$

3. 10mol 氧在压力为 100kPa 下等压加热，使体积自 1000dm^3 膨胀到 2000dm^3，设其为理想气体，求系统对外所做的功。

解：$W=-p_e\Delta V=[-100\times10^3\times(2000-1000)\times10^{-3}]\text{J}=-100\times10^3\text{J}$

即系统对外做功 $100\times10^3\text{J}$。

4. 1mol 水蒸气（H_2O，g）在 100℃、100kPa 下全部凝结成液态水，求过程的功。假设相对于水蒸气的体积，液态水的体积可以忽略不计，且水蒸气可视为理想气体。

解：恒温恒压相变过程，水蒸气可看作理想气体：

$$W=-p_e\Delta V=-p(V_l-V_g)\approx pVg=nRT=8.314\times373.15\text{J}=3.102\text{kJ}$$

5. 一辆汽车的轮胎在开始行驶时的温度为 298K、压力为 280kPa。经过 3h 高速行驶以后，轮胎压力达到 320kPa，计算轮胎的内能变化是多少？已知空气的 $C_{V,m}=20.88\text{J}\cdot\text{K}^{-1}\cdot\text{mol}^{-1}$，轮胎内体积为 57.0dm^3 且保持不变（视空气为理想气体）。

解：$\Delta U = nC_{V,m}(T_2 - T_1) = (C_{V,m}/R)(p_2 - p_1)V$

$= (20.88/8.314) \times (320-280) \times 10^3 \times 57 \times 10^{-3}\,J = 5.726kJ$

6. 一个人每天通过新陈代谢作用放出 10460kJ 热量。

(1) 如果人是绝热体系，且其热容相当于 70kg 水，那么一天内体温可上升到多少度？

(2) 实际上人是开放体系。为保持体温的恒定，其热量散失主要靠水分的挥发。假设 37℃时水的汽化热为 $2405.8J \cdot g^{-1}$，那么为保持体温恒定，一天之内一个人要蒸发掉多少水分（设水的比热容为 $4.184J \cdot g^{-1} \cdot K^{-1}$）？

解：(1) $\Delta T = Q/(mc) = 10460 \times 10^3 J/[(70 \times 10^3 g) \times (4.184J \cdot g^{-1} \cdot K^{-1})] = 35.7K$

$T = (35.7 + 310.2)K = 345.9K$

(2) $m_x = Q/\Delta H = 10460 \times 10^3 J/(2405.8 \times 10^3 J \cdot kg^{-1}) = 4.35kg$

7. 某理想气体的 $C_{V,m}/J \cdot K^{-1} \cdot mol^{-1} = 25.52 + 8.2 \times 10^{-3}(T/K)$，问

(1) $C_{p,m}$ 和 T 的函数关系是什么？

(2) 一定量的此气体在 300K 下，由 $p_1 = 1.0 \times 10^3 kPa$，$V_1 = 1dm^3$ 膨胀到 $p_2 = 100kPa$，$V_2 = 10dm^3$ 时，此过程的 ΔU、ΔH 是多少？

(3) 第 (2) 问中的状态变化能否用绝热过程来实现？

解：(1) 因为 $C_{p,m} - C_{V,m} = R = 8.314J \cdot K^{-1} \cdot mol^{-1}$，故

$$C_{p,m} = (33.83 + 8.2 \times 10^{-3}\,T/K)J \cdot K^{-1} \cdot mol^{-1}$$

(2) 因为是理想气体，且 $\Delta T = 0$，所以 $\Delta U = \Delta H = 0$。

(3) 因为 $\Delta U = 0$，$Q = 0$，所以 $W = 0$，因此能进行的绝热过程是绝热自由膨胀。

8. 101325Pa 下的 100g 气态氨在正常沸点（-33.4℃）凝结为液体，计算 ΔH、W、ΔU。已知氨在正常沸点时的蒸发焓为 $1368J \cdot g^{-1}$，气态氨可作为理想气体，液体的体积可忽略不计。

解：$\Delta H = Q_p = [100 \times (-1368)]J = -136.8kJ$

$$W = -p_e[V(l) - V(g)] \approx pV(g) \approx nRT = \left[\frac{100}{17.03} \times 8.3145 \times (-33.4 + 273.15)\right]J$$

$= 11.70 \times 10^3 J = 11.70kJ$

$\Delta U = Q + W = (-136.8 + 11.70)kJ = -125.1kJ$

9. 1mol 水在 100℃，$p^{\ominus}$下变成同温同压下的水蒸气（视水蒸气为理想气体），然后等温可逆膨胀到 $0.5p^{\ominus}$，计算全过程的 ΔU、ΔH。已知 $\Delta_l^g H_m(H_2O, 373.15K, p^{\ominus}) = 40.67kJ \cdot mol^{-1}$。

解：过程为等温等压可逆相变＋理想气体等温可逆膨胀，对后一步 ΔU、ΔH 均为零。

$\Delta H = n\Delta_l^g H_m = 40.67kJ$，$\Delta U = \Delta H - \Delta(pV) = (40.67 - 8.314 \times 373.15 \times 10^{-3})kJ = 37.57kJ$

10. 1.00mol 冰在 0℃、100kPa 下变为水，求 Q、W、ΔU 及 ΔH。已知冰的熔化热为 $335J \cdot g^{-1}$。冰与水的密度分别为 $0.917g \cdot cm^{-3}$ 及 $1.00g \cdot cm^{-3}$。

解：$Q = Q_p = \Delta H = n\Delta_{fus}H_m = (1 \times 335 \times 18 \times 10^{-3})kJ = 6.03kJ$

$$W = -p_e\Delta V = \left[-100000 \times \left(\frac{18}{1} - \frac{18}{0.917}\right) \times 10^{-6}\right]J = 0.163J = 0.000163kJ$$

$\Delta U = Q + W = (6.03 + 0.000163)kJ = 6.03kJ$

上述计算结果表明，常压下，凝聚态相变过程的体积功可忽略不计。

11. (1) 将 100℃和 100kPa 的 1g 水在恒外压（$0.5 \times 100kPa$）下恒温汽化为水蒸气，

然后将此水蒸气慢慢加压（近似看作可逆地）变为 100℃ 和 100kPa 的水蒸气。求此过程的 Q、W 和该体系的 ΔU、ΔH（100℃、100kPa 下水的汽化热为 $2259.4\mathrm{J\cdot g^{-1}}$）。

（2）将 100℃ 和 100kPa 的 1g 水突然放到 100℃ 的恒温真空箱中，液态水很快蒸发为水蒸气并充满整个真空箱，测得其压力为 100kPa。求此过程的 Q、W 和体系的 ΔU、ΔH（水蒸气可视为理想气体）。

解：（1）过程的框图如下：

1g $H_2O(l)$(1/18mol) $T_1=373.2\mathrm{K}, p_1=100\mathrm{kPa}$	恒外压 $p_e=50\mathrm{kPa}$ →	1g $H_2O(g)$(1/18mol) $T_2=373.2\mathrm{K}, p_2=50\mathrm{kPa}$	可逆压缩 →	1g $H_2O(g)$(1/18mol) $T_3=373.2\mathrm{K}, p_3=100\mathrm{kPa}$

$$W_1=W_1'+W_1''=-p_e\Delta V-nRT\ln\frac{p_2}{p_3}=-\Delta nRT-nRT\ln\frac{p_2}{p_3}$$

$$=\left(-\frac{1}{18}\times 8.314\times 373.2-\frac{1}{18}\times 8.314\times 373.2\ln\frac{50}{100}\right)\mathrm{J}=-52.9\mathrm{J}$$

$$Q_1=Q_1'+Q_1''=Q_1'-W_1''=(2259.4\times 1-119.5)\mathrm{J}$$

$$=2139.9\mathrm{J}\text{（忽略压力对汽化热的影响）}$$

$$\Delta U_1=Q_1+W_1=2087.0\mathrm{J}$$

$$\Delta H_1=\Delta U_1+\Delta(pV)=\Delta U_1+\Delta nRT=\left(2087.0+\frac{1}{18}\times 8.314\times 373.2\right)\mathrm{J}=2259.4\mathrm{J}$$

（2）始终态与（1）相同，所以

$\Delta U=2087.0\mathrm{J}$

$\Delta H=2259.4\mathrm{J}$

$W=0$

$Q=2087.0\mathrm{J}$

12. 1mol 单原子分子理想气体，沿着 $p/V=K$（K 为常数）的可逆途径变到终态，试计算沿该途径变化时气体的热容。

解：$dU=\delta Q+\delta W$，对理想气体 $dU=C_V dT$，$\delta W=-p dV$

$$\delta Q=C_V dT+p dV$$

气体热容 $C=\delta Q/dT=C_V+p(dV/dT)$

$p/V=K$（常数），$(nRT/V)/V=K$，$V^2=nRT/K$，$dV/dT=nR/(2VK)$

所以 $$C=C_V+pnR/(2VK)=2R$$

13. 在一个有活塞的装置中，盛有 298K、100g 的氮，活塞上压力为 $3.0\times 10^6\mathrm{Pa}$，突然将压力降至 $1.0\times 10^6\mathrm{Pa}$，让气体绝热膨胀，若氮的 $C_{V,\mathrm{m}}=20.71\mathrm{J\cdot K^{-1}\cdot mol^{-1}}$，计算气体的最终温度。此氮气的 ΔU 和 ΔH 为若干（设此气体为理想气体）？

解：根据题意，这是一个绝热不可逆过程。

$$nC_{V,\mathrm{m}}(T_2-T_1)=-p_2(nRT_2/p_2-nRT_1/p_1)$$

$$T_2=241\mathrm{K}$$

$$\Delta U=nC_{V,\mathrm{m}}(T_2-T_1)=(100/28)\times(5R/2)\times(241-298)\mathrm{mol\cdot K}=-4231\mathrm{J}$$

$$\Delta \mathrm{H}=\mathrm{n}C_{p,m}(\mathrm{T_2}-\mathrm{T_1})=(100/28)\times(7\mathrm{R}/2)\times(241-298)\mathrm{mol\cdot K}=-5923.7\mathrm{J}$$

14. 恒定压力下，2mol、50℃ 的液态水变作 150℃ 的水蒸气，求过程吸收的热。已知：水和水蒸气的平均恒压摩尔热容分别为 $75.31\mathrm{J\cdot K^{-1}\cdot mol^{-1}}$ 及 $33.47\mathrm{J\cdot K^{-1}\cdot mol^{-1}}$；水在 100℃ 及标准压力下蒸发成水蒸气的摩尔汽化热 $\Delta_{\mathrm{vap}}H_{\mathrm{m}}^{\ominus}$ 为 $40.67\mathrm{kJ\cdot mol^{-1}}$。

解：过程的框图如下。

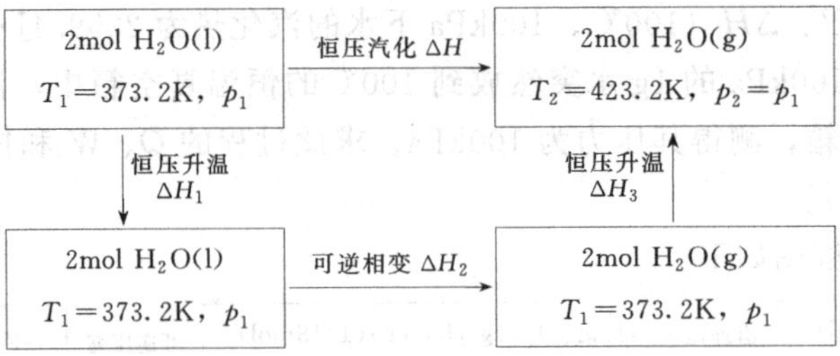

$$\Delta H=\Delta H_1+\Delta H_2+\Delta H_3$$

50℃的水变作100℃的水：

$$\Delta H_1=nC_{p,\mathrm{m}}(T_b-T_1)=[2\times75.31\times(373-323)]\mathrm{J}=7531\mathrm{J}=7.531\mathrm{kJ}$$

100℃的水变作100℃的气：

$$\Delta H_2=n\cdot\Delta_{\mathrm{vap}}H_{\mathrm{m}}^{\ominus}=(2\times40.67)\mathrm{kJ}=81.34\mathrm{kJ}$$

100℃的气变作150℃的气：

$$\Delta H_3=nC_{p,\mathrm{m}}(T_2-T_{\mathrm{b}})=[2\times33.47\times(423-373)]\mathrm{J}=3347\mathrm{J}=3.35\mathrm{kJ}$$

全过程的热：

$$\Delta H=\Delta H_1+\Delta H_2+\Delta H_3=(7.531+81.34+3.35)\mathrm{kJ}=92.22\mathrm{kJ}$$

15. 在一绝热保温瓶中，将100g 0℃的冰和100g 50℃的水混合在一起，最后平衡时的温度为多少？其中有多少克水？

（冰的熔化热 $\Delta_{\mathrm{fus}}H_{\mathrm{m}}^{\ominus}=333.46\mathrm{J\cdot g^{-1}}$，水的平均比热容 $C_p=4.184\mathrm{J\cdot K^{-1}\cdot g^{-1}}$）

解：设平衡时温度为 T，有 x 克冰变为水。

100g 0℃冰融化成水需 $Q_1=(333.46\times100)\mathrm{J}=33346\mathrm{J}$

100g 50℃水变为0℃水需 $Q_2=mC_p(T_2-T_1)=100\times4.184\times(273.15-323.15)\mathrm{J}=-20902\mathrm{J}$

由于 $Q_1>Q_2$，最后温度只能是0℃（冰水混合物），则

$$x\times333.46=100\times50\times4.184$$

得
$$x=62.736\mathrm{g}$$

故最后水的质量为 $(100+62.736)\mathrm{g}=162.736\mathrm{g}$

16. 计算1mol理想气体在下列四个过程中所做的体积功。已知始态体积为25dm³，终态体积为100dm³；始态及终态温度均为100℃。

(1) 等温可逆膨胀；

(2) 向真空膨胀；

(3) 在外压恒定为气体终态的压力下膨胀；

(4) 先在外压恒定为体积等于50dm³时气体的平衡压力下膨胀，当膨胀到50dm³（此时温度仍为100℃）以后，再在外压等于100dm³时气体的平衡压力下膨胀。

试比较这四个过程的功。比较的结果说明什么？

解：(1) 等温可逆膨胀

$$W_1=-nRT\ln\frac{V_2}{V_1}=\left(-1\times8.314\times373\times\ln\frac{100}{25}\right)\mathrm{J}=-4299\mathrm{J}$$

(2) 向真空膨胀

$$W_2=-p_{外}(V_2-V_1)=-0(V_2-V_1)=0$$

(3) 恒外压膨胀

$$W_3=-p_{外}(V_2-V_1)=-p_2(V_2-V_1)$$
$$=-\frac{nRT}{V_2}(V_2-V_1)=\left[-\frac{1\times8.314\times373}{0.1}\times(0.1-0.025)\right]\text{J}=-2325.8\text{J}$$

(4) 两步恒外压膨胀

$$W_4=-p_{外}(V_2-V_1)-p_{外}(V_3-V_2)$$
$$=-\frac{nRT}{V_2}(V_2-V_1)-\frac{nRT}{V_3}(V_3-V_2)=-nRT\left(1-\frac{V_1}{V_2}+1-\frac{V_2}{V_3}\right)$$
$$=-nRT\left(2-\frac{25}{50}-\frac{50}{100}\right)=-nRT=(1\times8.314\times373)\text{J}=-3101\text{J}$$

说明膨胀次数愈多，即体系与环境的压力差愈小，系统对外做功的绝对值愈大。

17. 某高压容器中含有未知气体，可能是氮或氩气。今在 298K 时取出一些样品，从 5dm^3 绝热可逆膨胀到 6dm^3，温度降低了 21K，问能否判断容器中是何种气体？假设单原子分子气体的 $C_{V,\text{m}}=\frac{3}{2}R$，双原子分子气体的 $C_{V,\text{m}}=\frac{5}{2}R$。

解： 因为 $TV^{\gamma-1}=C$

所以 $\ln\frac{T_2}{T_1}=(\gamma-1)\ln\frac{V_2}{V_1}$

$$\ln\frac{277}{298}=(\gamma-1)\ln\frac{5}{6}$$
$$-0.0731=(\gamma-1)(-0.1823)$$
$$\gamma=1.40$$
$$\gamma=\frac{C_{p,\text{m}}}{C_{V,\text{m}}}=\frac{C_{V,\text{m}}+R}{C_{V,\text{m}}}=1+\frac{R}{C_{V,\text{m}}}$$
$$\frac{R}{C_{V,\text{m}}}=\gamma-1=1.40-1=0.4$$

$C_{V,\text{m}}=\frac{R}{0.4}=2.5R$　由此判断是 N_2

18. 一气体的状态方程式是 $pV=nRT+\alpha p$，α 只是 T 的函数。

(1) 设在恒压下将气体自 T_1 加热到 T_2，求 $W_{可逆}$；

(2) 设膨胀时温度不变，求 W 。

解：

(1) $W=-\int_{V_1}^{V_2}p\text{d}V=-p(V_2-V_1)=-(nRT_2+\alpha_2 p)+(nRT_1+\alpha_1 p)$

$$W=-nR(T_2-T_1)-(\alpha_2-\alpha_1)p$$

(2) $W=-\int_{V_1}^{V_2}p\text{d}V=-\int_{V_1}^{V_2}nRT/(V-\alpha)\text{d}V$

$$W=-nRT\ln\frac{V_2-\alpha}{V_1-\alpha}=nRT\ln\frac{p_2}{p_1}$$

19. 27℃时，5mol NH_3 由 5dm^3 恒温可逆膨胀至 50dm^3，试计算体积功。假设服从范德华方程。已知 NH_3 的 $a=0.423\text{Pa}\cdot\text{m}^6\cdot\text{mol}^{-2}$，$b=0.0371\times10^{-3}\text{m}^3$。

解： 1mol NH_3

$$W_\text{R}=-\int_{V_{\text{m},1}}^{V_{\text{m},2}}p\text{d}V_\text{m}=-\int_{V_{\text{m},1}}^{V_{\text{m},2}}\left(\frac{RT}{V_\text{m}-b}-\frac{a}{V_\text{m}^2}\right)\text{d}V_\text{m}=-RT\ln\frac{V_{\text{m},2}-b}{V_{\text{m},1}-b}-a\left(\frac{1}{V_{\text{m},2}}-\frac{1}{V_{\text{m},1}}\right)$$

$$=\left\{-8.3145\times(27+273.15)\times\ln\frac{(50/5)-0.0371}{(5/5)-0.0371}-0.423\times\left[\frac{1}{(50/5)}-\frac{1}{(5/5)}\right]\times10^{3}\right\}\text{J}\cdot\text{mol}^{-1}$$

$$=-5450\text{J}\cdot\text{mol}^{-1}$$

对于 5mol NH_3，$W_R=5\times(-5450)\text{J}=-27.25\times10^3\text{J}=-27.25\text{kJ}$

20. 体积为 200dm^3 的容器中装有某理想气体，$t_1=20℃$，$p_1=253.31\text{kPa}$。已知其 $C_{p,\text{m}}=1.4C_{V,\text{m}}$，试求其 $C_{V,\text{m}}$。若该气体的摩尔热容近似为常数，试求恒容下加热该气体至 $t_2=80℃$ 所需的热。

解：该气体为理想气体，所以存在 $C_{p,\text{m}}-C_{V,\text{m}}=R$，而该气体 $C_{p,\text{m}}=1.4C_{V,\text{m}}\Rightarrow$ $1.4C_{V,\text{m}}-C_{V,\text{m}}=R\Rightarrow0.4C_{V,\text{m}}=R\Rightarrow C_{V,\text{m}}=\frac{8.314}{0.4}\text{J}\cdot\text{mol}^{-1}\cdot\text{K}^{-1}=20.8\text{J}\cdot\text{mol}^{-1}\cdot\text{K}^{-1}$

恒容时，$W=0$，$\Delta U=Q=n\int_{T_1}^{T_2}C_{V,\text{m}}\text{d}T$

$$n=\frac{p_1V_1}{RT_1}=\left[\frac{253.31\times10^3\times200\times10^{-3}}{8.314\times(273.15+20)}\right]\text{mol}=20.79\text{mol}$$

$$Q=\Delta U=n\int_{T_1}^{T_2}C_{V,\text{m}}\text{d}T=20.79\int_{T_1}^{T_2}20.8\text{d}T=[20.79\times20.8\times(80-20)]\text{J}=25.94\text{kJ}$$

21. 已知氢的 $C_{p,\text{m}}=[29.07-0.836\times10^{-3}(T/\text{K})+20.1\times10^{-7}(T/\text{K})^2]\text{J}\cdot\text{K}^{-1}\cdot\text{mol}^{-1}$，

(1) 求恒压下 1mol 氢的温度从 300K 上升到 1000K 时需要多少热量?

(2) 若在恒容下需要多少热量?

(3) 求在这个温度范围内氢的平均恒压摩尔热容。

解：(1) $Q_p=\Delta H=\int_{T_1}^{T_2}C_{p,\text{m}}\text{d}T$

$$=[29.07(T_2-T_1)-(0.836/2)\times10^{-3}(T_2^2-T_1^2)+(20.1/3)\times10^{-7}(T_2^3-T_1^3)]$$

$$=20.62\text{kJ}$$

(2) $Q_V=\Delta U=\Delta H-R\Delta T=[20620-8.314\times(1000-300)]\text{J}=14.8\text{kJ}$

(3) $C_{p,\text{m}}=\Delta H/(T_2-T_1)=[20620/(1000-300)]\text{J}\cdot\text{K}^{-1}\cdot\text{mol}^{-1}=29.46\text{J}\cdot\text{K}^{-1}\cdot\text{mol}^{-1}$

22. 已知水在 25℃的密度 $\rho=997.04\text{kg}\cdot\text{m}^{-3}$。求 1mol 水（$H_2O$，l）在 25℃下

(1) 压力从 100kPa 增加至 200kPa 时的 ΔH；

(2) 压力从 100kPa 增加至 1MPa 时的 ΔH。

假设水的密度不随压力改变，在此压力范围内水的摩尔热力学能近似认为与压力无关。

解：已知 $\rho=997.04\text{kg}\cdot\text{m}^{-3}$；$M_{H_2O}=18.015\times10^{-3}\text{kg}\cdot\text{mol}^{-1}$

凝聚相物质恒温变压过程，水的密度不随压力改变，1mol H_2O(l) 的体积在此压力范围可认为不变，则 $V_{H_2O}=m/\rho=M/\rho$

$$\Delta H-\Delta U=\Delta(pV)=V(p_2-p_1)$$

摩尔热力学能变与压力无关，$\Delta U=0$，故 $\Delta H=\Delta(pV)=V(p_2-p_1)$。

(1) $\Delta H-\Delta U=\Delta(pV)=V(p_2-p_1)=\frac{18.015\times10^{-3}}{997.04}\times(200\times10^3-100\times10^3)\text{J}=1.8\text{J}$

(2) $\Delta H-\Delta U=\Delta(pV)=V(p_2-p_1)=\frac{18.015\times10^{-3}}{997.04}\times(1\times10^6-100\times10^3)\text{J}=16.2\text{J}$

23. 2mol、100kPa、373K 的液态水放入一小球中，小球放入 373K 恒温真空箱中。打破小球，刚好使 H_2O(l) 蒸发为 100kPa、373K 的 H_2O(g) [视 H_2O(g) 为理想气体]，求此过程的 Q、W、ΔU、ΔH；若此蒸发过程在常压下进行，则 Q、W、ΔU、ΔH 的值各为多

少？已知水的蒸发热在 373K、100kPa 时为 40.66kJ·mol^{-1}。

解：101.33kPa，373K $H_2O(l) \rightarrow H_2O(g)$

(1) 真空蒸发 $W=0$，初、终态相同 $\Delta H = n \cdot \Delta H_m = 2 \times 40.66\text{kJ} = 81.3\text{kJ}$，$\Delta U = \Delta H - \Delta(pV) = \Delta H - \Delta nRT = (81.3 \times 10^3 - 2 \times 8.314 \times 373)\text{J} = 75.1\text{kJ}$，$Q = \Delta U = 75.1\text{kJ}$

(2) 等温等压可逆相变，$\Delta H = Q = n\Delta_l^g H_m = 81.3\text{kJ}$，$W = -nRT = -6.2\text{kJ}$，$\Delta U = Q + W = 75.1\text{kJ}$

24. 在 100kPa 下，把极小的一块冰投到 100g、-5℃的过冷水中，结果有一定数量的水凝结为冰，而温度变为 0℃。由于过程进行得很快，所以可看作是绝热的。已知冰的熔化焓为 333.5J·g^{-1}，在 -5～0℃之间水的比热容为 4.230J·K^{-1}·g^{-1}。

(1) 试确定系统的初、终状态，并求过程的 ΔH。

(2) 求析出的冰的数量。

解：(1)

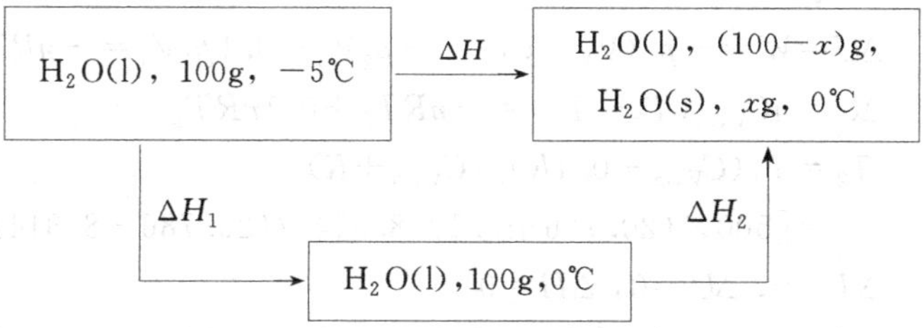

(2) 恒压且绝热，故 $\Delta H = Q_p = 0\text{J}$

$$\Delta H_1 = m\int_{T_1}^{T_2} C\text{d}T = mC(T_2 - T_1) = 100 \times 4.23(273.15 - 268.15)\text{J} = 2115\text{J}$$

$$\Delta H_2 = x(-333.5)\text{J}$$

$$\Delta H_1 + \Delta H_2 = \Delta H = 2115 - 333.5x = 0$$

即 $$x = \left(\frac{2115}{333.5}\right)\text{g} = 6.34\text{g}$$

故析出 6.34g 冰。

25. 5mol 双原子理想气体从始态 300K、200kPa，先恒温可逆膨胀到压力为 50kPa，再绝热可逆压缩到末态压力为 200kPa。求末态温度 T 及整个过程的 W、Q、ΔU 和 ΔH。

解：理想气体连续 pVT 变化过程。题给过程为

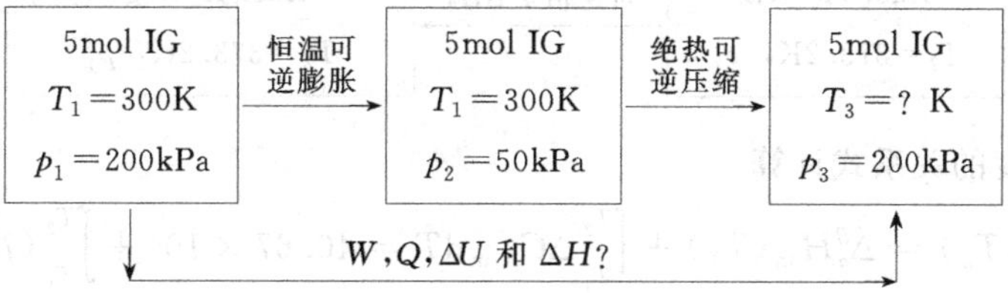

由绝热可逆过程方程式得

$$T_3 = (p_3/p_2)^{R/C_{p,m}} \times T_2 = (200 \times 10^3 / 50 \times 10^3)^{R/C_{p,m}} \times 300\text{K} = 445.8\text{K}$$

(1) ΔH 和 ΔU 只取决于始末态，与中间过程无关

$$\Delta H = nC_{p,m}\Delta T = nC_{p,m}(T_3 - T_1) = (5R \times 7/2) \times (445.8 - 300)\text{J} = 21.21\text{kJ}$$

$$\Delta U = nC_{V,m}\Delta T = nC_{V,m}(T_3 - T_1) = 5 \times \frac{5}{2} \times 8.314 \times (445.8 - 300)\text{J} = 15.15\text{kJ}$$

(2) $W_1 = W_{r,T} = nRT\ln\dfrac{p_2}{p_1} = \left(5\times 8.314\times 300\ln\dfrac{50}{200}\right)\text{J} = -17.29\text{kJ}$

$W_2 = \Delta U = nC_{V,m}\Delta T = n\,C_{V,m}(T_3 - T_2) = 15.15\text{kJ}$

故　$W = W_1 + W_2 = -2.14\text{kJ}$

(3) 由热力学第一定律得 $Q = \Delta U - W = 17.29\text{kJ}$

26. 1.0mol 理想气体由 500K、1.0MPa，反抗恒外压绝热膨胀到 0.1MPa 达平衡，然后恒容升温至 500K，求整个过程的 W、Q、ΔU 和 ΔH。已知 $C_{V,m} = 20.786\text{J}\cdot\text{K}^{-1}\cdot\text{mol}^{-1}$。

解：系统状态变化

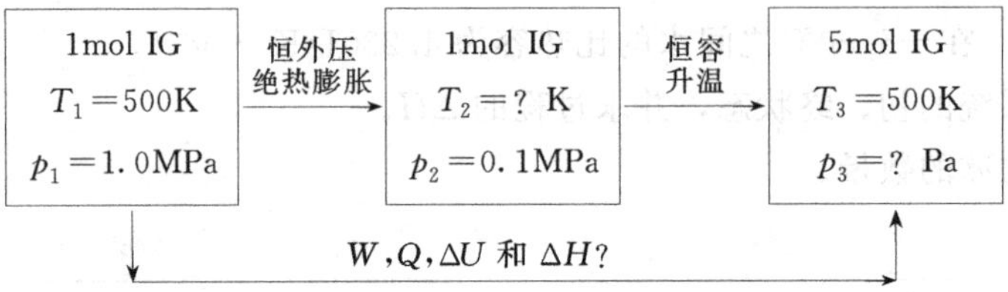

对恒外压绝热过程　$\Delta U = W = -p_2(V_2 - V_1) = -p_2V_2 + 0.1p_1V_1 = -nRT_2 + 0.1nRT_1$

$\Delta U = nC_{V,m}(T_2 - T_1) = -nRT_2 + 0.1nRT_1$

所以　$T_2 = T_1(C_{V,m} + 0.1R)/(C_{V,m} + R)$

$= [500\times(20.786 + 0.1\times 8.314)/(20.786 + 8.314)]\text{K} = 371.4\text{K}$

整个过程　$\Delta T = 0$，$\Delta U = 0$，$\Delta H = 0$

$W = nC_{V,m}(T_2 - T_1) = [1\times 20.786\times(371.4 - 500)]\text{J} = -2673\text{J}$

$Q = -W = 2673\text{J}$

27. 计算 20℃，101.325kPa，1mol 液态水蒸发为水蒸气的汽化热（已知，100℃、101.325kPa 时，水的 $\Delta_{vap}H_m = 40.67\text{kJ}\cdot\text{mol}^{-1}$，水的 $C_{p,m} = 75.3\text{J}\cdot\text{K}^{-1}\cdot\text{mol}^{-1}$，水蒸气的 $C_{p,m} = 33.2\text{J}\cdot\text{K}^{-1}\cdot\text{mol}^{-1}$）。

解：过程的框图

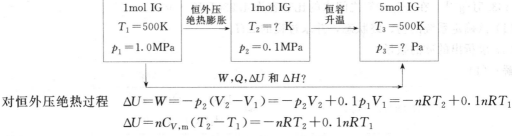

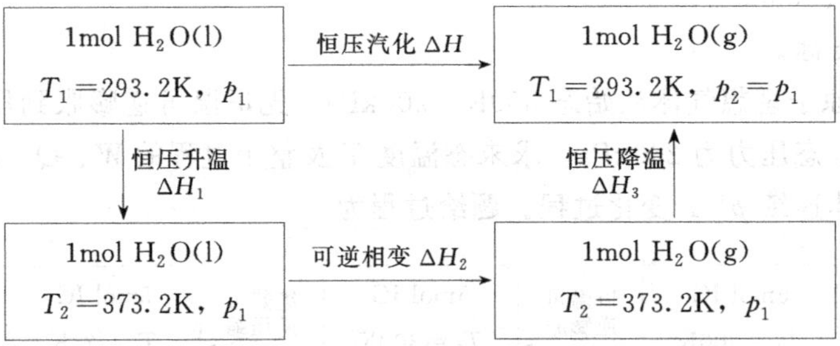

利用相变焓与温度的关系式计算

$$\Delta_\alpha^\beta H_m(T_2) = \Delta_\alpha^\beta H_m(T_1) + \int_{T_1}^{T_2}\Delta C_{p,m}\text{d}T = 40.67\times 10^3 + \int_{T_1}^{T_2}(75.3 - 33.2)\text{d}T$$

得　$\Delta_{vap}H_m(293.2) = 44.04\text{kJ}\cdot\text{mol}^{-1}$

与 100℃ 的汽化热相比可知，$\Delta_{vap}H_m$ 随温度升高而减小。

28. 100kPa 下冰（H_2O,s）的熔点为 0℃。在此条件下冰的摩尔熔化焓 $\Delta_{fus}H_m = 6.012\text{kJ}\cdot\text{mol}^{-1}$。已知在 $-10\sim 0$℃ 范围内过冷水（H_2O,l）和冰的摩尔恒压热容分别为 $C_{p,m}(H_2O, l) = 76.28\text{J}\cdot\text{mol}^{-1}\cdot\text{K}^{-1}$ 和 $C_{p,m}(H_2O, s) = 37.20\text{J}\cdot\text{mol}^{-1}\cdot\text{K}^{-1}$。求在常压及 -10℃ 下过冷水结冰的摩尔凝固焓。

解： 在 100kPa、273.15K 下，水和冰互相平衡，所以在 100kPa、263.15K 的过冷水凝固为冰就偏离了平衡条件，因此该过程为不可逆相变化，设计途径如下

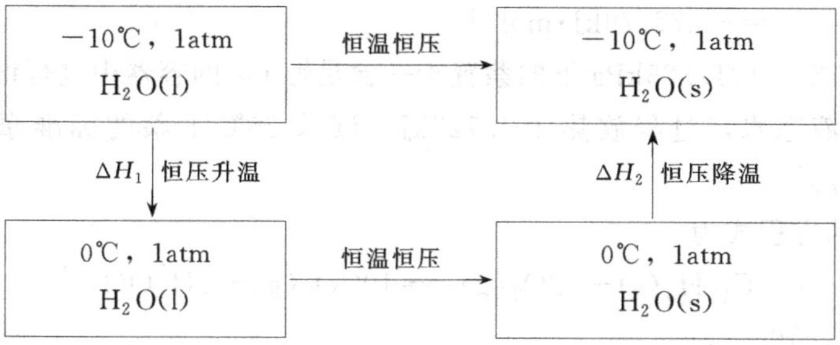

$$\Delta H_1 = C_{p,m}(l)(T_2 - T_1) = C_{p,m}(l)(273.15 - 263.15)K = 0.7628 kJ\cdot mol^{-1}$$

$$\Delta H_2 = C_{p,m}(s)(T_1 - T_2) = C_{p,m}(s)(263.15 - 273.15)K = -0.372 kJ\cdot mol^{-1}$$

$$\Delta_l^s H_m(263.15K) = \Delta_l^s H_m(273.15K) + \Delta H_1 + \Delta H_2 = (-6.012 + 0.7628 - 0.372) kJ\cdot mol^{-1}$$
$$= -5.621 kJ\cdot mol^{-1}$$

29. 0.500g 正庚烷放在弹式量热计中，燃烧后温度升高 2.94K。若量热计本身及附件的热容为 8.177kJ·K^{-1}，计算 298K 时正庚烷的摩尔燃烧焓（量热计的平均温度为 298K）。正庚烷的摩尔质量为 0.1002kg·mol^{-1}。

解： 0.500g 正庚烷燃烧后放出的恒容热效应为

$$Q_V = C\Delta T = (8.177 kJ\cdot K^{-1}) \times (2.94K) = 24040J$$

1mol 正庚烷燃烧后放出的恒容热效应

$$\Delta_r U_m = \frac{Q_r}{W/M} = -\frac{24040}{0.500/100.2} J\cdot mol^{-1} = -4818000 J\cdot mol^{-1}$$

$$C_7H_{16}(l) + 11O_2(g) = 7CO_2(g) + 8H_2O(l)$$

正庚烷的摩尔燃烧焓为

$$\Delta_c H_m^{\ominus}(C_7H_{16}, l, 298K) = \Delta_c H_m + \sum_B \nu_B RT$$
$$= [-4818000 + (7-11) \times 8.314 \times 298] J\cdot mol^{-1}$$
$$= -4828000 J\cdot mol^{-1}$$

30. 用量热计测得乙醇（l）、乙酸（l）和乙酸乙酯（l）的标准恒容摩尔燃烧热 $\Delta_c U_m^{\ominus}$（298K）分别为 −1364.27kJ·mol^{-1}、−871.50kJ·mol^{-1} 和 −2251.73kJ·mol^{-1}。

(1) 计算在 $p^{\ominus}$ 和 298K 时，下列酯化反应的 $\Delta_r H_m^{\ominus}(298K)$。

$$C_2H_5OH(l) + CH_3COOH(l) = CH_3COOC_2H_5(l) + H_2O(l)$$

(2) 已知 $CO_2(g)$ 和 $H_2O(l)$ 的标准摩尔生成焓 $\Delta_f H_m^{\ominus}(298K)$ 分别为 −393.51kJ·mol^{-1} 和 −285.84kJ·mol^{-1}，求 $C_2H_5OH(l)$ 的标准摩尔生成焓。

解： 根据公式 $\Delta_r U_m^{\ominus}(T) = -\sum_B \nu_B \Delta_c U_m^{\ominus}$（B，相态，$T$），有

(1) $\Delta_r U_m^{\ominus}(298K) = [-1364.27 - 871.50 - (-2251.73)] kJ\cdot mol^{-1} = 15.96 kJ\cdot mol^{-1}$

$$\Delta_r H_m^{\ominus} = \Delta_r U_m^{\ominus} + \sum_B \nu_{B(g)} RT = (15.96 + 0) kJ\cdot mol^{-1} = 15.96 kJ\cdot mol^{-1}$$

(2) $C_2H_5OH(l) + 3O_2(g) = 2CO_2(g) + 3H_2O(l)$

$$\Delta_r H_m^{\ominus} = \Delta_r U_m^{\ominus} - RT = (-1364.27 - 8.3145 \times 10^{-3} \times 298) kJ\cdot mol^{-1}$$
$$= -1366.75 kJ\cdot mol^{-1}$$

$$\Delta_f H_m^{\ominus}(C_2H_5OH) = 3\Delta_f H_m^{\ominus}(H_2O) + 2\Delta_f H_m^{\ominus}(CO_2) - \Delta_r H_m^{\ominus}$$
$$= [3\times(-285.84) + 2\times(-393.51) - (-1366.75)]\mathrm{kJ\cdot mol^{-1}}$$
$$= -277.79\mathrm{kJ\cdot mol^{-1}}$$

31. 将 10g 25℃，101.325kPa 下的萘置于一含足够 O_2 的容器中进行恒容燃烧，产物为 25℃下的 CO_2 及液态水，过程放热 401.727kJ。试求 25℃下萘的标准摩尔燃烧热 $\Delta_c H_m^{\ominus}(298.15\mathrm{K}, C_{10}H_8)$。

解：萘燃烧的方程式为

$$C_{10}H_8(s) + 12O_2(g) = 10CO_2(g) + 4H_2O(l)$$

参加反应的萘共有 $\frac{10}{128}$mol。

根据 $\Delta_r H_m = \Delta_r U_m + \sum_B \nu_{B(g)} RT$，有

$$\Delta_c H_m^{\ominus}(C_{10}H_8) = -\left(\frac{128}{10}\right)\times Q_V + \sum_B \nu_{B(g)} RT$$
$$= \left[-\left(\frac{128}{10}\right)\times 401.727 - 2\times 8.3145\times 10^{-3}\times 298\right]\mathrm{kJ\cdot mol^{-1}}$$
$$= -5147.1\mathrm{kJ\cdot mol^{-1}}$$

32. 求反应 $C(s) + 2H_2O(g) = CO_2(g) + 2H_2(g)$ 的反应热与温度的关系式。

已知：

	$\frac{\Delta_f H_m^{\ominus}(298\mathrm{K})}{\mathrm{kJ\cdot mol^{-1}}}$	$\frac{C_p = a + bT + cT^2}{\mathrm{J\cdot K^{-1}\cdot mol^{-1}}}$		
		a	$b\times 10^3$	$c\times 10^6$
$H_2(g)$	0	29.08	−0.837	2.01
$C(s)$	0	17.15	4.27	—
$H_2O(g)$	−241.8	30.13	11.30	—
$CO_2(g)$	−393.5	44.14	9.04	—

解：

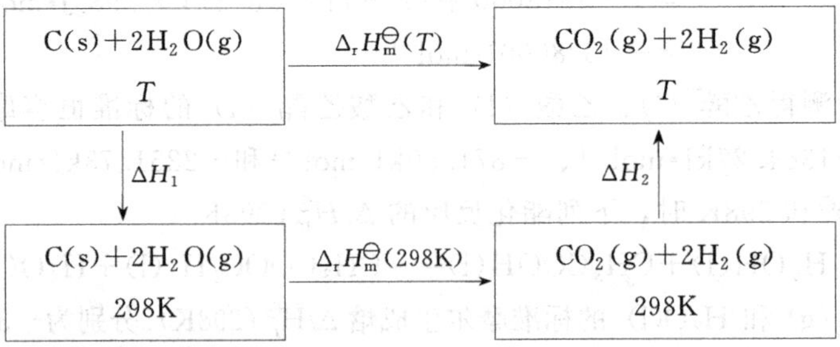

当 T=298K 时，根据表中数据计算，得

$$\Delta_r H_m^{\ominus}(298\mathrm{K}) = \sum \nu_B \Delta_f H_m^{\ominus}(298\mathrm{K}) = [-393.5 - (-241.8\times 2)]\mathrm{kJ\cdot mol^{-1}} = 90100\mathrm{J\cdot mol^{-1}}$$

$$\Delta_r H_m^{\ominus}(T) = \Delta_r H_m^{\ominus}(298\mathrm{K}) + \int \Delta C_p \mathrm{d}T$$

$$\Delta C_p = \Delta a + \Delta b T + \Delta c T^2$$

$$\Delta_r H_m^{\ominus}(T) = \Delta_r H_m^{\ominus}(298\mathrm{K}) + \int_{298\mathrm{K}}^{T} (\Delta a + \Delta b T + \Delta c T^2)\mathrm{d}T$$

$$\Delta_r H_m^{\ominus}(T) = 83513 + \Delta a T + \frac{1}{2}\Delta b T^2 + \frac{1}{3}\Delta c T^3$$

$\Delta_r H_m^{\ominus}(T) = [83513 + 24.89T/K - 9.75 \times 10^{-3}(T/K)^2 + 1.34 \times 10^{-6}(T/K)^3]\ J \cdot mol^{-1}$

33. 298K 时，1mol CO(g) 放在 10mol O_2 中充分燃烧，求：(1) 在 298K 时的 $\Delta_r H_m$；(2) 该反应在 398K 时的 $\Delta_r H_m$。已知，CO_2 和 CO 的 $\Delta_f H_m^{\ominus}$(298.15K) 分别为 $-393.509\ kJ \cdot mol^{-1}$ 和 $-110.525 kJ \cdot mol^{-1}$，CO、$CO_2$ 和 O_2 的 $C_{p,m}$ 分别是 $29.142 J \cdot K^{-1} \cdot mol^{-1}$、$37.11 J \cdot K^{-1} \cdot mol^{-1}$ 和 $29.355 J \cdot K^{-1} \cdot mol^{-1}$。

过程框图为

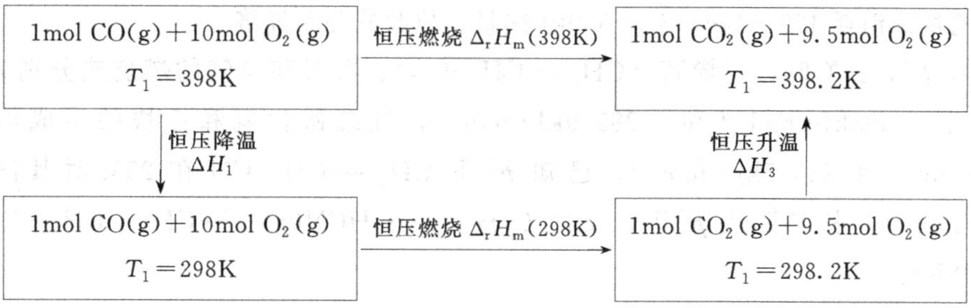

解：(1) $\Delta_r H_m^{\ominus}(298.15K) = \sum_B \nu_B \Delta_f H_m^{\ominus}(298.15K)$

$= \Delta_f H_m^{\ominus}(CO_2, 298.15K) - \Delta_f H_m^{\ominus}(CO, 298.15K)$

$= (-393.509 + 110.525) kJ \cdot mol^{-1} = -282.984 kJ \cdot mol^{-1}$

(2) $\Delta_r H_m^{\ominus}(T_2) = \Delta_r H_m^{\ominus}(T_1) + \int_{T_1}^{T_2} \Delta C_{p,m} dT$

$= -282.984 \times 10^3 + \int_{298K}^{398K} (37.11 - 29.142 - 0.5 \times 29.335) dT$

$= -283.655 kJ \cdot mol^{-1}$

34. 为解决能源危机，有人提出用 $CaCO_3$ 制取 C_2H_2 作燃料。具体反应为

(1) $CaCO_3(s) \xrightarrow{\triangle} CaO(s) + CO_2(g)$

(2) $CaO(s) + 3C(s) \xrightarrow{\triangle} CaC_2(s) + CO(g)$

(3) $CaC_2(s) + H_2O(l) \xrightarrow{298K} CaO(s) + C_2H_2(g)$

问：(a) 1mol C_2H_2 完全燃烧可放出多少热量？

(b) 制备 1mol C_2H_2 需多少 C(s)，这些碳燃烧可放热多少？

(c) 为使反应 (1) 和 (2) 正常进行，须消耗多少热量？

评论 C_2H_2 是否适合作燃料？已知有关物质的 $\Delta_f H_m^{\ominus}(298K)/kJ \cdot mol^{-1}$ 为

CaC_2(s)：-60，CO_2(g)：-393，H_2O(l)：-285，C_2H_2(g)：227，CaO(s)：-635，$CaCO_3$(s)：-1207，CO(g)：-111

解：根据方程 $\Delta_r H_m^{\ominus}(298.15K) = \sum_B \nu_B \Delta_f H_m^{\ominus}(298.15K)$ 计算得：

反应 (1) $\Delta_r H^{\ominus}(298K,(1)) = (-393 - 635 + 1207) kJ \cdot mol^{-1} = 179 kJ \cdot mol^{-1}$

(2) $\Delta_r H^{\ominus}(298K,(2)) = (-60 - 111 + 635) kJ \cdot mol^{-1} = 464 kJ \cdot mol^{-1}$

(3) $\Delta_r H^{\ominus}(298K,(3)) = (227 - 635 + 285 + 60) kJ \cdot mol^{-1} = -63 kJ \cdot mol^{-1}$

反应 (4) $3C(s) + 3O_2(g) \longrightarrow 3CO_2(g)$ $\Delta_r H^{\ominus}(298K, (4)) = -1179 kJ$

(a) 反应 (5) $C_2H_2(g) + 2\frac{1}{2}O_2(g) \longrightarrow 2CO_2(g) + H_2O(l)$

$$\Delta_r H^{\ominus}(298K,(5))=(-285-2\times393-227)kJ=-1298kJ$$

(b) 由题目给出的反应方程可知，制取1mol $C_2H_2(g)$ 需 3mol C(s)，3mol C(s) 燃烧所放热是 $\Delta_r H^{\ominus}(298K,(4))=-1179kJ$，少于燃烧1mol $C_2H_2(g)$ 放出的热$-1289kJ$。

(c) 为使反应 (1) 和 (2) 正常进行，需消耗 179＋464＝643kJ 热量，即制取1mol 乙炔还需 179＋464－63＝580kJ 能量。

1mol C_2H_2 完全燃烧给出 1298kJ 热量，只比 3mol C 完全燃烧多给出 119kJ 热量，而制取 1mol 乙炔需消耗 179＋464－63＝580kJ 热量。故此法并不经济。

35. 在 $p^{\ominus}$，25℃时，丙烯腈 ($CH_2=CH-CN$)、石墨和氢气的燃烧热分别为$-1758\ kJ\cdot mol^{-1}$、$-393kJ\cdot mol^{-1}$ 和 $-285.9kJ\cdot mol^{-1}$；气态氰化氢和乙炔的生成焓分别为 $129.7kJ\cdot mol^{-1}$ 和 $226.7kJ\cdot mol^{-1}$。已知 $p^{\ominus}$ 下 $CH_2=CH-CN$ 在 25℃ 时其汽化热为 $32.84kJ\cdot mol^{-1}$。求 25℃ 及 $p^{\ominus}$ 下，反应 $C_2H_2(g)+HCN(g)\longrightarrow CH_2=CH-CN(g)$ 的 $\Delta_r H_m^{\ominus}(298K)$。

解：丙烯腈生成反应 $3C(s)+\frac{3}{2}H_2(g)+\frac{1}{2}N_2(g)\longrightarrow CH_2=CH-CN(l)$

$$\Delta_f H_m^{\ominus}(丙烯腈)(l)=\{3\Delta_c H_m^{\ominus}[C(s)]+\frac{3}{2}\Delta_c H_m^{\ominus}(H_2)-\Delta_c H_m^{\ominus}(丙烯腈)\}$$

$$=(-3\times393-3/2\times285.9+1758)kJ\cdot mol^{-1}=150.15kJ\cdot mol^{-1}$$

$$\Delta_f H_m^{\ominus}(丙烯腈)(g,298K)=(150.15+32.84)kJ\cdot mol^{-1}=182.99kJ\cdot mol^{-1}$$

$$\Delta_r H_m^{\ominus}(298K)=[182.99-(129.7+226.7)]kJ\cdot mol^{-1}=-173.4kJ\cdot mol^{-1}$$

36. 某工程用黄色炸药 TNT (三硝基甲苯) 进行爆破，所用药柱直径为 3cm，高为 20cm，质量为 200g，药柱紧塞石眼底部，进行负氧爆破，试估算此药柱在爆破瞬间所产生的最高温度和压力。假定反应后产生的气体服从理想气体行为。TNT 负氧爆炸反应如下 (假设反应在常温常压下瞬间完成)：

$$C_6H_2(NO_2)_3CH_3(s)=\frac{7}{2}CO(g)+\frac{5}{2}H_2O(g)+\frac{3}{2}N_2(g)+\frac{7}{2}C(s)$$

已知：$C_{p,m}(石墨)=(17.15+4.27\times10^{-3}T)J\cdot mol^{-1}\cdot K^{-1}$

$C_{p,m}(CO)=(26.537+7.683\times10^{-3}T-1.172\times10^{-6}T^2)J\cdot mol^{-1}\cdot K^{-1}$

$C_{p,m}(H_2O(g))=(30+10.7\times10^{-3}T-2.022\times10^{-6}T^2)J\cdot mol^{-1}\cdot K^{-1}$

$C_{p,m}(N_2)=(27.32+6.226\times10^{-3}T-0.95\times10^{-6}T^2)J\cdot mol^{-1}\cdot K^{-1}$

(TNT 的爆炸热 $\Delta_r H_m=69.87kJ\cdot mol^{-1}$)。

解：TNT 爆炸反应

$$C_6H_2(NO_2)_3CH_3(s)=\frac{7}{2}CO(g)+\frac{5}{2}H_2O(g)+\frac{3}{2}N_2(g)+\frac{7}{2}C(s)+69.87kJ\cdot mol^{-1}$$

200g TNT 在恒容 ($V=3.14\times0.015^2\times0.2=1.413\times10^{-4}m^3$) 下进行负氧爆炸反应的爆炸热为

$$\Delta_r U=n\times69.87kJ\cdot mol^{-1}-\Delta nRT=[(200/227.13)\times(-69.87)-7.5R\times298.15]kJ\cdot mol^{-1}$$
$$=81.12kJ$$

接下来按下面步骤求解。

(1) 画出反应过程框图如下

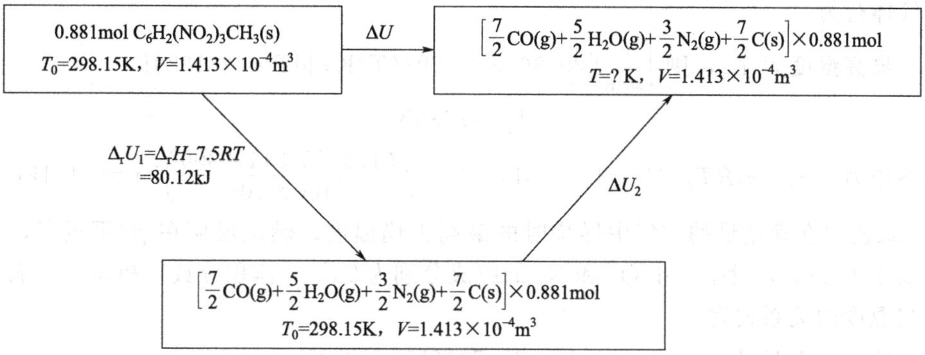

根据状态函数法，有　　$Q_V=\Delta U=0$

$$\Delta U=\Delta_r U_1(298.15\text{K})+\Delta U_2=0$$

（2）根据题目提供的各产物摩尔恒压热容数据可得各产物的恒容热容数据为

$$C_V(\text{石墨})=C_p(\text{石墨})=3.5\times(17.15+4.27\times10^{-3}T)\text{J}\cdot\text{K}^{-1}$$
$$=(60.025+14.945\times10^{-3}T)\text{J}\cdot\text{K}^{-1}$$
$$C_V(\text{CO})=3.5\times(26.537-8.314+7.683\times10^{-3}T-1.172\times10^{-6}T^2)\text{J}\cdot\text{K}^{-1}$$
$$=(63.781+26.891\times10^{-3}T-4.102\times10^{-6}T^2)\text{J}\cdot\text{K}^{-1}$$
$$C_V(\text{H}_2\text{O(g)})=2.5\times(30-8.314+10.7\times10^{-3}T-2.022\times10^{-6}T^2)\text{J}\cdot\text{K}^{-1}$$
$$=(54.215+26.75\times10^{-3}T-5.055\times10^{-6}T^2)\text{J}\cdot\text{mol}^{-1}\cdot\text{K}^{-1}$$
$$C_V(\text{N}_2)=1.5\times(27.32-8.314+6.226\times10^{-3}T-0.95\times10^{-6}T^2)\text{J}\cdot\text{K}^{-1}$$
$$=(28.509+9.339\times10^{-3}T-1.425\times10^{-6}T^2)\text{J}\cdot\text{K}^{-1}$$

整个产物的恒容热容

$$C_V=0.881\times(206.53+77.925\times10^{-3}T-10.582\times10^{-6}T^2)\text{J}\cdot\text{K}^{-1}$$

将上述 C_V 与 T 的关系式代入下式，整理后得

$$\Delta U_2=\int_{298.15\text{k}}^{T}0.881\times[206.53+77.92510^{-3}T/\text{K}-10.58210^{-6}(T/\text{K})^2]\text{d}T$$
$$=0.881\times\{206.53\times[(T_1/K)-298.15]+77.925\times10^{-3}[(T/K)^2-298.15^2]$$
$$-10.582\times10^{-6}[(T/K)^3-298.15^3]\}\text{J}$$

将上式解得的 ΔU_2 与 T 的关系式代入 $\Delta U=\Delta_r U_1(298.15\text{K})+\Delta U_2=0$ 中，可解得 $T=631.1\text{K}$。

（3）为了求得 200g TNT 爆炸产生的压力，先要求 1 摩尔 TNT 爆炸产生气体的物质的量，根据反应方程式，可得 200g TNT 爆炸产生气体的物质的量为

$(3.5+2.5+1.5)\times200/227.13\text{mol}=6.6075$ mol（C 为固体，不计入）

$$V=\left[\pi\left(\frac{3}{2}\right)^2\times20\right]\text{cm}^3=1.414\times10^{-4}\text{m}^3$$

由理想气体方程计算得

$$p=\frac{nRT}{V}=\left(\frac{6.6075\times8.314\times631.1}{1.414\times10^{-4}}\right)\text{Pa}=2.44\times10^8\text{Pa}$$

37. 某炸弹内盛有 1mol CO 和 0.5mol O_2，估计完全燃烧后的最高温度和压力各为多少。设起始温度 $T_1=300\text{K}$，压力 $p_1=100\text{kPa}$。300K 时反应 $CO(g)+(1/2)O_2(g)=CO_2(g)$ 的 $Q_V=-281.58\text{kJ}$，CO_2 的 $C_{V,m}/\text{J}\cdot\text{K}^{-1}\cdot\text{mol}^{-1}=20.96+0.0293(T/\text{K})$，并假定高温气体服

从理想气体行为。

解： 最高温度为 T_m，则 $\int_{300K}^{T_m}[20.96+0.0293(T/K)]dT=281580J$

$$T_m=3785K$$

最终压力 $p_2=n_2RT_m/V_2=1\times8.314\times3785\Big/\left(\frac{1.5\times8.314\times300}{100\times10^3}\right)Pa=841.1kPa$

38. 求乙炔在理论量的空气中燃烧时的最高火焰温度。燃烧反应在 $p^{\ominus}$下进行，乙炔和空气的温度为25℃，设空气中 O_2 和 N_2 的组成分别为20%（体积分数）和80%，各物质摩尔热容与温度的关系式为

$$C_{p,CO_2}/J\cdot K^{-1}\cdot mol^{-1}=28.66+35.70\times10^{-3}(T/K)$$

$$C_{p,H_2O}(g)/J\cdot K^{-1}\cdot mol^{-1}=30.00+10.71\times10^{-3}(T/K)$$

$$C_{p,N_2}/J\cdot K^{-1}\cdot mol^{-1}=27.87+4.27\times10^{-3}(T/K)$$

各物质的生成焓 $\Delta_f H_m^{\ominus}(298K)/kJ\cdot mol^{-1}$：$CO_2$：$-393.5$；$H_2O(g)$：$-241.8$；$C_2H_2$：226.8

解： $C_2H_2(g)+\frac{5}{2}O_2(g)+10N_2(g)=2CO_2(g)+H_2O(g)+10N_2(g)$

$$\Delta_r H_m^{\ominus}(298K)=2\Delta_f H_m^{\ominus}(298K,CO_{2(g)})+\Delta_f H_m^{\ominus}(298K,H_2O_{(g)})-\Delta_f H_m^{\ominus}(298K,C_2H_{2(g)})$$
$$=(-2\times393.5-241.8-226.8)kJ\cdot mol^{-1}=-1255600J\cdot mol^{-1}$$

$$\Delta_r H_m^{\ominus}(298K)=-\int_{298K}^{T}\Delta_r C_{p,废气}dT=-\int_{298k}^{T}(2C_{p,m}(CO_2)+C_{p,m}(H_2O)+10C_{p,m}(N_2))dT$$

得 $0.0624(T/K)^2+366.0(T/K)-1370209=0$

故 $T=2596K$

2.4 典型例题精解

2.4.1 选择题

1. 当理想气体冲入一真空绝热容器后，其温度将（　　）。

(a) 升高　(b) 降低　(c) 不变　(d) 难以确定

答： c；因为是真空故不做功，又因为是绝热故无热交换，故 $\Delta U=0$，温度不变。

2. 如图2.1，$A\rightarrow B$ 和 $A\rightarrow C$ 均为理想气体变化过程，若 B、C 在同一条绝热线上，那么 ΔU_{AB} 与 ΔU_{AC} 的关系是（　　）。

(a) $\Delta U_{AB}>\Delta U_{AC}$　(b) $\Delta U_{AB}<\Delta U_{AC}$

(c) $\Delta U_{AB}=\Delta U_{AC}$　(d) 无法比较两者大小

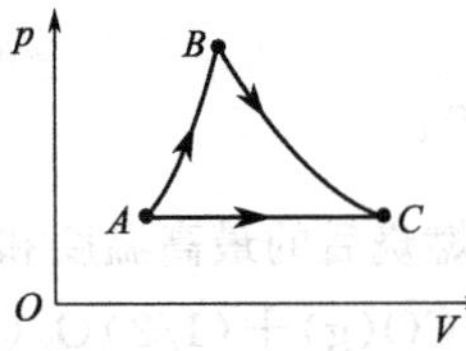

图 2.1

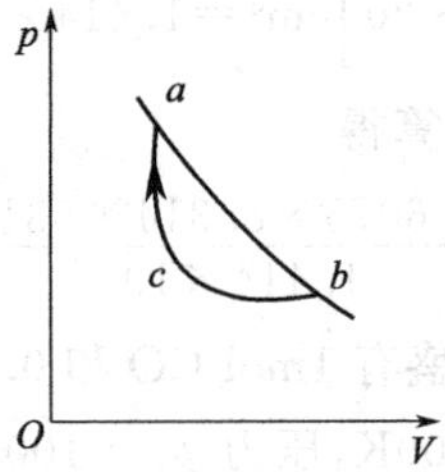

图 2.2

答：a；$\Delta U_{AB}+\Delta U_{BC}=\Delta U_{AC}$，过程 BC 为绝热膨胀过程，对外做功，故热力学能减少。因此 $\Delta U_{AB}>\Delta U_{AC}$。

3. 如图 2.2 所示，设某热力学系统经历一个由 $b\to c\to a$ 的准静态过程，a、b 两点在同一条绝热线上，该系统在 $b\to c\to a$ 过程中：(　　)。

(a) 只吸热，不放热　　(b) 只放热，不吸热

(c) 有的阶段吸热，有的阶段放热，净吸热为正值

(d) 有的阶段吸热，有的阶段放热，净吸热为负值

答：c；$\Delta U_{bc}+\Delta U_{ca}=\Delta U_{ba}$，即 $Q_{ba}+W_{ba}=Q_{bca}+W_{bca}$，

因是环境对系统做功，W_{ba} 和 W_{bca} 皆为正值，且 $Q_{ba}=0$，又因 bca 过程的总功小于 ba 过程的功（如图 2.2 所示），故 $Q_{bca}>Q_{ba}=0$，即 bca 为吸热过程。但 bc 在绝热线 ba 之下，故 bc 过程是放热过程，而 ca 是吸热过程。

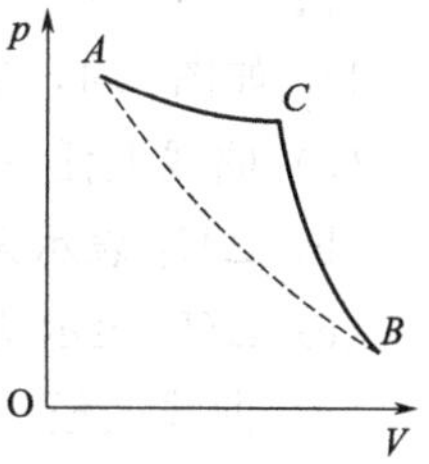

图 2.3

4. 如图 2.3 所示为某循环过程：$A\to B$ 是绝热不可逆过程；$B\to C$ 是绝热可逆过程；$C\to A$是恒温可逆过程，问在 $C\to A$ 过程中系统与环境交换的热 $Q_{C\to A}$（　　）。

(a) $Q_{C\to A}>0$　　(b) $Q_{C\to A}<0$　　(c) $Q_{C\to A}=0$　　(d) 不能确定

答：b；$\Delta U_{AB}=\Delta U_{BC}+\Delta U_{CA}$，因 BCA 为可逆过程，则其逆过程 ACB 相对于过程 $A\to B$ 对外做功更多，故过程 ACB 吸热。也即过程 BCA 放热。又因为 BC 是绝热，故 CA 放热。

讨论：3、4 两题都是在相同的始、终态间比较不同过程的热效应。由于是在 p-V 图上，故不同过程的功的大小一眼就能看出。而要判断不同过程的热效应的大小，必须利用状态函数“改变值只与始、末态有关而与具体途径无关”的性质，再结合热力学第一定律进行逻辑推理。

5. 在一刚性的绝热箱中，隔板两边均充满空气（视为理想气体），只是两边压力不等，已知 $p_{右}<p_{左}$，则将隔板抽去后应有（　　）。

(a) $Q=0$，$W=0$，$\Delta U=0$　　(b) $Q=0$，$W<0$，$\Delta U>0$

(c) $Q>0$，$W<0$，$\Delta U>0$　　(d) $Q=W\neq0$，$\Delta U=0$

答：a；因为整个刚性绝热容器为系统，与环境无功和热的传递。

6. 范德华气体的 $(\partial U/\partial V)_T$ 等于（　　）。

(a) na/V　　(b) n^2a/V　　(c) n^2a/V^2　　(d) n^2a^2/V^2

答：c；van der Waals 方程为 $(p+n^2a/V^2)(V-nb)=nRT$，而 $dU=C_V dT+[T(\partial p/\partial T)_V-p]dV$。对比公式 $dU=C_V dT+\left(\dfrac{\partial U}{\partial V}\right)_T dV$ 得 $(\partial U/\partial V)_T=T(\partial p/\partial T)_V-p$，将 van der Waals 方程求导代入即可。

7. 下列诸过程可应用公式 $dU=(C_p-nR)dT$ 进行计算的是（　　）。

(a) 实际气体恒压可逆冷却　　(b) 恒容搅拌某液体以升高温度

(c) 理想气体绝热可逆膨胀　　(d) 量热弹中的燃烧过程

答：c；原式 $dU=(C_p-nR)dT$ 为 $(\partial U/\partial T)_V=C_p-nR=C_V$，只适用于理想气体。

8. 一个纯物质的膨胀系数 $\alpha=1/V(\partial V/\partial T)_p\times1\text{m}^3\cdot\text{K}^{-1}$（$T$ 为绝对温度），则该物质的摩尔恒压热容 C_p 将（　　）。

(a) 与体积 V 无关　　(b) 与压力 p 无关

(c) 与温度 T 无关　　　　　　　　(d) 与 V、p、T 均有关

答： b；根据 $(\partial C_p/\partial p)_T=-T(\partial^2 V/\partial T^2)_p$ 可知。

9. 若一气体的方程为 $pV_m=RT+\alpha p$ ($\alpha>0$ 常数)，则（　）。

(a) $(\partial U/\partial V)_T=0$　(b) $(\partial U/\partial p)_V=0$　(c) $(\partial U/\partial T)_V=0$　(d) $(\partial U/\partial T)_p=0$

答： a；对气体方程求导 $(\partial p/\partial T)_V=R/(V_m-a)$。代入 $(\partial U/\partial V)_T=T(\partial p/\partial T)_V-p$。

10. 恒压下，无相变的单组分封闭系统的焓值随温度的升高而（　）。

(a) 增加　　(b) 减少　　(c) 不变　　(d) 不一定

答： a；$(\partial H/\partial T)_p>0$

11. 如图 2.4，叙述不正确的是（　）。

(a) 曲线上任一点均表示对应浓度时积分溶解热大小

(b) ΔH_1 表示无限稀释积分溶解热

(c) ΔH_2 表示两浓度 n_1 和 n_2 之间的积分稀释热

(d) 曲线上任一点的斜率均表示对应浓度时 HCl 的微分溶解热

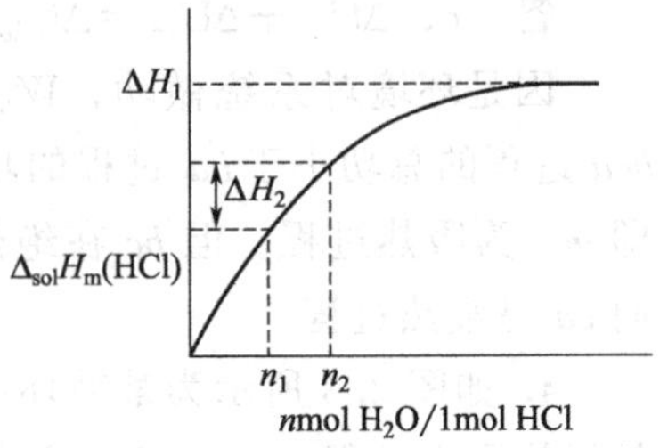

图 2.4

答： d；应为微分稀释焓。

12. 计算“反应热效应”时，为简化运算，常假定反应热效应与温度无关，其实质是（　）。

(a) 状态函数之值与历史无关　　(b) 物质的热容与状态无关

(c) 物质的热容与温度无关　　(d) 反应前后系统的热容不变

答： d；可由 Kirchhoff 公式看出。$d\Delta_r H_m^{\ominus}/dT=\Delta_r C_{p,m}^{\ominus}$。

13. 一种实际气体，其状态方程为 $pV_m=RT+\alpha p$ ($\alpha<0$)，该气体经节流膨胀后（　）。

(a) 温度升高　　(b) 温度下降

(c) 温度不变　　(d) 不能确定温度如何变化

答： b；节流膨胀是等焓过程，由 $dH=C_p dT+[V-T(\partial V/\partial T)_p]dp=0$ 得 $\mu_{J\text{-}T}=(\partial T/\partial p)_H=-1/C_p[V-T(\partial V/\partial T)_p]$，对题中所给状态方程求导，$(\partial V/\partial T)_p=R/p$，代入上式，可得 $\mu_{J\text{-}T}=(\partial T/\partial p)_H=-\alpha/C_p>0$，故节流膨胀后温度下降。

14. 范氏气体经焦耳实验后（绝热向真空膨胀），气体的温度将（　）。

(a) 上升　　(b) 下降　　(c) 不变　　(d) 不确定

答： b；因过程 $\Delta U=0$。令 $U=f(T,V)$，有 $(\partial U/\partial T)_V(\partial T/\partial V)_U(\partial V/\partial U)_T=-1$。可得 $(\partial T/\partial V)_U=-1/[(\partial U/\partial T)_V(\partial V/\partial U)_T]=-(\partial U/\partial V)_T/C_V=-\alpha/(C_V\cdot V_m^2)<0$，故体积增大，温度下降。

2.4.2 填空题

1. 如图 2.5，两条恒温线的温度分别为 T_a、T_b。1mol 理想气体经过路径 1231 的 W_{I} 与经过路径 4564 的 W_{II} 大小关系是____________。

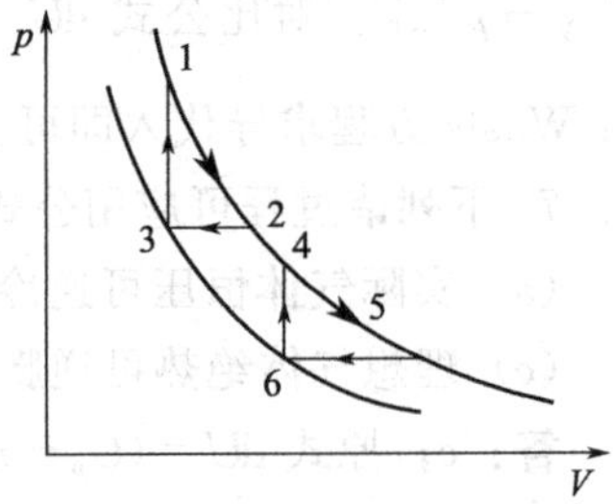

图 2.5

答： $W_{\text{I}}=W_{\text{II}}$。

$$W_{1\to2}=-RT_a\ln(V_2/V_1)=-RT_a\ln(V_2/V_3)$$
$$=-RT_a\ln(T_a/T_b)$$
$$W_{2\to3}=-p(V_3-V_2)=-R(T_b-T_a)$$

$W_{4\to5}=-RT_a\ln(V_5/V_4)=-RT_a\ln(V_5/V_6)=-RT_a\ln(T_a/T_b)$

$W_{5\to6}=-p(V_6-V_5)=-R(T_b-T_a)$

$W_{\text{I}}=W_{1\to2}+W_{2\to3}=-RT_a\ln(T_a/T_b)-R(T_b-T_a)$

$W_{\text{II}}=W_{4\to5}+W_{5\to6}=-RT_a\ln(T_a/T_b)-R(T_b-T_a)$，故 $W_{\text{I}}=W_{\text{II}}$。

2. 刚性绝热容器内发生反应 $2H_2(g)+O_2(g)\longrightarrow 2H_2O(g)$，以容器整体为系统，$\Delta U$ 和 ΔH 两者当中为零的是________；若反应在绝热恒压容器中进行，仍以容器整体为系统，ΔU 和 ΔH 为零的是________。

答：ΔU；ΔH。

3. 焦耳实验（A）和焦耳-汤姆逊实验（B）分别得出了什么结论？

A____________________；B____________________。

答：理想气体的热力学能只是温度的函数；实际气体的热力学能不仅是温度的函数，还与压力或体积有关。

4. 某气体在恒温可逆膨胀过程中，服从状态方程 $pV_m=RT+Bp+Cp^2$，其可逆功的表示式为______________。

答：$W=-\int_{V_1}^{V_2}p\mathrm{d}V_m=RT\ln\frac{p_2}{p_1}-\frac{C}{2}(p_2^2-p_1^2)$；因为 $\mathrm{d}V_m=-\frac{RT}{p^2}\mathrm{d}p+C\mathrm{d}p$，

故 $W=-\int_{V_1}^{V_2}p\mathrm{d}V_m=\int_{p_1}^{p_2}\frac{RT}{p}\mathrm{d}p-\int_{p_1}^{p_2}Cp\,\mathrm{d}p=RT\ln\frac{p_2}{p_1}-\frac{C}{2}(p_2^2-p_1^2)$

5. 某气体服从状态方程 $pV_m=RT+bp$（$b>0$，常数），若该气体经恒温可逆膨胀，其热力学能变化 $\Delta U=$__________________。

答：0；证明如下，因 $\mathrm{d}U=C_V\mathrm{d}T+[T(\partial p/\partial T)_V-p]\mathrm{d}V$，由所给状态方程得到 $p=RT/(V_m-b)$，$(\partial p/\partial T)_V=R/(V_m-b)$。故 $T(\partial p/\partial T)_V-p=RT/(V_m-b)-p=0$，又因恒温，即 $\mathrm{d}T=0$，故 $\mathrm{d}U=0$。

2.4.3 问答题

1. 1mol 双原子分子理想气体，沿热容 $C=R$（气体常数）途径可逆加热，请推导此过程的过程方程式。

答：$C=\delta Q/\mathrm{d}T$，$\delta W=(-nRT/V)\mathrm{d}V$；$\mathrm{d}U=\delta Q+\delta W$，$C_V\mathrm{d}T=C\mathrm{d}T-p\mathrm{d}V$；$[R-C_{V,m}]\ln T+$常数$=R\ln V$

$$T^{3/2}V=\text{常数或 }T^{5/2}p^{-1}=\text{常数，}p^{3/2}V^{5/2}=\text{常数，}p^3V^5=\text{常数}$$

2. （1）式：$\Delta U=\int_{T_1}^{T_2}nC_{V,m}\mathrm{d}T$ 和（2）式：$\Delta H=\int_{T_1}^{T_2}nC_{p,m}\mathrm{d}T$ 两式的适用条件是什么？

答：（1）式的适用条件是：封闭系统、恒容、$W'=0$ 的简单状态变化系统及封闭系统、理想气体、$W'=0$ 的单纯 pVT 变化过程。（2）式的适用条件是：封闭系统、恒压、$W'=0$ 的简单状态变化系统及封闭系统、理想气体、$W'=0$ 的单纯 pVT 变化过程。

3. 从同一初态（p_1，V_1）分别经可逆的绝热膨胀与不可逆的绝热膨胀至终态体积都是 V_2 时，气体压力相同吗？为什么？

答：不相同。同样由（p_1，V_1）到 V_2，可逆绝热膨胀系统付出的功大于不可逆绝热膨胀系统所付出的功。两过程的 Q 都为零，因而前一过程中系统热力学能降低得更多，相应终态气体温度的也更低。所以可逆绝热膨胀比不可逆绝热膨胀到终态 V_2 时气体的压力更低。

4. 从同一初态（p_1，V_1）出发对气体进行恒温可逆压缩和绝热可逆压缩到相同的终态体积，所作压缩功哪个大些？为什么？

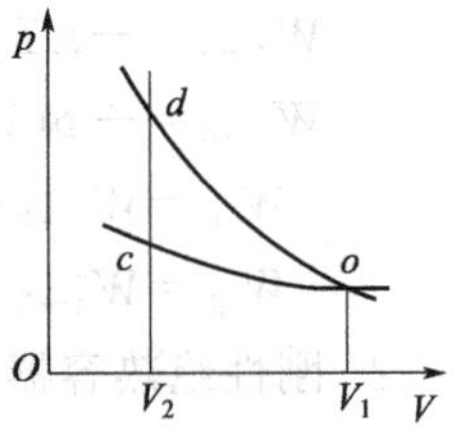

图 2.6

答： 如图 2.6，在以 p、V 为坐标的图中作出绝热可逆曲线和恒温可逆曲线，由于绝热可逆过程用方程 $pV^{\gamma}=K$（常数）描述，恒温可逆用方程 $pV=nRT$ 描写，可以证明绝热可逆曲线的斜率大于恒温可逆曲线的斜率：

$$(\partial p/\partial V)_T=[\partial(nRT/V)/\partial V]_T=[(0-nRT)/V^2]_T=-p/V$$

$$(\partial p/\partial V)_{绝热}=[\partial(K/V^{\gamma})/\partial V]_{绝热}=[(0-K\gamma V^{(\gamma-1)})/V^{2\gamma}]_{绝热}=[(-p\gamma V^{(\gamma-1)})/V^{\gamma}]_{绝热}$$

$$=-\gamma p/V$$

由于增加压力体积要缩小，两条曲线的斜率均为负值，而且因 $\gamma=C_p/C_V>1$，故 $|(\partial p/\partial V)_{绝热}|>|(\partial p/\partial V)_T|$

即绝热可逆曲线比恒温可逆曲线更陡一些，两条曲线相交于一点，如图 2.6 所示，由于 dV_2V_1Od 的面积大于 cV_2V_1oc 的面积，即绝热可逆压缩过程系统做功的绝对值大于恒温可逆压缩过程做功的绝对值。

5. $(\partial U/\partial T)_p=(\partial U/\partial T)_V+(\partial U/\partial V)_T(\partial V/\partial T)_p$ 的物理意义是什么？

答： 上式表明，在恒压下改变温度而引起热力学能变化是由两方面因素引起的，也就是上式右端的两项。一方面，是由于恒容下改变温度而引起热力学能的变化。此变化是由于温度的改变导致分子运动的动能改变，从而引起热力学能的变化；另一方面，恒压下，温度改变会引起体积变化，使分子间距发生变化，引起势能变化，热力学能亦随之变化。

6. 对于只用两个热力学量描述的封闭系统，其 p-V 图上任意两条恒温可逆线都不可能相交。这一说法对否？

答： 对，如果两条线相交，那么两条线具有相同的温度，因而除交点外，同一压力 p 时，系统就有两个不同的体积。此时 T，p 都固定，与只用两个独立变量描述系统的假设矛盾。

7. 焓可以写成温度和压力的函数，即 $H=H(T,P)$，因此 $\mathrm{d}H=(\partial H/\partial T)_p\mathrm{d}T+(\partial H/\partial p)_T\mathrm{d}p$。

在一定外压下，单组分系统有一定的沸点，若在该沸点温度下液体变为气体，则按上式 $\mathrm{d}T=0$，$\mathrm{d}p=0$。所以 $\mathrm{d}H=0$。但实际上，液体汽化时须吸收热量，即 $\mathrm{d}H>0$，为什么会出现这种矛盾的结论。

答： $H=H(T,P)$ 这一类双变量函数只适用于简单系统。所谓简单系统，包括：(1) 纯物质单相封闭系统；(2) 多组分但组成不变的单相封闭系统。有相变时不能用，因此此题中 $\mathrm{d}H=0$ 是错误的。

8. 绝热循环过程一定是可逆过程吗？

答： 对，如果其中有一个过程不可逆，则整个循环的熵变必大于零，不可能回到初始的状态。

9. 理想气体从 p_1 绝热膨胀至 p_2 时，$W=\Delta U$，绝热膨胀时若外压为零则 $W=0$，$\Delta U=0$；若外压不为零则 $\Delta U\neq0$。以上两 ΔU 不相等与 U 为状态函数的性质是否矛盾？

答： 不矛盾。在本例中，从同一始态出发进行绝热膨胀，若外压不同则终态是不可能相同的。因此 ΔU 亦不会相同。若外压不等于零时，系统的热力学能要消耗一部分用以转化为功，同时系统的温度要下降；当外压等于零时，系统不对外做功，不消耗热力学能故 $\Delta U=$

0，同时系统的温度也不变。

10. 理想气体恒温条件下反抗恒外压膨胀，有两种考虑计算 ΔH 的方法，即

(1) $\Delta H=\Delta U+\Delta(pV)$，$\Delta U=0$，$\Delta(pV)=0$ 故 $\Delta H=0$

(2) $\Delta H=\Delta U+p\Delta V$，$\Delta U=0$，$p\Delta V\neq 0$，故 $\Delta H\neq 0$

上面两个考虑问题的方法哪个是正确的？

答： 方法（1）是正确的。理想气体热力学能只是温度的函数，因恒温故 $\Delta U=0$，理想气体恒温下 $pV=nRT$ 为常数，故 $\Delta(pV)=0$。方法（2）的错误在于将 $H=U+pV$ 中的 p 误认为是外压。在反抗恒外压膨胀过程中，系统的压力既不是常数亦不等于外压，故不能认为 $\Delta(pV)=p\Delta V$。

11. 理想气体经一恒温循环，能否将环境的热转化为功？如果是恒温可逆循环又怎样？

答： 不能。理想气体的热力学能在恒温过程中不变，$\Delta U=0$

假设体系由：　$A(p_1,V_1,T)\xrightarrow{\text{恒外压膨胀}}B(p_2,V_2,T)$

所做功：　$W(\text{不})=-Q(\text{不})=-p_2(V_2-V_1)$

再经过可逆压缩回到始态：$B(p_2,V_2,T)\xrightarrow{\text{可逆压缩}}A(p_1,V_1,T)$

所做功：$W'=-Q'=-RT\ln(V_1/V_2)$（因为可逆压缩环境消耗的功最小）

整个循环过程：$W=W(\text{不})+W'=-p_2(V_2-V_1)-RT\ln(V_1/V_2)=-Q$

因 $-p_2(V_2-V_1)<0$，$-RT\ln(V_1/V_2)>0$，并且前者的绝对值小于后者，故 $W=-Q>0$，$Q<0$，环境得热，$W>0$ 系统得功，即环境失热。

说明整个循环过程中，环境对系统做功，而得到是等量的热，不是把环境的热变成功。

同样，如果 A→B 也是恒温可逆膨胀，B→A 是恒温不可逆压缩，结果也是 $W>0$，$Q<0$，系统得功，环境得热，即环境付出功得到热。不能把环境热变成功。

如果 A→B 是恒温可逆膨胀，B→A 也是恒温可逆压缩，即为恒温可逆循环过程，$W=-RT\ln(V_2/V_1)-RT\ln(V_1/V_2)=0$，则 $W=-Q=0$，不论是系统还是环境，均未得失功，各自状态未变。由上分析，理想气体经一恒温循环，不能将环境热转化为功。

12. 理想气体绝热膨胀时并不恒容，为什么仍可使用公式 $\delta W=C_V\mathrm{d}T$？

答： $\mathrm{d}U=(\partial U/\partial T)_V\mathrm{d}T+(\partial U/\partial V)_T\mathrm{d}V$。对理想气体 $(\partial U/\partial T)_V\cdot(\partial U/\partial V)_T=0$，故 $\mathrm{d}U/\mathrm{d}T=(\partial U/\partial T)_V$ 或 $\mathrm{d}U=C_V\mathrm{d}T$。因此在本例中 $\mathrm{d}U=\delta W=C_V\mathrm{d}T$ 完全适用。

讨论： 同样解释也适用于 $\mathrm{d}H=C_p\mathrm{d}T$。因为 $\mathrm{d}H=(\partial H/\partial T)_p\mathrm{d}T+(\partial H/\partial p)_T\mathrm{d}p$，对理想气体 $(\partial H/\partial p)_T=0$，所以对理想气体即使不是恒压过程，$\mathrm{d}H=C_p\mathrm{d}T$ 也是完全适用的。

13. 理想气体由始态 101325Pa 出发在 1013250Pa 恒定外压下绝热压缩至平衡态，则 $Q=0$，$W>0$，$\Delta U>0$，$\Delta H>0$，此结论对吗？

答： 对。因为绝热 $Q=0$，压缩时，系统得功 $W>0$，所以 $\Delta U=Q+W=W>0$，

$\Delta H=\Delta U+p_2V_2-p_1V_1=\Delta U+R(T_2-T_1)>0$，因为 $T_2>T_1$（绝热压缩）。

14. 某物质的焦耳-汤姆孙系数 μ 和 C_p 均仅为温度的函数而与压力无关。证明 μC_p 之积必为常数，且有焓 $H=\Phi(T)-\mu C_p p$。式中，$\Phi(T)$ 为温度的函数。

答：　$\mathrm{d}H=(\partial H/\partial T)_p\mathrm{d}T+(\partial H/\partial p)_T\mathrm{d}p$

故　$(\partial T/\partial p)_H=-(\partial H/\partial p)_T/(\partial H/\partial T)_p=(-1/C_p)\times(\partial H/\partial p)_T$

由此得 $(\partial H/\partial p)_T=-\mu C_p$，$\mathrm{d}H=(\partial H/\partial T)_p\mathrm{d}T+(-\mu C_p)\mathrm{d}p=C_p\mathrm{d}T-\mu C_p\mathrm{d}p$

故　$(\partial C_p/\partial p)_T=[\partial(-\mu C_p)/\partial T]_p$

因 C_p 仅为温度的函数而 p 与无关，故 $(\partial C_p/\partial p)_T=0=[\partial(-\mu C_p)/\partial T]_p$

即　μC_p 之积与 T 无关，与 p 亦无关，其必为常数。

故　$H=C_pT-\mu C_p p+$常数，整理得 $H=\Phi(T)-\mu C_p p$，其中 $\Phi(T)=C_pT+$常数。

15. 请说明下列公式的适用条件：

(1) $\Delta H=Q_p$；(2) $H=U+pV$；(3) $W_{体}=-\int_{V_1}^{V_2}p\mathrm{d}V$；

(4) $\Delta U_p=nC_{V,\mathrm{m}}(T_2-T_1)$；(5) $\Delta H=\Delta U+V\Delta p$

答：(1) 封闭系统，恒压且 $W'=0$；(2) 封闭系统；(3) 封闭系统，可逆过程；

(4) 封闭系统，理想气体，$W'=0$，单纯 pVT 变化，$C_{V,\mathrm{m}}$为常数；

(5) 封闭系统，恒容过程。

16. 试从热力学第一定律的原理出发，论证封闭系统不做非体积功的理想气体的恒压绝热过程不可能发生。

答：对不做非体积功的恒压、绝热过程 $\Delta H=Q_p=0$，$Q_p=\int_{T_1}^{T_2}C_p\mathrm{d}T=0$

因 $C_p\neq0$，故 $\mathrm{d}T=0$ 即 $T_2=T_1$；又因 $p_2=p_1$，故必有 $V_2=V_1$，即系统状态未变化。

17. 试证明若某气体的 $(\partial U/\partial V)_T>0$，则该气体向真空绝热膨胀时，气体温度必然下降。

答：因向真空绝热膨胀，故 $\delta Q=0$，$\delta W=0$，$\mathrm{d}U=0$

又因 $\mathrm{d}U=(\partial U/\partial V)_T\mathrm{d}V+(\partial U/\partial T)_V\mathrm{d}T=(\partial U/\partial V)_T\mathrm{d}V+C_V\mathrm{d}T$

由于 $\mathrm{d}U=0$，$(\partial U/\partial V)_T>0$，$\mathrm{d}V>0$，$C_V>0$，所以 $\mathrm{d}T<0$。

18. 为什么膨胀功和压缩功均使用相同的公式 $W=-\int p(外)\mathrm{d}V$？

答：热力学中功是以环境为基础，即以环境所留下的变化来衡量。膨胀时，系统反抗外压对环境做功，环境得到功，相当于将一重物升高。因此 $W=-\int p(外)\mathrm{d}V$。当外压大于系统压力时，系统被压缩，环境对系统做功，相当于重物高度下降，环境损失掉做功的能力，本身做功的能力就减小。因此压缩过程中，起作用的压力不是内压而是外压，外压决定了系统做功的大小，故其体积功的表达式仍为 $W=-\int p(外)\mathrm{d}V$。

19. 物系的 C_V 是否有可能大于 C_p？

答：有可能。根据 C_p 与 C_V 的关系式：$C_p-C_V=[(\partial U/\partial V)_T+p](\partial V/\partial T)_p$，一般情况下，$(\partial V/\partial T)_p>0$，故 C_p 总大于 C_V。但有些系统如液体水在 0～3.98℃其密度随温度的增加反而增大，即 $(\partial V/\partial T)_p<0$。此时 C_V 大于 C_p。

20. 证明对理想气体有 $(\partial C_V/\partial V)_T=0$；$(\partial C_p/\partial p)_T=0$。

答：对理想气体 $pV=nRT$，$U=f(T)$，$H=f(T)$，即 $(\partial U/\partial V)_T=0$，$(\partial H/\partial p)_T=0$

$(\partial C_V/\partial V)_T=[\partial(\partial U/\partial T)_V/\partial V]_T=[\partial(\partial U/\partial V)_T/\partial T]_V=0$

$(\partial C_p/\partial p)_T=[\partial(\partial H/\partial T)_p/\partial p]_T=[\partial(\partial H/\partial p)_T/\partial T]_p=0$

21. 证明范德华气体 $(p+a/V_\mathrm{m}^2)(V_\mathrm{m}-b)=RT$ 焦耳系数 $(\partial T/\partial V_\mathrm{m})_U=-a/(V_\mathrm{m}^2C_{V,\mathrm{m}})$

答：$(\partial U_\mathrm{m}/\partial T)_V(\partial T/\partial V_\mathrm{m})_U(\partial V_\mathrm{m}/\partial U_\mathrm{m})_T=-1$

$(\partial T/\partial V_\mathrm{m})_U=-1/C_{V,\mathrm{m}}[RT/(V_\mathrm{m}-b)-RT/(V_\mathrm{m}-b)+a/V_\mathrm{m}^2]=-a/(C_{V,\mathrm{m}}V_\mathrm{m}^2)$

22. 中和热实验依图 2.7 原理，在认为绝热良好的反应器内进行，其中哪个 ΔH 为零？

哪个 ΔH 是中和热？另一个 ΔH 是怎样得到的？

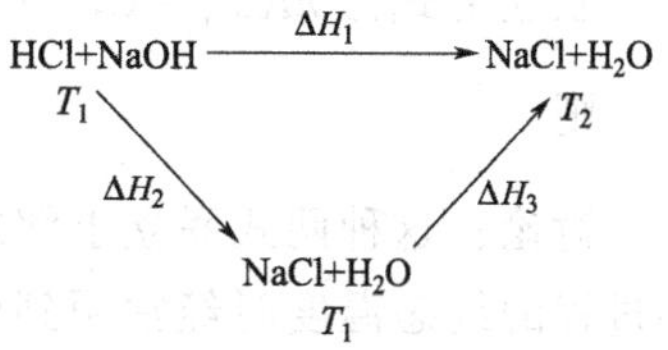

图 2.7

答： ΔH_1 是零，ΔH_2 是中和热。ΔH_3 是通过测定系统热容和反应温升，由 $C_p\Delta T$ 得到。

2.4.4 计算题

例 1　1mol 单原子分子理想气体，始态为 $p_1=p^\ominus$，$T_1=273\text{K}$，沿可逆途径 $p/V=\alpha$（常数）至终态，压力增加 1 倍，计算 V_1、V_2、T_2、ΔU、ΔH、Q、W 及该气体沿此途径的热容 C。

解： 题目告之是单原子分子理想气体，应该想到这意味着告知 $C_{V,\text{m}}=\frac{3}{2}R$，且始态与终态的 p、V、T 均可以由理想气体状态方程求出。理想气体单纯 pVT 变化，无论什么过程，当 $C_{V,\text{m}}$ 和 $C_{p,\text{m}}$ 为常数时，ΔU 和 ΔH 的计算总可以用公式 $\Delta U=C_V(T_2-T_1)$ 和 $\Delta H=C_p(T_2-T_1)$。而功的计算需将 $p=\alpha V$ 代入积分。

$$V_1=\frac{RT_1}{p_1}=\frac{8.3145\times273}{101325}=22.4\text{dm}^3\text{；}\ \frac{p_1}{V_1}=\frac{p_2}{V_2}\text{；}\ V_2=\frac{2p_1V_1}{p_1}=2V_1=44.8\text{dm}^3$$

$$T_2=\frac{p_2V_2}{R}=\frac{202650\times2\times0.0224}{8.3145}=1091.9\text{K}$$

$$\Delta U=C_V(T_2-T_1)=\frac{3}{2}\times R(1092-273)=10.21\text{kJ}$$

$$\Delta H=C_p(T_2-T_1)=\frac{5}{2}\times R(1092-273)=17.024\text{kJ}$$

$$W=-\int_{V_1}^{V_2}p\text{d}V=-\int_{V_1}^{V_2}\alpha V\text{d}V=-3404\text{J}$$

$$Q=\Delta U-W=10.21-(-3.404)=13.61\text{kJ}$$

$$\delta Q=\text{d}U-\delta W=C_V\text{d}T+p\text{d}V\text{；}$$

$$C=\frac{\delta Q}{\text{d}T}=C_V+p\frac{\text{d}V}{\text{d}T}=C_V+\frac{R}{2}=16.63\text{J}\cdot\text{K}^{-1}\cdot\text{mol}^{-1}$$

例 2　一个绝热容器原处于真空状态，用针在容器上刺一微孔，使 298.2K、$p^\ominus$的空气缓慢进入，直至压力达平衡。求此时容器内空气的温度（设空气为理想的双原子分子）。

解： 首先要选好系统，此题为计算容器内空气的温度，可以选容器内终态空气为系统。因环境的压力不为零，故在空气进入容器时环境对系统做体积功。而容器为绝热容器，故 $Q=0$，则 $\Delta U=W$。将热力学能和功的表达式联立可以求出容器内空气的温度。

设终态时绝热容器内所含的空气为系统，始、终态与环境间有一假想的界面，始、终态如图 2.8 所示。

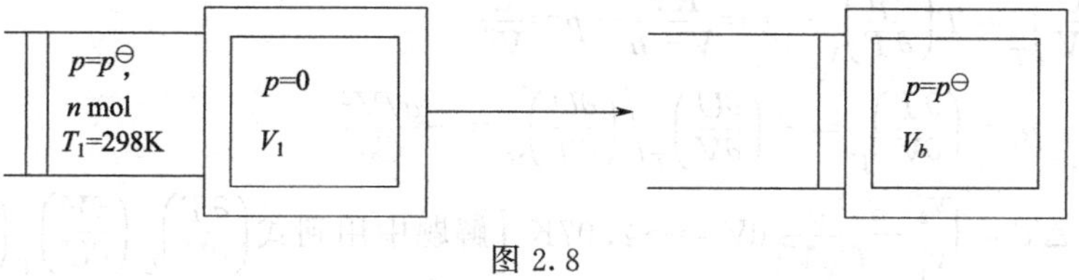

图 2.8

在绝热箱上刺一小孔后，n mol 空气进入箱内，在此过程中环境对系统做功为 $p^\ominus V_1$。系统对真空箱内做功为 0。系统做的净功为 $p^\ominus V_1$，绝热过程 $Q=0$，$\Delta U=W=p^\ominus V_1=nRT_1$，又理想气体任何过程：$\Delta U=C_V(T_2-T_1)$

联立上式得 $nRT_1=C_V(T_2-T_1)$，对于双原子理想气体 $C_V=(n\times5/2)R$

则 $$T_2=\frac{7}{5}\times T_1=417.5\text{K}$$

讨论： 这种两式联立求解终态温度的方法在热力学计算中是经常使用的，尤其在计算绝热过程的终态温度时经常用到此方法。

例 3 一气体服从 $pV=nRT$ 状态方程式，$C_{p,\text{m}}=(29.4+8.40\times10^{-3}T/\text{K})\text{J}\cdot\text{K}^{-1}\cdot\text{mol}^{-1}$。

(1) 计算 $C_{V,\text{m}}$；

(2) 已知 1mol 该气体的 $p_1=2026.5\text{kPa}$，$V_1=2.00\text{dm}^3$，$p_2=506.625\text{kPa}$，$V_2=8.00\text{dm}^3$，请据此设计一绝热过程；

(3) 计算 (2) 过程的 ΔU 和 ΔH。

解： (1) $C_{V,\text{m}}=C_{p,\text{m}}-R=(21.1+8.40\times10^{-3}T/\text{K})\ \text{J}\cdot\text{K}^{-1}\cdot\text{mol}^{-1}$

(2) 由已知条件可得 $p_1V_1=p_2V_2$，为恒温过程，所以 $\Delta U=0$，又因为 $Q=0$，则 $W=0$。所以设计的过程应是一绝热无功过程。在无其他功情况下，可设计为绝热自由膨胀过程。

(3) $\Delta U=0$，$\Delta H=0$

例 4 有一个礼堂容积为 1000m^3，气压为 $p^\ominus$，室温为 293K，在一次大会结束后，室温升高了 5K，问与会者们对礼堂内空气贡献了多少热量？

解： 此题计算热量时要考虑随着温度的升高，礼堂内的空气不断排出。且空气为双原子分子，故 $C_{p,\text{m}}=\frac{7}{2}R$。

若选取礼堂内温度为 293K 的空气为系统，则随着温度的升高，室内空气不断向外排出，系统已经不再封闭，实际上这是一个敞开系统，室内空气随着温度的升高逐渐减少。现选取某一时刻礼堂内的空气为系统，在压力和体积维持恒定时，$n=pV/RT$。

恒压过程中的热量计算：$\text{d}Q_p=C_p\text{d}T=nC_{p,\text{m}}\text{d}T=(pVC_{p,\text{m}})/(RT)\text{d}T$

会议过程中的总热量： $$Q_p=\int_{T_1}^{T_2}\text{d}Q_p=\int_{T_1}^{T_2}\frac{pV}{R}C_{p,\text{m}}\frac{1}{T}\text{d}T=\frac{pV}{R}C_{p,\text{m}}\ln\frac{T_2}{T_1}$$

空气为双原子分子， $C_{p,\text{m}}=\frac{7}{2}R$；$p$，$V$，$R$，$T_1$ 均已知，$T_2=T_1+5=298\text{K}$

代入得 $$Q_p=6000.8\text{J}$$

例 5 已知 $(\partial U/\partial V)_T=T(\partial p/\partial T)_V-p$，导出范德华气体有 $(\partial U/\partial V)_T=a/V^2$。若 1mol CO_2 服从范德华气体方程，从 5dm^3 膨胀到 25dm^3，计算在焦耳膨胀实验中温度的变化 ΔT。已知 $C_{V,\text{m}}=28.1\text{J}\cdot\text{K}^{-1}\cdot\text{mol}^{-1}$，$a=0.364\text{Pa}\cdot\text{m}^6\cdot\text{mol}^{-2}$。

解： 范德华方程为 $p=\dfrac{RT}{V-b}-\dfrac{a}{V^2}$，故 $\left(\dfrac{\partial p}{\partial T}\right)_V=\dfrac{R}{V-b}$

而 $$\left(\frac{\partial U}{\partial V}\right)_T=T\left(\frac{\partial p}{\partial T}\right)_V-p=\frac{RT}{V-b}-p=\frac{a}{V^2}$$

焦耳系数 $$\mu_\text{J}=\left(\frac{\partial T}{\partial V}\right)_U=-\left(\frac{\partial U}{\partial V}\right)_T\Big/\left(\frac{\partial U}{\partial T}\right)_V=-\frac{a/V^2}{C_V}$$

得 $$\Delta T=\int_{V_1}^{V_2}-\frac{a}{C_VV^2}\text{d}V=-2.07\text{K}\ \left[\text{解题中用到式}\left(\frac{\partial T}{\partial V}\right)_U\left(\frac{\partial V}{\partial U}\right)_T\left(\frac{\partial U}{\partial T}\right)_V=-1\right]$$

例 6 证明：对于纯理想气体多方过程的摩尔热容

(1) $C_{n,\text{m}}=C_{V,\text{m}}(\gamma-n)/(1-n)$（式中，$\gamma=C_{p,\text{m}}/C_{V,\text{m}}$）

(2) 由初态（p_1，V_1）到终态（p_2，V_2）过程中所做的功 $W=(p_2V_2-p_1V_1)/(1-n)$

提示：所有满足 $pV^n=K$（K 为常数，n 是多方指数，可为任意实数）的理想气体准静态过程都称之为多方过程。已经讨论过的可逆过程，如恒压过程（$n=0$）、恒温过程（$n=1$）、绝热过程（$n=\gamma$）、恒容过程（$n\to\infty$）都是特定条件下的多方过程。

解：对于 1mol 理想气体，因 $pV=RT$，故 $KV^{1-n}=RT$

对方程微分得　$KV^{-n}\mathrm{d}V=R\mathrm{d}T/(1-n)$

$$\delta W=-p\mathrm{d}V=-KV^{-n}\mathrm{d}V=R\mathrm{d}T/(1-n)$$

$$\mathrm{d}U_{\mathrm{m}}=C_{V,\mathrm{m}}\mathrm{d}T\text{，而 }C_{n,\mathrm{m}}=\delta Q/\mathrm{d}T=(\mathrm{d}U_{\mathrm{m}}-\delta W)/\mathrm{d}T=C_{V,\mathrm{m}}-R/(1-n)$$

由　　$R=C_{V,\mathrm{m}}(\gamma-1)$，可得：$C_{n,\mathrm{m}}=C_{V,\mathrm{m}}(\gamma-n)/(1-n)$

又　　$p_1V_1^n=p_2V_2^n=K$，$\delta W=-p\mathrm{d}V=-KV^{-n}\mathrm{d}V$

积分得到：$W=(p_2V_2-p_1V_1)/(1-n)$

例 7　空气在 323K、$100\times p^{\ominus}$下，焦汤系数 $\mu_{\mathrm{J\text{-}T}}$ 为 $1.263\times10^{-6}\mathrm{K\cdot Pa^{-1}}$，在 348K、$100\times p^{\ominus}$下，焦汤系数 $\mu_{\mathrm{J\text{-}T}}$ 为 $1.056\times10^{-6}\mathrm{K\cdot Pa^{-1}}$，气体热容在 323K 时为 $33.10\mathrm{J\cdot K^{-1}\cdot mol^{-1}}$，在 348K 时为 $32.59\mathrm{J\cdot K^{-1}\cdot mol^{-1}}$，假定 $\mu_{\mathrm{J\text{-}T}}$ 和热容与温度有线性关系，试计算 323K 时热容随压力的改变率 $(\partial C_p/\partial p)_T$（实验观测值为 $3.014\times10^{-7}\mathrm{J\cdot K^{-1}\cdot mol^{-1}\cdot Pa^{-1}}$）。

解：$(\partial H/\partial p)_T=-\mu_{\mathrm{J\text{-}T}}C_p$

$$\begin{aligned}(\partial C_p/\partial p)_T&=-\mathrm{d}(\mu_{\mathrm{J\text{-}T}}C_p)/\mathrm{d}T=-\Delta(\mu_{\mathrm{J\text{-}T}}C_p)/\Delta T\\&=-(1.056\times10^{-6}\times32.59-1.263\times10^{-6}\times33.1)/(348-323)\\&=2.956\times10^{-7}\mathrm{J\cdot K^{-1}\cdot mol^{-1}\cdot Pa^{-1}}\end{aligned}$$

例 8　某气体的状态方程为 $(p+\beta)V=nRT$，其中 β 为常数项。

(1) 试证明 $(\partial U/\partial V)_T=\beta$；

(2) 求 $1\mathrm{dm^3}$、1mol 该气体经过恒温膨胀过程体积增加一倍时系统的 ΔU、ΔH。

解：(1) $\mathrm{d}U=T\mathrm{d}S-p\mathrm{d}V$，$(\partial U/\partial V)_T=T(\partial S/\partial V)_T-p=T(\partial p/\partial T)_V-p$　　(1)

由 $(p+\beta)V=nRT$ 得

$$(\partial p/\partial T)_V=nR/V \tag{2}$$

把式(2) 代入式(1) 中则得到 $(\partial U/\partial V)_T=\beta$，证毕。

(2) $\Delta U=\int_{V_1}^{V_2}\beta\mathrm{d}V=\beta(V_2-V_1)=\beta V_1$

$$\Delta H=\Delta U+\Delta(pV)=\beta V_1+(p_2V_2-p_1V_1)=\beta V_1+nRT-\beta V_2-nRT+\beta V_1=0$$

第3章 热力学第二定律

3.1 概述

在第 2 章中，利用热力学第一定律，解决了系统从状态（1）→状态（2）时，在系统与环境间所交换的能量的计算问题。系统任何变化过程的能量交换，都必须服从热力学第一定律。现在要问：服从第一定律的过程就一定能发生么？本章的主要内容就是通过热力学第二定律和引进的辅助 Gibbs 函数 G 和 Helmholtz 函数 A 判断过程进行的方向和限度。

自然界中所发生的自发过程都有一个共同的特征——单向、不可逆性。那么，非自然过程呢？如何判断一个任意给定过程进行的方向？可以证明，自发、不可逆过程都是相互关联的，从一个自发过程的不可逆性可推断另一个过程的不可逆性。据此，克劳修斯和开尔文各自独立地提出了热力学第二定律，用以判断过程进行的方向。在热力学第一定律中，用 ΔU（或 ΔH）表征系统与环境之间所交换的能量。类似的，在应用热力学第二定律时，是否同样存在一个状态函数，通过求其改变值的大小、正负来判断过程进行的方向与程度呢？

为此，在本章中，首先通过卡诺循环所得到的重要结论（任意可逆循环过程的热温商之和等于零，即$\sum\delta Q_i/T=0$）引出了熵函数 S；进而根据卡诺定律（所有工作于同温热源与同温冷源间的热机，可逆热机效率最大，$\eta_I\leqslant\eta_R$）导出了克劳修斯不等式 $\Delta S_{A\rightarrow B}-(\sum\delta Q_i/T)_{A\rightarrow B}\geqslant 0$ 或 $dS-\delta Q/T\geqslant 0$，即第二定律的数学表达式，从而给出了判断任意过程方向的熵判据。根据熵判据，通过计算任意过程的 $\Delta S_{体}$ 和 $\Delta S_{环}$，原则上可以判断任意过程进行的方向。

值得注意的是，熵判据只能用于绝热过程或孤立系统（$\Delta S_{隔}=\Delta S_{体}+\Delta S_{环}$）。由于要计算 $\Delta S_{环}$ 很不方便。而实际过程往往是恒温、恒温恒容或恒温恒压过程。因此，为了方便起见，在热力学中又引进了另外两个辅助函数——Gibbs 函数 G 和 Helmholtz 函数 A，从而得到封闭系统恒温恒容、$W'=0$ 条件下使用的 Helmholtz 判据和恒温恒压、$W'=0$ 条件下使用的 Gibbs 判据，用于判断在特定条件下过程进行的方向。至此，余下的问题就是如何计算系统经过某一过程，如单纯的 pVT 状态变化（恒温，恒温恒压，恒压变温，恒容变温，绝热过程等）、恒压相变化以及化学变化等从状态(1)→状态(2) 的 $\Delta S_{体}$、$\Delta S_{环}$、ΔA 和 ΔG。

S、G、A 皆是状态函数，且为广度量。对于系统从状态(1)→状态(2)，原则上可用 $\Delta S=S_2-S_1$、$\Delta A=A_2-A_1$、$\Delta G=G_2-G_1$ 分别计算出 ΔS、ΔA 和 ΔG。遗憾的是，同 U、H 一样，S、G、A 的绝对值也不知道。因此，必须借助热力学可测量的量 T、p、V 的测定，再通过热力学第二定律的数学表达式 $dS-\delta Q_r/T=0$ 和 G、A 的定义式，有时还需同时联合热力学第一定律的数学表达式来计算 ΔS、ΔA 和 ΔG。由第一、二定律的联合表达式和

G、A 的定义式，可得到适用于 $W'=0$、组成恒定、均相封闭系统的四个热力学基本方程。在具体计算 ΔS 时，对于可逆过程可直接根据热力学第二定律数学表达式进行计算，不可逆过程则要设计始、末态相同的可逆过程计算；而 ΔA 和 ΔG 的计算要视具体情况而定，有时可用基本方程计算，有时只能根据定义式计算（如变温过程）。

在热力学的计算和公式的证明中，经常会遇到诸如 $(\partial S/\partial p)_T$、$(\partial S/\partial V)_T$ 等不易测定的状态函数的偏微分。为此，根据状态函数具有数学上全微分的性质以及全微分函数必须满足的充分必要条件，导出了一组 Maxwell 关系式。Maxwell 关系式把一些不能直接测定的量用易于测定的量表示出来，广泛用于热力学公式的推导和证明。如若再辅以状态方程，就可以计算不易直接测定的状态函数的改变值。

将热力学基本方程应用于纯物质两相平衡，可导出两相平衡时相变温度与压力的关系，即 Clapeyron 方程。进一步，若平衡系统为 $l \longleftrightarrow g$ 或 $s \longleftrightarrow g$，且设 $\Delta V \approx V(g)$、气体可视为理想气体时，相变温度与气相平衡压力之间的关系服从 Clapeyron-Clausius 方程。在温度变化不大、$\Delta_{vap}H_m$ 可视为常数时，可得 C-C 方程的定积分式和不定积分式。由定积分式可求 p_1、p_2、T_1、T_2、$\Delta_{vap}H_m$ 5 个量中的任一未知量；由不定积分式则可求得饱和蒸气压与 T 的关系。

确定化学反应方向和限度是热力学需要解决的又一重要内容。要判断一封闭系统在恒温恒压、$W'=0$ 条件下的反应方向，需要求 $\Delta_r G_m(=\Delta_r H_m - T\Delta_r S_m)$。$\Delta_r H_m$ 的计算在前一章已讲过。为了计算 $\Delta_r S_m$，物理化学中引入了热力学第三定律，从而解决了各物质规定熵的定义，并由此可计算出各物质在 298K、$p^\ominus$ 时的标准熵 $S_m^\ominus$，进而根据公式 $\Delta_r S_m^\ominus = \sum \nu_B S_{m,B}^\ominus$ (298K) 计算 $\Delta_r S_m^\ominus$。若利用类似于求不同反应温度时 $\Delta_r H_m$ 的基希霍夫公式：$d\Delta_r S_m^\ominus/dT = \Delta_r C_{p,m}^\ominus/T$ 和 $\Delta_r S_m^\ominus(T_2) = \Delta_r S_m^\ominus(T_1) + \int_{T_1}^{T_2}(\Delta_r C_{p,m}^\ominus/T)dT$ 可求不同反应温度 T 下的 $\Delta_r S_m^\ominus(T)$。本章知识点架构纲目图如下：

- 判断过程的变化方向
  - 自发过程的共同特征：单向、不可逆性。或者说：自发过程造成系统的做功能力降低
  - 热力学第二定律
    - 克劳修斯说法：不可能把热从低温物体传到高温物体而不产生其他影响
    - 开尔文说法：不可能从单一热源吸取热量使之完全转变为功而不产生其他影响
  - 熵函数的引出：卡诺循环 → 任意可逆循环热温商：$(\sum \delta Q_r/T=0)$ → 熵函数引出
  - 熵增原理
    - 卡诺循环 → 卡诺定律：$\eta_I \leqslant \eta_R$
    - 克劳修斯（Clausius）不等式：$\Delta S_{A\to B} - (\sum \delta Q_i/T)_{A\to B} \geqslant 0$
  - ↓ 熵判据：$\Delta S_{绝}$ 或 $\Delta S_{隔}(=\Delta S_{体}+\Delta S_{环})$
    - <0（不可能发生的过程）
    - $=0$（可逆过程）
    - >0（自发、不可逆过程）
  - G 函数和 A 函数
    - 引进 Gibbs 函数 G 和 Helmholtz 函数 A 的目的
    - 定义式：$A \equiv U-TS$，$G \equiv H-TS$
    - 性质：状态函数，广度量，绝对值不知道
  - ↓ G 判据和 A 判据
    - Helmholtz 判据 $\Delta A_{T,V,W'=0}$
      - <0（自发过程）
      - $=0$［平衡（可逆）过程］
    - Gibbs 判据 $\Delta G_{T,p,W'=0}$
      - <0（自发过程）
      - $=0$［平衡（可逆）过程］
  - 热力学基本方程
    - $dU=TdS-pdV$
    - $dH=TdS+Vdp$
    - $dA=-SdT-pdV$
    - $dG=-SdT+Vdp$
    - 应用条件：$W'=0$，组成恒定封闭系统的可逆和不可逆过程。但积分时要用可逆途径的 V-p 或 $T\sim S$ 间的函数关系。
  - Maxwell 关系式
    - $(\partial T/\partial V)_S = -(\partial p/\partial S)_V$，$(\partial T/\partial p)_S = (\partial V/\partial S)_p$
    - $(\partial S/\partial V)_T = (\partial p/\partial T)_V$，$(\partial S/\partial p)_T = -(\partial V/\partial T)_p$
    - 应用：用易于测量的量表示不能直接测量的量，常用于热力学关系式的推导和证明
  - 不同变化过程 ΔS、ΔA、ΔG 的计算 → 见下页

- 不同变化过程 ΔS、ΔA、ΔG 的计算
  - 基本计算公式
    - $\Delta S=\int \delta Q_r/T=\int(\mathrm{d}U-\delta W)/T$，$\Delta S_{环}=-Q_{体}/T_{环}$
    - $\Delta A=\Delta U-\Delta(TS)$，$\mathrm{d}A=-S\mathrm{d}T-p\mathrm{d}V$
    - $\Delta G=\Delta H-\Delta(TS)$，$\mathrm{d}G=-S\mathrm{d}T+V\mathrm{d}p$
  - 简单 pVT 变化（常压下）
    - 凝聚相及实际气体
      - 恒温：$\Delta S=-Q_r/T$；$\Delta A_T\approx 0$，$\Delta G_T\approx V\Delta p\approx 0$（仅对凝聚相）
      - 恒压变温
        - $\Delta S=\int_{T_1}^{T_2}(nC_{p,m}/T)\mathrm{d}T \xrightarrow{C_{p,m}=常数} nC_{p,m}\ln(T_2/T_1)$
        - $\Delta A=\Delta U-\Delta(TS)$，$\Delta G=\Delta H-\Delta(TS)$；$\Delta A\approx\Delta G$
      - 恒容变温
        - $\Delta S=\int_{T_1}^{T_2}(nC_{V,m}/T)\mathrm{d}T \xrightarrow{C_{V,m}=常数} nC_{V,m}\ln(T_2/T_1)$
        - $\Delta A=\Delta U-\Delta(TS)$，$\Delta G=\Delta H-\Delta(TS)$；$\Delta A\approx\Delta G$(仅对凝聚相)
    - 理想气体
      - 计算 ΔS　$\Delta S=nC_{V,m}\ln(T_2/T_1)+nR\ln(V_2/V_1)$
        $=nC_{p,m}\ln(T_2/T_1)-nR\ln(p_2/p_1)$
        $=nC_{V,m}\ln(p_2/p_1)+nC_{p,m}\ln(V_2/V_1)$
      - ΔA、ΔG 的计算
        - 恒温：$\Delta A_T=\Delta G_T=nRT\ln(p_2/p_1)=-nRT\ln(V_2/V_1)$
        - 变温：$\Delta A=\Delta U-\Delta(TS)$，$\Delta G=\Delta H-\Delta(TS)$
  - 恒压相变化
    - 可逆：$\Delta S=\Delta H/T$；$\Delta G=0$；ΔA
      - ≈ 0（凝聚态间相变）
      - $=-\Delta n(\mathrm{g})RT(\mathrm{g}\leftrightarrow \mathrm{l}$ 或 $\mathrm{s})$
    - 不可逆：设计始、末态相同的可逆过程计算
  - 化学变化
    - 热力学第三定律及其物理意义
    - 规定熵、标准摩尔熵定义
    - 任一物质标准摩尔熵的计算
    - 标准摩尔生成 Gibbs 函数 $\Delta_r G^{\ominus}_{m,B}$ 定义
    - $\Delta_r S^{\ominus}_m=\sum_B \nu_B S^{\ominus}_{m,B}$，$\Delta_r H^{\ominus}_m=\sum_B \nu_B\Delta_f H^{\ominus}_{m,B}$，
    - $\Delta_r G^{\ominus}_m=\Delta_r H^{\ominus}_m-T\Delta_r S^{\ominus}_m$ 或 $\Delta_r G^{\ominus}_m=\sum\nu_B\Delta_f G^{\ominus}_{m,B}$
    - G-H 方程
      - 微分式
        - $(\partial\Delta G/\partial T)_p=(\Delta G-\Delta H)/T$ 或 $[\partial(\Delta G/T)/\partial T]_p=-\Delta H/T^2$
        - $(\partial\Delta A/\partial T)_V=(\Delta A-\Delta U)/T$ 或 $[\partial(\Delta A/T)/\partial T]_V=-\Delta U/T^2$
      - 积分式：$\Delta_r G^{\ominus}_m(T)/T=\Delta H_0/T+IR-\Delta a\ln T-1/2\Delta bT-1/6\Delta cT^2$
      - 应用：利用 G-H 方程的积分式，可通过已知 T_1 时的 $\Delta G(T_1)$ 或 $\Delta A(T_1)$ 求 T_2 时的 $\Delta G(T_2)$ 或 $\Delta A(T_2)$

3.2 主要知识点

3.2.1 自发过程及其特征

自发过程的共同特点是其热力学上的不可逆性（注意：非自发过程不是不能发生，而是要借助外力）。自发过程的不可逆性均可归结为功变热过程的不可逆性，即“热能否全部转化为功而不引起任何其他变化”这样一个基本问题。

3.2.2 卡诺循环

在两个热源之间，理想气体经过恒温可逆膨胀、绝热可逆膨胀、恒温可逆压缩和绝热可逆压缩四个可逆过程回到始态，从高温（T_h）热源吸收 Q_h 热量，一部分通过理想热机用来对外做功 W，另一部分 Q_c 的热量放给低温（T_c）热源。这种循环称为卡诺循环。

3.2.3 卡诺定理

所有工作于同温热源和同温冷源之间的热机，其效率（η_I）都不能超过可逆机效率

(η_R)，即可逆机的效率最大，$\eta_I \leqslant \eta_R$。

3.2.4　卡诺定理推论

所有工作于同温热源与同温冷源之间的可逆机，其热机效率都相等，即与热机的工作物质无关。

3.2.5　热机效率

$\eta \leqslant 1 - T_c/T_h$（=：可逆热机；<：不可逆热机）。可逆热机的效率最高，且与工作介质以及是否有相变化或化学反应无关，仅取决于高温热源与低温热源的温度。

3.2.6　冷冻系数

$\beta = Q_c'/W = T_c/(T_h - T_c)$（$W$ 表示环境对系统所做的功），卡诺热机的冷冻系数 β 最大，可用来衡量非卡诺热机的致冷（致热）效率。

3.2.7　任意可逆循环

任意可逆循环的热温商之和等于零：$\sum_i \left(\frac{\delta Q_i}{T_i}\right)_R = 0$ 或 $\oint \left(\frac{\delta Q}{T}\right)_R = 0$。

3.2.8　熵的定义

$dS = \frac{\delta Q_R}{T}$ 或 $\Delta S = \int_1^2 \frac{\delta Q_R}{T}$。注意，这里的 Q_R 一定是可逆过程的热。熵是状态函数，且为广度量，对一定量的物质其绝对值不知道，只能求其变化的改变值。熵的单位是 $J \cdot K^{-1}$。

3.2.9　熵增原理（Clausius 不等式）

根据熵函数的定义式和卡诺定理（$\eta_I \leqslant \eta_R$），可导出 Clausius 不等式：$\Delta S_{A\to B} - \left(\sum_i \frac{\delta Q_i}{T}\right)_{A\to B} \geqslant 0$，由此得绝热条件下，$dS \geqslant 0$（=0：可逆过程或平衡状态；>0：不可逆过程），即：在绝热系统中发生任何变化熵值都不会减少，可逆绝热变化熵不变，不可逆绝热变化熵增加，这就是熵增原理。

3.2.10　熵判据

将熵增原理应用于绝热过程或隔离系统（隔离系统中发生的任何过程当然是绝热过程）得熵判据：

$$dS_{绝} 或 dS_{孤}(=dS_{体}+dS_{环})\begin{cases} >0 & 不可逆过程 \\ =0 & 可逆过程或平衡态 \\ <0 & 不可能发生的过程 \end{cases}$$

通常所研究的系统多不是隔离系统，此时可将系统与环境合并为一个隔离系统。因此，在使用熵判据时必须分别进行环境熵变（$\Delta S_{环} = -Q_{体}/T_{环}$）和系统熵变的计算，再利用总熵变，即隔离系统熵变作为变化方向的判据。在考虑了环境熵变的前提下，熵判据可以用于任何系统的任何过程，无论是否恒温、是否恒压、是否有化学反应或相变化都没有限制，这是使用熵判据的方便之处。但是，由于还要计算环境的熵变，这给熵判据的使用带来了极大的不便。

也有的教材认为，熵判据只能判断过程的可逆与否，而不能用来判断是否自发或平衡。这主要是对自发过程的定义或看法不同所造成，在学习时应注意。

如上所述，熵判据只能用于绝热过程或隔离系统。由于要计算 $\Delta S_{环}$，使用很不方便。

而实际过程往往是恒温、恒温恒容或恒温恒压过程。因此，为了方便起见，在热力学中又引进了另外两个辅助函数——Gibbs 函数 G 和 Helmaolz 函数 A，从而得到封闭系统恒温恒容、$W'=0$ 条件下使用的 Helmaolz 判据和恒温恒压、$W'=0$ 条件下使用的 Gibbs 判据。

3.2.11 亥姆霍兹函数 A

定义 $A \equiv U-TS$ 为亥姆霍兹函数。该函数为状态函数，且为广度量，对一定量的物质其绝对值不知道，只能求其改变值。单位为 J。

亥姆霍兹函数的主要性质有：$\Delta A_T \leqslant W$。即，在恒温时可逆过程中系统所做的功等于亥姆霍兹函数的变化值。在恒温不可逆变化过程中功的数值将大于亥姆霍兹函数的变化值。可以这样认为，在恒温可逆过程中，系统亥姆霍兹函数的减少值全部转变为功交换给环境；而在不可逆过程，系统的亥姆霍兹函数的减少值只有一部分转化为功交换给环境。

如果不仅恒温而且恒容，且无体积功交换，这时 $\Delta A_{T,V} \leqslant W'$。说明在恒温恒容时，可逆过程亥姆霍兹函数的变化与非体积功相等，而发生不可逆过程时非体积功的数值将大于亥姆霍兹函数的变化。

3.2.12 亥姆霍兹函数判据

在恒温、恒容、$W'=0$ 时

$$\Delta A_{T,V,W'=0}\begin{cases}<0 & \text{自发过程}\\=0 & \text{可逆过程或平衡}\\>0 & \text{不能自发进行的过程}\end{cases}$$

使用此判据时，必须牢记其使用条件，即必须在恒温、恒容、不做非体积功下才可以使用。因为是恒容，实际上也没有体积功，因此是恒温且没有任何功的过程。

3.2.13 吉布斯函数 G

Gibbs 函数的定义为 $G=H-TS$，Gibbs 函数是状态函数，且为广度量，对一定量的物质其绝对值不知道，只能求其改变值。单位为 J。

在恒温恒压下 $\Delta G_{T,p} \leqslant W'$，说明恒温恒压条件下，在可逆过程中，系统吉布斯函数的减少值全部转变为功交换给环境；而在不可逆过程中，系统吉布斯函数的减少值只有一部分转化为功交换给环境。

3.2.14 吉布斯函数判据

在恒温、恒压、$W'=0$ 时

$$\Delta G_{T,p,W'=0}\begin{cases}<0 & \text{自发过程}\\=0 & \text{可逆过程或平衡}\\>0 & \text{不能自发进行的过程}\end{cases}$$

使用此判据时必须牢记其使用条件，即在恒温、恒压、不做非体积功条件下才可以使用。

3.2.15 不同变化过程 ΔS、ΔA、ΔG 的计算

(1) 基本计算公式 $\Delta S=\int_1^2 \delta Q_R/T=\int_1^2 (dU-\delta W)/T$

$$\Delta S_{环}=-Q_{体}/T_{环}$$

$$\Delta A=\Delta U-\Delta(TS),\ dA=-SdT-pdV$$

$$\Delta G=\Delta H-\Delta(TS),\ dG=-SdT+Vdp$$

(2) 对于凝聚相及实际气体

恒温： $\Delta S=Q_r/T$（恒温传热：$\Delta S=|Q|/T_C-|Q|/T_h$）

$\Delta A_T\approx0$，$\Delta G_T\approx V\Delta p\approx0$（仅对凝聚相）

恒压变温：$\Delta S=\int_{T_1}^{T_2}(nC_{p,m}/T)\mathrm{d}T\xrightarrow{C_{p,m}=\text{const}}\Delta S=nC_{p,m}\ln(T_2/T_1)$

$\Delta A=\Delta U-\Delta(TS)$，$\Delta G=\Delta H-\Delta(TS)$；$\Delta G\approx\Delta A$（仅对凝聚相）

恒容变温：$\Delta S=\int_{T_1}^{T_2}(nC_{V,m}/T)\mathrm{d}T\xrightarrow{C_{V,m}=\text{const}}\Delta S=nC_{V,m}\ln(T_2/T_1)$

$\Delta A=\Delta U-\Delta(TS)$，$\Delta G=\Delta H-\Delta(TS)$；$\Delta G\approx\Delta A$（仅对凝聚相）

(3) 对于理想气体 计算 ΔS。

$$\begin{aligned}\Delta S&=nC_{V,m}\ln(T_2/T_1)+nR\ln(V_2/V_1)=nC_{p,m}\ln(T_2/T_1)-nR\ln(p_2/p_1)\\&=nC_{V,m}\ln(p_2/p_1)+nC_{p,m}\ln(V_2/V_1)\end{aligned}$$

上述 3 个计算 ΔS 方程可用于理想气体单纯 pTV 状态变化的任何过程。计算时，根据题目给定的条件，选择其中最便于计算的一个。

对于理想气体等温混合过程，当 $p_A=p_B=\cdots=p_i=p$ 时，

$$\Delta_{mix}S=-R\sum n_i\ln x_i$$

计算 ΔA、ΔG 恒温：$\Delta A_T=\Delta G_T=nRT\ln(p_2/p_1)=-nRT\ln(V_2/V_1)$

变温：$\Delta A=\Delta U-\Delta(TS)$，$\Delta G=\Delta H-\Delta(TS)$

[注意：变温过程 ΔA、ΔG 的计算只能用公式 $\Delta A=\Delta U-\Delta(TS)$，$\Delta G=\Delta H-\Delta(TS)$]

(4) 恒温恒压可逆相变化

$$\Delta S=\Delta H/T;\ \Delta G=0\ ;\ \Delta A\begin{cases}\approx0\ (\text{凝聚态间相变})\\=-\Delta n(\mathrm{g})RT(\mathrm{g}\leftrightarrow\mathrm{l}\text{ 或 }\mathrm{s})\end{cases}$$

Trouton 规则：$\Delta_{vap}H_m^\ominus/T_b=88\mathrm{J\cdot K^{-1}\cdot mol^{-1}}$

[注：T_b为常压下(正常)沸点；Trouton 规则对极性高的液体或在 150K 以下沸腾的液体不适用。液体中若分子间存在氢键或存在缔合现象，此规则亦不适用]

不可逆相变化：设计始、末态相同的可逆过程计算 ΔS 和 ΔG。

3.2.16 热力学第三定律

(1)定律及其物理意义 $\lim\limits_{T\to0K}S_m^*$(完美晶体)$=0$ 或 S_m^*(完美晶体，0K)$=0$

(2) 规定熵、标准摩尔熵定义 根据第三定律，相对于 0K 时完美晶体熵值为 0 所求得的纯物质 B 在某一状态的熵称为物质 B 在该状态的规定熵。在标准态下，温度为 T 时 1mol 纯物质 B 的规定熵称为物质 B 在该温度 T 时的标准摩尔熵。

(3) 任一物质标准摩尔熵的计算公式

$$S_m^\ominus(\mathrm{B,g},T)=\int_0^{T_f}\frac{C_{p,m}^\ominus(S)\mathrm{d}T}{T}+\frac{\Delta_{fus}H_m^\ominus}{T_f}+\int_{T_f}^{T_b}\frac{C_{p,m}(l)\mathrm{d}T}{T}+\frac{\Delta_{vap}H_m^\ominus}{T_b}+\int_{T_b}^{T}\frac{C_{p,m}(\mathrm{g})\mathrm{d}T}{T}+\Delta_{RG}^{IG}S_m(T)$$

3.2.17 化学反应

$$\Delta_rS_m^\ominus=\sum_B\nu_BS_{m,B}^\ominus\quad\Delta_rH_m^\ominus=\sum_B\nu_B\Delta_fH_{m,B}^\ominus\quad\Delta_rG_m^\ominus=\Delta_rH_m^\ominus-T\Delta_rS_m^\ominus$$

注意：化学反应熵变的计算不要使用化学反应的恒压反应热来计算熵变。因为恒压反应

热 Q_p 或 $\Delta_r H_m^{\ominus}$ 并不是可逆热。计算摩尔反应吉布斯函数另外一种方法是由标准摩尔生成吉布斯函数计算，即 $\Delta_r G_m^{\ominus} = \sum_B \nu_B \Delta_f G_m^{\ominus}(B)$ 。

3.2.18 热力学基本方程

热力学基本方程为四个热力学函数微分式：

$$dU=TdS-pdV,\ dH=TdS+Vdp,\ dA=-SdT-pdV,\ dG=-SdT+Vdp$$

每个微分式中的两个变量分别称为相应状态函数 U、H、A 和 G 的特征变量。上述四个基本方程的应用条件是 $W'=0$，组成恒定的封闭系统的可逆过程。但对简单的 pVT 不可逆变化亦可用。不过对于不可逆过程，积分要用可逆途径的 $V\sim p$ 或 $T\sim S$ 间的函数关系。这些基本方程应当记熟。

3.2.19 麦克斯韦关系式

$$(\partial T/\partial V)_S=-(\partial p/\partial S)_V,\ (\partial T/\partial p)_S=(\partial V/\partial S)_p$$

$$(\partial S/\partial V)_T=(\partial p/\partial T)_V,\ (\partial S/\partial p)_T=-(\partial V/\partial T)_p$$

应用：Maxwell 关系式把一些不能直接测定的量用易于测定的量表示出来，广泛用于热力学公式的推导和证明。如若再辅以状态方程，就可以计算不易直接测定的状态函数的改变值。

3.2.20 吉布斯-亥姆霍兹方程

微分式 $(\Delta G/T)_p=(\Delta G-\Delta H)/T$ 或 $[\partial(\Delta G/T)/\partial T]_p=-\Delta H/T^2$

$(\Delta A/T)_V=(\Delta A-\Delta U)/T$ 或 $[\partial(\Delta A/T)/\partial T]_V=-\Delta U/T^2$

积分式 $\Delta_r G_m^{\ominus}(T)=\Delta H_0/T+IR-\Delta a\ln T-\frac{1}{2}\Delta bT-\frac{1}{6}\Delta cT^2$

应用：利用 G-H 方程的积分式，可通过已知 T_1 时的 $\Delta G(T_1)$ 或 $\Delta A(T_1)$ 求 T_2 时的 $\Delta G(T_2)$ 或 $\Delta A(T_2)$。

3.3 习题详解

1. 试比较下列两个热机的最大效率：

(1) 以水蒸气为工作物，工作于 130℃及 40℃两热源之间；

(2) 以汞蒸气为工作物．工作于 380℃及 50℃两热源之间。

解： $\eta_1=\left(\frac{T_2-T_1}{T_2}\right)_1=\frac{403-313}{403}=\frac{90}{403}=22.3\%$

$\eta_2=\left(\frac{T_2-T_1}{T_2}\right)_2=\frac{653-323}{653}=\frac{330}{653}=50.5\%$

2. 某卡诺热机工作于 1000K 和 300K 两热源间，当有 200kJ 的热传向 300K 的低温热源时，问从 1000K 高温热源吸热多少？最多能做功多少？

解： 由题可知

因 $\eta=\frac{T_2-T_1}{T_2}=\frac{1000-300}{1000}=0.7=1+\frac{Q_1}{Q_2}$

$Q_1=-200\text{kJ}$

故 $Q_2=\frac{-200}{-0.3}\text{kJ}=666.67\text{kJ}$

$W=-\eta\times Q_2=-0.7\times666.67\text{kJ}=-466.67\text{kJ}$

3. 某电冰箱内的温度为0℃，室温为25℃，今欲使1000g温度为0℃的水变成冰，问最少需做功多少？制冷机对环境放热若干？已知0℃时冰的熔化焓为334.7J·g^{-1}。

解：假设冰箱内的制冷压缩机为可逆热机，根据公式

$$\beta=\frac{Q'_{R,L}}{W'_R}=\frac{T_L}{T_h-T_L}$$

最少需做功为

$$W'_R=\frac{T_h-T_L}{T_L}Q'_{R,L}=\left[\frac{298.15-273.15}{273.15}\times(334.7\times1000)\right]\text{J}$$
$$=-30.63\times10^3\text{J}=-30.63\text{kJ}$$

$$Q'_{R,h}=Q'_{R,L}+W=-(30.63+334.7\times1000\times10^{-3})\text{kJ}=-365.33\text{kJ}$$

4.(1) 在300K时，5mol的某理想气体由10dm^{3}恒温可逆膨胀到100dm^3。计算此过程系统的熵变；

(2) 上述气体在300K时由10dm^{3}向真空膨胀变为100dm^3，试计算此时体系的ΔS。并与热温商作比较。

解：(1) 理想气体恒温可逆过程

$$\Delta S=nR\ln\frac{V_2}{V_1}=\left(5\times8.314\times\ln\frac{100}{10}\right)\text{J·K}^{-1}=95.7\text{J·K}^{-1}$$

(2) 因为 (2) 与 (1) 有相同的始终态，因此$\Delta S=95.7\text{J·K}^{-1}$。

5. 1mol双原子分子理想气体从300K，25dm^{3}加热到600K，49.9dm^3，若此过程是将气体置于750K的炉中，让其反抗100kPa的恒定外压以不可逆方式进行，且气体可视为理想气体。试计算该体系的Q，W，ΔU，ΔH，$\Delta S_{体}$，$\Delta S_{环}$，$\Delta S_{孤}$。

解：$\Delta U=nC_{V,m}(T_2-T_1)=(5R/2)\times(600-300)=6.24\text{kJ}$

$W=-p\Delta V=-100\times10^3\times(49.9-25)\times10^{-3}=-2.49\text{kJ}$

$Q_{实际}=\Delta U-W=(6.24+2.42)\text{kJ}=8.73\text{kJ}$

$$\Delta H=nC_{p,m}(T_2-T_1)=\frac{1\times7R}{2}\times(600-300)=8.73\text{kJ}$$

$$\Delta S_{体系}=nR\ln(V_2/V_1)+nC_{V,m}\ln(T_2/T_1)=R\times\ln(49.9/25)+(5R/2)\times\ln(600/300)$$
$$=20.15\text{J·K}^{-1}$$

$\Delta S_{环境}=-Q_{实际}/T_{环境}=(-8.73\times10^3/750)\text{J·K}^{-1}=-11.64\text{J·K}^{-1}$

$\Delta S_{孤立}=\Delta S_{体系}+\Delta S_{环境}=8.51\text{J·K}^{-1}$

6. 1mol O_2克服100kPa的恒定外压作绝热膨胀，直到达到平衡为止，初始温度为200℃，初始体积为20dm^3，假定氧气为理想气体，试计算该膨胀过程中氧气的熵变。

解：$p_1=\left(\frac{8.314\times473}{20\times10^{-3}}\right)\text{Pa}=196.63\text{kPa}$

对于求理想气体单纯pVT状态变化的状态函数改变值，关键同样是求出终态温度T_2。对于绝热过程求T_2，要注意是可逆的还是不可逆的，因为二者所用的求T_2的方程不一样。对于不可逆绝热过程，有

$Q=0$，$\Delta U=W$，$C_V(T_2-T_1)=-p_{ex}(V_2-V_1)$

$$n\times\frac{5}{2}\times R(T_2-T_1)=-p_{ex}\left(\frac{nRT_2}{p_{ex}}-\frac{nRT_1}{p_1}\right)$$

$$\frac{5}{2}\times(T_2-T_1)=\left(\frac{p_{ex}T_1}{p_1}-T_2\right)$$

$$\frac{7}{2}\times T_2=\left(\frac{100\times10^3}{196.63\times10^3}+\frac{5}{2}\right)T_1$$

解上式得 $T_2=406.6\text{K}$

$$\Delta S=nR\ln(p_1/p_2)+\int_{T_1}^{T_2}C_p\,\mathrm{d}T/T$$

$$=[8.314\times\ln(196.63\times10^3/100\times10^3)+(7/2)\times R\ln(406.6/473)]\text{J}\cdot\text{K}^{-1}$$

$$=1.22\text{J}\cdot\text{K}^{-1}$$

7. 1mol、0℃、0.2MPa 的理想气体沿着 p/V=常数的可逆途径到达压力为 0.4MPa 的终态。已知 $C_{V,\text{m}}=(5/2)R$，求过程的 W、Q、ΔU、ΔH、ΔS。

解： $V_1=\dfrac{nRT_1}{p_1}=\left(\dfrac{1\times8.314\times273.15}{0.2\times10^6}\right)\text{m}^3=11.35\times10^{-3}\text{m}^3=11.35\text{dm}^3$

因为 $\dfrac{p_1}{V_1}=\dfrac{p_2}{V_2}$ $\quad V_2=\dfrac{p_2}{p_1}V_1=\dfrac{0.4}{0.2}\times11.35\text{dm}^3=22.70\text{dm}^3$

$$T_2=\frac{p_2V_2}{nR}=\left[\frac{(0.4\times10^6)\times(22.70\times10^{-3})}{1\times8.314}\right]\text{K}=1092\text{K}$$

$$W=-\int_{V_1}^{V_2}p\,\mathrm{d}V=-\int_{V_1}^{V_2}\left(\frac{p_1}{V_1}V\right)\mathrm{d}V=-\frac{p_1}{V_1}\times\frac{1}{2}(V_2^2-V_1^2)$$

$$=-\frac{1}{2}(p_2V_2-p_1V_1)=\left[-\frac{1}{2}\times(0.4\times22.70-0.2\times11.35)\times10^3\right]\text{J}$$

$$=-3.405\text{kJ}$$

$$\Delta U=nC_{V,\text{m}}\Delta T=\left[1\times\frac{5}{2}\times8.3145\times(1092-273)\right]\text{J}=17.02\times10^3\text{J}=17.02\text{kJ}$$

$$\Delta H=nC_{p,\text{m}}\Delta T=\left[1\times\frac{7}{2}\times8.3145\times(1092-273)\right]\text{J}=23.83\times10^3\text{J}=23.83\text{kJ}$$

$$Q=\Delta U-W=[17.02-(-3.405)]\text{kJ}=20.43\text{kJ}$$

$$\Delta S=n\left(C_{p,\text{m}}\ln\frac{T_2}{T_1}+R\ln\frac{p_1}{p_2}\right)$$

$$=1\times\left[\left(\frac{5}{2}+1\right)\times8.3145\times\ln\frac{1092}{273.15}+8.3145\times\ln\frac{0.2}{0.4}\right]\text{J}\cdot\text{K}^{-1}=34.56\text{J}\cdot\text{K}^{-1}$$

8. 计算下列各恒温过程的熵变（气体看作理想气体）。

(1) [1mol N_2] + [1mol Ar] ⟶ [1mol N_2 1mol Ar] $\quad\Delta S$=________

$V \qquad V \qquad 2V$

(2) [1mol N_2] + [1mol N_2] ⟶ [2mol N_2] $\quad\Delta S$=________

$V \qquad V \qquad 2V$

解： (1) $n_\text{A}R\ln(V/V_\text{A})+n_\text{B}R\ln(V/V_\text{B})=2R\ln(V/2V)=2R\ln\dfrac{1}{2}=-11.53\text{J}\cdot\text{K}^{-1}$

(2) $nR\ln(2V/2V)=0$

9. 1mol 273.15K，100kPa 的 $O_2(g)$ 与 3mol 373.15K，100kPa 的 $N_2(g)$ 在绝热条件

下混合，终态压力为 100kPa。若 O_2(g) 和 N_2(g) 均视为理想气体，试计算孤立体系的熵变。

解：设终态温度为 T，则 $(1\text{mol})\ C_{p,\text{m}}(O_2)(T-273.15\text{K})=(3\text{mol})C_{p,\text{m}}(N_2)(373.15\text{K}-T)$

因为 $C_{p,\text{m}}(O_2)=C_{p,\text{m}}(N_2)=7/2\times R$

解得 $T=348.15\text{K}$

将绝热条件下的上述理想气体的混合过程设计为如下可逆过程：

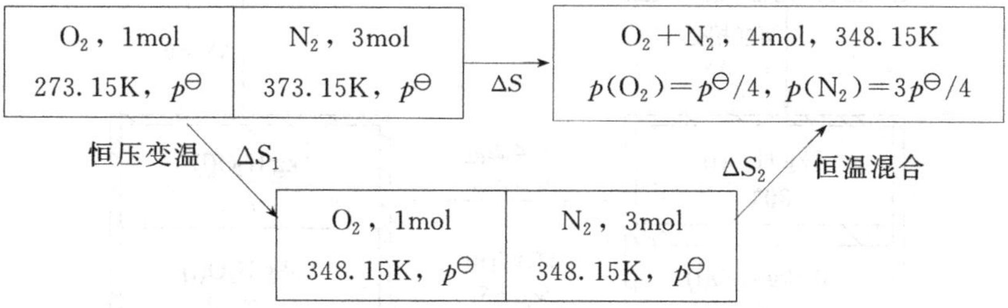

$$\Delta S_1=\Delta S_1(O_2)+\Delta S_1(N_2)$$
$$=(3.5)\times R\ln(348.15/273.15\text{K})+3\times(3.5)\times R\ln(348.15/373.15)=1.006\text{J}\cdot\text{K}^{-1}$$
$$\Delta S_2=n(O_2)R\ln[p_1(O_2)/p_2(O_2)]+n(N_2)R\ln[p_1(N_2)/p_2(N_2)]$$
$$=R\ln(p^{\ominus}/0.25p^{\ominus})+3R\ln(p^{\ominus}/0.75p^{\ominus})=18.70\text{J}\cdot\text{K}^{-1}$$

因为是绝热条件下混合，$\Delta S_{环}=0$。故

$$\Delta S_{孤立}=\Delta S_{体系}=\Delta S_1+\Delta S_2=19.71\text{J}\cdot\text{K}^{-1}$$

10. 100g 10℃的水与 200g 40℃的水在绝热条件下混合，求此过程的熵变。已知水的比热容为 4.184J·K^{-1}·g^{-1}。

解：绝热条件下混合，$\Delta H=Q_p=0$，即

$$\Delta H=\Delta H_1+\Delta H_2=Cm_1(t-t_1)+Cm_2(t-t_2)=0$$
$$t=\frac{m_1t_1+m_2t_2}{m_1+m_2}=\left(\frac{100\times10+200\times40}{100+200}\right)℃=30℃$$
$$\Delta S=\Delta S_1+\Delta S_2=Cm_1\ln\frac{T}{T_1}+Cm_2\ln\frac{T}{T_2}$$
$$=\left(4.184\times100\times\ln\frac{30+273.15}{10+273.15}+4.184\times200\times\ln\frac{30+273.15}{40+273.15}\right)\text{J}\cdot\text{K}^{-1}$$
$$=1.40\text{J}\cdot\text{K}^{-1}$$

11. 在环境温度为 100℃的恒温水浴中，2mol、100℃、100kPa 的液体水向真空蒸发，全部变成为 100℃、100kPa 的水蒸气，求此过程的熵变 $\Delta_{\text{vap}}S$，判断过程是否自发。已知 101.325kPa，100℃时水的摩尔蒸发热为 40.68kJ·mol^{-1}。水气可视为理想气体。

解：$\Delta_{\text{vap}}S_{体}=Q_{\text{R}}/T=\Delta H/T=(2\times40680/373.15)\text{J}\cdot\text{K}^{-1}=218.0\text{J}\cdot\text{K}^{-1}$

因 $W=0$，故

$$Q_{环}=\Delta_{\text{vap}}U=\Delta H-nRT=(-81360+2\times8.314\times373.15)\text{J}=-75.155\text{kJ}$$
$$\Delta S_{环}=Q_{环}/T=-75155/373.15=-201.4\text{J}\cdot\text{K}^{-1}$$
$$\Delta_{\text{vap}}S_{总}=\Delta_{\text{vap}}S_{体}+\Delta S_{环}=16.6\text{J}\cdot\text{K}^{-1}>0$$，过程自发

12. 常压下冰的熔点为 0℃，比熔化焓 $\Delta_{\text{fur}}H=333.3\text{J}\cdot\text{g}^{-1}$，水的比恒压热容 $C_p=4.184\text{J}\cdot\text{g}^{-1}\cdot\text{K}^{-1}$。系统的始态为一绝热容器中 1kg，80℃的水及 0.5kg 0℃的冰。求系统达到平衡终态后过程的 ΔS。

解：（1）画出过程框图

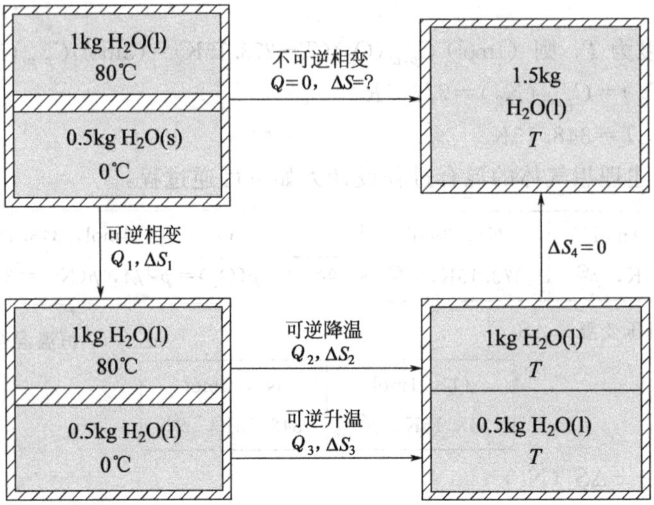

$$\Delta S_1=\frac{m(H_2O(s))\times\Delta_{fus}H}{T_f}=\frac{0.5\times10^3\times333.3}{273}=610.4\text{J}\cdot\text{K}^{-1}$$

（2）求 T，因为混合过程是在绝热容器中进行的，所以有

$$Q_1+Q_2+Q_3=0$$

$$Q_1+m_1C_p(t-80)+m_2C_p(t-0)=0$$

$$Q_1=500\times333.3\text{J}=166650\text{J}$$

$$166650+1000\times4.184(t-80)+500\times4.184t=0$$

$$6276t=168070$$

$t=26.8$℃ 或 $T=300$K

$$\Delta S_2=m_1C_p\ln\frac{T}{353.15}=\left(1000\times4.184\ln\frac{300}{353.15}\right)\text{J}\cdot\text{K}^{-1}=-682.5\text{J}\cdot\text{K}^{-1}$$

$$\Delta S_3=m_2C_p\ln\frac{T}{273.15}=500\times4.184\ln\frac{300}{273.15}=196.15\text{J}\cdot\text{K}^{-1}$$

$$\Delta S_4=0$$

$$\Delta S=\Delta S_1+\Delta S_2+\Delta S_3+\Delta S_4$$

$$=(610.4-682.5+196.15+0)\text{J}\cdot\text{K}^{-1}=124.1\text{J}\cdot\text{K}^{-1}>0\text{(不可逆)}$$

13. 298.15K 时，液态乙醇的标准摩尔熵为 160.7J·K^{-1}·mol^{-1}，在此温度下乙醇的蒸气压是 7.866kPa，汽化热为 42.635kJ·mol^{-1}。计算标准压力 $p^\ominus$下，298.15K 时乙醇蒸气的标准摩尔熵。假定乙醇蒸气为理想气体。

解：设计如下过程：

$$\begin{array}{ccc}C_2H_5OH(l,298.15K,p^\ominus) & \xrightarrow{\Delta_{vap}S_m} & C_2H_5OH(g,298.15K,p^\ominus)\\ \downarrow\Delta S_1 & & \uparrow\Delta S_3\\ C_2H_5OH(l,298.15K,7.866kPa) & \xrightarrow{\Delta S_2} & C_2H_5OH(g,298.15K,7.866kPa)\end{array}$$

$$\Delta S_1\approx0$$

$$\Delta S_2=\Delta_{vap}H_m/T=(42.635\times10^3/298.15)\text{J}\cdot\text{K}^{-1}\cdot\text{mol}^{-1}=143.0\text{J}\cdot\text{K}^{-1}\cdot\text{mol}^{-1}$$

$$\Delta S_3=R\ln(p_1/p_2)=8.314\times\ln(7.866/100)\text{J}\cdot\text{K}^{-1}\cdot\text{mol}^{-1}=-21.14\text{J}\cdot\text{K}^{-1}\cdot\text{mol}^{-1}$$

所以　$S_m^{\ominus}=S_m^{\ominus}(\mathrm{l})+\Delta S_1+\Delta S_2+\Delta S_3$

$$=(160.7+0+143.0-21.14)\mathrm{J\cdot K^{-1}\cdot mol^{-1}}=282.56\mathrm{J\cdot K^{-1}\cdot mol^{-1}}$$

14. 在 268.15K 和压力为 $p^{\ominus}$时，固态苯的摩尔熔化焓 $\Delta_{fus}H_m^{\ominus}(T_1)=9.874\mathrm{kJ\cdot mol^{-1}}$，求在上述条件下，1mol 液态苯凝固过程中的 $\Delta S_{体}$、$\Delta S_{环境}$ 和 $\Delta S_{隔离}$。

已知苯的熔点为 278.7K，$\Delta_{fus}H_m^{\ominus}(T_2)=9.916\mathrm{kJ\cdot mol^{-1}}$，且知

$C_{p,m}(\mathrm{l})=128.6\mathrm{J\cdot K^{-1}\cdot mol^{-1}}$

$C_{p,m}(\mathrm{s})=122.6\mathrm{J\cdot K^{-1}\cdot mol^{-1}}$

解： 在 268.15K 和压力 $p^{\ominus}$时，固态苯的熔化是一不可逆过程，需设计可逆过程：

$$\begin{array}{ccc} C_6H_6(\mathrm{l},268.15\mathrm{K}) & \xrightarrow[T_1]{\Delta S} & C_6H_6(\mathrm{s},268.15\mathrm{K}) \\ \downarrow \Delta S_1 & & \uparrow \Delta S_3 \\ C_6H_6(\mathrm{l},278.7\mathrm{K}) & \xrightarrow[T_2]{\Delta S_2} & C_6H_6(\mathrm{s},278.7\mathrm{K}) \end{array}$$

$$\Delta S_{体}=\Delta S_1+\Delta S_2+\Delta S_3=\int_{T_1}^{T_2}nC_{p,m}(\mathrm{l})\frac{\mathrm{d}T}{T}+\frac{-\Delta_{fus}H_m^{\ominus}(T_2)}{T_2}+\int_{T_2}^{T_1}nC_{p,m}(\mathrm{s})\frac{\mathrm{d}T}{T}$$

$$=nC_{p,m}(\mathrm{l})\ln\frac{T_2}{T_1}+\frac{-\Delta_{fus}H_m^{\ominus}(T_2)}{T_2}-nC_{p,m}(\mathrm{s})\ln\frac{T_2}{T_1}$$

$$=n[C_{p,m}(\mathrm{l})-C_{p,m}(\mathrm{s})]\ln\frac{T_2}{T_1}+\frac{-\Delta_{fus}H_m^{\ominus}(T_2)}{T_2}$$

$$=\left[1\times(128.6-122.6)\ln\frac{278.7}{268.15}-\frac{9916}{278.7}\right]\mathrm{J\cdot K^{-1}}=-35.35\mathrm{J\cdot K^{-1}}$$

$$\Delta S_{环境}=n\Delta_{fus}H_m^{\ominus}(T_1)/T_1=\frac{9874}{268.15}\mathrm{J\cdot K^{-1}}=36.82\mathrm{J\cdot K^{-1}}$$

$$\Delta S_{隔离}=\Delta S+\Delta S_{环境}=1.47\mathrm{J\cdot K^{-1}}$$

15. 已知反应：$H_2(\mathrm{g})+(1/2)O_2(\mathrm{g})\longrightarrow H_2O(\mathrm{g})$，在 298.15K，$p^{\ominus}$下的 $\Delta_rS_m^{\ominus}=-44.38\mathrm{J\cdot K^{-1}\cdot mol^{-1}}$，试求 $O_2(\mathrm{g})$ 在 298.15K，$p^{\ominus}$下的标准摩尔熵 $S_m^{\ominus}(O_2,\mathrm{g})$。已知：$S_m^{\ominus}(H_2O,\mathrm{g})=188.72\mathrm{J\cdot K^{-1}\cdot mol^{-1}}$；$S_m^{\ominus}(H_2,\mathrm{g})=130.59\mathrm{J\cdot K^{-1}\cdot mol^{-1}}$。

解： 因为 $\Delta_rS_m^{\ominus}=S_m^{\ominus}(H_2O,\mathrm{g})-S_m^{\ominus}(H_2,\mathrm{g})-\frac{1}{2}S_m^{\ominus}(O_2,\mathrm{g})$，故

$$S_m^{\ominus}(O_2,\mathrm{g})=2[S_m^{\ominus}(H_2O,\mathrm{g})-S_m^{\ominus}(H_2,\mathrm{g})-\Delta_rS_m^{\ominus}]$$

$$=2\times(188.72-130.59+44.38)\mathrm{J\cdot K^{-1}\cdot mol^{-1}}$$

$$=205.02\mathrm{J\cdot K^{-1}\cdot mol^{-1}}$$

16.(1) 乙醇气相脱水制乙烯，反应为 $C_2H_5OH\longrightarrow C_2H_4+H_2O(\mathrm{g})$，试计算 25℃的 $\Delta_rS_m^{\ominus}$。

(2) 若将反应写成 $2C_2H_5OH(\mathrm{g})\longrightarrow 2C_2H_4(\mathrm{g})+2H_2O(\mathrm{g})$，则 25℃时的 $\Delta_rS_m^{\ominus}$ 又是多少？

已知数据如下：

物　质	$C_2H_5OH(\mathrm{g})$	$C_2H_4(\mathrm{g})$	$H_2O(\mathrm{g})$
$S_m^{\ominus}(298.15\mathrm{K})/\mathrm{J\cdot K^{-1}\cdot mol^{-1}}$	282.70	219.56	188.825

解： (1) $\Delta_rS_m^{\ominus}(298.15\mathrm{K})=[(219.56+188.825)-282.70]\mathrm{J\cdot K^{-1}\cdot mol^{-1}}$

$$=125.69\mathrm{J\cdot K^{-1}\cdot mol^{-1}}$$

(2) $\Delta_rS_m^{\ominus}(298.15\mathrm{K})=2\times125.69\mathrm{J\cdot K^{-1}\cdot mol^{-1}}=251.38\mathrm{J\cdot K^{-1}\cdot mol^{-1}}$

17. 利用热力学数据表求下列反应的标准摩尔反应熵变 $\Delta_r S_m^\ominus(298K)$。

(1) $FeO(s)+CO(g)=CO_2(g)+Fe(s)$

$S_m^\ominus/J\cdot mol^{-1}\cdot K^{-1}$　53.97　197.9　213.64　27.15

(2) $CH_4(g)+2O_2(g)=CO_2(g)+2H_2O(l)$

$S_m^\ominus/J\cdot mol^{-1}\cdot K^{-1}$　186.19　205.02　213.64　69.96

解： (1) $\Delta_r S_m^\ominus(298K)=(213.64+27.15-197.9-53.97)J\cdot K^{-1}\cdot mol^{-1}$

$=-11.08\ J\cdot K^{-1}\cdot mol^{-1}$

(2) $\Delta_r S_m^\ominus(298K)=(213.64+2\times69.96-186.19-2\times205.02)J\cdot K^{-1}\cdot mol^{-1}$

$=-242.67\ J\cdot K^{-1}\cdot mol^{-1}$

18. 4mol 理想气体从 300K，$p^\ominus$下等压加热到 600K，求此过程的 ΔU、ΔH、ΔS、ΔA、ΔG。已知此理想气体的 $S_m^\ominus(300K)=150.0J\cdot K^{-1}\cdot mol^{-1}$，$C_{p,m}=30.00J\cdot K^{-1}\cdot mol^{-1}$。

解： $\Delta U=nC_{V,m}\Delta T=4\times(30-8.314)\times(600-300)J=26.02kJ$

$\Delta H=nC_{p,m}\Delta T=4\times30\times(600-300)J=36.0kJ$

$\Delta S=n\times C_{p,m}\ln(T_2/T_1)=4\times30\ln(600/300)J\cdot K^{-1}=83.2J\cdot K^{-1}$

$S_m^\ominus(600K)=S_m^\ominus(300K)+0.25\Delta S=(150+0.25\times83.2)J\cdot K^{-1}\cdot mol^{-1}$

$=170.8J\cdot K^{-1}\cdot mol^{-1}$

$\Delta A=\Delta U-\Delta(TS)=[26.02-4\times(600\times170.8-300\times150)\times10^{-3}]kJ=-203.9kJ$

$\Delta G=\Delta H-\Delta(TS)=[36-4\times(600\times170.8-300\times150)\times10^{-3}]kJ=-193.92kJ$

19. 298K 时 1mol 理想气体从体积 $10dm^3$ 膨胀到 $20dm^3$。

计算：(1) 恒温可逆膨胀和 (2) 向真空膨胀两种情况下的 ΔG。

解： (1) 恒温可逆膨胀过程

$dG=Vdp$ 积分得　$\Delta G=\int_{p_1}^{p_2}Vdp$，将理想气体状态方程代入上式，得

$$\Delta G=\int_{p_1}^{p_2}\frac{nRT}{p}dp=nRT\ln\frac{p_2}{p_1}=nRT\ln\frac{V_1}{V_2}=1\times8.314\times298\ln\frac{10}{20}=-1717.3J\ 。$$

(2) 向真空膨胀是不可逆过程，但始终态与 (1) 相同，故 $\Delta G=-1717.3J$

20. 将 1kg 25℃的空气在恒温、恒压下完全分离为氧气和纯氮气，至少需要耗费多少非体积功？假定空气由 O_2 和 N_2 组成，其分子数之比 $O_2:N_2=21:79$；有关气体均可视为理想气体。

解： $\overline{M}=0.79\times28+0.21\times32=28.84g\cdot mol^{-1}$，$n=1000/28.84=34.67mol$，1kg 25℃的空气中 $n(O_2)=7.28mol$，$n(N_2)=27.39mol$

混合过程　$\Delta G=n(O_2)RT\ln x(O_2)+n(N_2)RT\ln x(N_2)$

$=(7.28\times8.314\times298.15\ln0.21+27.39\times8.314\times298.15\ln0.79)J$

$=-44kJ$

所以完全分离至少需要耗费 41.86kJ 非体积功。

21. 若已知在 298.15K、$p^\ominus$下，单位反应 $H_2(g)+0.5O_2(g)\longrightarrow H_2O(l)$ 直接进行放热 285.90kJ，在可逆电池中反应放热 48.62kJ。

(1) 求上述单位反应的逆反应（依然在 298.15K、$p^\ominus$的条件下）的 ΔH、ΔS、ΔG；

(2) 要使逆反应发生，环境最少需付出多少电功？为什么？

解： (1) $\Delta H=Q=285.90kJ$

在可逆电池中反应放热 48.62kJ，就是说反应 $H_2(g)+0.5O_2(g) \longrightarrow H_2O(l)$ 的可逆热效应为 -48.62kJ，由此得其逆反应的熵变为

$$\Delta S=Q_R/T=(48620/298.15)\text{J}\cdot\text{K}^{-1}=163.07\text{J}\cdot\text{K}^{-1}$$

$$\Delta G=\Delta H-T\Delta S=(285900-298.15\times163.07)\text{kJ}=237.28\text{kJ}$$

(2) $W_R=\Delta_r G=237.28\text{kJ}$

22. C_6H_6 的正常熔点为 5℃，摩尔熔化焓为 $9916\text{J}\cdot\text{mol}^{-1}$，$C_{p,m}(l)=128.6\text{J}\cdot\text{K}^{-1}\cdot\text{mol}^{-1}$，$C_{p,m}(s)=122.6\text{J}\cdot\text{K}^{-1}\cdot\text{mol}^{-1}$。求 0.1MPa 下 -5℃的过冷 C_6H_6 凝固成 -5℃的固态 C_6H_6 的 W、Q、ΔU、ΔH、ΔS、ΔA、ΔG。设凝固过程的体积功可略去不计。设在题给温度范围内，摩尔熔化焓为常数，且忽略压力的影响。

过冷液态苯在 0.1MPa 下凝固为不可逆过程，需设计如图所示的可逆途径：

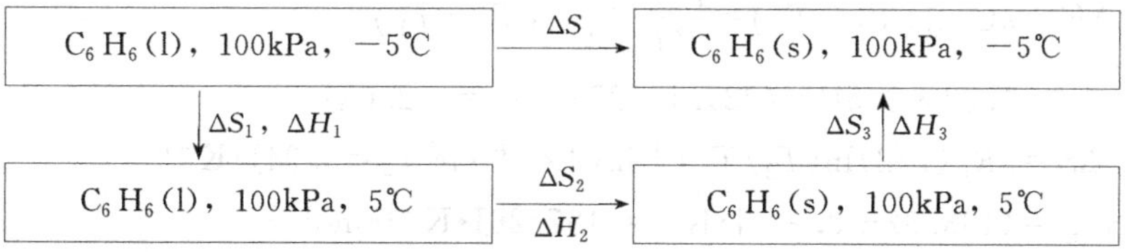

解：$Q_p=\Delta H=\Delta H_1-\Delta_{fus}H_m^{\ominus}+\Delta H_3$

$$\Delta H=\int_{-5}^{5}C_{p,m}(l)dT-\Delta_{fus}H_m^{\ominus}+\int_{5}^{-5}C_{p,m}(s)dT=-\Delta_{fus}H_m^{\ominus}+\int_{5}^{-5}\Delta C_{p,m}dT$$

$$Q_p=\Delta H=\{-9916+(122.6-128.6)\times[(-5)-5]\}\text{J}=-9856\text{J}$$

$$\Delta U=Q+W\approx Q=-9856\text{J}$$

$$\Delta S_1=C_{p,m(l)}\ln\frac{T_2}{T_1}=\left(128.6\times\ln\frac{5+273.15}{-5+273.15}\right)\text{J}\cdot\text{K}^{-1}=4.71\text{J}\cdot\text{K}^{-1}$$

$$\Delta S_2=\frac{\Delta H_2}{T_2}=\left(\frac{-9916}{5+273.15}\right)\text{J}\cdot\text{K}^{-1}=-35.65\text{J}\cdot\text{K}^{-1}$$

$$\Delta S_3=C_{p,m(s)}\ln\frac{T_1}{T_2}=\left(122.6\times\ln\frac{-5+273.15}{5+273.15}\right)\text{J}\cdot\text{K}^{-1}=-4.489\text{J}\cdot\text{K}^{-1}$$

$$\Delta S=\Delta S_1+\Delta S_2+\Delta S_3=-35.43\text{J}\cdot\text{K}^{-1}$$

$$\Delta A=\Delta U-T\Delta S=[-9856-(-5+273.15)\times(-35.43)]\text{J}=-355.4\text{J}$$

$$\Delta G=\Delta H-T\Delta S=-355.4\text{J}$$

23. 取 0℃、$3p^{\ominus}$ 的 $O_2(g)$ 10dm^3，绝热膨胀到压力 $p^{\ominus}$，分别计算下列两种过程的 ΔG：

(1) 绝热可逆膨胀；

(2) 将外压力骤减至 $p^{\ominus}$，气体反抗恒外压 $p^{\ominus}$ 进行绝热膨胀。

假定 $O_2(g)$ 为理想气体，其摩尔定容热容 $C_{V,m}=5R/2$。已知氧气的摩尔标准熵 $S_m^{\ominus}(298\text{K})=205.0\text{J}\cdot\text{K}^{-1}\cdot\text{mol}^{-1}$。

解：(1) $T_2=T_1 e^{[(R/C_{p,m})\ln(p_2/p_1)]}=273.15\times e^{[(1/3.5)\ln(p^{\ominus}/3p^{\ominus})]}\text{K}=199.5\text{K}$

$$S_{1,m}=S_m^{\ominus}(298\text{K})+C_{p,m}\ln\frac{273}{298}-R\ln\frac{3p^{\ominus}}{p^{\ominus}}=\left(205.0+3.5R\ln\frac{273}{298}-R\ln3\right)\text{J}\cdot\text{K}^{-1}\cdot\text{mol}^{-1}$$

$$=193.32\text{J}\cdot\text{K}^{-1}\cdot\text{mol}^{-1}$$

$$\Delta G=\Delta H-S_1\Delta T$$

$$=nC_{p,\mathrm{m}}(T_2-T_1)-nS_{1,\mathrm{m}}(T_2-T_1)$$
$$=n(T_2-T_1)(C_{p,\mathrm{m}}-S_{1,\mathrm{m}})$$
$$=(3\times10^5\times10\times10^{-3}/273.15R)\times(199.5-273.15)\times(3.5R-193.32)$$
$$=15.98\mathrm{kJ}$$

（2） $\Delta U=W$

$$nC_{V,\mathrm{m}}(T_2-T_1)=p_2V_1-nRT_2$$

$$3.5T_2=\left(\frac{5}{2}+\frac{p_2}{p_1}\right)T_1$$

$$T_2=\left(\frac{5}{2}+\frac{p^{\ominus}}{3p^{\ominus}}\right)\frac{273.15}{3.5}=221.1\mathrm{K}$$

$$\Delta H=nC_{p,\mathrm{m}}(T_2-T_1)=\frac{p_1V_1}{RT_1}C_{p,\mathrm{m}}(T_2-T_1)$$
$$=1.32\times3.5R\times(221.1-273.15)=-2.0\mathrm{kJ}$$

$$\Delta S=nR[(7/2)\ln(T_2/T_1)+\ln(3\times p^{\ominus}/p^{\ominus})]=3.94\mathrm{J\cdot K^{-1}}$$

$$S_{2,\mathrm{m}}=(193.32+3.94)\mathrm{J\cdot K^{-1}}=197.26\mathrm{J\cdot K^{-1}\cdot mol^{-1}}$$

$$\Delta G=\Delta H-n(T_2S_2-T_1S_1)$$
$$=-2000-1.32\times(221.1\times197.26-273.15\times193.32)\mathrm{J}=10.141\mathrm{kJ}$$

24. 请计算说明：-10℃，$p^{\ominus}$下的过冷 C_6H_6(l) 变成等温等压的 C_6H_6(s)，该过程是否为自发过程［1mol 过冷 C_6H_6(l) 蒸气压为 2632Pa，C_6H_6(s) 的蒸气压为 2280Pa，苯：$C_{p,\mathrm{m}}(\mathrm{l})=127\mathrm{J\cdot mol^{-1}\cdot K^{-1}}$，$C_{p,\mathrm{m}}(\mathrm{g})=123\mathrm{J\cdot mol^{-1}\cdot K^{-1}}$。凝固热为 $9940\mathrm{J\cdot mol^{-1}}$］，设气体为理想气体。

解： 该过程为不可逆相变，需将其设计为如下可逆过程

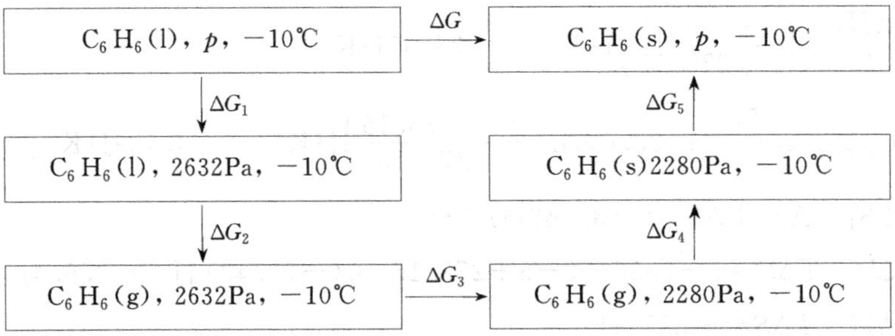

$$\Delta G=\Delta G_1+\Delta G_2+\Delta G_3+\Delta G_4+\Delta G_5$$

其中，$\Delta G_2=\Delta G_4=0$，是两个可逆相变过程。

ΔG_1 和 ΔG_5 为凝聚相定温变压过程，$\Delta G_1\approx0$，$\Delta G_5\approx0$

$$\Delta G_3=\int V\mathrm{d}p=\int\frac{RT}{p}\mathrm{d}p=RT\ln\frac{p_2}{p_1}=\left(8.314\times263\ln\frac{2280}{2632}\right)\mathrm{J}=-314\mathrm{J}$$

故 $\Delta G=\Delta G_3<0$，是一自发过程。

25. 在 298K 和 100kPa 下，1mol 文石转变为方解石时，体积增加 $2.75\times10^{-6}\mathrm{m^3\cdot mol^{-1}}$，$\Delta_\mathrm{r}G_\mathrm{m}=-794.96\mathrm{J\cdot mol^{-1}}$。试问在 298K 时，最少需要施加多大压力，方能使文石成为稳定相（假定体积变化与压力无关）。

解： 设由下面框图求其平衡共存时的压力

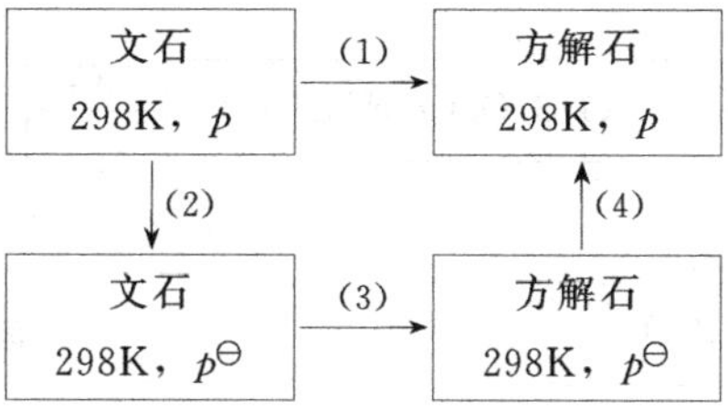

$$\Delta_{\mathrm{trs}}G_1 = \Delta G_2 + \Delta_{\mathrm{trs}}G_3 + \Delta G_4$$

$$\Delta G_2 = \int_{p}^{p^{\ominus}} V(\text{文})\mathrm{d}p,\ \Delta G_4 = \int_{p^{\ominus}}^{p} V(\text{方})\mathrm{d}p$$

$$\Delta_{\mathrm{trs}}G_1 = \Delta_{\mathrm{trs}}G_3 + \int_{p^{\ominus}}^{p}[V(\text{方}) - V(\text{文})]\mathrm{d}p = \Delta_{\mathrm{trs}}G_3 + \int_{p^{\ominus}}^{p}\Delta_r V_m \mathrm{d}p$$

$$\Delta_{\mathrm{trs}}G_1 = \Delta_{\mathrm{trs}}G_3 + \Delta_r V_m(p - p^{\ominus})$$

要使文石在 298K，压力 p 下稳定，即 $\Delta_{\mathrm{trs}}G_1 \geqslant 0$，即

$$-\Delta_{\mathrm{trs}}G_3 \leqslant \Delta_r V_m\ (p - p^{\ominus})$$

$$p \geqslant -\Delta_{\mathrm{trs}}G_3/\Delta_r V_m + p^{\ominus} = (794.96/2.75\times10^6)\ \mathrm{Pa} + p^{\ominus}$$

$$p \geqslant 2.89\times10^8\,\mathrm{Pa}$$

26. 若 1000g 斜方硫（S_8）转变为单斜硫（S_8）时，体积增加了 $13.8\times10^{-3}\mathrm{dm}^3$，斜方硫和单斜硫的标准摩尔燃烧热分别为 $-296.7\mathrm{kJ\cdot mol^{-1}}$ 和 $-297.1\mathrm{kJ\cdot mol^{-1}}$，在 $p^{\ominus}$ 压力下两种晶型的正常转化温度为 96.7℃，请判断在 100℃，$5p^{\ominus}$ 下，硫的哪一种晶型稳定。设两种晶型的 C_p 相等（硫的相对原子质量为 32）。

解：$S_8(\text{斜方}) \longrightarrow S_8(\text{单斜})$

$$\Delta_r H_m^{\ominus} = \Delta_c H_m^{\ominus}(\text{斜方}) - \Delta_c H_m^{\ominus}(\text{单斜})$$

$$= (-296700\mathrm{J\cdot mol^{-1}}) - (-297100\mathrm{J\cdot mol^{-1}}) = 400\mathrm{J\cdot mol^{-1}}$$

$\Delta C_p = 0$，则 $\Delta_r H_m$，$\Delta_r S_m$ 不随温度而变化，

在 $p^{\ominus}$ 压力，96.7℃下，两种晶型平衡转化，$\Delta_r G_m = 0$

$$\Delta_r S_m = \Delta_r H_m/T = (400\mathrm{J\cdot mol^{-1}})/369.9\mathrm{K} = 1.08\mathrm{J\cdot K^{-1}\cdot mol^{-1}}$$

在 $p^{\ominus}$，100℃下

$$\Delta_r G_m = \Delta_r H_m - T\Delta_r S_m$$

$$= (400\mathrm{J\cdot mol^{-1}}) - (373.15\mathrm{K})\times(1.08\mathrm{J\cdot K^{-1}\cdot mol^{-1}}) = -3.0\mathrm{J\cdot mol^{-1}}$$

在 $5p^{\ominus}$，100℃下：因为 $(\partial\Delta G/\partial p)_T = \Delta V$

$$\Delta V_m = [(13.8\times10^{-3}\mathrm{dm^3})\times10^{-3}/(1000\mathrm{g})]\times(256\mathrm{g\cdot mol^{-1}}) = 3.53\times10^{-6}\mathrm{m^3\cdot mol^{-1}}$$

$$\Delta_r G_m = (-3.0\mathrm{J\cdot mol^{-1}}) + \int_{p_1}^{p_2}\Delta V\mathrm{d}p$$

$$= -3.0\mathrm{J\cdot mol^{-1}} + (3.53\times10^{-6}\mathrm{m^3\cdot mol^{-1}})\times(5-1)\times(101325\mathrm{N\cdot m^2})$$

$$= -1.57\mathrm{J\cdot mol^{-1}}$$

此过程 $\Delta G < 0$，所以单斜硫是稳定的。

27. 已知反应　$H_2(g,\ p^{\ominus},\ 25℃) + (1/2)O_2(g,\ p^{\ominus},\ 25℃) \longrightarrow H_2O(g,\ p^{\ominus},\ 25℃)$ 的 $\Delta_r G_m^{\ominus}(H_2O,g) = -228.37\mathrm{kJ\cdot mol^{-1}}$，又知 $H_2O(l)$ 在 25℃时的标准摩尔生成吉布斯自由能 $\Delta_f G_m^{\ominus}(H_2O,l) = -236.94\mathrm{kJ\cdot mol^{-1}}$。求 25℃时水的饱和蒸气压［水蒸气设为理想气体，并认为 $G_m(l)$ 与压力无关］。

解：

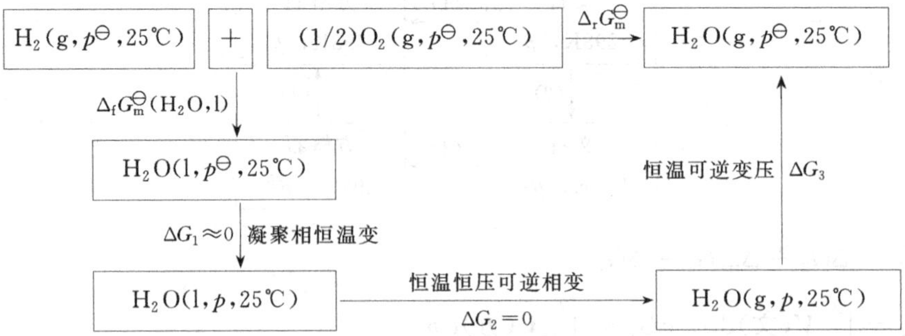

如上图所示

$$\Delta_r G_m^\ominus = \Delta_r G_m^\ominus(H_2O, g) = \Delta_f G_m^\ominus(H_2O, l) + \Delta G_1 + \Delta G_2 + \Delta G_3$$
$$= \Delta_f G_m^\ominus(H_2O, l) + \Delta G_3$$

$$-228.37 \times 10^3 = -236.94 \times 10^3 + \int_p^{p^\ominus} V\mathrm{d}p$$

$$8570 = nRT\ln\frac{p^\ominus}{p} = 8.314 \times 298.15\ln\frac{p^\ominus}{p}$$

$$p = 3151.5\text{Pa}$$

28. $2Ag(s) + \frac{1}{2}O_2(g) = Ag_2O(s)$ 反应的 $\Delta_r G_m^\ominus(T) = [-32384 - 7.52(T/K)\ln(T/K) + 116.48(T/K)]J \cdot mol^{-1}$。

(1) 试写出该反应的 $\Delta_r S_m^\ominus(T)$，$\Delta_r H_m^\ominus(T)$ 与温度 T 的关系式；

(2) 目前生产上用电解银作催化剂，在 600℃，$p^\ominus$ 下将甲醇催化氧化成甲醛，试说明在生产过程中 Ag 是否会变成 Ag_2O。

解：(1) $\Delta_r S_m^\ominus(T) = -[\partial \Delta_r G_m^\ominus(T)/\partial T]_p = [7.52\ln(T/K) - 108.96]J \cdot K^{-1} \cdot mol^{-1}$

$\Delta_r H_m^\ominus(T) = \Delta_r G_m^\ominus(T) + T\Delta_r S_m^\ominus(T) = [-32384 + 7.52(T/K)]J \cdot mol^{-1}$

(2) $\Delta_r G_m^\ominus(873.15K) = (-32384 - 7.52 \times 873 \times \ln 873 + 116.48 \times 873)J \cdot mol^{-1} = 24.85kJ \cdot mol^{-1} > 0$

故 Ag 不会变成 Ag_2O。

29. 反应 $2A(g) \Longrightarrow B(g)$，由 2mol A(g) 生成 1mol B(g) 的 $\Delta_r G_m^\ominus$ 与温度 T 的关系为 $\Delta_r G_m^\ominus / J \cdot mol^{-1} = -4184400 - 41.84(T/K)\ln(T/K) + 502(T/K)$。求此反应在 1000K 时，由 2mol A(g) 生成 1mol B(g) 的 $\Delta_r A_m^\ominus$。可将 A 和 B 视为理想气体。

解：因为 $\Delta A = \Delta G - \Delta(pV)$

等温等压下的化学反应 $\Delta(pV) = \left(\sum_B \nu_B\right)RT$，故

$$\Delta_r A_m^\ominus = \Delta_r G_m^\ominus - \left(\sum_B \nu_B\right)RT = (-3971.42 \times 10^3 + 8314)J \cdot mol^{-1}$$
$$= -3963.1kJ \cdot mol^{-1}$$

30. 已知 $H_2(g)$、$Cl_2(g)$、HCl(g) 在 298K 和标准压力下的标准摩尔生成焓和标准摩尔熵的数据如下表所示：

物质	$\Delta_f H_m^\ominus / kJ \cdot mol^{-1}$	$S_m^\ominus / J \cdot K^{-1} \cdot mol^{-1}$
$H_2(g)$	0	130.59
$Cl_2(g)$	0	222.95
HCl(g)	−92.312	184.81

试计算 333K 时反应：$H_2(g)+Cl_2(g)\longrightarrow 2HCl(g)$ 的 $\Delta_r A_m^{\ominus}$。假设 $\Delta_r H_m^{\ominus}$ 与温度无关。

解： $\Delta_r H_m^{\ominus}=\sum_B \nu_B \Delta_r H_m^{\ominus}(B)=-184.624\text{kJ}\cdot\text{mol}^{-1}$

$$\Delta_r S_m^{\ominus}=\sum_B \nu_B S_m^{\ominus}(B)=(2\times 184.81-130.59-222.95)\text{J}\cdot\text{K}^{-1}\cdot\text{mol}^{-1}$$
$$=16.08\text{J}\cdot\text{K}^{-1}\cdot\text{mol}^{-1}$$
$$\Delta_r G_m^{\ominus}=\Delta_r H_m^{\ominus}-T\Delta_r S_m^{\ominus}=(-184624-298.15\times 16.08)\text{J}\cdot\text{mol}^{-1}$$
$$=-189.4\text{kJ}\cdot\text{mol}^{-1}$$

根据吉-亥公式 $[\partial(\Delta_r G_m^{\ominus}/T)\partial T]_p=-\Delta_r H_m^{\ominus}/T^2$，则

$$\Delta_r G_m^{\ominus}(333\text{K})=[\Delta_r G_m^{\ominus}(298\text{K})/T_1+\Delta_r H_m^{\ominus}(T_1-T_2)/(T_1T_2)]T_2$$
$$=[-189400/298.15-184624(333.15-298.15)/(298.15\times 333.15)]\times 333.15$$
$$=-233.3\text{kJ}\cdot\text{mol}^{-1}$$

$$\Delta_r A_m^{\ominus}(333\text{K})=\Delta_r G_m^{\ominus}(333\text{K})-\sum_B \nu_B RT=(-233300-0)=-233.3\text{kJ}\cdot\text{mol}^{-1}$$

31. 某物质气体的物态方程为 $(p+a/V_m^2)V_m=RT$。其中 V_m 是该气体的摩尔体积，a 为常数。

(1) 请证明 $(\partial U_m/\partial V_m)_T=a/V_m^2$

(2) 在等温下，将 1mol 该气体从 V_m 变到 $2V_m$，请得出求算摩尔熵变的公式。

解：(1) 由基本方程 $dU=TdS-pdV$ 得 $\left(\dfrac{\partial U}{\partial V}\right)_T=T\left(\dfrac{\partial S}{\partial V}\right)_T-p$

再由 Maxwell 关系式知 $\left(\dfrac{\partial S}{\partial V}\right)_T=\left(\dfrac{\partial p}{\partial T}\right)_V$，故

$$(\partial U_m/\partial V_m)_T=T(\partial p/\partial T)_V-p=a/V_m^2$$

(2) $$\Delta S_m=\int_{V_1}^{V_2}(\partial p/\partial T)_V dV_m=\int_{V_m}^{2V_m}(R/V_m)dV_m=R\ln 2$$

32. 证明气体的焦耳-汤姆逊系数为

$$\mu_{J\text{-}T}=\left(\frac{\partial T}{\partial p}\right)_H=\frac{1}{C_p}\left[T\left(\frac{\partial V}{\partial T}\right)_p-V\right]$$

解： 根据循环关系式 $\left(\dfrac{\partial T}{\partial p}\right)_H\left(\dfrac{\partial p}{\partial H}\right)_T\left(\dfrac{\partial H}{\partial T}\right)_p=-1$

有
$$\mu_{J\text{-}T}=\left(\frac{\partial T}{\partial p}\right)_H=-\frac{1}{C_p}\left(\frac{\partial H}{\partial p}\right)_T \tag{1}$$

根据式
$$dH=TdS+Vdp$$

在定温条件下以 dp 除式(1) 可得

$$\left(\frac{\partial H}{\partial p}\right)_T=T\left(\frac{\partial S}{\partial p}\right)_T+V \tag{2}$$

由麦克斯韦（Maxwell）关系式 $\left(\dfrac{\partial S}{\partial p}\right)_T=-\left(\dfrac{\partial V}{\partial T}\right)_p$ 代入式(2) 中得

$$\left(\frac{\partial H}{\partial p}\right)_T=-T\left(\frac{\partial V}{\partial T}\right)_p+V \tag{3}$$

将式(3) 代入式(1) 中，得

$$\mu_{J\text{-}T}=\frac{-1}{C_p}\left(\frac{\partial H}{\partial p}\right)_T=\frac{1}{C_p}\left[T\left(\frac{\partial V}{\partial T}\right)_p-V\right]$$

33. 试证明$\left(\frac{\partial U}{\partial V}\right)_T=T\left(\frac{\partial p}{\partial T}\right)_V-p$。并由此证明对理想气体而言，内能 U 只是温度 T 的函数（即内压力为零）；而对范德华气体而言，内压力 $p_i=\left(\frac{\partial U}{\partial V}\right)_T=\frac{a}{V_m^2}$。

解：$dU=TdS-pdV$

在定温条件下以 dV 除上式，得

$$\left(\frac{\partial U}{\partial V}\right)_T=T\left(\frac{\partial S}{\partial V}\right)_T-p$$

根据麦克斯韦关系式$\left(\frac{\partial S}{\partial V}\right)_T=\left(\frac{\partial p}{\partial T}\right)_V$，将此式代入上式，得

$$\left(\frac{\partial U}{\partial V}\right)_T=T\left(\frac{\partial p}{\partial T}\right)_V-p \tag{1}$$

对理想气体来说，$pV_m=RT$，在恒容条件下对 T 求偏导数可得$\left(\frac{\partial p}{\partial T}\right)_V=\frac{R}{V_m}$，将此结果代入式(1)，得

$$\left(\frac{\partial U}{\partial V}\right)_T=T\cdot\frac{R}{V_m}-p=p-p=0$$

这表明理想气体的内能 U 只是温度 T 的函数而与体积 V 无关。

对范德华气体来说，$p=\frac{RT}{V_m-b}-\frac{a}{V_m^2}$

因此 $$\left(\frac{\partial p}{\partial T}\right)_V=\frac{R}{V_m-b}$$

将此代入式(1)，得

$$\left(\frac{\partial U}{\partial V}\right)_T=\frac{RT}{V_m-b}-p=\frac{a}{V_m^2}$$

3.4 典型例题精解

3.4.1 选择题

1. 热力学温标是以（　　）为基础的？

(a) $p\to 0$ 极限时气体的性质　　(b) 理想溶液性质

(c) 热机在可逆运转的极限性质　　(d) 热机在不可逆运转的性质

答：c。热力学温标是 Kelvin 根据 Carnot 循环提出来的。即工作于两个热源之间的 Carnot 机，在两个热源间交换的热与两个热源的温度有关系 $Q_1/Q_2=T_1/T_2$，这样写出温度的比值。还需要选定参考点。第十一届国际计量大会（1960 年）规定以纯水的三相点的温度定为开氏温标的参考点，规定其温度为 273.15K，1K 等于水的三相点的热力学温度的 1/273.15，于是热力学温标就完全确定了。

2. 理想气体与温度为 T 的大热源接触作等温膨胀，吸热 Q，所做的功是变到相同终态的最大功的 20%，则系统的熵变为（　　）。

(a) Q/T　　(b) 0　　(c) $5Q/T$　　(d) $-Q/T$

答：c。$\Delta S=Q_R/T$，$Q_R=W_m=5Q$，所以 $\Delta S=5Q/T$。

3. 系统经历一个不可逆循环后（　　）。

(a) 系统的熵增加　　(b) 系统吸热大于对外做的功

(c) 环境的熵一定增加　　　　　　　　(d) 环境的内能减少

答：c。对于不可逆循环 $\Delta S_{体}=0$，$\Delta S_{隔离}>0$，所以 $\Delta S_{环}>0$。

4. 任一循环过程吸取的热与温度的关系可表示为（　　）。

(a) $\int\frac{\delta Q}{T}\geqslant 0$　　(b) $\int\frac{\delta Q}{T}\leqslant 0$　　(c) $\int\frac{\delta Q}{T}=0$　　(d) 都有可能

答：b。

5. 等容等熵条件下，过程自发进行时，下列关系肯定成立的是（　　）。

(a) $\Delta G<0$　　(b) $\Delta A<0$　　(c) $\Delta H<0$　　(d) $\Delta U<0$

答：d。在恒熵恒容时 $\Delta U\leqslant 0$（<0：自发；$=0$ 平衡）。

6. 恒温、恒压、非体积功为零情况下，自发发生的化学反应（　　）。

(a) $\Delta_r S<0$　　　　(b) $\Delta_r S>0$

(c) $\Delta_r S=0$　　　　(d) 以上三种皆有可能

答：d。

7. 将氧气分装在同一气缸的两个气室内，其中左气室内氧气状态为 $p_1=101.3\text{kPa}$，$V_1=2\text{dm}^3$，$T_1=273.2\text{K}$；右气室内状态为 $p_2=101.3\text{kPa}$，$V_2=1\text{dm}^3$，$T_2=273.2\text{K}$；现将气室中间的隔板抽掉，使两部分气体充分混合。此过程中氧气的熵变为（　　）。

(a) $\text{d}S>0$　　(b) $\text{d}S<0$　　(c) $\text{d}S=0$　　(d) 都不一定

答：c。

8. 实际气体 CO_2 经节流膨胀后，温度下降，那么（　　）。

(a) $\Delta S_{体}>0$，$\Delta S_{环}>0$　　　　(b) $\Delta S_{体}<0$，$\Delta S_{环}>0$

(c) $\Delta S_{体}>0$，$\Delta S_{环}=0$　　　　(d) $\Delta S_{体}<0$，$\Delta S_{环}=0$

答：c。气体膨胀熵增加，因为绝热，故环境熵变为零。另外，由 $\mu_{J\text{-}T}=(\partial T/\partial p)_H=-(\partial H/\partial p)_T/C_{p,m}=-[T(\partial S/\partial p)_T+V]/C_{p,m}>0$ 可知 $(\partial S/\partial p)_T<0$，即压力降低，熵增加。

9. 室温下，$10p^{\ominus}$ 的理想气体绝热节流膨胀至 $5p^{\ominus}$ 的过程有

(1) $W>0$　　(2) $T_1>T_2$　　(3) $Q=0$　　(4) $\Delta S>0$

其正确的答案应是（　　）。

(a) (3)，(4)　　(b) (2)，(3)　　(c) (1)，(3)　　(d) (1)，(2)

答：a。因为绝热，所以 $Q=0$。对于理想气体的任何简单 pTV 变化皆有 $\Delta S=nC_{V,m}\ln(T_2/T_1)+nR\ln(V_2/V_1)$。由于理想气体节流膨胀后 T 不变，所以 $\Delta S=nR\ln(V_2/V_1)>0$（因 $V_2>V_1$）。

10. 反应　A+3B→2C，已知

	$\Delta_f H_m^{\ominus}(298\text{K})/\text{kJ}^{-1}\cdot\text{mol}^{-1}$	$S_m^{\ominus}(298\text{K})/\text{J}\cdot\text{K}^{-1}\cdot\text{mol}^{-1}$	$C_{p,m}(298\text{K})/\text{J}\cdot\text{K}^{-1}\cdot\text{mol}^{-1}$
A	0	180	30
B	0	120	20
C	−44	180	30

298K 时反应的（　　）。

(a) $(\partial\Delta_r S_m^{\ominus}/\partial T)_p>0$、$(\partial\Delta_r G_m^{\ominus}/\partial T)_p>0$、$(\partial\ln K_p^{\ominus}/\partial T)_p>0$

(b) $(\partial\Delta_r S_m^{\ominus}/\partial T)_p<0$、$(\partial\Delta_r G_m^{\ominus}/\partial T)_p<0$、$(\partial\ln K_p^{\ominus}/\partial T)_p<0$

(c) $(\partial\Delta_r S_m^{\ominus}/\partial T)_p<0$、$(\partial\Delta_r G_m^{\ominus}/\partial T)_p>0$、$(\partial\ln K_p^{\ominus}/\partial T)_p>0$

(d) $(\partial\Delta_r S_m^{\ominus}/\partial T)_p<0$、$(\partial\Delta_r G_m^{\ominus}/\partial T)_p>0$、$(\partial\ln K_p^{\ominus}/\partial T)_p<0$

答：d。由下式判断 $(\partial\Delta_r S/\partial T)_p=\Delta_r C_p/T$；$(\partial\Delta_r G/\partial T)_p=-\Delta_r S$；$(\partial\ln K_p^{\ominus}/\partial T)_p=\Delta_r H_m^{\ominus}(T)/(RT^2)$。

11. 在凝固点，液体凝结为固体（设液体密度小于固体密度），在定压下升高温度时，该过程的 $\Delta G_{l\to s}$ 值将（　　）。

(a) 增大　　(b) 减小　　(c) 不变　　(d) 不能确定

答：a。因 $(\partial\Delta G_{l\to s}/\partial T)_p=-\Delta S_{l\to s}>0$。

12. 1mol 范氏气体的 $(\partial S/\partial V)_T$ 应等于（　　）。

(a) $R/(V_m-b)$　　(b) R/V_m　　(c) 0　　(d) $-R/(V_m-b)$

答：a。由 Maxwell 关系式 $(\partial S/\partial V)_T=(\partial p/\partial T)_V$，将范氏方程代入求导即可得出。

13. 纯物质单相系统的下列各量中不可能大于零的是（　　）。

(a) $(\partial H/\partial S)_p$　　(b) $(\partial G/\partial T)_p$　　(c) $(\partial U/\partial S)_V$　　(d) $(\partial H/\partial p)_S$

答：b。由纯物质热力学基本方程可得 $(\partial G/\partial T)_p=-S<0$

14. 对物质的量为 n 的理想气体，$(\partial T/\partial p)_S$ 应等于（　　）。

(a) V/R　　(b) $V/(nR)$　　(c) V/C_V　　(d) V/C_p

答：d。因为 $(\partial T/\partial p)_S=T(\partial V/\partial T)_p/C_p=V/C_p$。

15. 对于不做非体积功的封闭系统，下面关系式中不正确的是（　　）。

(a) $(\partial H/\partial S)_p=T$　　(b) $(\partial A/\partial T)_V=-S$

(c) $(\partial H/\partial p)_S=V$　　(d) $(\partial U/\partial V)_S=p$

答：d。正确的应该是 $(\partial U/\partial V)_S=p$。

16. 对于理想气体，下面错误的是（　　）。

(a) 压缩因子 $Z=1$　　(b) $C_{p,m}-C_{V,m}=R$

(c) $(\partial U_m/\partial p)_T=0$　　(d) $(\partial S/\partial p)_T=nR/V$

答：d。应为 $(\partial S/\partial p)_T=-(\partial V/\partial T)_p=-nR/V$。

17. 某气体服从状态方程式 $pV_m=RT+bp$（b 为大于零的常数），若该气体经等温可逆膨胀，其热力学能变化（ΔU）为（　　）。

(a) $\Delta U>0$　　(b) $\Delta U<0$　　(c) $\Delta U=0$　　(d) 不确定值

答：c。因为　$p=RT/(V_m-b)$，$dU=TdS-pdV$。

所以 $(\partial U/\partial V)_T=T(\partial S/\partial V)_T-p=T(\partial p/\partial T)_V-p=RT/(V_m-b)-RT/(V_m-b)=0$，

故　$\Delta U=0$

18. 某系统恒压过程 A→B 的焓变 ΔH 与温度 T 无关，则该过程的（　　）。

(a) ΔU 与温度无关　　(b) ΔS 与温度无关

(c) ΔA 与温度无关　　(d) ΔG 与温度无关

答：b。$(\partial\Delta H/\partial T)_p=T(\partial\Delta S/\partial T)_p$。

19. 对于封闭系统的热力学，下列各组状态函数之间的关系中正确的是（　　）。

(a) $A>U$　　(b) $A<U$　　(c) $G<U$　　(d) $H<A$

答：b。

20. 在 100℃，101325Pa 下，1mol 水全部向真空容器气化为 100℃，101325Pa 的蒸汽，则该过程（　　）。

(a) $\Delta G<0$，不可逆　　(b) $\Delta G=0$，不可逆

(c) $\Delta G=0$，可逆　　　　(d) $\Delta G>0$，不可逆

答： b。该题的过程可以看作由两步完成：(1) 100℃，101325Pa，$H_2O(l)\rightarrow$100℃，101325Pa，$H_2O(g)$；(2) 1mol 水蒸气向真空膨胀，终态为 100℃，101325Pa，$H_2O(g)$。$\Delta G=\Delta G_{(1)}+\Delta G_{(2)}$，$\Delta G_{(1)}=0$，对于第二步，系统的始、终态一样，故 $\Delta G_{(2)}=0$。由此题的结果可知，在 $\Delta G=0$ 与变化过程可逆与否之间并没有必然的关系。ΔG 作为判据必须满足恒温、恒压、$W'=0$ 的条件。

21. 在等温恒压下进行下列相变：

$$H_2O(s, 263K, p^{\ominus}) \rightleftharpoons H_2O(l, 263K, p^{\ominus})$$

在未指明是可逆的情况下，考虑下列各式哪些是适用的（　　）？

(1) $\int \delta Q/T = \Delta_{fus}S$，(2) $Q=\Delta_{fus}H$，(3) $\Delta_{fus}H/T=\Delta_{fus}S$，(4) $-\Delta_{fus}G=$最大净功

(a) (1)，(2)　　(b) (2)，(3)　　(c) (4)　　(d) (2)

答： d。因为公式 (1) $\int \delta Q/T = \Delta_{fus}S$（可逆过程），(2) $Q=\Delta_{fus}H$（封闭系统，$W'=0$ 的恒压过程），(3) $\Delta_{fus}H/T=\Delta_{fus}S$（可逆相变），(4) $-\Delta_{fus}G=$最大净功（可逆过程）。此题在未指明可逆与否的情形下只有公式 (2) 适用。

22. 在一绝热恒容箱中，将 NO(g) 和 O_2(g) 混合，假定气体都是理想的，达到平衡后肯定都不为零的量是（　　）。

(a) Q、W、ΔU　　(b) Q、ΔU、ΔH　　(c) ΔH、ΔS、ΔG　　(d) ΔS、ΔU、W

答： c。因有反应，故压力有变化。

23. 一个已充电的蓄电池以 1.8V 的输出电压放电后，用 2.2V 电压充电使其回复原状，则总的过程热力学量变化（　　）。

(a) $Q<0$，$W>0$，$S>0$，$G<0$　　(b) $Q<0$，$W<0$，$S<0$，$G<0$

(c) $Q>0$，$W>0$，$S=0$，$G=0$　　(d) $Q<0$，$W>0$，$S=0$，$G=0$

答： d。

3.4.2 填空题

1. 热力学温标是以________________为基础的。

答： 热机在可逆运转时的极限性质。

2. 从微观角度而言，熵具有统计意义，它是系统________的一种量度。熵值小的状态相对于________的状态。在隔离系统中，自________的状态向________的状态变化，是自发变化的方向，这就是热力学第二定律的本质。

答： 微观状态数；有序程度大；有序程度大；有序程度小。

3. 对于系统和环境之间既有能量又有物质交换的敞开系统来说，其熵的变化，一部分是由____________间相互作用而引起的，这部分熵称为熵流；另一部分是由____________的不可逆过程产生的，这部分熵变称为熵产生。

答： 系统和环境；系统内部。

4. 在自发过程中，系统的热力学概率和系统的熵的变化方向______，同时它们又都是______函数，两者之间的具体函数关系是________，该式称为玻耳兹曼熵定律，它是联系______和______的重要桥梁。

答： 相同；状态；$S=k\ln\Omega$；宏观量；微观量。

5. 定量的理想气体经历某过程变化到终态，若变化过程中 pV^{γ} 不变，则状态函数________不变。

答： S。绝热可逆过程是等熵过程。

6. 对熵产生 dS_i 而言，当系统内经历可逆变化时其值__________，而当系统内经历不可逆变化时其值__________。

答： 等于零；大于零。

7. 利用熵变判断某一过程的自发性，适用于__________。

答： 封闭系统的绝热过程和隔离系统的各种变化过程。

8. 熵增原理可表述为______________________________，它是依据________________提出的。

答： 孤立系统或绝热过程中系统的熵永不减少；Clausius 不等式。

9. 在绝热封闭条件下，系统的 ΔS 的数值可以直接用作过程方向性的判据，$\Delta S=0$ 表示可逆过程；$\Delta S>0$ 表示__________；$\Delta S<0$ 表示__________。

答： 不可逆过程；不可能发生的过程。

10. 实际气体节流膨胀 $\Delta S=$________________。

答： $\int_{p_1}^{p_2} -\dfrac{V}{T}dp$ 。此过程为等焓过程，由基本方程 $dH=TdS+Vdp=0$ 得到。

11. 在理想气体的 S-T 图上，任一条等容线与任一条恒压线的斜率之比在等温时所代表的含义是______________________________。

答： $(\partial S/\partial T)_V/(\partial S/\partial T)_p=C_V/C_p$。

12. Trouton 规则：$\Delta S=\Delta H/T_b=88\text{J}\cdot\text{K}^{-1}\cdot\text{mol}^{-1}$的适用条件____________________。

答： 液体的沸点大于 150K、液体中分子间不存在氢键或缔合现象、极性较低。

13. 一单组分、均相、封闭系统，在不做非体积功情况下进行变化，当熵和压力恢复到原来数值时，$\Delta G=$__________。

答： 0。因为这是双变量系统，S、p 恢复原值，系统便复原。

14. 在恒熵、恒容、不做非膨胀功的封闭系统中，当热力学函数________到达最________值的状态为平衡状态。

答： U；小。

15. 对 1mol 范德华气体，$(\partial S/\partial V)_T=$________________。

答： $(\partial S/\partial V)_T=(\partial p/\partial T)_V=R/(V_m-b)$。

3.4.3 问答题

1. 两条可逆绝热线是绝不可能相交的，如果相交了，见图 3.1，将发生什么后果？

答： 若两条可逆绝热线相交，它们将与可逆恒温线形成循环。设经历图示的可逆循环复原，其中 $A\to B\to C\to A$ 为恒温可逆膨胀，且可逆循环的热温商之和为

$$\int_A^B \frac{dQ_R}{T}+\int_B^C \frac{dQ_R}{T}+\int_C^A \frac{dQ_R}{T}=\frac{Q_R}{T}+0+0=\frac{Q_R}{T}>0$$

又因循环后 $\Delta U=0$，故 $W=-Q_R$。表明系统从一个热源吸热，并完全转化为功，而没有发生其他变化，这是违反热力学第二定律的。因而两条可逆绝热线不可能相交。

2. 试用 T-S 图推导卡诺循环热机效率 $\eta=(T_1-T_2)/T_1$（T_1，T_2 分别为高、低温热源的温度）。

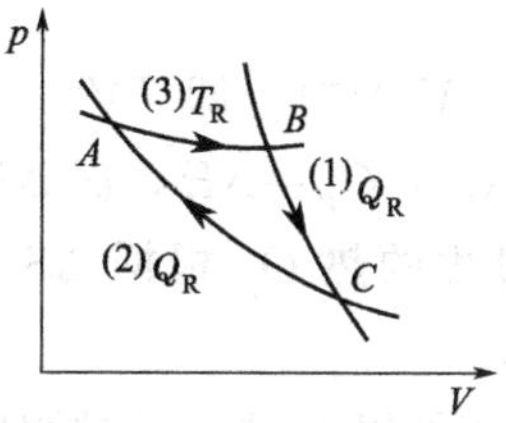

图 3.1

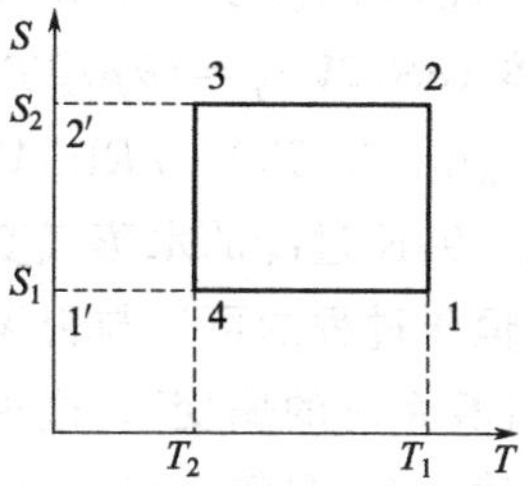

图 3.2

答：卡诺循环的 T-S 图如图 3.2 所示。

在 1→2 等温膨胀过程中，系统吸热为 $Q_1=T_1(S_2-S_1)$，

在 3→4 等温压缩过程中，系统放热为 $Q_2=T_2(S_1-S_2)$，

在 2→3 及 4→1 绝热过程中，系统与环境没有热交换，

故 Q_1 和 Q_2 之和等于系统所做的总功，故热机效率为

$$\eta=W/Q_1=(Q_1+Q_2)/Q_1=[T_1(S_2-S_1)+T_2(S_1-S_2)]/[T_1(S_2-S_1)]$$
$$=(T_1-T_2)(S_2-S_1)/[T_1(S_2-S_1)]=(T_1-T_2)/T_1$$

3. 理想气体恒温膨胀做功时 $\Delta U=0$，故 $Q=-W$，即所吸之热全部转化为功。此与 Kelvin 说法是否矛盾？

答：不矛盾。Kelvin 的说法是："不可能从单一热源吸热使之全部转化为功而不引起其他变化"。本例中，虽然热全部转化为功但却引起了系统的体积的变化。

4. 计算绝热不可逆过程的 ΔS 时，能否设计一个始终态相同的绝热可逆过程去计算，为什么？

答：不能。因为从 $\Delta S\geqslant 0$ 判据式的条件是绝热过程和孤立系统可以看出，从同一始态出发，绝热可逆过程和绝热不可逆过程达不到同一终态。

5. 试证明焦耳-汤姆逊实验是不可逆过程。

答：节流过程始、终态系统 H 不变。$\mathrm{d}H=T\mathrm{d}S+V\mathrm{d}p$

$(\partial S/\partial p)_H=-V/T<0$，$p$ 降低则 S 升高。而节流膨胀是一个 p 降低的过程，所以系统在绝热过程中 S 增大，根据熵判据，必为不可逆过程。

6. 证明：任一纯物质的 T-S 图上，同一温度时恒压线的斜率大于等容线的斜率。

答：在 T-S 图上，恒压线和等容线的斜率分别为：$(\partial S/\partial T)_V$ 和 $(\partial S/\partial T)_p$

$$C_p-C_V=(\partial H/\partial T)_p-(\partial U/\partial T)_V=T[(\partial S/\partial T)_p-(\partial S/\partial T)_V]$$

因 $C_p-C_V>0$，$T>0$，故 $(\partial S/\partial T)_p>(\partial S/\partial T)_V$

7. 将气体绝热可逆膨胀到体积为原来的 2 倍。此时系统的熵增加吗？将液体绝热可逆地蒸发为气体时，熵将如何变化？

答：因为在绝热可逆过程中 $\Delta S=\int\delta Q_R/T=0$。所以气体的绝热可逆膨胀、液体的绝热可逆蒸发均不引起系统熵的变化。

8. 请判断实际气体节流膨胀过程中，系统的 ΔU、ΔH、ΔS、ΔA、ΔG 中哪些一定为零？

答：$\Delta H=0$

9. 若 S 选 T、V 为变数：$S=S(T,V)$，由绝热可逆过程 $\Delta S=0$ 的结论，导出理想气体绝热可逆过程方程式 $TV^{\gamma-1}=$常数（设 C_V 为常数）。

答：$dS=(\partial S/\partial T)_V dT+(\partial S/\partial V)_T dV=(C_V/T)dT+(nR/V)dV$

[理想气体 $(\partial S/\partial V)_T=(\partial p/\partial T)_V=nR/V$]

$\Delta S=nC_{V,m}\ln(T_2/T_1)+nR\ln(V_2/V_1)=0$，$T_2/T_1=(V_1/V_2)^{\gamma-1}$　即 $TV^{\gamma-1}=$常数

10. “$p^{\ominus}$、298K 过冷的水蒸气变成 298K 的水所放的热 Q_p，$Q_p=\Delta H$，而 ΔH 只决定于初、终态而与恒压过程的可逆与否无关，因而可用该相变过程的热 Q_p 根据 $\Delta S=Q_p/T$（T 为 298K）来计算系统的熵变”，这种看法是否正确？为什么？

答：不正确，ΔS 只等于可逆过程的热温商之和，就是说可以通过可逆过程的热温商来计算熵变 ΔS。对于相变，只有在某一温度以及与该温度对应的平衡压力下进行的相变过程可近似按可逆过程处理。而题述过程为不可逆恒温过程，故 $\Delta S\neq Q_p/T$。若将此相变过程设计成可逆相变过程则必须改变压力，此时的可逆热并不等于 ΔH。

11. 证明：$C_p=-T(\partial G^2/\partial T^2)_p$。

答：$C_p=(\partial H/\partial T)_p=[\partial(G+TS)/\partial T]_p=(\partial G/\partial T)_p+T(\partial S/\partial T)_p+S$

$=-S-T(\partial G^2/\partial T^2)_p+S=-T(\partial G^2/\partial T^2)_p$

12. 已知恒压下，某化学反应的 $\Delta_r H_m$ 与温度 T 无关。试证明该反应的 $\Delta_r S_m$ 亦与 T 无关。

答：恒定 T、p 条件下，化学反应的 $\Delta_r S_m=(\Delta_r H_m-\Delta_r G_m)/T$，恒 p 对上式两边求 T 的偏微商

$$
\begin{aligned}
(\partial\Delta_r S_m/\partial T)_p &=\partial[(\Delta_r H_m-\Delta_r G_m)/T]_p/\partial T\\
&=\partial(\Delta_r H_m/T)_p/\partial T-\partial(\Delta_r G_m/T)_p/\partial T\\
&=(1/T)(\partial\Delta_r H_m/\partial T)_p-\Delta_r H_m/T^2+\Delta_r H_m/T^2\\
&=(1/T)(\partial\Delta_r H_m/\partial T)_p
\end{aligned}
$$

已知　$(\partial\Delta_r H_m/\partial T)_p=0$，故 $(\partial\Delta_r S_m/\partial T)_p=0$，即 $\Delta_r S_m$ 与 T 无关。

13. 纯物质在恒压下 G-T 曲线应该是凹的还是凸的（图 3.3）？

答：可借二阶导数来判断，由

$dG=-SdT+Vdp$ 可得 $(\partial G/\partial T)_p=-S$

$(\partial G^2/\partial T^2)_p=-(\partial S/\partial T)_p=-C_p/T$

因为 C_p 总是正值，故 $(\partial G^2/\partial T^2)_p<0$。

由此可以判断曲线只能是凸的。

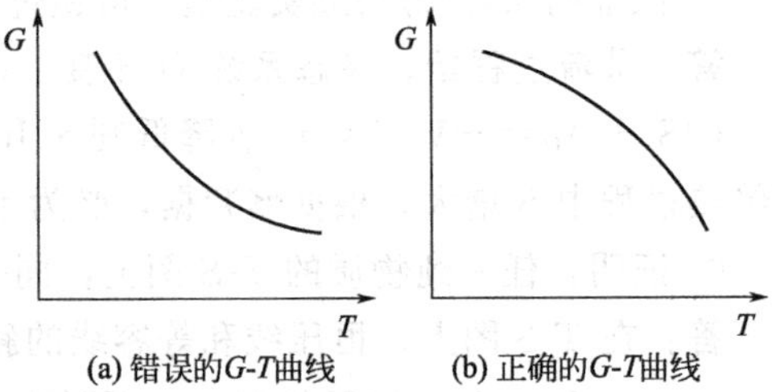

(a) 错误的G-T曲线　(b) 正确的G-T曲线

图 3.3

14. 推导 $dU=TdS-pdV$ 时假定过程是可逆的，为什么也能用于不可逆的 pTV 变化过程？

答：对于纯物质单相封闭系统，系统的状态只取决于两个独立变量。在简单的 pTV 变化过程中，当系统从状态 1 变化至状态 2 时，无论过程可逆与否，状态函数 U、S、V 的改变是定值。

15. 对理想气体，试证明：$(\partial G/\partial T)_V=R-S_m$。

答：由 $dG=-SdT+Vdp$ 得 $dG_m=-S_m dT+V_m dp$

所以　$(\partial G_m/\partial T)_V=-S_m+V_m(\partial p/\partial T)_V=-S_m+R=R-S_m$

16. 分别讨论定压下升高温度及定温下增大压力时，以下过程的 ΔG 值如何变化？

(1) 沸点下液体气化为蒸气；(2) 凝固点下液体凝为固体 [假设 $V_m(l)>V_m(s)$]。

答：根据组成恒定、封闭系统的热力学基本方程，可分别依据公式 $(\partial\Delta G/\partial T)_p=-\Delta S$

和 $(\partial\Delta G/\partial p)_T=\Delta V$，由变化过程的 ΔS 和 ΔV 值讨论定压下 ΔG 对 T 的变化率以及定温下 ΔG 对 p 的变化率。

(1) 在沸点下液体气化为蒸气，因 $\Delta S>0$，故恒压下升高温度气化 ΔG 减小，蒸发更易进行；而 $\Delta V>0$，故定温下增加压力，ΔG 增大，蒸发不易进行。

(2) 液体凝固成固体，由于 $V_m(l)>V_m(s)$，$\Delta V<0$，定温下加压凝固过程 ΔG 降低，凝固更易进行。而 $\Delta S<0$，定压下升温，ΔG 增大，凝固不易进行。

17. 假设水作为卡诺循环中的工作物质，试证明：在绝热可逆膨胀中，水温冷却不到 4℃。假设水的密度为最大值时，体积随温度变化的关系不受压力影响。

答： 4℃时，水有 $dV/dT=0$（不考虑压力）

而 $(\partial V/\partial T)_S=-[(\partial S/\partial T)_V]/(\partial S/\partial V)_T=-(C_V/T)/(\partial p/\partial T)_V$

水在 4℃以上时，有 $(\partial S/\partial V)_T>0$，故 $(\partial V/\partial T)_S<0$，在卡诺循环的绝热可逆膨胀中，$(\partial V/\partial T)_S$ 不可能等于零，故水温冷却不到 4℃。

18. 指出下列公式适用的条件：

(1) $dU=\delta Q-pdV$；(2) $\Delta H=Q_p$；$\Delta U=Q_V$

(3) $\Delta H=\int_{T_1}^{T_2}C_p\mathrm{d}T$；$\Delta U=\int_{T_1}^{T_2}C_V\mathrm{d}T$；(4) $\Delta G=\int_{p_1}^{p_2}V\mathrm{d}p$

(5) $W=-nRT\ln(V_2/V_1)$；(6) $W=-p\Delta V$；

(7) $pV^\gamma=$常数；(8) $W=(p_1V_1-p_2V_2)/(\gamma-1)$

(9) $\Delta S=nR\ln(p_1/p_2)=nR\ln(V_2/V_1)$；(10) $\Delta_{mix}S=-R\sum n_B\ln x_B$

(11) $\Delta S=nR\ln(p_1/p_2)+nC_{p,m}\ln(T_2/T_1)=nR\ln(V_2/V_1)+nC_{V,m}\ln(T_2/T_1)$

答： (1) 封闭系统、可逆过程、$W'=0$。

(2) $\Delta H=Q_p$：封闭系统、$W'=0$、恒压过程，

$\Delta U=Q_V$：封闭系统、$W'=0$、等容过程。

(3) $\Delta H=\int_{T_1}^{T_2}C_pdT$，封闭系统、状态连续变化的恒压过程，

$\Delta U=\int_{T_1}^{T_2}C_VdT$，封闭系统、状态连续变化的等容过程。

（上述两式适用于理想气体简单 pTV 状态变化的一切过程）

(4) 封闭系统、$W'=0$、状态连续变化的等温过程。

(5) 封闭系统、$W'=0$、理想气体等温可逆过程。

(6) 封闭系统、$W'=0$、恒压过程。

(7)、(8) 封闭系统、$W'=0$、理想气体绝热可逆过程。

(9) 封闭系统、理想气体，$W'=0$、等温过程。

(10) 封闭系统、理想气体等温恒压混合（该式同样适合理想液态混合物的混合过程）。

(11) 适用于理想气体简单 pTV 状态变化的一切过程。

19. 温度升高对物质的下列各量有何影响（增大、减小或不变），并简证之（或简单解释之）。

(1) 恒压下物质的焓；(2) 恒容下物质的内能；(3) 恒压下物质的熵；

(4) 恒容下物质的赫姆霍兹函数；(5) 恒压下物质的吉布斯函数

答： (1) 增大，$(\partial H/\partial T)_p=C_p>0$；(2) 增大 $(\partial U/\partial T)_V=C_V>0$

(3) 增大，$(\partial S/\partial T)_p=C_p/T>0$　(4) 减小，$(\partial A/\partial T)_V=-S<0$

(5) 减小，$(\partial G/\partial T)_p=-S<0$

20. 节流膨胀过程 $\Delta S>0$ 的依据是什么？

答： 节流膨胀过程是等焓过程，即 $dH=TdS+Vdp=0$，由此得 $(\partial S/\partial p)_H=-V/T<0$，故经节流膨胀压力降低，熵增加。

3.4.4 计算题

例 1 液态水在 100℃、101325Pa 下的汽化热为 $41\mathrm{kJ\cdot mol^{-1}}$。今有液态水从 100℃、101325Pa 的始态向真空汽化为 100℃、101325Pa 的水气，则该过程 ΔU、ΔH、ΔS、ΔA、ΔG、Q、W 各为多少（设水气为理想气体，水的体积忽略不计）?

解： 可以设计一个可逆过程Ⅱ来计算状态函数。

$$1\mathrm{mol}\ H_2O,\ 100℃,\ p^\ominus \xrightarrow{\text{I}\ p_{外}=0} 1\mathrm{mol}\ H_2O(g),\ 100℃,\ p^\ominus$$

$$1\mathrm{mol}\ H_2O,\ 100℃,\ p^\ominus \xrightarrow{\text{II 可逆气化}} 1\mathrm{mol}\ H_2O(g),\ 100℃,\ p^\ominus$$

因 $p_{外}=0$，$W_{\text{I}}=0$；故 $\Delta U=Q_{\text{I}}$

设计Ⅱ为与过程Ⅰ始、末态相同的可逆相变过程，则 $\Delta H_{\text{II}}=\Delta H_{\text{I}}=41\mathrm{kJ}$

$$Q_{\text{I}}=\Delta U_{\text{I}}=\Delta H_{\text{I}}-\Delta(pV)=\Delta H_{\text{I}}-nRT=41\times10^3-1\times8.314\times373=37.9\mathrm{kJ}$$

$$\Delta G_{\text{II}}=\Delta G_{\text{I}}=0,\ \Delta S_{\text{I}}=\Delta S_{\text{II}}=n\Delta_{\mathrm{vap}}H_{\mathrm{m}}/T=1\times41\times10^3/373.15=109.9\mathrm{J\cdot K^{-1}}$$

$$\Delta A_{\text{I}}=\Delta U_{\text{I}}-T\Delta S_{\text{I}}=37.9-373.15\times109.9\times10^{-3}=-3.1\mathrm{kJ}$$

计算结果说明，虽然始态与终态相同，水可逆蒸发和向真空蒸发所需要的热是不同的，一个是 41kJ，一个是 37.9kJ。

例 2 证明热力学状态方程式 $(\partial U/\partial V)_T=T(\partial p/\partial T)_V-p$

解： 可用 5 种方法分别证明。这里列举 2 种最常用、最简单的证明方法。

〈方法一〉 由特征微分方程：$dU=TdS-pdV$；$(\partial U/\partial V)_T=T(\partial S/\partial V)_T-p$

由 Maxwell 关系 $(\partial S/\partial V)_T=(\partial p/\partial T)_V$，得 $(\partial U/\partial V)_T=T(\partial p/\partial T)_V-p$，证毕。

〈方法二〉 由定义式 $A=U-TS$ 得 $U=A+TS$ 和 $(\partial U/\partial V)_T=T(\partial S/\partial V)_T+(\partial A/\partial V)_T$

由 Maxwell 关系 $(\partial S/\partial V)_T=(\partial p/\partial T)_V$ 和由基本方程 $dA=-SdT-pdV$

得到的关系式 $(\partial A/\partial V)_T=-p$，得 $(\partial U/\partial V)_T=T(\partial p/\partial T)_V-p$，证毕

例 3 假定温度为 80.1℃（即苯的沸点），并设蒸气为理想气体。求下列各过程中苯的 ΔA 和 ΔG（设为 1mol）。

(1) $C_6H_6(l,p^\ominus)\rightarrow C_6H_6(g,p^\ominus)$；(2) $C_6H_6(l,p^\ominus)\rightarrow C_6H_6(g,0.9p^\ominus)$

(3) $C_6H_6(l,p^\ominus)\rightarrow C_6H_6(g,1.1p^\ominus)$

根据所得结果能否判断过程的可能性。

解： 所涉及的过程是初始状态相向，终态不同的相变过程。分别计算之。

(1) 可逆相变过程 $\Delta G_1=0$；$\Delta A_1=\Delta G-\Delta(pV)=-nRT=-2.937\mathrm{kJ}$

(2) $C_6H_6(l,p^\ominus)\xrightarrow{\text{I}}C_6H_6(g,p^\ominus)\xrightarrow{\text{II}}C_6H_6(g,0.9p^\ominus)$

$$\Delta A_2=\Delta A_{\text{I}}+\Delta A_{\text{II}}=\Delta A_1+nRT\ln(0.9/1)=-2937-309.4=-3.2464\mathrm{kJ}\ (\Delta A_{\text{I}}=\Delta A_1)$$

$$\Delta G_2=\Delta G_{\text{I}}+\Delta G_{\text{II}}=0+\int_{p_1}^{p_2}Vdp=nRT\ln(0.9/1)=-309.4\mathrm{J}\ (\Delta G_{\text{I}}=\Delta G_1)$$

$W_2=-0.9p^\ominus V_g=-nRT=-2.937\mathrm{kJ}$，由于 $-\Delta A_2>W_2$，故此过程不可逆。

(3) 按同法处理

$\Delta A_3=-2.657\text{kJ}$，$\Delta G_3=0.280\text{kJ}$，$W_3=2.937\text{kJ}$

由于$-\Delta A_3<W_3$，故此等温过程是不可能自动发生的。

判断过程发生的可能性一般使用热力学判据。在恒温恒压不做其他功的情况下用 Gibbs 判据，在恒温恒容不做其他功的情况下用 helmholtz 判据。此题为变压变容的恒温过程，故上述两个判据均不能使用。这里利用 helmholtz 函数恒温时 $\Delta A_T\leqslant W$（=：可逆过程；>：不可逆过程）的性质作判据。

例 4 已知反应 $H_2(g,p^\ominus,298K)+(1/2)O_2(g,p^\ominus,298K)\rightarrow H_2O(g,p^\ominus,298K)$ 的标准摩尔反应 Gibbs 函数 $\Delta_r G_m^\ominus$ 和 $\Delta_f G_m^\ominus(H_2O,l,298K)$ 分别为$-228.37\text{kJ}\cdot\text{mol}^{-1}$和$-236.94\text{kJ}\cdot\text{mol}^{-1}$，求 298K 时水的饱和蒸气压［水蒸气设为理想气体，并认为 $G_m(l)$ 与压力无关］。

解： 设计如下过程进行计算。

$$\begin{array}{ccc} H_2(g,p^\ominus,25^\circ C)+(1/2)O_2(g,p^\ominus,25^\circ C) & \xrightarrow{\Delta_r G_1} & H_2O(g,p^\ominus,25^\circ C) \\ \downarrow \Delta_f G_m^\ominus(H_2O,l) & & \downarrow \Delta G_3 \\ H_2O(l,p,25^\circ C) & \xrightarrow{\Delta_r G_2=0} & H_2O(g,p,25^\circ C) \end{array}$$

$$\Delta_f G_m^\ominus(H_2O,l)=\Delta_r G_1+\Delta G_3\text{；}\Delta_r G_1=\Delta_f G_m^\ominus(H_2O,g)$$

$$\Delta G_3=RT\ln(p/p^\ominus)=\Delta_r G_m^\ominus(H_2O,l)-\Delta_f G_m^\ominus(H_2O,g)$$

代入已知数据，解出 $p=3.153\text{kPa}$。

讨论： 在做物理化学题目时，最好画出过程的框图。因为有些复杂的题目仅看文字比较难理解，不容易理出解题思路。但是一旦画出过程的框图，就会有新的发现，马上有了解题思路，而且还能看出一些隐含在字里行间的已知条件。希望能养成画过程框图的良好习惯。

例 5 0℃、0.2MPa 的理想气体沿着 $p/V=$常数的可逆途径到达压力为 0.4MPa 的终态。已知 $C_{V,m}=(5/2)R$，求过程的 W、Q、ΔU、ΔH、ΔS。

解： 利用所给条件先求出系统的有关体积和温度。再利用有关公式分别对相关的热力学函数进行计算。

$$V_1=\frac{nRT_1}{p_1}=\left(\frac{1\times8.3145\times273.15}{0.2\times10^6}\right)\text{m}^3=11.35\times10^{-3}\text{m}^3=11.35\text{dm}^3$$

因$p_1/V_1=p_2/V_2$，故 $V_2=\dfrac{p_2}{p_1}V_1=\dfrac{0.4}{0.2}\times11.35\text{dm}^3=22.70\text{dm}^3$

$$T_2=\frac{p_2V_2}{nR}=\left[\frac{(0.4\times10^6)\times(22.27\times10^{-3})}{1\times8.3145}\right]\text{K}=1092\text{K}$$

$$W=-\int_{V_1}^{V_2}p\text{d}V=-\int_{V_1}^{V_2}\frac{p_1}{V_1}V\text{d}V=-\frac{p_1}{V_1}\cdot\frac{1}{2}(V_2^2-V_1^2)=-1/2(p_2V_2-p_1V_1)$$

$$=[-1/2\times(0.4\times22.70-0.2\times11.35)\times10^3]\text{J}=-3.405\text{kJ}$$

$$\Delta U=nC_{V,m}^\ominus\Delta T=[1\times5/2\times8.3145\times(1092-273)]\text{J}=17.02\times10^3\text{J}=17.02\text{kJ}$$

$$\Delta H=nC_{p,m}^\ominus\Delta T=[1\times7/2\times8.3145\times(1092-273)]\text{J}=23.83\times10^3\text{J}=23.83\text{kJ}$$

$$Q=\Delta U-W=[17.02-(-3.045)]\text{kJ}=20.43\text{kJ}$$

$$\Delta S=nC_{p,m}^\ominus\ln(T_2/T_1)+nR\ln(p_1/p_2)$$

$$=1\times\left[\left(\frac{5}{2}+1\right)\times8.3145\times\ln\frac{1092}{273.15}+8.3145\times\ln\frac{0.2}{0.4}\right]\text{J}\cdot\text{K}^{-1}=34.56\text{J}\cdot\text{K}^{-1}$$

例 6 一导热良好的固定隔板 aa' 将一带无摩擦绝热活塞 bb' 的绝热气缸分为左右两室，

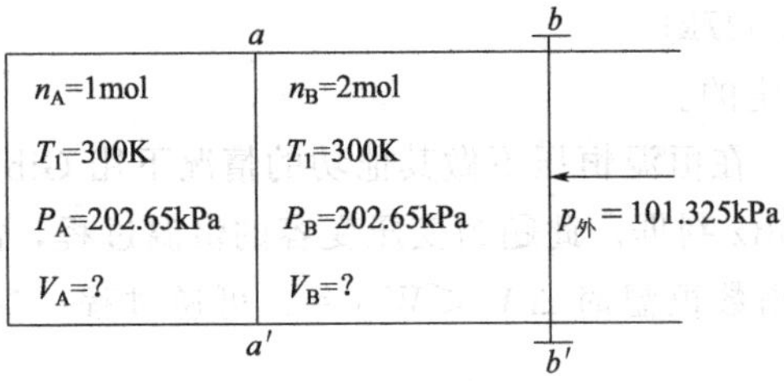

图 3.4

左室中充入 1mol A，右室中充入 2mol B，A 和 B 均为理想气体（其始态如图 3.4 所示）。若将绝热活塞 bb' 上的销钉拔掉，求达到平衡时系统的熵增 ΔS。已知 A 和 B 的摩尔定容热容分别为：

$C_{V,m}(A)=1.5R$，$C_{V,m}(B)=2.5R$，$p_外=101.325\text{kPa}$。

解： 设终态温度为 T_2，$Q=0$，$U=-W$

因为 $\Delta U=n_A C_{V,m}(A)(T_2-T_1)+n_B C_{V,m}(B)(T_2-T_1)=6.5\times R(T_2-300)$

$W=-p_外(V'-V_B)=-n_B R(T_2-T_1 p_{B,2}/p_{B,1})=-2\times R(T_2-150)$

解 $6.5\times R(T_2-300)=-2\times R(T_2-150)$，得 $T_2=264.71\text{K}$

$$\Delta S_A=n_A C_{V,m}(A)\ln(T_2/T_1),$$

$$\Delta S_B=n_B C_{p,m}(b)\ln(T_2/T_1)+n_B R\ln(p_B/p_2)$$

故 $\Delta S=\Delta S_A+\Delta S_B=2.68\text{J}\cdot\text{K}^{-1}$

例 7 2mol 100℃、101325Pa 的液体水向真空蒸发，全部变成为 100℃、101325Pa 的水蒸气，求水的熵变 $\Delta_{vap}S$，判断过程是否自发。已知 101325Pa，100℃时水的摩尔蒸发热为 $40.68\text{kJ}\cdot\text{mol}^{-1}$。水气可视为理想气体。

解： 这是一个不可逆过程，必须设计一个可逆过程计算

$\Delta_{vap}S_体=Q_R/T=\Delta H/T=218.0\text{J}\cdot\text{K}^{-1}$

$Q_环=-\Delta_{vap}U=-(\Delta H-nRT)=-75.15\text{kJ}$

$\Delta S_环=Q_环/T=-201.4\text{J}\cdot\text{K}^{-1}$

$\Delta_{vap}S_总=\Delta_{vap}S_体+\Delta S_环=16.6\text{J}\cdot\text{K}^{-1}>0$，过程自发。

例 8 试求标准压力下，−5℃的过冷液体苯变为固体苯的 ΔS，并判断此凝固过程是否可能发生。已知苯的正常凝固点为−5℃，在凝固点时熔化热 $\Delta_{fus}H_m=9940\text{J}\cdot\text{mol}^{-1}$，液体苯和固体苯的平均定压摩尔热容分别为 $127\text{J}\cdot\text{K}^{-1}\cdot\text{mol}^{-1}$ 和 $123\text{J}\cdot\text{K}^{-1}\cdot\text{mol}^{-1}$。

解： −5℃不是苯的正常凝固点，欲判断此过程能否自动发生，需运用熵判据，即分别求出系统的熵变 $\Delta S_体$ 和环境熵变 $\Delta S_环$ 加以比较方能作出判断。

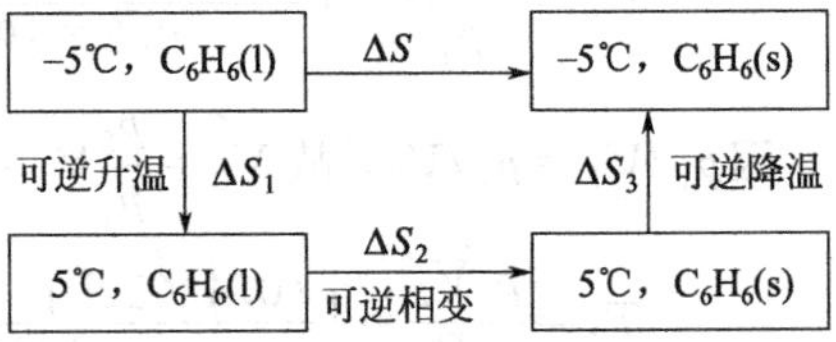

图 3.5

(1) 系统 ΔS 的求算

将此过程设计成图 3.5 所示的可逆过程，为方便起见，取 1mol C_6H_6 作为系统。则

$$\begin{aligned}\Delta S&=\Delta S_1+\Delta S_2+\Delta S_3\\&=C_{p,m}(l)\ln(T_2/T_1)-\Delta_{fus}H_m^{\ominus}/T_{fus}+C_{p,m}(s)\ln(T_1/T_2)\\&=[127\ln(278/268)-9940/278+123\ln(268/278)]\text{J}\cdot\text{K}^{-1}\cdot\text{mol}^{-1}\\&=-35.62\text{J}\cdot\text{K}^{-1}\cdot\text{mol}^{-1}\end{aligned}$$

(2) 环境熵变的求算

根据基尔霍夫方程，首先求得−5℃凝固过程的热效应

$$\begin{aligned}\Delta_{fus}H_m^{\ominus}(268\text{K})&=\Delta_{fus}H_m^{\ominus}(278\text{K})+\int_{278}^{268}\Delta C_p\,dT\\&=[-9940+(123-127)\times(268-278)]\text{J}\cdot\text{mol}^{-1}=-9900\text{J}\cdot\text{mol}^{-1}\end{aligned}$$

故　　$\Delta S_{环} = -Q_{体}/T = 9900/268 = 36.49\text{J}\cdot\text{K}^{-1}\cdot\text{mol}^{-1}$

$\Delta S_{隔} = \Delta S_{体} + \Delta S_{环} = -35.62 + 36.49 = 0.87\text{J}\cdot\text{K}^{-1}\cdot\text{mol}^{-1} > 0$

根据熵判据，此凝固过程可能发生，且为不可逆过程。

此题也可以先求 $\Delta S_{体}$，再求实际凝固过程热温商，根据 Clausius 不等式，通过比较 $\Delta S_{体}$ 和实际凝固过程热温商的大小来对过程进行判断，结果是一样的。

例 9　已知 10mol 某理想气体的吉布斯函数 G 与亥姆霍兹函数的差值等于 26.444kJ，试计算该理想气体的温度 T。

解： 因 $G - A = pV = nRT = 26.444\text{kJ}$

故 $T = (26.444\text{kJ})/[(10\text{mol}^{-1})\times(8.314\times10^{-3}\text{kJ}\cdot\text{K}^{-1}\cdot\text{mol}^{-1})] = 318\text{K}$

例 10　已知 25℃时 $H_2O(l)$ 的标准摩尔生成吉氏函数为 $-237.129\text{kJ}\cdot\text{mol}^{-1}$，水的饱和蒸气压为 3.167kPa，求 25℃时 $H_2O(g)$ 的标准摩尔生成吉氏函数。

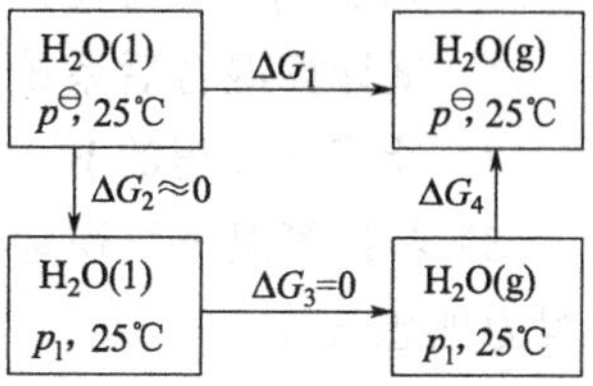

图 3.6

解： 画过程框图如图 3.6 所示。

$$\begin{aligned}\Delta_f G_m^{\ominus}(g, 298.15\text{K}) &= \Delta_f G_m^{\ominus}(l, 298.15\text{K}) + \Delta G_4\\ &= -237.129 + 8.314\times298.15\times10^{-3}\times \ln(100/3.167)\\ &= -228.57\text{kJ}\cdot\text{mol}^{-1}\end{aligned}$$

讨论： 从该题的解题过程大家可能已体会到画框图的好处，在没有画出框图之前，很难找到解题思路，已知条件也不知怎样利用。但是，一旦画出过程的框图，马上豁然开朗。

例 11　将 1kg 25℃的空气在等温、恒压下完全分离为纯氧气和氮气，至少需要耗费多少非体积功？假定空气由 O_2 和 N_2 组成，其分子数之比 $O_2 : N_2 = 21 : 79$；有关气体均可视为理想气体。

解： 1kg 25℃的空气中 $n(O_2) = 7.28\text{mol}$，$x(O_2) = 0.21$，$n(N_2) = 27.39\text{mol}$，$x(N_2) = 0.79$。

要求等温、恒压下完全分离为纯氧气和氮气至少所耗费的 W'，其实只需求出该过程在可逆条件下的 ΔG，因为恒温恒压下可逆变化过程的 ΔG 等于非体积功。但是直接求可逆分离过程的 ΔG 很不方便，我们可以利用可逆过程的特点，求其逆过程，即混合过程的 ΔG。对于理想气体混合过程，$\Delta G = n(O_2)RT\ln x(O_2) + n(N_2)RT\ln x(N_2) = -44.15\text{kJ}$，所以完全分离至少需要耗费 44.15kJ 非体积功。

例 12　已知冰和水的热容分别是 $37.6\text{J}\cdot\text{K}^{-1}\cdot\text{mol}^{-1}$ 和 $75.3\text{J}\cdot\text{K}^{-1}\cdot\text{mol}^{-1}$、0℃，常压下冰的熔化热为 $6020\text{J}\cdot\text{mol}^{-1}$。

(1) 求常压、-10℃ 时 1mol 冰变为 1mol $H_2O(l)$ 的 ΔG（计算时忽略压力对凝聚相焓和熵的影响）；

(2) -10℃时冰和水的饱和蒸气压之比是多少？

解： (1) 设计下列三步变化过程。

$$冰(-10℃)\xrightarrow[\Delta H_1,\Delta S_1]{1}冰(0℃)\xrightarrow[\Delta H_2,\Delta S_2]{2}水(0℃)\xrightarrow[\Delta H_3,\Delta S_3]{3}水(-10℃)$$

$\Delta H = n(\Delta H_1 + \Delta H_2 + \Delta H_3) = 1\times(37.6\times10 + 6020 - 75.3\times10)\text{J} = 5643\text{J}$

$$\begin{aligned}\Delta S = \Delta S_1 + \Delta S_2 + \Delta S_3 &= nC_{p,m}(s)\ln(T_2/T_1) + \Delta_{fus}H/T_m + nC_{p,m}(l)\ln(T_1/T_2)\\ &= [37.6\ln(273.15/263.15) + 6020/273.15 + 75.13\ln(268.15/273.15)]\text{J}\cdot\text{K}^{-1}\end{aligned}$$

$=20.64\text{J}\cdot\text{K}^{-1}$

$\Delta G=\Delta H-T\Delta S=(5643-263.15\times 20.64)\text{J}=210\text{J}$

(2) $-10℃$、$p^{\ominus}$下的冰变成$-10℃$、$p^{\ominus}$的水的过程，可以设计下列步骤来实现

冰$(-10℃, p^{\ominus})\xrightarrow{\Delta G_1\approx 0}$冰$(-10℃, p_s^*)\xrightarrow{\Delta G_2\approx 0}H_2O(g, -10℃, p_s^*)\xrightarrow{\Delta G_3}H_2O(g, -10℃, p_l^*)\xrightarrow{\Delta G_4\approx 0}H_2O(l, -10℃, p_l^*)\xrightarrow{\Delta G_5\approx 0}H_2O(l, -10℃, p^{\ominus})$

$$\Delta G=\Delta G_1+\Delta G_2+\Delta G_3+\Delta G_4+\Delta G_5\approx\Delta G_3=nRT\ln(p_l^*/p_s^*)=210\text{J}$$

解得 $p_l^*/p_s^*=1.10$

例 13 在两个中间由活塞连通的烧瓶中，开始时分别盛有 0.2mol、$0.2\times p^{\ominus}$的氧气和 0.8mol、$0.8\times p^{\ominus}$的氮气，置于 25℃的恒温水浴里，然后打开活塞。

(1) 试计算混合后系统的压力 $p_2=$?

(2) 计算该过程的 W_1、Q_1 和 ΔU_1、ΔS_1 及 ΔG_1。

(3) 若设等温下可逆地使气体返回到原来状态，计算过程的 W_2 及 Q_2。设氧气、氮气都可视为理想气体。

解：(1) 25℃下 $V(O_2)=V(N_2)=RT/p^{\ominus}$，则

$p_2=[n(O_2)+n(N_2)RT]/[V(O_2)+V(N_2)]=(0.2+0.8)RT/(2RT/p^{\ominus})=p^{\ominus}/2$

(2) 体积恒定 $W_1=0$，温度恒定 $\Delta U=\Delta H=0$，则 $Q_1=0$。

$\Delta S_1=n(O_2)R\ln[V/V(O_2)]+n(N_2)R\ln[V/V(N_2)]=0.2\ln 2+0.8\ln 2=R\ln 2$

$=5.76\text{J}\cdot\text{K}^{-1}$

$\Delta G_1=\Delta H_1-T\Delta S_1=0-298\times 5.76=-1717.3\text{J}$

(3) $\Delta S_2=\Delta S_1=5.76\text{J}\cdot\text{K}^{-1}$，$Q_2=-W_2=-T\Delta S_2=-298\times(-5.76)=1717.3\text{J}$

例 14 Ar(g) 的摩尔熵与温度的关系在 $p^{\ominus}$下为：$S_m/\text{J}\cdot\text{K}^{-1}\cdot\text{mol}^{-1}=36.36+20.79\ln(T/\text{K})$ 计算 1mol Ar(g) 在恒压下，温度从 25℃变为 50℃时的 ΔG。

解：$(\partial G_m/\partial T)_p=-S_m=-[36.36+20.79\ln(T/\text{K})]\text{J}\cdot\text{K}^{-1}\cdot\text{mol}^{-1}$

$$\Delta G_m=\int_{T_1}^{T_2}-[36.36+20.79\ln(T/\text{K})]\text{d}T$$
$$=-\left\{36.36T+20.79[T\ln(T/\text{K})-T]\right\}_{T_1}^{T_2}$$
$$=-3.892\text{kJ}$$

例 15 将 1mol Hg(l) 在 25℃的恒定温度下，从 0.1MPa 压缩至 10MPa，试求其状态变化的 ΔS 和 ΔG。已知 25℃时 Hg(l) 的密度为 $13.534\text{g}\cdot\text{cm}^{-3}$，密度随压力的变化可以略去，Hg(l) 的体积膨胀系数 $\alpha=1.82\times 10^{-4}\text{K}^{-1}$，Hg 的摩尔质量为 $200.61\text{g}\cdot\text{mol}^{-1}$。

解：因 $\Delta G=\int V\text{d}p$，而 1mol Hg(l) 的体积 $V=200.61/13.534=14.82\text{cm}^3$

故 $\Delta G=14.82\times 10^{-6}\times(10-0.1)\times 10^6=146.72\text{J}$

$$\Delta S=\int_{p_1}^{p_2}(\partial S/\partial p)_T\text{d}p=-\int_{p_1}^{p_2}(\partial V/\partial T)_p\text{d}p$$

又　因 $\alpha=1/V(\partial V/\partial T)_p$ 故 $(\partial V/\partial T)_p=\alpha V=1.82\times 10^{-4}V$

代入有 $\Delta S=-V\times 1.82\times 10^{-4}\times 9.9=-2.67\times 10^{-8}\text{J}\cdot\text{K}^{-1}$

例 16 将 298K、$p^{\ominus}$下的 1dm^3 O_2（理想气体）绝热压缩到 $5p^{\ominus}$，耗功 502J，求终态 T_2 和熵 S_2，以及此过程的 ΔH 和 ΔG。已知 298K、$p^{\ominus}$下，O_2 的摩尔熵 $S_m=205.1\text{J}\cdot\text{K}^{-1}\cdot$

mol^{-1}，$C_{p,\text{m}}=29.29\text{J}\cdot\text{K}^{-1}\cdot\text{mol}^{-1}$。

解：$n=p_1V_1/(RT_1)=0.0409\text{mol}$

因　$\Delta U=nC_{V,\text{m}}(T_2-T_1)=W$

故　$T_2=T_1+W/(nC_{V,\text{m}})=T_1+W/[n(C_{p,\text{m}}-R)]=T_1+502/[0.0409(29.29-8.314)]$
$=883\text{K}$

$S_2=n[S_{1,\text{m}}+C_{p,\text{m}}\ln(T_2/T_1)+R\ln(p_1/p_2)]=9.14\text{J}\cdot\text{K}^{-1}$

$\Delta H=nC_{p,\text{m}}(T_2-T_1)=701\text{J}$，$\Delta G=\Delta H-(T_2S_2-T_1S_1)=4.87\text{kJ}$

例 17　液体水的体积与压力的关系为：$V=V_0(1-\beta p)$，已知膨胀系数：$\alpha=1/V_0(\partial V/\partial T)_p=2.0\times10^{-4}\text{K}^{-1}$，压缩系数：$\beta=1/V_0(\partial V/\partial p)_T=4.48\times10^{-10}\text{Pa}^{-1}$。25℃，$p^\ominus$下 $V_0=1.002\text{cm}^3\cdot\text{g}^{-1}$。试计算 1mol 水在 25℃ 由 $1.013\times10^5\text{Pa}$ 加压到 $1.013\times10^6\text{Pa}$ 时的 ΔU、ΔH、ΔS、ΔA、ΔG。

解：此为求解恒温下压力对热力学函数变化的影响。因此需要知道热力学函数与压力变化的关系。根据 $\text{d}U=C_V\text{d}T+[T(\partial p/\partial T)_V-p]\text{d}V$，可得

$$\begin{aligned}(\partial U/\partial p)_T&=[T(\partial p/\partial T)_V-p](\partial V/\partial p)_T\\&=T(\partial p/\partial T)_V(\partial V/\partial p)_T-p(\partial V/\partial p)_T\\&=T(\partial S/\partial V)_T(\partial V/\partial p)_T-p(\partial V/\partial p)_T\\&=T(\partial S/\partial p)_T-p(\partial V/\partial p)_T\end{aligned}$$

将 Maxwell 关系式 $(\partial S/\partial p)_T=-(\partial V/\partial T)_p$ 代入上式，得

$$(\partial U/\partial p)_T=-T(\partial V/\partial T)_p-p(\partial V/\partial p)_T=-TV_0\alpha-pV_0\beta$$

$$\begin{aligned}\Delta U&=-\int_{p_1}^{p_2}(TV_0\alpha+pV_0\beta)\text{d}p=-TV_0\alpha(10-1)p^\ominus-V_0\beta/2\,(10^2-1)(p^\ominus)^2\\&=-18.035\times10^{-6}\times(298\times2.0\times10^{-4}\times9\times101325+4.48\times10^{-10}/2\times99\times101325^2)\\&=-0.98\text{J}\end{aligned}$$

同理　$(\partial H/\partial p)_T=V-T(\partial V/\partial T)_p$，$(\partial S/\partial p)_T=-(\partial V/\partial T)_p$

$(\partial A/\partial p)_T=-p(\partial V/\partial T)_p$，$(\partial G/\partial p)_T=V$

积分求出 $\Delta H=15.45\text{J}$，$\Delta S=-3.32\times10^{-3}\text{J}\cdot\text{K}^{-1}$，$\Delta A=9.86\times10^{-3}\text{J}$，$\Delta G=16.44\text{J}$。

例 18　已知理想气体化学反应 $2SO_3(g)=\!=\!=2SO_2(g)+O_2(g)$ 在 298K、标准压力下的 $\Delta_rG_m^\ominus=140\text{kJ}\cdot\text{mol}^{-1}$，$\Delta_rH_m^\ominus=197\text{kJ}\cdot\text{mol}^{-1}$，且 $\Delta_rH_m^\ominus$不随温度变化，求反应在 873K 时的 $\Delta_rA_m^\ominus$。

解：将 G-H 公式 $[\partial(\Delta_rG_m^\ominus/T)/\partial T]_p=-\Delta_rH_m^\ominus/T^2$ 积分，得

$$\Delta_rG_m^\ominus(T_2)=[\Delta_rG_m^\ominus(T_1)/T_1+\Delta_rH_m^\ominus(T_1-T_2)/(T_1T_2)]T_2$$

即　$\Delta_rG_m^\ominus(T_2)=[140000/298+197000(298-873)/(298\times873)]\times873$
$=-30.01\text{kJ}\cdot\text{mol}^{-1}$

故　$\Delta_rA_m^\ominus(T_2)=\Delta_rG_m^\ominus(T_2)-\Delta(pV_m)=\Delta_rG_m^\ominus(T_2)-RT\sum_B\nu_B=-37.27\text{kJ}\cdot\text{mol}^{-1}$

第4章 多组分系统热力学

4.1 概述

在热力学章节中，通过第一、二定律引入状态函数U和S，解决了系统变化方向的判断和系统与环境之间交换能量的计算问题。为了方便判断不同变化过程的方向和计算系统与环境之间交换的能量，又分别引进了状态函数H、A和G，并用较大的篇幅介绍了如何计算简单系统发生单纯pVT变化、相变化和化学变化时功、热及5个状态函数改变值，得出了许多重要的热力学结论和计算公式。遗憾的是，在这些结论和公式中，有许多只能用于简单系统，即纯物质单相封闭系统，或纯物质多相平衡封闭系统，或组成不变、且无相互作用的单相多组分封闭系统。然而，常见的系统大多为组成变化的多组分封闭或敞开系统。因此，本章将介绍如何将前两章介绍的热力学基本理论应用于多组分系统。

多组分系统可以是单相的，也可以是多相的。对于多相多组分系统，可以将其分成几个单相多组分系统处理。故研究多组分系统只需研究单相多组分系统即可。在研究多组分系统时，我们首先要回答的问题是：①多组分系统的分类；②如何描述一个多组分系统；③如何表示多组分系统的具有加和性的状态函数。

关于①多组分系统的分类请参见下面“本章知识点架构纲目图”；对于问题②，我们知道，描述纯物质单相封闭系统，只需两个独立变量即可。而对组成可变的多组分系统，除了两个独立的热力学变量外，在状态函数表达式中还必须包括各组分物质的量n_B作为变量；而关于问题③的讨论，引出了本章一个重要概念——偏摩尔量。我们知道，纯物质单相系统中任意具有加和性的状态函数，总可以表示成物质的量n与该物质相应状态函数摩尔量的乘积，而多组分系统呢？能否将系统的某个具有加和性的状态函数X表示成各物质B的量n_B与相应状态函数摩尔量$X_{m,B}$乘积的加和呢？即$X=\sum_B n_B X_{m,B}$？回答是否定的。为此，物理化学中引进了偏摩尔量概念。引进偏摩尔量的概念一方面可将多组分系统中具有加和性质的状态函数X表示成各物质的量n_B与其偏摩尔量X_B乘积的加和，即偏摩尔量的集合公式$X=\sum_B n_B X_B$，更重要的是原来应用于简单系统的热力学公式和状态函数间的关系式只需将相应广度性质的摩尔量换成偏摩尔量即可用于组成可变的多组分系统。此外，当多组分系统中物质组成发生变化时，Gibbs-Duhem方程给出了各组分偏摩尔量变化的相互依赖关系。

在多组分系统热力学研究中，为了处理敞开系统或组成发生变化的封闭系统热力学关系，以及判断过程变化的方向，Gibbs和G. N. Lewis引进了化学势的概念。物质B的化学势的定义式非常类似于偏摩尔量的定义式。如果用 U、H、A、G 来定义物质 B 的化学势，只需将相应偏摩尔量定义式的下标 T，p 换成相应状态函数的特征变量即可。n_C 不变，只有 G 函数的偏摩尔量定义式和化学势定义式的形式和物理意义完全相同。由化学势的定义可知，化学势 μ 为强度性质，且其绝对值不知道。就像水总是从高水位流向低水位一样，在多相多组分系统中，物质总是从化学势高的状态向化学势低的状态变化，由此引出了判断物质变化方向的化学势判据。处在不同相中物质 B 达到相平衡的条件是物质 B 在各相中的化学势相等：$\mu_B(\alpha)=\mu_B(\beta)=\cdots=\mu_B(\delta)$。为了比较物质 B 在各相中化学势的大小，有必要写出物质 B 在不同相中化学势的表达式。在本章中，利用偏摩尔 Gibbs 函数 G_B 和化学热 μ_B 之间的关系式 $G_B=\mu_B$，首先求出理想气体化学势的表达式。对于实际气体，为了保持其化学势表达式具有与理想气体相同的简洁形式，引入了逸度概念。

相对于纯物质单相封闭系统，对于组成变化的多相多组分系统或敞开系统，热力学基本方程即 U、H、A、G 的全微分方程中还应包括由于物质组成的改变而引起的状态函数 U、H、A、G 值的改变项 $\sum_B \mu_B dn_B$ 。

液相多组分系统是多组分热力学研究的主要内容之一。根据标准态的选择不同，液相多组分系统分为液态混合物和溶液两类。液态混合物与溶液的根本区别在于两系统标准态的选择不同。由于标准态可以任意选取，因此，一个多组分系统可以定义为溶液，也可以定义为混合物。但是通常以方便和习惯为原则。例如，气体多组分系统总是称为混合物，完全互溶的液体一般也称为混合物，若有固体或气体溶于液体一般称为溶液。另外，对于多组分溶液系统，一般选一个组分为溶剂，其余组分为溶质。从各组分的量上来看，一般选量多的为溶剂、量少的为溶质。研究液态混合物和溶液系统的两个基本定律分别是 Raoult 定律和 Herry 定律。Raoult 定律用于描述理想液态混合物中任一组分和稀溶液中溶剂的行为，而 Herry 定律则用于描述稀溶液中溶质的行为。所谓理想液态混合物是指混合物中任一组分在任何浓度范围内都服从 Raoult 定律的液态混合物系统。理想液态混合物具有 $\Delta_{mix}H=0$，$\Delta_{mix}V=0$，$\Delta_{mix}S=-R\sum_B n_B \ln x_B$ ，$\Delta_{mix}G=RT\sum_B n_B \ln x_B$ 的热力学特征。用 Henry 定律描述稀溶液中溶质的行为，根据表示溶质浓度的方法不同，Henry 定律有三个数学表达式。利用两相平衡化学势相等的原理，借助 Raoult 定律很容易通过理想气体化学势的表达式导出理想液态混合物中任一组分以及稀溶液中溶剂的化学势的表达式；而借助 Henry 定律则很容易导出稀溶液中溶质的化学势的表达式。有了化学势的表达式，就可以计算系统中某一组分 B 的浓度变化所引起的化学势的改变值 $\Delta\mu_B$ 或系统 Gibbs 函数的改变值 ΔG。

任一组分 B 无论是在气相还是液相中，其化学势的表达式中都存在标准态化学势 $\mu^\ominus$ 这一项。$\mu^\ominus$ 值的大小取决于相应系统标准态的选择。标准态是比较同一物质在不同系统或状态时化学势大小的起点。由于 μ 的绝对值不知道，为了比较同一物质在不同系统或状态时化学势的大小，就必须建立公共的标准态。对于气体，无论是理想气体还是实际气体，其标准态均为 T、$p^\ominus$ 条件下具有理想气体行为的纯气体；液态混合物中任一组分及稀溶液中溶剂的标准态为 T、$p^\ominus$ 条件下的纯液态物质；而稀溶液中溶质标准态的定义与溶剂不同，视溶质浓度的表示方法不同而异，这也是液态混合物与溶液的根本区别之所在。标准态的概念是本章中重要的、同时也是难理解的概念之一，尤其是稀溶液中溶质标准态的定义。

对于实际液态混合物和溶液，为了保持其任一组分 B 的化学势表达式具有与理想液态混合物或稀溶液相同的简洁形式，引进了活度和活度因子的概念。活度也称为“有效浓度”，是量纲为 1 的纯数。计算溶剂或溶质的活度是本章要重点掌握的内容，也是考研的热点之一。

在本章中，将热力学理论用于多组分系统研究的重要成果之一是分配定律和稀溶液的依数性，即（理想）稀溶液中溶剂的蒸气压下降、凝固点降低、沸点升高和渗透压的数值仅与溶液中溶质的质点数（量）有关，而与溶质的本性无关。产生依数性的根本原因是：加入不挥发性溶质→溶液（即溶剂）的蒸气压下降→溶剂的 μ 下降→冰点降低、沸点升高和渗透压增加。利用两相平衡化学势相等的原理，很容易导出分配定律和冰点降低、沸点升高以及渗透压的计算公式。

本章知识点架构纲目图如下：

- 多组分体系热力学
  - 体系的分类
    - 简单体系：纯物质单相封闭体系；纯物质多相平衡封闭系统；组成不变的单相封闭系统
    - 多组分体系
      - 单相多组分体系
        - 气相多组分体系：理想气体多组分体系；实际气体多组分体系
        - 液相多组分体系
          - 液态混合物：理想液态混合物；实际液态混合物
          - 溶液：理想稀溶液；实际溶液
        - 固相多组分体系
      - 多相多组分体系
  - 偏摩尔量
    - 为什么要引进偏摩尔量？偏摩尔量的定义和物理意义：$X_B=(\partial X/\partial n_B)_{T,p,n_C}$
    - 偏摩尔量的集合公式：$X=\sum n_B X_B$
    - 各组分偏摩尔量的变化相互依赖关系：G-D 方程 $\sum n_B dX_B=0$
    - 偏摩尔量之间的函数关系
    - 偏摩尔量的测定和计算
  - 化学势 μ
    - 化学势的定义$[\mu_B=G_B=(\partial G/\partial n_B)_{T,p,n_C}=(\partial H/\partial n_B)_{S,p,n_C}=(\partial U/\partial n_B)_{S,V,n_C}]$及物理意义
    - 化学势定义与偏摩尔量定义的差异
    - 多组分体系势力学基本方程及其应用条件
    - 化学势判据及其应用
      - 判据 $\sum_\alpha \sum_B \mu_B(\alpha)dn_B(\alpha)\begin{cases}<0(自发)\\=0(平衡)\end{cases}$[恒温、恒压(或容)、$W'=0$]
      - 应用：相平衡 $\mu_B(\alpha)=\mu_B(\beta)=\cdots=\mu_B(\delta)$；化学平衡 $\sum \nu_B\mu_B=0$；分配定律
  - 化学势的表达式
    - 气体
      - 理想气体：$\mu_B=\mu_B^\ominus+RT\ln(p_B/p^\ominus)$
      - 实际气体：$\mu_B=\mu_B^\ominus+RT\ln(f_B/p^\ominus)$
      - 逸度和逸度因子的定义及计算
    - 液体
      - 液态混合物
        - 理想液态混合物
          - 化学势：$\mu_B(l)=\mu_{B(l)}^\ominus+RT\ln x_B$
          - 热力学特征：$\Delta_{mix}H=0$，$\Delta_{mix}V=0$，$\Delta_{mix}S=-R\sum_B n_B\ln x_B$，$\Delta_{mix}G=RT\sum_B n_B\ln x_B$
        - 实际液态混合物
          - 化学势：$\mu_B(l)=\mu_{B(l)}^\ominus+RT\ln a_B$
          - 活度和活度因子定义及其物理意义
          - $a_B=p_B/p_B^*$
      - 溶液
        - 理想稀溶液
          - 溶剂：$\mu_A(l)=\mu_{A(l)}^\ominus+RT\ln x_A$ 或 $\mu_A(l)=\mu_{A(l)}^\ominus-RTM_A\sum_B b_B$
          - 溶质
            - $\mu_{B,b}(l)=\mu_{B,b}^\ominus+RT\ln(b_B/b^\ominus)$
            - $\mu_{B,c}(l)=\mu_{B,c}^\ominus+RT\ln(c_B/c^\ominus)$
            - $\mu_{B,x}(l)=\mu_{B,x}^\ominus+RT\ln x_B$
        - 实际溶液
          - 溶剂：$\mu_A(l)=\mu_{A(l)}^\ominus-RT\varphi M_A\sum_B b_B$
          - 溶质
            - $\mu_B(l)=\mu_{B(l)}^\ominus+RT\ln a_B$
            - $a_B=\gamma_{B,b}b_B/b^\ominus=\gamma_{B,c}c_B/c^\ominus$
    - 纯固体：$\mu=\mu^*(s)$
  - 标准态的定义
    - 气体：任何气体，其标准态均为 T，$p^\ominus$条件下具有理想气体行为的纯气体
    - 液体
      - 液态混合物：液态混合物中任一组分的标准态为 T，$p^\ominus$条件下的纯物质
      - 溶液
        - 溶剂：稀溶液中溶剂的标准态为 T，$p^\ominus$条件下的纯物质
        - 溶质：视溶质浓度的表示方法不同而异，请参见“主要考点”部分
  - Raoult 定律和 Henry 定律
    - Raoult 定律：$p_A=p_A^* x_A$（或 $\Delta p=p_A^* x_B$）适用于理想液态混合物中任一组分和稀溶液的溶剂
    - Henry 定律：$p_B=k_{x,B}x_B$（或 $p_B=k_{b,B}b_B$，$p_B=k_{c,B}c_B$）适用于稀溶液
  - 稀溶液的依数性
    - 依数性的定义？产生依数性的根本原因？参见“概述”
    - 依数性的计算公式
      - 沸点升高：$\Delta T_b=K_b b_B[K_b=R(T_b^*)^2M_A/\Delta_{vap}H_{m,A}^\ominus]$
      - 冰点降低：$\Delta T_f=K_f b_B[K_f=R(T_f^*)^2M_A/\Delta_{fus}H_{m,A}^\ominus]$
      - 渗透压：$\Pi=c_B RT$
    - 利用依数性计算非理想溶液中溶剂活度的计算公式
      - $\ln a_A=\Delta_{fus}H_m^\ominus/R(1/T_f^*-1/T_f)$
      - $\ln a_A=\Delta_{vap}H_m^\ominus/R(1/T_b-1/T_b^*)$（仅适用于不挥发性溶质）
      - $\ln a_A=-\Pi V_{m,A}^*/RT$

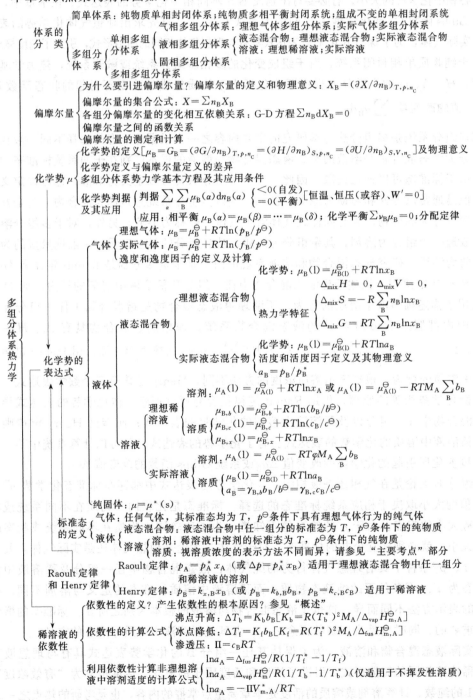

4.2　主要知识点

4.2.1　偏摩尔量

恒温、恒压下，广度量 X 随组分 B 的物质的量 n_B 的变化率 X_B 称为组分 B 的偏摩尔量。即 $X_B=(\partial X/\partial n_B)_{T,p,n_C}$。例如，偏摩尔体积 $V_B=(\partial V/\partial n_B)_{T,p,n_C}$，偏摩尔 Gibbs 函数 $G_B=(\partial G/\partial n_B)_{T,p,n_C}$等。需要注意的是：(1) 为什么引进偏摩尔量。(2) 只有广度量才有偏摩尔量，强度量没有偏摩尔量。例如，没有偏摩尔温度。(3) 求导时下标必须是 T、p 和除 B 以外的组成 n_C 时才称为偏摩尔量。(4) 偏摩尔量的取值范围：可正、可负，也可以是 0。(5) 纯物质的偏摩尔量就是它的摩尔量。在这些偏摩尔量中，偏摩尔 Gibbs 函数应用最为广泛，故特别重要。

4.2.2　偏摩尔量集合公式

恒温恒压下，系统各组分的某偏摩尔量与其物质的量的乘积之和等于系统的该广度量。即，$X=\sum_B n_B X_B$。例如，$V=\sum_B n_B V_B$，$G=\sum_B n_B G_B$。

4.2.3　同一组分不同偏摩尔量之间的函数关系

原来应用于简单系统的热力学公式和状态函数间的关系式只需将相应广度性质的摩尔量换成偏摩尔量即可用于组成可变的多组分系统。例如：$H_B=U_B+pV_B$，$G_B=H_B-TS_B$，$(\partial G_B/\partial p)_{T,n_B}=V_B$，$(\partial G_B/\partial T)_{p,n_B}=-S_B$等。

4.2.4　吉布斯-杜亥姆方程

恒温恒压条件下，$\sum_B n_B dX_B=0$ 或者，$\sum_B x_B dX_B=0$(一般条件下，$\sum_B n_B dX_B+\left(\frac{\partial x}{\partial T}\right)_{p,n_B}dT+\left(\frac{\partial x}{\partial \rho}\right)_{T,n_B}dP=0$) 称为吉布斯-杜亥姆方程，说明不同组分同一偏摩尔量之间是具有一定联系的。某一偏摩尔量的变化可从其他偏摩尔量的变化中求得。例如，在二组分系统中，如果一组分的偏摩尔量增大，则另一组分的偏摩尔量必然减小，且增大与减小的比例与系统中两组分的摩尔分数（或物质量）成反比。

4.2.5　化学势

化学势的定义：多组分系统中组分 B 的偏摩尔 Gibbs 函数 G_B 称为 B 的化学势 μ_B。除了用 G 定义外，还可以有其他的状态函数 U、H、A 定义化学势，只是下标变量为各状态函数的特征变量和 n_C。即：

$$\mu_B=(\partial U/\partial n_B)_{S,V,n_C}=(\partial H/\partial n_B)_{S,P,n_C}=(\partial A/\partial n_B)_{T,V,n_C}=(\partial G/\partial n_B)_{T,P,n_C}$$

说明：在众多化学势的定义式中，尤以用 G 定义的化学势最重要，因为化学势就等于 G 的偏摩尔量：$\mu_B=G_B$。对纯物质而言，化学势等于 G 的摩尔量 G^*，即：$\mu_B=G_B=G^*$。

物质 B 在一定化学环境下的化学势就决定了物质 B 在相应化学环境下的运动和变化的方向。

4.2.6　化学势判据

化学势的高低决定物质流动的方向。因此可以用于判断相变化和化学反应进行的方向与限度。较常用的有两种条件下的判据。

$$\sum_\alpha\sum_B \mu_B(\alpha)dn_B(\alpha)\begin{cases}<0(\text{自发})\\=0(\text{平衡})\end{cases}(\text{恒温、恒容、}W'=0)$$

$$\sum_{\alpha}\sum_{B}\mu_B(\alpha)dn_B(\alpha)\begin{cases}<0(自发)\\=0(平衡)\end{cases}(恒温、恒容、W'=0)$$

例如：处在不同相中物质 B 达相平衡的条件是物质 B 在各相中化学势相等：$\mu_B(\alpha)=\mu_B(\beta)=\cdots=\mu_B(\delta)$。化学反应达到平衡的条件为 $\sum_B \nu_B\mu_B=0$。

4.2.7 拉乌尔定律

用于描述理想液态混合物中任一组分或理想稀溶液中溶剂的组成和与之平衡的蒸气压之间的关系，即 $p_A=p_A^* x_A$（或 $\Delta p=p_A^* x_B$）。对于真实液态混合物有 $p_A=p_A^* f_A x_A=p_A^* a_A$。此式可用来计算活度或活度因子。$\gamma_A x_A=a_A=p_A/p_A^*$。

4.2.8 亨利定律

亨利定律是用来描述稀溶液中溶质的组成和与之平衡的气相压力间的关系。即，$p_B=K_{x,B}x_B$（或 $p_B=K_{b,B}b_B$；$p_B=K_{c,B}c_B$）。注意，组成标度不同，亨利系数的单位也不同。

说明：① Henry 定律公式中的比例系数的物理意义不同于 Raoult 定律公式中的 p_A^*，它不是纯 B 的饱和蒸气压，仅是一个由实验确定的比例常数。亨利系数与温度、溶剂和溶质的性质有关。

② 对于混合气体，在总压不大时，Henry 定律可分别适用于每一种气体。

③ 溶质在气相和在溶液中的分子状态必须相同，不存在缔合、电离等现象。

4.2.9 理想液态混合物

理想液态混合物是指混合物中任一组分在任何浓度范围内都服从 Raoult 定律的液态混合物系统。理想液态混合物分子间作用力相同，分子体积相同，故混合时无热效应、无体积效应。恒温恒压下的混合是自发过程，故混合的 Gibbs 函数是减少的。混合后混乱度增加，故混合熵是增加的。即：理想液态混合物具有 $\Delta_{mix}H=0$，$\Delta_{mix}V=0$，$\Delta_{mix}S=-R\sum_B n_B\ln x_B$，$\Delta_{mix}G=\Delta_{mix}H-T\Delta_{mix}S=RT\sum_B n_B\ln x_B$ 的热力学特征。

4.2.10 理想稀溶液

一定的温度和压力下，在一定浓度范围内，溶剂遵守 Raoult 定律，溶质遵守 Henry 定律的溶液称为（理想）稀溶液。（理想）稀溶液在热力学上的表现为稀释焓为零，$\Delta_{dil}H_m=0$。值得注意的是，不同种类的物质所构成的（理想）稀溶液其浓度范围不同。当然无限稀的溶液肯定是（理想）稀溶液，但逆命题不成立。

4.2.11 化学式表达式

为了比较物质 B 在各相中化学势的大小，有必要写出物质 B 在不同相中化学势的表达式。利用偏摩尔 Gibbs 函数 G_B 和化学势 μ_B 之间的关系式 $G_B=\mu_B$，首先求出理想气体化学势的表达式。对于实际气体及实际液态混合物和实际溶液，为了保持其化学势表达式具有与理想气体或理想液态混合物和理想稀溶液相同的简洁形式，分别引入了逸度（对实际气体）和活度（对实际液态混合物和实际溶液）的概念。不同系统在温度为 T、压力为 p 时的化学势根据选取的标准态的不同有不同的表达形式。

（1）理想气体混合物　$\mu_{B(g)}=\mu_{B(g)}^{\ominus}+RT\ln(p_B/p^{\ominus})$

（2）真实气体混合物　$\mu_{B(g)}=\mu_{B(g)}^{\ominus}+RT\ln(p_B/p^{\ominus})+\int_0^p (V_{B(g)}-RT/p)dp$

或　$\mu_{B(g)}=\mu_{B(g)}^{\ominus}+RT\ln(f_B/p^{\ominus})$

(3) 理想液态混合物　$\mu_{B(l)}=\mu_{B(l)}^{\ominus}+RT\ln x_B+\int_{p^{\ominus}}^{p}V_{m,B(l)}^{*}\,dp$，当 p 与 $p^{\ominus}$差别不大时

$\mu_{B(l)}=\mu_{B(l)}^{\ominus}+RT\ln x_B$

(4) 真实液态混合物　$\mu_{B(l)}=\mu_{B(l)}^{\ominus}+RT\ln a_B+\int_{p^{\ominus}}^{p}V_{m,B(l)}^{*}\,dp$，当 p 与 $p^{\ominus}$差别不大时

$\mu_{B(l)}=\mu_{B(l)}^{\ominus}+RT\ln a_B$

(5) 稀溶液中溶剂　$\mu_{A(l)}=\mu_{A(l)}^{\ominus}+RT\ln x_A+\int_{p^{\ominus}}^{p}V_{m,A(l)}^{*}\,dp$，当 p 与 $p^{\ominus}$差别不大时

$\mu_{A(l)}=\mu_{A(l)}^{\ominus}+RT\ln x_A$ 或 $\mu_{A(l)}=\mu_{A(l)}^{\ominus}-RTM_A\sum_B b_B$

(6) 稀溶液中溶质　$\mu_B=\mu_B^{\ominus}+RT\ln(b_B/b^{\ominus})+\int_{p^{\ominus}}^{p}V_B^{\infty}\,dp$，当 p 与 $p^{\ominus}$差别不大时

$\mu_B=\mu_{B,b}^{\ominus}+RT\ln(b_B/b^{\ominus})$

$\mu_B=\mu_{B,c}^{\ominus}+RT\ln(c_B/c^{\ominus})$（组成标度为 c_B）

$\mu_B=\mu_B^{\ominus}+RT\ln x_B$（组成标度为 x_B）

(7) 真实溶液溶剂　$\mu_{A(l)}=\mu_{A(l)}^{\ominus}+RT\ln a_A+\int_{p^{\ominus}}^{p}V_{m,A(l)}^{*}\,dp$，当 p 与 $p^{\ominus}$差别不大时

$\mu_{A(l)}=\mu_{A(l)}^{\ominus}+RT\ln a_A$ 或 $\mu_{A(l)}=\mu_{A(l)}^{\ominus}-RT\varphi M_A\sum_B b_B$

(8) 真实溶液溶质　$\mu_B=\mu_B^{\ominus}+RT\ln a_B+\int_{p^{\ominus}}^{p}V_B^{\infty}\,dp$

或者　$\mu_B=\mu_B^{\ominus}+RT\ln(\gamma_{b,B}b_B/b^{\ominus})+\int_{p^{\ominus}}^{p}V_B^{\infty}\,dp$，当 p 与 $p^{\ominus}$差别不大时

$\mu_B=\mu_{B,x}^{\ominus}+RT\ln a_B$

$\mu_B=\mu_{B,b}^{\ominus}+RT\ln(\gamma_{B,b}b_B/b^{\ominus})$

$\mu_B=\mu_{B,c}^{\ominus}+RT\ln(\gamma_{B,c}c_B/c^{\ominus})$（组成标度为 c_B）

[注意：对于同一系统中同一种溶质，不管其组成标度是什么，其化学势只能有一个确定的值，但 $\mu_{B,x}^{\ominus}\neq\mu_{B,b}^{\ominus}\neq\mu_{B,c}^{\ominus}$]

说明：正确理解化学势的定义及其物理意义，并能正确写出不同系统中各组分化学势的表达式是本章的重点内容及关键所在。本章中重要公式的推导及有关计算都离不开化学势定义、性质及不同系统中各组分化学势的表达式。

4.2.12　标准态的定义及其物理意义

由 4.2.11 中组分 B 在不同系统和状态时化学势的表达式可以看出，任一组分 B 无论是在气相还是在液相中，其化学势的表达式中都存在标准态化学势 $\mu^{\ominus}$这一项。$\mu^{\ominus}$值的大小取决于相应系统标准态的选择。标准态是比较同一物质在不同系统或状态时化学势大小的起点。由于 μ 的绝对值不知道，为了比较同一物质在不同系统或状态时化学势的大小，就必须建立公共的标准态。

(1) 气相物质 B 的标准态　对于气体，无论是理想气体还是实际气体，其标准态均为 T、$p^{\ominus}$条件下具有理想气体行为的纯气体；

(2) 液态混合物中任一组分及稀溶液中溶剂的标准态为 T、$p^{\ominus}$条件下的纯液态物质；

(3) 稀溶液中溶质标准态

① 溶质浓度用 x_B 表示的标准态：其物理意义是温度为 T、压力为 $p^{\ominus}$、$x_B=1$ 时且服从 Henry 定律的那个（假想）状态，实际上不存在。

② 溶质浓度用 b_B 表示的标准态：其物理意义是温度为 T、压力为 $p^{\ominus}$、$b_B=1\text{mol}\cdot\text{kg}^{-1}$ 时且服从 Henry 定律的那个（假想）状态，实际上不存在。

③ 溶质浓度用 c_B 表示的标准态：其物理意义是温度为 T、压力为 $p^{\ominus}$、$c_B=1\ \text{mol}\cdot\text{dm}^{-3}$ 时且服从 Henry 定律的那个（假想）状态，实际上不存在。

说明：对液态混合物中任一组分或溶液中溶剂标准态的定义与溶质标准态的定义进行比较可知，溶液中溶质标准态的定义与液态混合物中任一组分或溶液中溶剂的完全不同，是一假想状态。液态混合物中任一组分标准态的定义是一样的，都是 T、$p^{\ominus}$ 下的纯液态物质；而溶液中溶剂标准态和溶质则不一样，一个是 T、$p^{\ominus}$ 下的纯液态物质，另一个则是一假想态。这也是液态混合物与溶液的根本区别之所在。标准态的概念是本章中重要的、同时也是难理解的概念之一，尤其是稀溶液中溶质标准态的定义。溶质假想标准态的存在是数学积分的必然结果，也是实际溶液系统计算摩尔 Gibbs 函数或化学势的参考态。这个参考态的存在，在计算 ΔG 或 $\Delta\mu$ 时，可以消除，不影响计算结果。

4.2.13 逸度和逸度因子

对于实际气体，为了保持其化学势表达式具有与理想气体相同的简洁形式，引入了逸度概念。真实气体 B 的逸度为 $f_B=\varphi_B p_B$。式中，φ_B 为逸度因子。气体的逸度，具有压力量纲，又称有效压力。逸度因子是一无量纲的纯数。真实气体引入逸度后，其化学势表达式具有与理想气体化学势表达式相同的形式：

$$\mu_{B(g)}=\mu_{B(g)}^{\ominus}+RT\ln(f_B/p^{\ominus})$$

一般是通过普遍化逸度因子图来计算逸度因子。在近似计算中也可令 $\alpha=V_{m,R}-RT/p$ 近似为常数，用公式进行解析计算。对于真实气体混合物中任一组分的逸度因子可以利用路易斯-兰德尔逸度规则进行求算。即真实气体混合物的体积具有加和性时，混合气体中组分 B 的逸度因子等于该组分 B 在混合气体温度及总压下单独存在时的逸度因子，或者 $f_B=f_B^* y_B$，该式说明真实气体混合物中组分 B 的逸度等于该组分在混合气体温度及总压下单独存在时的逸度与该组分在混合物中的摩尔分数的乘积。

4.2.14 活度与活度因子

对于实际液态混合物和实际溶液，为了保持其化学势表达式具有与理想液态混合物和理想稀溶液相同的简洁形式，引入了活度概念。活度也称为“有效浓度”，是量纲为 1 的纯数。计算溶剂或溶质的活度是本章要重点掌握的内容之一，也是考研的热点之一。

真实液态混合物任一组分或溶液中溶剂的活度：$a_B=\gamma_B x_B$，式中，γ_B 为活度因子。活度因子要满足 $\lim\limits_{x_B\to 1}\gamma_B=\lim\limits_{x_B\to 1}(a_B/x_B)=1$。真实液态混合物中任一组分或溶液中溶剂的活度 a_B 比较容易计算：$a_B=p_B/p_B^*$

真实溶液中溶质的活度为：$a_B=\gamma_{B,b}b_B/b^{\ominus}$，$\lim\limits_{\sum b_B\to 0}\gamma_{B,b}=\lim\limits_{\sum b_B\to 0}[a_B/(b_B/b^{\ominus})]=1$

或 $a_B=\gamma_{B,c}c_B/c^{\ominus}$，$\lim\limits_{\sum c_B\to 0}\gamma_{B,c}=\lim\limits_{\sum c_B\to 0}[a_B/(c_B/c^{\ominus})]=1$

4.2.15 稀溶液的依数性

所谓依数性就是：（理想）稀溶液中溶剂的蒸气压下降、凝固点降低、沸点升高和渗透压的数值仅与溶液中溶质的质点数（量）有关，而与溶质的本性无关。产生依数性的根本原因是：加入不挥发性溶质→溶液（即溶剂）的蒸气压下降→溶剂的μ下降→冰点降低、沸点升高和渗透压增加。利用两相平衡化学势相等的原理，很容易导出分配定律和冰点降低、沸点升高以及渗透压的计算公式如下。

溶剂的蒸气压下降：$\Delta p=p_A^* x_B$

凝固点降低（析出固态纯溶剂）：$\Delta T_f=K_f b_B[K_f=R(T_f^*)^2 M_A/\Delta_{fus}H_{m,A}^{\ominus}]$

沸点升高（溶质不挥发）：$\Delta T_b=K_b b_B[K_b=R(T_b^*)^2 M_A/\Delta_{vap}H_{m,A}^{\ominus}]$

渗透压：$\Pi V=n_B RT$；或者 $\Pi=c_B RT$

4.2.16 通过依数性求非理想溶液中溶剂活度的计算公式（见“典型例题精解”4.3.4 计算题 第 11 小题）

$$\ln a_A=\Delta_{fus}H_m^{\ominus}/R(1/T_f^*-1/T_f)$$

$$\ln a_A=\Delta_{vap}H_m^{\ominus}/R(1/T_b^*-1/T_b^*)\text{（仅适用于不挥发性溶质）}$$

$$\ln a_A=-\Pi V_{m,A}^*/RT$$

4.3 习题详解

1. 由溶剂 A 与溶质 B 形成一定组成的溶液。此溶液中 B 的物质的量浓度为 c_B，质量摩尔浓度为 b_B，此溶液的密度为 ρ。以 M_A、M_B分别代表溶剂和溶质的摩尔质量，若溶液的组成用 B 的物质的量分数 x_B 表示时，试导出 x_B 与 c_B、x_B 与 b_B 之间的关系。

解：$$c_B=\frac{n_B}{V}=\frac{\rho n_B}{m}=\frac{\rho n_B}{M_A n_A+M_B n_B}=\frac{\rho x_B}{M_A x_A+M_B x_B}=\frac{\rho x_B}{M_A+x_B(M_B-M_A)}$$

$$b_B=\frac{n_B}{m_A}=\frac{n_B}{n_A M_A}=\frac{n_B}{(n-n_B)M_A}=\frac{x_B}{(1-x_B)M_A}$$

2. 30g 乙醇（B）溶于 50g 四氯化碳（A）形成溶液，其密度为 $\rho=1.28\times10^3\,kg\cdot m^{-3}$，试用质量分数（$w_B$）、物质的量分数（$x_B$）、物质的量浓度（$c_B$）和质量摩尔浓度（$b_B$）表示该溶液的组成。

解：$M_B=46g\cdot mol^{-1}$；$M_A=154g\cdot mol^{-1}$

(1) $$w_B=\frac{m_B}{m_B+m_A}=\frac{30}{(30+50)}=0.375$$

(2) $$x_B=\frac{\frac{m_B}{M_B}}{\frac{m_B}{M_B}+\frac{m_A}{M_A}}=\frac{\frac{30}{46}}{\left(\frac{30}{46}+\frac{50}{154}\right)}=0.668$$

(3) $$c_B=\frac{\frac{m_B}{M_B}}{V}=\frac{\frac{m_B}{M_B}}{\frac{m}{\rho}}=\left(\frac{\frac{30}{46}}{\frac{(30+50)\times10^{-3}}{1.28\times10^3}}\right)mol\cdot m^{-3}=10.435\times10^3\,mol\cdot m^{-3}$$

$$=10.435mol\cdot dm^{-3}$$

(4) $$b_B=\frac{\frac{m_B}{M_B}}{m_A}=\left(\frac{\frac{30}{46}}{50}\right)mol\cdot g^{-1}=0.01304mol\cdot g^{-1}=13.04mol\cdot kg^{-1}$$

3. 根据实验，298K 在 1000g 水中溶解 NaBr 时，溶液的体积与溶入 NaBr 的量 n 符合

如下公式 $V/\text{cm}^3=1002.93+23.189n\text{mol}^{-1}+2.197(n\text{mol}^{-1})^{3/2}-0.178(n\text{mol}^{-1})^2$

试求：(1) NaBr 质量摩尔浓度为 0.2mol·kg^{-1}时溶液的体积。

(2) NaBr 质量摩尔浓度为 0.2mol·kg^{-1}时 NaBr 的偏摩尔体积。

(3) NaBr 质量摩尔浓度为 0.2mol·kg^{-1}时水的偏摩尔体积。

解：设水、NaBr 分别记为 A、B。

因为 $b_B=0.2\text{mol·kg}^{-1}$，所以 $n_B=m_Bb_B=1\text{kg}\times0.2\text{mol·kg}^{-1}=0.2\text{mol}$

(1) $V=(1002.93+23.189\times0.2+2.197\times0.2^{3/2}-0.178\times0.2^2)\text{cm}^3=1007.76\text{cm}^3$

(2) $V_B=(\partial V/\partial n_B)_{T,p,n_A}=(23.189+1.5\times2.197n_B^{1/2}-2\times0.178n_B)\text{cm}^3\cdot\text{mol}^{-1}$

$=(23.189+1.5\times2.197\times0.2^{1/2}-2\times0.178\times0.2)\text{cm}^3\cdot\text{mol}^{-1}$

$=24.59\text{cm}^3\cdot\text{mol}^{-1}$

(3) $V_A=\dfrac{V-n_BV_B}{n_A}=\left[\dfrac{1007.76-0.2\times24.59}{\dfrac{1000}{18.002}}\right]\text{cm}^3\cdot\text{mol}^{-1}=18.05\text{cm}^3\cdot\text{mol}^{-1}$

4. 由水和乙醇形成的均相混合物，当水的物质的量分数为 0.4 时，乙醇的偏摩尔体积为 $57.5\text{cm}^3\cdot\text{mol}^{-1}$，混合物的密度为 0.8494g·cm^{-3}，试求此混合物中水的偏摩尔体积。

解：设水和乙醇分别记为 A，B；$M_A=18.02\text{g·mol}^{-1}$，$M_B=46.068\text{g·mol}^{-1}$

$V=n_AV_{m,A}+n_BV_{m,B}$

则 $V_m=x_AV_{m,A}+x_BV_{m,B}$

又因为 $V_m=\dfrac{M_{mix}}{\rho}=\dfrac{(M_Ax_A+M_Bx_B)}{\rho}=\dfrac{(18.02\times0.4+46.068\times0.6)}{0.8494}\text{cm}^3\cdot\text{mol}^{-1}$

$=41.03\text{cm}^3\cdot\text{mol}^{-1}$

$V_{m,A}=\dfrac{(V_m-x_BV_{m,B})}{x_A}=\left[\dfrac{41.03-0.6\times57.5}{0.4}\right]\text{cm}^3\cdot\text{mol}^{-1}=16.33\text{cm}^3\cdot\text{mol}^{-1}$

5. 当 $CHCl_3$ 与 $(CH_3)_2CO$ 的混合物 $x(CHCl_3)=0.4693$ 时，$CHCl_3$ 和 $(CH_3)_2CO$ 的偏摩尔体积分别为 $V_m(CHCl_3)=80.235\text{cm}^3\cdot\text{mol}^{-1}$，$V_m\{(CH_3)_2CO\}=74.228\text{cm}^3\cdot\text{mol}^{-1}$。

(1) 1kg 该混合物的体积是多少？

(2) 已知 $CHCl_3$、$(CH_3)_2CO$ 的摩尔体积分别为 $80.665\text{cm}^3\cdot\text{mol}^{-1}$、$73.933\text{cm}^3\cdot\text{mol}^{-1}$，问由纯物质混合成 1kg 该混合物时体积变化是多少？

解：设 A 组分为 $CHCl_3$，B 组分为 $(CH_3)_2CO$。

$M_{mix}=x_AM_A+x_BM_B=[0.4693\times119.5+(1-0.4693)\times58]\text{g·mol}^{-1}$

$=(56.081+30.78)\text{g·mol}^{-1}=86.862\text{g·mol}^{-1}$

$n=m/M_{mix}=(1000/86.862)\text{mol}=11.512\text{mol}$

$n_A=(0.4693\times11.512)\text{mol}=5.40\text{mol}$

$n_B=(11.512-5.40)\text{mol}=6.112\text{mol}$

$V=n_AV_A+n_BV_B=5.40\times80.235+6.112\times74.228=886.950\text{cm}^3$

$\Delta V=n_A(V_{m,A}^*-V_A)+n_A(V_{m,B}^*-V_B)$

$=[5.40\times(80.665-80.235)+6.112\times(73.933-74.228)]\text{cm}^3=0.519\text{cm}^3$

6. 两种挥发性液体 A 和 B 混合形成理想液态混合物，在 298K 时，测得溶液上面的蒸气总压为 $5.41\times10^4\text{Pa}$，气相中 A 物质的摩尔分数为 0.450，且已知 $p_A{}^*=3.745\times10^4\text{Pa}$。试求在该温度下：(1) 液相组成；(2) 纯 B 的蒸气压。

解：(1) $x_A=\dfrac{py_A}{p_A^*}=\dfrac{5.41\times10^4\times0.450}{3.745\times10^4}=0.650$

$x_B=1-x_A=1-0.65=0.35$

(2) $p_B^*=\dfrac{py_B}{x_B}=\dfrac{5.41\times10^4\times(1-0.450)}{0.35}\text{Pa}=8.50\times10^4\text{Pa}$

7. 苯和甲苯组成的液态混合物可视为理想液态混合物，在 85℃、100kPa 下，混合物达到沸腾，试求刚沸腾时液相及气相组成。已知 85℃ 时，$p_{甲苯}^*=46.00\text{kPa}$，苯正常沸点 80.10℃，苯的摩尔汽化焓 $\Delta_{vap}H_m^*=34.27\text{kJ}\cdot\text{mol}^{-1}$。

解：设苯、甲苯分别记为 A、B，先求苯在 85℃时的饱和蒸气压 p_A，利用克拉佩龙-克劳修斯方程

$$\ln\left(\frac{p_A^*}{100\text{kPa}}\right)=-\frac{34270}{8.314}\left(\frac{1}{358.15}-\frac{1}{353.25}\right)$$

$p_A^*=117.3\text{kPa}$

对于 85℃时的混合物，有

$$p=p_A^*x_A+p_B^*x_B=p_A^*x_A+p_B^*(1-x_A)=(p_A^*-p_B^*)x_A+p_B^*$$

$$x_A=\frac{p-p_B^*}{p_A^*-p_B^*}=\frac{100-46.00}{117.3-46.00}=0.7574$$

$$y_A=\frac{p_A^*x_A}{p}=\frac{117.3\times0.7574}{100}=0.8884$$

8. 液体 A 和 B 形成理想液态混合物。现有一含 A 的物质的量分数为 0.4 的蒸气相，放在一个带活塞的气缸内，恒温下将蒸气慢慢压缩。已知 p_A^* 和 p_B^* 分别为 $0.4\times100\text{kPa}$ 和 $1.2\times100\text{kPa}$，请计算：

(1) 当蒸气开始凝聚出第一滴液滴时的蒸气总压；

(2) 第一滴液滴在正常沸点 T_b 时的组成。

解　(1) 根据题意，设当第一滴液滴凝出时，其气相的组成不变

$$p=p_A+p_B=p_A^*x_A+p_B^*x_B=p_A^*(1-x_B)+p_B^*x_B \tag{1}$$

$$p_A=y_Ap=0.4p，即\ p=\frac{p_A^*(1-x_B)}{0.4} \tag{2}$$

联合方程 (1) 和 (2) 得

$$\frac{p_A^*(1-x_B)}{0.4}=p_A^*+(p_B^*-p_A^*)x_B$$

整理得 $x_B=\dfrac{0.6p_A^*}{0.6p_A^*+0.4p_B^*}=\dfrac{0.6\times40}{0.6\times40+0.4\times120}=\dfrac{24}{72}=\dfrac{1}{3}$

由此得第一点组成为 $x_A=0.667$，$x_B=0.333$

系统总压 $p=p_A^*x_A+p_B^*x_B=40\times2/3+120\times1/3=66.667\text{kPa}$

(2) $p=p_A^*x_A+p_B^*x_B=p_A^*x_A+p_B^*(1-x_A)=p_B^*+(p_A^*-p_B^*)x_A$

根据题意，$p=100\text{kPa}$，即

$$100=120+(40-120)x_A$$

解之得液体混合物组成 $x_A=20/80=0.25$，$x_B=0.75$

9. 在温度 T 时，有两个由 A 和 B 组成的理想液态混合物。第一个含 1.00mol A 和

3.00mol 的 B，在该温度下，气液平衡时的总蒸气压为 100kPa，第二个含 2.00mol A 和 2.00mol B，相应的平衡总蒸气压大于 100kPa，当加 6.00mol 组分 C 进入溶液 2 后，总压降到 100kPa。已知纯 C 在该温度下的饱和蒸气压为 81060Pa，试计算纯 A 和纯 B 在该温度下的饱和蒸气压。

解：$p=x_A p_A^* + x_B p_B^*$，$100\times10^3=\frac{1}{4}p_A^* + \frac{3}{4}p_B^*$ (1)

$p=p_A^* x_A + p_B^* x_B + p_C^* x_C$

$100\times10^3=\frac{1}{5}p_A^* + \frac{1}{5}p_B^* + \frac{3}{5}\times81060$ (2)

联立式(1)、式(2) 解得

$p_A^*=185.23\text{kPa}$，$p_B^*=71.59\text{kPa}$

10. 333K 时，纯液体 A 和纯液体 B 的蒸气压分别等于 40.0kPa 和 80.0kPa。在该温度时，A 和 B 能完全反应并形成一非常稳定的化合物 AB，AB 的蒸气压为 13.3kPa。已知 A 和 AB 组成的溶液为理想液态混合物。求 333K 时，一个含有 1mol A 和 4mol B 的溶液的蒸气压和蒸气组成。

解：形成的溶液为 1mol AB 和 3mol B

所以 $p=x_{AB}\cdot p_{AB}^* + x_B p_B^*$，$p=(0.25\times13.3+0.75\times80.0)\text{kPa}=63.33\text{kPa}$

蒸气组成 $y_B=\frac{p_B}{y_总}=\frac{p_B^* x_B}{p_总}$，$y_B=0.75\times80.0/63.33=0.947$

$y_{AB}=1-y_B=0.053$

11. 已知丙烷在空气中的爆炸上、下限分别是 9.5% 和 2.4%。现有一润滑油用丙烷处理以除去沥青，处理后的油中残留 0.075%（质量分数）的丙烷，处理的质量是否合格？已知 24℃时丙烷的蒸气压为 1013.25kPa，润滑油的摩尔质量近似为 $0.3\text{kg}\cdot\text{mol}^{-1}$。

解：润滑油为组分 1，丙烷为组分 2

$$x_2=\frac{n_2}{n_1+n_2}=\frac{0.075/44}{(100-0.075)/300+0.075/44}=5.091\times10^{-3}$$

$$p_2=p_2^* x_2=(1013.25\times5.091\times10^{-3})\text{kPa}=5.1585\text{kPa}$$

$$y_2=\frac{p_2}{p_总}=\frac{5.1585}{101.325}=5.09\times10^{-2}$$

$2.4\%<5.09\times10^{-2}<9.5\%$

此油处理结果不合格。

12. 298.15K 时，物质的量相同的 A 和 B 形成理想液体混合物，试求 $\Delta_{mix}V$、$\Delta_{mix}H$、$\Delta_{mix}G$、$\Delta_{mix}S$。

解：$\Delta_{mix}V=0$，$\Delta_{mix}H=0$

$$\Delta_{mix}G=RT(n_A\ln x_A+n_B\ln x_B)=8.314\times298.15\times2n_A\ln0.5=-3437n_A\text{J}\cdot\text{mol}^{-1}$$

$$\Delta_{mix}S=-R\sum_B n_B\ln x_B=-8.314\times2n_A\ln0.5=11.53n_A\text{J}\cdot\text{K}^{-1}\cdot\text{mol}^{-1}$$

13. 0℃时，100kPa 的氧气在水中的溶解度为 344.90cm^3，同温下，100kPa 的氮气在水中的溶解度为 23.50cm^3，求 0℃时与常压空气呈平衡的水中所溶解的氧气和氮气的物质的量之比。

解：$k(O_2)=100000/344.9\text{Pa/cm}^3$；$k(N_2)=100000/23.5\text{Pa/cm}^3$

$$c(O_2) = 0.21 \times 100000/k(O_2) = 72.43cm^3;$$
$$c(N_2) = 0.79 \times 100000/k(N_2) = 18.57cm^3$$

显然二者之比为 $\dfrac{n(O_2)}{n(N_2)} = \dfrac{c(O_2)}{c(N_2)} = \dfrac{72.43}{18.57} = 3.9$。

14. 总压为 1.0×10^6 Pa 的 N_2、H_2、O_2 的混合气体，与纯水达到平衡后，形成稀溶液。溶液中三种气体的浓度相等。已知三种气体的亨利常数为：$k_x(N_2) = 1.199$Pa，$k_x(H_2) = 1.299$Pa，$k_x(O_2) = 2.165$Pa。问气体混合物的原来组成为多少（以物质的摩尔分数表示）？

解： 由题意得　　　$c(N_2) = c(H_2) = c(O_2)$　　　　　　　　　　　　　　　　　(1)

$$n = cV \qquad\qquad\qquad\qquad\qquad\qquad (2)$$

根据亨利定律得：　　　$p(N_2) = k_x(N_2)x(N_2)$

$$p(H_2) = k_x(H_2)x(H_2)$$
$$p(O_2) = k_x(O_2)x(O_2)$$

又因为 $p(N_2) = py(N_2)$，所以

$$y(N_2) = \frac{p(N_2)}{p} = \frac{k_x(N_2)x(N_2)}{[k_x(N_2)x(N_2) + k_x(H_2)x(H_2) + k_x(O_2)x(O_2)]}$$

将式(1)、式(2) 代入得 $y(N_2) = \dfrac{k_x(N_2)}{[k_x(N_2) + k_x(H_2) + k_x(O_2)]} = \dfrac{1.199}{1.199 + 1.299 + 2.165}$

$$= 0.2571$$

同理得　　　　　　　$y(H_2) = 0.2786, y(O_2) = 0.4643$

15. 25℃时甲烷溶在苯中，当平衡浓度 $x(CH_4) = 0.0043$ 时，CH_4 在平衡气相中的分压为 245kPa。试计算：

(1) 25℃时当 $x(CH_4) = 0.01$ 时的甲烷苯溶液的蒸气总压 p。

(2) 与上述溶液成平衡的气相组成 $y(CH_4)$。

已知 25℃时液态苯和苯蒸气的标准摩尔生成焓分别为 48.66kJ·mol^{-1} 和 82.93kJ·mol^{-1}，苯在 101325Pa 下的沸点为 80.1℃（假设 $x(CH_4) = 0.01$ 时的苯溶液具有稀溶液的性质）。

解： (1) $k_x(CH_4) = p(CH_4)/x(CH_4) = 245/0.0043 = 5.698 \times 10^4$kPa

$$\ln \frac{p_2}{p_1} = \frac{\Delta_{vap}H_m^\ominus}{R} \left(\frac{1}{T_1} - \frac{1}{T_2} \right)$$

$$\Delta_{vap}H_m^\ominus = \Delta_f H_m^\ominus(g, 苯) - \Delta_f H_m^\ominus(l, 苯) = 34.27kJ·mol^{-1}$$

$$\ln \frac{p_A^*}{101325Pa} = \frac{34270}{8.314} \times \left(\frac{1}{353.25} - \frac{1}{298.15} \right)$$

$$p_A^*(298.15K) = 11726.9Pa$$

$$p = p_A^* x_A + k_{x,B} x_B = (11726.9 \times 0.99 + 5.698 \times 10^7 \times 0.01)Pa = 581409.7Pa$$

(2) $y(CH_4) = p(CH_4)/p = k_x x(CH_4)/p = 5.698 \times 10^7 \times 0.01/581409.7 = 0.98$

16. 268K 的过冷水比 268K 的冰的化学势高多少？已知 273K 时冰的熔化热为 6.01kJ·mol^{-1}。

解： 设计可逆过程如下（忽略温度对熔化焓的影响）

$$\begin{array}{ccc}
H_2O(s, 268K) & \xrightarrow{\Delta\mu} & H_2O(l, 268K) \\
\Big\downarrow \Delta\mu_1 & & \Big\uparrow \Delta\mu_3 \\
H_2O(s, 273K) & \xrightarrow[\Delta\mu_2 = 0]{} & H_2O(l, 273K)
\end{array}$$

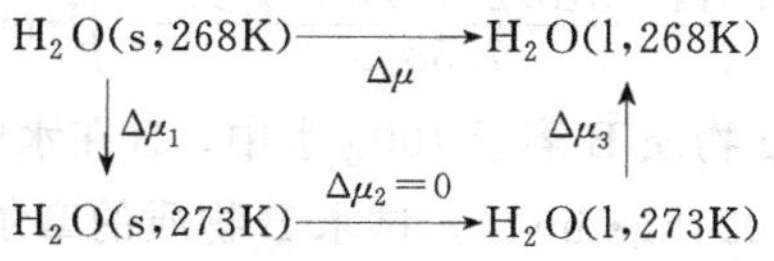

$$\Delta\mu = \Delta\mu_1 + \Delta\mu_2 + \Delta\mu_3 = \Delta\mu_1 + 0 + \Delta\mu_3$$

$$=\int_{268K}^{273K}(-S_m^*(s))dT+\int_{273K}^{268K}(-S_m^*(l))dT=\int_{268K}^{273K}(S_m^*(l)-S_m^*(s))dT$$

$$=[S_m^*(l)-S_m^*(s)](273-268)=(\Delta_{fus}H_m/T_A)\times(273K-268K)$$

$$=(5\times 6010/273)J\cdot mol^{-1}=110.1J\cdot mol^{-1}$$

17. 在 293.15K 时，乙醚的蒸气压为 58.95kPa，今在 0.10kg 乙醚中溶入某非挥发性有机物质 0.01kg，乙醚的蒸气压降低到 56.79kPa，试求该有机物的摩尔质量。设溶液为理想稀溶液。

解： $p_A=p_A^*(1-x_B)$，则 $x_B=1-\dfrac{p_A}{p_A^*}$

即：$$\frac{\dfrac{m_B}{M_B}}{\left(\dfrac{m_B}{M_B}\right)+\left(\dfrac{m_A}{M_A}\right)}=1-\frac{p_A}{p_A^*}=1-\frac{56.79}{58.95}=0.03644$$

$$M_B=\frac{m_B\times(1-0.03644)}{0.03644m_A/M_A}=\frac{0.01\times 0.96356\times 0.0741}{0.03644\times 0.1}kg\cdot mol^{-1}$$

$$=0.1959kg\cdot mol^{-1}$$

18. 已知苯的沸点为 353.3K，摩尔汽化焓为 30.80kJ·mol^{-1}。试求：

(1) 苯的摩尔沸点升高常数。

(2) 在 100g 苯中加入 13.76g 联苯（$C_6H_5C_6H_5$），所形成稀溶液的沸点为多少？

解： 设苯、联苯分别记为 A、B，则 $M_A=78.11g\cdot mol^{-1}$、$M_B=154.20g\cdot mol^{-1}$

(1) $$k_b=\frac{R(T_A^*)^2M_A}{\Delta_{vap}H_m^*}=\left(\frac{8.314\times 353.3^2\times 78.11\times 10^{-3}}{30800}\right)K\cdot kg\cdot mol^{-1}$$

$$=2.63K\cdot kg\cdot mol^{-1}$$

(2) $$\Delta T_b=K_bb_B=\frac{k_bn_B}{m_A}=\frac{k_bm_B}{M_Bm_A}=\left(\frac{2.63\times 13.76}{100\times 154.20\times 10^{-3}}\right)K=2.35K$$

$$T=T_b^*+\Delta T_b=353.3K+2.35K=355.65K$$

19. 已知某溶剂的凝固点为 318.2K，摩尔质量为 94.10g·mol^{-1}。在 100g 该溶剂中加入摩尔质量为 110.10g·mol^{-1}的溶质 0.5550g，形成稀溶液后，测得凝固点为 317.818K，试求：

(1) 该溶剂的冰点下降常数 K_f。

(2) 溶剂的摩尔熔化焓。

解：(1) $\Delta T_f=T_f{}^*-T_f=(318.2-317.818)K=0.382K$

根据公式 $\Delta T_f=k_fb_B=k_{f,b}m_B/(M_Bm_A)$

得 $$k_{f,b}=\frac{\Delta T_fM_Bm_A}{m_B}=\left(\frac{0.382\times 110.1\times 0.1}{0.5550}\right)K\cdot kg\cdot mol^{-1}=7.58K\cdot kg\cdot mol^{-1}$$

(2) 由公式 $k_{f,b}=R(T_f^*)^2M_A/\Delta_{fus}H_m^*$，得

$$\Delta_{fus}H_m^*=\frac{R(T_f^*)^2M_A}{k_f}=\left(\frac{8.314\times 318.2^2\times 94.10\times 10^{-3}}{7.58}\right)J\cdot mol^{-1}=1.045\times 10^4J\cdot mol^{-1}$$

20. 在 293K 下，将 6.84g 物质 B 溶于 100g 水中，B 在水中不电离，测得该稀溶液渗透压为 4.67×10^5Pa，密度为 1.024kg·dm^{-3}。试求 B 物质的摩尔质量 M_B。

解： 根据 $\Pi=c_BRT=n_BRT/V=m_BRT/[M_B(m_A+m_B)/\rho]$，得

$$M_B=\frac{\rho m_B RT}{[(m_A+m_B)\Pi]}=\left\{\frac{1024\times 6.84\times 8.314\times 293}{(100+6.84)\times 4.67\times 10^5}\right\}\text{kg}\cdot\text{mol}^{-1}=342\text{g}\cdot\text{mol}^{-1}$$

21. 在 50.0g CCl_4 中溶入 0.5126g 萘（$M=128.16\text{g}\cdot\text{mol}^{-1}$），测得沸点升高 0.402K，若在等量溶剂中溶入 0.6216g 某未知物 B，测得沸点升高 0.647K，求此未知物的摩尔质量。

解：$k_b=0.402/\{[(0.5126/128.16)/50]\times 1000\}=5.025\text{K}\cdot\text{mol}^{-1}\cdot\text{kg}$

$0.647=5.025\times\{[(0.6216/M_B)/50]\times 1000\}$

解得　$M_B=96.55\text{g}\cdot\text{mol}^{-1}$

22. 1kg 纯水中，溶解不挥发溶质 B 2.22g，B 在水中不电离，假设此溶液具有稀溶液性质。已知 B 的摩尔质量为 $111.0\text{g}\cdot\text{mol}^{-1}$，$\Delta_{vap}H_m^*=40.67\text{kJ}\cdot\text{mol}^{-1}$。设 $\Delta_{vap}H_m^*$ 为常数。

试求：(1) 此溶液 25℃的渗透压 Π。

(2) 此溶液在 25℃时的饱和蒸气压。

解：$c_B=\frac{m}{M}\Big/\frac{1}{\rho}$

$c_B\approx(2.22/111)\text{mol}\cdot\text{dm}^{-3}=0.02\text{mol}\cdot\text{dm}^{-3}$

(1) $\Pi=c_BRT=(0.02\times 10^3\times 8.314\times 298.15)\text{Pa}=49.58\text{kPa}$

(2) 已知水在 100℃时的蒸气压 $p=101325\text{Pa}$，利用克-克方程计算 25℃时的蒸气压 p^*：

$$\ln\left(\frac{p^*}{101325\text{Pa}}\right)=-\frac{40670}{8.314}\times\left(\frac{1}{298.15}-\frac{1}{373.15}\right)$$

解得

$$p^*=3746\text{Pa}$$

根据拉乌尔定律，此水溶液在 25℃时的饱和蒸气压为

$$p=p_A^*x(H_2O)=3746\text{Pa}\times\left(\frac{1000}{18.02}\right)\Big/\left(0.02+\frac{1000}{18.02}\right)\text{Pa}=3745\text{Pa}$$

23. 吸烟对人体有害，香烟中主要含有尼古丁（Nicotine），系致癌物质。经分析得知其中含 9.3%的 H、72%的 C 和 18.70%的 N。现将 0.6g 尼古丁溶于 12.0g 的水中，所得溶液在 $p^{\ominus}$下的凝固点为−0.62℃，试确定该物质的分子式（已知水的摩尔质量凝固点降低常数为 $1.86\text{K}\cdot\text{kg}\cdot\text{mol}^{-1}$）。

解：(1) $\Delta T_f=k_b b_B$

$0.62\text{K}=1.86\text{K}\cdot\text{kg}\cdot\text{mol}^{-1}\times(6\times 10^{-4}\text{kg}/M_B)/0.012\text{kg}$

$M_B=0.150\text{kg}\cdot\text{mol}^{-1}$

(2)　$N(\text{H})=M_BW_B/M(\text{H})=(0.150\times 0.093)/1.008\times 10^{-3}=13.8$

同理得　$N(\text{N})=2$；$N(\text{C})=9$，由此得尼古丁分子式为 $C_9H_{14}N_2$。

24. 在恒温恒压下，以水作溶剂，现取 1mol 纯水（蒸气压为 p_1^*）加入到大量的、溶剂摩尔分数为 x_1 的溶液中（溶剂蒸气分压为 p_1）。

(1) 设蒸气为理想气体，溶剂遵守拉乌尔定律，计算该 1mol 纯水 (l) 的 ΔG_m（以 x_1 表示）；

(2) 设蒸气不是理想气体，但溶剂仍遵守拉乌尔定律，结果是否相同？

(3) 若蒸气是理想气体，但溶剂不严格遵守拉乌尔定律，ΔG_m 又如何表示？

解：设溶液中溶剂的化学势用 μ_1 表示，则

(1) $\Delta G_m=\mu_1-\mu_1^*=RT\ln x_1$

(2) 因为溶剂遵守拉乌尔定律，所以结果与 (1) 相同

(3) $\Delta G_m=\mu_1-\mu_1^*=RT\ln a_1=RT\ln(p_1/p^*)$

25.(1) 298K 时将 568g 碘溶于 0.050dm^3 CCl_4 中所形成的溶液与 0.500dm^3 水一起摇动，平衡后测得水中含有 0.233mol 的碘。计算碘在两溶剂中的分配系数 K。设碘在两种溶剂中均以 I_2 分子形式存在。(2) 若 298K 时，碘在水中的溶解度是 1.33mol·dm^{-3}，求碘在 CCl_4 中的溶解度。已知 I_2 的相对分子质量为 253.8。

解：(1) $n(I_2)=m/M=568/253.8\text{mol}=2.238\text{mol}$

$$K=c(I_2,H_2O)/c(I_2,CCl_4)$$

$$=(0.233/0.5)/[(2.238-0.233)/0.050]=0.0116$$

(2) $c(I_2,CCl_4)=c(I_2,H_2O)/K$

$$=(1.33/0.0116)\text{mol·dm}^{-3}=114.7\text{mol·dm}^{-3}$$

26. 25℃时某有机酸 (A) 在水和醚中的分配系数为 0.4。

(1) 若 100cm^3 水中含有机酸 5g，用 60cm^3 的醚一次倒入含酸水中，留在水中的有机酸最少有几克？

(2) 若每次用 20cm^3 醚倒入含酸水中，连续抽取三次，最后水中剩有几克有机酸？

解：(1) 设留在水中的有机酸为 xg，则

分配系数公式：$K=\dfrac{c(A,H_2O)}{c(A,醚)}$

$\dfrac{x/100}{(5-x)/60}=0.4$，解得 $x=2$g

(2) 类似计算连算三次，可求得留在水中的有机酸为：

$$m_3=5\times\left(\frac{0.4\times100}{0.4\times100+20}\right)^3=1.48\text{g}$$

27. 在 352K，乙醇和水的饱和蒸气压分别为 1.03×10^5Pa 和 4.51×10^4Pa。计算同温度下，乙醇 (1)-水 (2) 的混合物中当液相和气相组成分别为 $x_1=0.663$，$y_1=0.733$（物质的量分数）时，各组分的活度系数（气相总压为 1.00×10^5Pa，以纯态为标准态）。

解：$p_1=py_1=p_1^*a_1=p_1^*x_1\gamma_1$

$$\gamma_1=py_1/p_1^*x_1=\frac{1.00\times10^5\times0.733}{1.03\times10^5\times0.663}=1.08,\ \gamma_2=py_2/p_2^*x_2=\frac{1.00\times10^5\times0.267}{4.51\times10^4\times0.337}=1.77$$

28. 262.5K 时饱和 KCl 溶液（3.3mol·kg^{-1}）与纯冰共存，已知水的凝固热为 6008 J·mol^{-1}，以 273.15K 纯水为标准态，计算饱和溶液中水的活度。

解：$\ln a_2=\Delta_{fus}H_m(1/T_f^*-1/T_{2,f})/R$

$$\ln a_{H_2O}=6008\times[(1/273.15)-(1/262.5)]/8.314=-0.1078$$

$$a_{H_2O}=0.898$$

29. 丙酮和氯仿体系在 308K 时，蒸气压与物质的量分数之间的实验数据如下：

x(丙酮)	p(丙酮)/Pa	p(氯仿)/Pa	x(丙酮)	p(丙酮)/Pa	p(氯仿)/Pa
0	0	39063	0.8	49330	4533
0.2	5600	29998	1.0	45863	0

在亨利定律的基础上，估计 $x_{氯仿}=0.8$ 时氯仿的活度系数。

解：亨利常数为 $k_x=(p/x)_{氯仿}=4533\text{Pa}/(1-0.8)=22665\text{Pa}$

当 $x_{氯仿}=0.8$ 时，其活度为

$$a_{氯仿}=p_{氯仿}/k_x=29998\text{Pa}/22665\text{Pa}=1.32$$

所以

$$\gamma_{氯仿}=(a/x)_{氯仿}=1.32/0.8=1.65$$

30. 实验测得某水溶液的凝固点为-15℃，求该溶液中水的活度以及25℃时，该溶液的渗透压。已知，$\Delta_{\text{fus}}H_{\text{m}}^{\ominus}(\text{H}_2\text{O(s)})=6025\text{J}\cdot\text{mol}^{-1}$，且设为常数。

解：此题没有告诉溶剂的蒸气压，显然无法用公式 $a_{\text{A}}=p_{\text{A}}/p_{\text{A}}^*$ 求 a_{A}。但题目告诉了 ΔT 和 $\Delta_{\text{fus}}H_{\text{m}}^{\ominus}(\text{H}_2\text{O(s)})$，这提示要用公式 $\ln a_{\text{A}}=\dfrac{\Delta_{\text{fus}}H_{\text{m}}^{\ominus}}{R}\left(\dfrac{1}{T_{\text{f}}^*}-\dfrac{1}{T_{\text{f}}}\right)$ 求活度。

已知 $\Delta_{\text{fus}}H_{\text{m}}^{\ominus}(\text{H}_2\text{O(s)})=6025\text{J}\cdot\text{mol}^{-1}$，$T_{\text{f}}^*=273.15\text{K}$

$T_{\text{f}}=T_{\text{f}}^*-\Delta T=273.15-15=258.13K$

将上面已知数据代入下面的公式中，得

$$\ln a_{\text{A}}=\frac{\Delta_{\text{fus}}H_{\text{m}}^{\ominus}}{R}\left(\frac{1}{T_{\text{f}}^*}-\frac{1}{T_{\text{f}}}\right)=\frac{6025}{8.314}\times\left(\frac{1}{273.15}-\frac{1}{258.15}\right)=-0.1543$$

$a_{\text{A}}=0.857$

在推导渗透压公式中曾有 $-RT\ln x_{\text{A}}=\int_p^{p+\Pi}V_{\text{m}}^*\text{d}p$，$\ln x_{\text{A}}=-V_{\text{m}}^*\Pi/RT$，将其中的 x_{A} 换成 a_{A} 即可求 Π。已知 $V_{\text{m}}^*=18\times10^{-6}\text{m}^3$，$a_{\text{A}}=0.857$，$T=298\text{K}$，由此得

$$\Pi=-(RT/V_{\text{m}}^*)\times\ln a_{\text{A}}=[-(8.314\times298/18\times10^{-6})\times\ln0.857]\text{Pa}=2.12\times10^7\text{Pa}$$

4.4　典型例题精解

4.4.1　选择题

1. 在由 A 和 B 构成的体系中，当 A 的偏摩尔量增大时，B 的偏摩尔量（　　）。

(a) 随之增大　　(b) 随之减小　　(c) 保持不变　　(d) 以上三者皆有可能

答：b。根据 Gibbs-Duhem 方程：$\sum_{\text{B}}n_{\text{B}}\text{d}V_{\text{B}}=0$，或者 $\sum_{\text{B}}x_{\text{B}}\text{d}V_{\text{B}}=0$。

2. 某物质溶解在互不相溶的两液相 α 和 β 中，该物质在 α 相中以 A 形式存在，在 β 相中以 A_2 形式存在，则 α 和 β 两相平衡时（　　）。

(a) $\mu^{\alpha}(\text{A})\text{d}\mu^{\alpha}(\text{A})=\mu^{\beta}(\text{A})\text{d}\mu^{\beta}(\text{A})$　　(b) $c^{\alpha}(\text{A})=c^{\beta}(\text{A})$

(c) $\alpha^{\alpha}(\text{A})=\alpha^{\beta}(\text{A})$　　(d) $2\mu^{\alpha}(\text{A})=\mu^{\beta}(\text{A})$

答：d。

3. 在某温度下，当 B 溶解于 A 中形成溶液时，纯 B 的摩尔体积大于溶液中 B 的偏摩尔体积（设 B 的偏摩尔体积大于零），若增加压力，则 B 在 A 中的溶解度将（　　）。

(a) 增大　　(b) 减小　　(c) 不变　　(d) 不确定

答：a。对于 B 物质：$(\partial G_{\text{m}}/\partial p)_T=V_{\text{m}}^*$，$(\partial\mu/\partial p)_{T,n_{\text{B}}}=V_{\text{B}}$，因 $V_{\text{m}}^*>V_{\text{B}}$，故当增加压力时 $\text{d}\mu<\text{d}G$。

4. 273K，2×101.3kPa 时，水的化学势比冰的化学势（　　）。

(a) 高　　(b) 低　　(c) 相等　　(d) 不可比较

答：b。因 $(\partial\mu/\partial p)_{T,n_{\text{B}}}=(\partial G_{\text{m}}/\partial p)_T=V_{\text{m}}^*>0$，又因 $V_{\text{m}}^*(\text{s})>V_{\text{m}}^*(\text{l})$

且　　$\mu(\text{H}_2\text{O},\text{l},273\text{K},p^{\ominus})=\mu(\text{H}_2\text{O},\text{s},273\text{K},p^{\ominus})$，

故　　$\mu(\text{H}_2\text{O},\text{s},273\text{K},2p^{\ominus})>\mu(\text{H}_2\text{O},\text{l},273\text{K},2p^{\ominus})$

此外，常识告诉我们：增压可使冰变为水。

5. 在恒温抽空的玻璃罩中封入液面相同的一杯糖水（A）和另一杯纯水（B）。经历若干时间后，两杯液面的高度将是（　）。

（a）A杯高于B杯　　（b）A杯等于B杯

（c）A杯低于B杯　　（d）视温度而定

答：a。μ(纯水)$>\mu$(糖水中的水)，也即纯水的饱和蒸气压 p^* 大于糖水中水的蒸气压 p，以至于通过气相，水从（A）杯向（B）杯转移。

6. 气体热力学标准态为（　）。

（a）25℃、100kPa状态　　（b）273.15K、101325Pa、理想气体状态

（c）100kPa、纯理想气体状态　　（d）25℃、100kPa、纯理想气体状态

答：c。对于气体，无论是理想气体还是实际气体，其标准态均为 T、$p^{\ominus}$ 条件下具有理想气体行为的纯气体。

7. 下述系统中的组分B，选择假想标准态的是

（a）混合理想气体中的组分B　　（b）混合非理想气体中的组分B

（c）理想溶液中的组分B　　（d）稀溶液中的溶剂

答：b。

8. 今有298K、$p^{\ominus}$ 的 N_2（状态Ⅰ）和323K、$p^{\ominus}$ 的 N_2（状态Ⅱ）各一瓶，问哪瓶 N_2 的化学势大（　）？

（a）$\mu(\text{Ⅰ})>\mu(\text{Ⅱ})$　　（b）$\mu(\text{Ⅰ})<\mu(\text{Ⅱ})$

（c）$\mu(\text{Ⅰ})=\mu(\text{Ⅱ})$　　（d）不可比较

答：a。对于纯物质，$(\partial\mu/\partial T)_{p,n_B}=(\partial G_m/\partial T)_p=-S_m^*<0$。

9. 设 N_2 和 O_2 皆为理想气体。它们的温度、压力相同，均为298K，$p^{\ominus}$，则这两种气体的化学势应该（　）。

（a）相等　　（b）不一定相等

（c）与物质的量有关　　（d）不可比较

答：d。化学势无绝对值，不同物质的化学势不可比较。

10. 真实气体的标准态是（　）。

（a）$f=p^{\ominus}$ 的真实气体　　（b）$p=p^{\ominus}$ 的真实气体

（c）$f=p^{\ominus}$ 的理想气体　　（d）$p=p^{\ominus}$ 的理想气体

答：d。对于气体，无论是理想气体还是实际气体，其标准态均为 T、$p^{\ominus}$ 条件下具有理想气体行为的纯气体。

11. 关于亨利系数，下列说法中正确的是（　）。

（a）其值与温度、浓度和压力有关　　（b）其值与温度、溶质性质和浓度有关

（c）其值与温度、溶剂性质和浓度有关

（d）其值与温度、溶质和溶剂性质及组成的标度有关

答：d。

12. O_2 在水中的亨利常数（　）。

（a）因升温而增大　　（b）因加压而增大

（c）因降温而增大　　（d）因溶入 H_2 而增大

答：a。

13. 对于理想液体混合物，下列偏微商小于零的是（　　）。

(a) $[\partial(\Delta_{mix}A_m)/\partial T]_p$　　(b) $[\partial(\Delta_{mix}S_m)/\partial T]_p$

(c) $[\partial(\Delta_{mix}G_m)/\partial T]_p$　　(d) $[\partial(\Delta_{mix}G_m)/\partial p]_T$

答：c。$[\partial(\Delta_{mix}G_m)/\partial T]_p=R\sum n_B\ln x_B<0$。

14. 某稀溶液中溶质 B 的化学势（　　）。

(a) 只能有一种表达形式　　(b) 只能有一个确定的值

(c) 只能有一种标准态　　(d) 只能因 A 的浓度而改变

答：b。对于同一系统中同一种溶质，不管其组成标度是什么，其化学势只能有一个确定的值，但 $\mu_{B,x}^{\ominus}\neq\mu_{B,b}^{\ominus}\neq\mu_{B,c}^{\ominus}$。

15. 挥发性溶质溶于溶剂形成的稀溶液，溶液的沸点会（　　）。

(a) 降低　　(b) 升高

(c) 不变　　(d) 可能升高，也可能不变或降低

答：d。

16. 涉及稀溶液依数性的下列表述中不正确的是（　　）。

(a) 在通常实验条件下依数性中凝固点降低是最灵敏的一个性质

(b) 用热力学方法推导依数性公式时都要应用拉乌尔定律

(c) 凝固点降低公式只适用于固相是纯溶剂的系统

(d) 依数性都可以用来测定溶质的相对分子量

答：a。在通常实验条件下，对于凝固点降低和沸点升高，其灵敏度主要体现在凝固点降低常数 K_f 和沸点升高常数 K_b 上，对一般溶剂，$K_f>K_b$，所以凝固点降低实验较沸点升高实验灵敏。但依数性实验中最灵敏的要数渗透压测定实验。

4.4.2　填空题

1. 在等温等压下，由 A 和 B 两种物质组成的均相系统中，若 A 的偏摩尔体积随浓度的改变而__________，则 B 的偏摩尔体积将减小。

答：增加。根据吉布斯-杜亥姆方程：$\sum_B n_B dV_B=0$，或者 $\sum_B x_B dV_B=0$。

2. B 物质的化学势 μ_B 与温度的关系可表示为____________，它与压力的关系可表示为____________。

答：$(\partial\mu/\partial T)_{p,n_B}=-S_B$；$(\partial\mu/\partial p)_{T,n_B}=V_B$。

3. 对于封闭系统 $W'=0$ 的化学反应和相变化，若用 $\sum\mu_B dn_B\leqslant0$ 公式判断过程的方向和限度，其适用条件是________，或________，或________，或________。

答：恒温恒压；恒温恒容；恒熵恒容；恒熵恒压。根据基本方程的特征变量来确定。

4. 理想液态混合物等温、等压混合过程，$\Delta_{mix}U$ ______ 0；$\Delta_{mix}S$ ______ 0。

答：$\Delta_{mix}U=0$；$\Delta_{mix}S>0$。

因为 $\Delta_{mix}H=0$，$\Delta_{mix}V=0$，又因为 $\Delta_{mix}U=\Delta_{mix}H-p\Delta_{mix}V$，所以 $\Delta_{mix}U=0$。

5. 理想气体分子间作用力__________；理想液态混合物分子间作用力__________。

答：为零；相等。

6. 公式 $\Delta_{mix}S=-R\sum_B n_B\ln x_B$ 的应用条件是____。

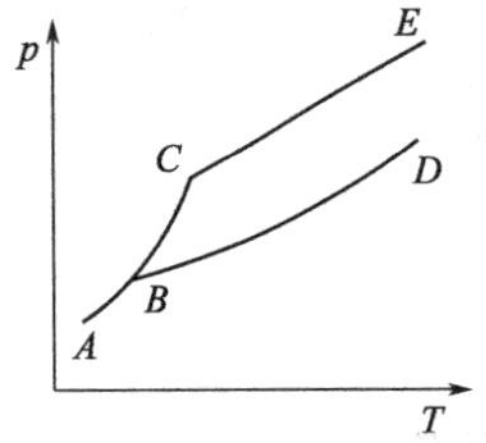

图 4.1

答： 封闭系统平衡态、理想气体或理想液态混合物、等温混合，混合前每种气体（或理想液态混合物）单独存在时的压力都相等，且等于混合后的总压力。

7. 图 4.1 可用来说明稀溶液的冰点降低，其中 BD 线是____________________。

答： 稀溶液中溶剂蒸气压与温度关系线。

8. 纯溶剂中加溶质后会使溶液的蒸气压下降，沸点升高，凝固点降低。这种说法只有在____________________前提下才是正确的。

答： 溶质不挥发；溶质与溶剂不生成固溶体。

9. 溶液中溶质的化学势若表示成 $\mu_B=\mu_B^*(T,p)+RT\ln a_B$，其中 $a_B=\gamma_B c_B/c^\ominus$，其标准态是________________。

答： $p=p^\ominus$，$c_B\to 0$ 时 $\gamma_B\to 1$。即 $c_B=c^\ominus$ 且符合亨利定律的状态。

10. 溶液中组分 B 的化学势的大小与活度参考状态的选取______________。（有关、无关）

答： 无关。对于同一系统中同一种溶质，当活度参考状态不同时，$RT\ln a_B$ 虽不同，同时，其标准态 $\mu_B^\ominus$ 也不同。所以无论选择什么活度参考状态，其化学势只能有一个确定的值。

4.4.3 问答题

1. 理想气体与理想液态（或固态）混合物的微观粒子间的相互作用有何区别？

答： 理想气体的分子间不存在相互作用，而理想液态混合物的粒子间存在相互作用，只不过是不管是同种粒子还是异种粒子之间的作用力都几乎一样大。

2. 试比较组分 B 的化学势在理想混合物与非理想混合物的公式中有何异同？

答： 在理想混合物中为 $\mu_B(T)=\mu_B^\ominus(T)+RT\ln x_B$，在非理想混合物中 $\mu_B(T)=\mu_B^\ominus(T)+RT\ln a_B$；相同点：(1) 数学形式相同；(2) 标准态相同；不同点：理想液态混合物中直接用浓度 x_B，而非理想混合物须引用活度 a_B，活度 $a_B=\gamma_B x_B$，γ_B 为活度系数。

3. 试从理想气体化学势 $\mu=\mu_B^\ominus(T)+RT\ln(p/p^\ominus)$，导出理想气体状态方程 $pV_m=RT$。

答： $(\partial\mu/\partial p)_T=0+RT[\partial\ln(p/p^\ominus)/\partial p]=RT/p$

而 $(\partial\mu/\partial p)_T=(\partial G_m/\partial p)_T=V_m$，$V_m=RT/p$，即 $pV_m=RT$

4. 对于实际气体，能否以逸度 f_B 代替压力 p 将其状态方程写作 $f_BV=n_BRT$，为什么？

答： 不能。因为 f_B 是用于校正化学势表示式中的压力，而不是校正状态方程中的压力。

5. “p 趋近于零时，真实气体趋近于理想气体”，此种说法对吗？“x_B 趋近于零时，真实溶液趋近于理想液态混合物”，此种说法对吗？

答： 理想气体的基本特征是分子间没有作用力，分子本身没有体积。任何真实气体当压力趋近于零时，分子间的距离就很大，因此分子间的相互作用将减弱到可以忽略不计。在压力趋近于零时，分子本身所占的体积与气体的体积相比亦可以忽略不计。因此当 p 趋近于零时，真实气体趋近于理想气体的说法是正确的。

理想液态混合物的基本特征是组成液态混合物的分子 A 和分子 B 的体积相同，各分子间的相互作用力亦相同。故理想液态混合物各组成在全部浓度范围内均符合拉乌尔定律。当 x_B 趋近于零时，x_A 则趋近于 1。此时，组分 B 符合亨利定律，而组分 A 符合拉乌尔定律，是理想稀溶液，而不是理想液态混合物。因此，x_B趋近于零时，真实溶液趋近于理想液态混合物的说法是不妥的。理想液态混合物主要取决于系统中各组分的性质是否相似而不是浓度的高低。

6. 某一定浓度的稀溶液，它的四个依数性间存在着怎样的简单定量关系？

答：$\Delta T_b/K_b=\Delta T_f/K_f=\Pi V_A/(RTM_A)=(bp_A^*/p_A)/M_A$

7. 烧杯 A 中装有 10g、0℃的水；烧杯 B 中装有 10g、0℃的冰水混合物（水 5g、冰 5g），用滴管分别向两烧杯中滴入数滴浓 H_2SO_4，则两烧杯中的温度将如何变化（假设无其他热损失）？

答：由于 H_2SO_4 溶于水放出溶解热，故 A 杯中温度升高；由于稀溶液的冰点降低，故只要 H_2SO_4 溶解放出的热量小于 5g 融化所需要的热量，B 杯中的冰未全部融化，则 B 杯中温度将降低。

8. 试说明标准态和活度等于 1 状态的关系。

答：标准态一定是活度等于 1 的状态，但活度等于 1 并不一定是标准态。

4.4.4 计算题

例 1　25℃时 K_2SO_4(B) 溶于 1kg H_2O(A) 中，K_2SO_4(B) 的 V_B与 n_B的关系为

$$V_B=[32.280+18.216(n_B\cdot mol^{-1})^{1/2}+0.0222(n_B\cdot mol^{-1})]cm^3\cdot mol^{-1}$$

试求 H_2O(A) 的 V_A与 n_A的关系。已知纯 H_2O(A) 的摩尔体积为 $18.068cm^3\cdot mol^{-1}$。

解：根据 Gibbs-Duhem 方程 $n_A dV_A+n_B dV_B=0$ 进行推导。

$$dV_A=-n_B/n_A dV_B$$

$$=-\frac{n_B}{1000/18.0152}\left\{\left[\frac{18.216}{2}(n_B\cdot mol^{-1})^{-1/2}+0.0222\right]dn_B\cdot mol^{-1}\right\}cm^3\cdot mol^{-1}$$

$$=-\frac{18.0152}{1000}\{[9.018(n_B\cdot mol^{-1})^{1/2}+0.0222(n_B\cdot mol^{-1})]dn_B\cdot mol^{-1}\}cm^3\cdot mol^{-1}$$

$$V_A=-\frac{18.0152}{1000}\left[9.018\times\frac{2}{3}(n_B\cdot mol^{-1})^{3/2}+\frac{0.0222}{2}(n_B\cdot mol^{-1})^2+C\right]cm^3\cdot mol^{-1}$$

$$=[-0.1083(n_B\cdot mol^{-1})^{3/2}-0.00020(n_B\cdot mol^{-1})^2+C]cm^3\cdot mol^{-1}$$

$n_B\to 0$ 时，$V_A=V_A^*=18.068cm^3\cdot mol^{-1}$

$$V_A=[18.068-0.1083(n_B\cdot mol^{-1})^{3/2}-0.00020(n_B\cdot mol^{-1})^2]cm^3\cdot mol^{-1}$$

例 2　298K、$p^\ominus$时，在很淡的糖水溶液里水的活度为 0.987，如果要使该溶液中水的活度等于 298K、$p^\ominus$时纯水的活度，问在 298K 时，要对溶液加多大压力？设水的偏摩尔体积（$V_{H_2O,m}$）不随压力改变。

解：压力的改变将引起化学势的变化，而化学势的变化又与活度有关。

$$\int_{\mu_{A,1}}^{\mu_{A,2}}d\mu_A=\int_{p_1}^{p_2}V_{A,m}dp,\ \int_{0.987}^{1}RT\,d\ln a=\int_{p^\ominus}^{p}V_{A,m}dp$$

$$8.314\times 298\ln(1/0.987)=(18.02\times10^{-6})(p-101325)$$

$$p=1.902\times10^6 Pa$$

例 3　268K 的过冷水比 268K 的冰的化学势高多少？已知 273K 时冰的熔化热为 $6.01kJ\cdot mol^{-1}$。

解：计算 268K 的过冷水比 268K 的冰的化学势高多少，也就是计算 268K 的过冷水变为 268K 的冰的化学势变化，即 Gibbs 函数的改变值 ΔG。设计可逆过程如下。

$$\begin{array}{ccc} H_2O(s,\ 268K) & \longrightarrow & H_2O(l,\ 268K) \\ \downarrow & & \uparrow \\ H_2O(s,\ 273K) & \longrightarrow & H_2O(l,\ 273K) \end{array}$$

$$\mu(l,268K)-\mu(s,268K)=\int_{T_1}^{T_2}(\partial\mu(s)/\partial T)_p dT+[\mu(l,273K)-\mu(s,273K)]+\int_{T_2}^{T_1}(\partial\mu(l)/\partial T)_p dT$$

因为 $\mu(l,273K)=\mu(s,273K)$

所以 $\mu(l,268K)-\mu(s,268K)=\int_{T_1}^{T_2}(S_l-S_s)dT=(S_l-S_s)\times(273K-268K)$

$$=(\Delta_{fus}H_m/T_A)(273-268)=110.1J\cdot mol^{-1}$$

例 4 已知 273.15K 时，水和冰的比体积 V 分别为 $1.00dm^3\cdot kg^{-1}$、$1.091dm^3\cdot kg^{-1}$；在 373.15K 时水和水蒸气的比体积 V 分别为 $1.044dm^3\cdot kg^{-1}$、$1.627dm^3\cdot kg^{-1}$。

(1) 计算 273.15K 时，水变成冰过程 $(\partial\mu/\partial p)_T$ 的变化值；

(2) 计算 373.15K 时，水蒸气变成水过程 $(\partial\mu/\partial p)_T$ 的变化值。

解： $(\partial\mu/\partial p)_T=(\partial G_m/\partial p)_T=V_m$

(1) $\Delta(\partial\mu/\partial p)_T=(\partial\mu/\partial p)_T(H_2O,\ s)-(\partial\mu/\partial p)_T(H_2O,\ l)$

$=V_m(H_2O,\ s)-V_m(H_2O,\ l)$

$=1.64\times10^{-3}dm^3\cdot mol^{-1}$

(2) $\Delta(\partial\mu/\partial p)_T=(\partial\mu/\partial p)_T(H_2O,\ l)-(\partial\mu/\partial p)_T(H_2O,\ g)$

$=V_m(H_2O,\ l)-V_m(H_2O,\ g)$

$=1.05\times10^{-2}dm^3\cdot mol^{-1}$

例 5 已知某气体的状态方程为 $pV_m=RT+\alpha p$，其中 α 为常数，求该气体的逸度表达式。

解：依据气体状态方程推导逸度 f 和压力 p 的关系，首先需要选择合适的参考状态。由于当压力趋于零时，实际气体的行为就趋近于理想气体的行为，所以可选择 $p^*\to0$ 的状态为参考态，此时 $f^*=p^*$。

以 1mol 该气体为基础，在一定温度下，若系统的状态由 p^* 改变至 p，吉布斯函数的改变量 $\Delta G_m=\mu-\mu^*=RT\ln(f/f^*)$

根据状态方程 $V_m=RT/p+\alpha$

在恒温条件下 $dG_m=V_m dp=(RT/p+\alpha)dp$

积分上式可得 $\Delta G_m=\int_{p^*}^{p}\left(\frac{RT}{p}+\alpha\right)dp=RT\ln\frac{p}{p^*}+\alpha(p-p^*)$

当 $p^*\to0$，$\alpha(p-p^*)\approx\alpha p^*$，综合以上关系得

$$RT\ln(f/f^*)=RT\ln(p/p^*)+\alpha p^*$$

因为 $f^*=p^*$，所以 $f=p\exp(\alpha p/RT)$

例 6 苯 (A) 的正常沸点是 80℃，甲苯 (B) 于 100℃时饱和蒸气压为 74.5kPa，苯、甲苯构成理想溶液，今将含苯为 0.325（摩尔分数）的苯、甲苯混合气于 100℃下加压，求压力多大时，气相摩尔数和液相摩尔数相等？

解：系统的温度为 100℃，因此，首先要求出 100℃条件下苯的饱和蒸气压。现已知苯的正常沸点是 80℃，若想利用 C-C 方程求 $p^*(C_6H_6,l,100℃)$，需要知道苯的 $\Delta_{vap}H_m$，

为此，根据 Trouton 规则，对苯 $\Delta_{vap}H_m=88T_b^*=31.08kJ\cdot mol^{-1}$

$$\ln\frac{p_{100}^*}{p_{80}^*}=-\frac{\Delta_{vap}H_m}{R}\left(\frac{1}{T_2}-\frac{1}{T_1}\right)$$

$$\ln\frac{p_{100}^*}{101325}=-\frac{31080}{R}\left(\frac{1}{373.15}-\frac{1}{353.15}\right)$$

所以　100℃时苯的蒸气压 $p_{100}^*=178.6kPa$

$$p=p_A^*x_A+p_B^*(1-x_A)，\ py_A=p_A^*x_A$$

$n_g(y_A-z_A)=n_l(z_A-x_A)$，$n_g=n_l$（其中，$z_A$为系统组成）

解之　　$p=98.6kPa$

例 7　在 85℃、101.3kPa 时，甲苯（A）和苯（B）组成的液态混合物达沸腾。试计算该理想液态混合物的液相及气相的组成。已知苯的正常沸点为 80.10℃，甲苯在 85℃时的蒸气压为 46kPa。

解：(1) 根据 Trouton 规则计算苯的蒸发焓 $\Delta_{vap}H_m=88T_b^*=31.08kJ\cdot mol^{-1}$

根据 Clausius-Clapeyron 方程计算苯在 358.15K 时的蒸气压

$$\ln(p_2/p_1)=-\Delta_{vap}H/R(1/T_2-1/T_1)$$

$$\ln(p_2/101325)=-31080/R(1/358.15-1/353.25)$$

解得：$p_B^*(358.15K)=117.6kPa$

(2)　　$p=p_A^*x_A+p_B^*x_B=p_A^*+(p_B^*-p_A^*)x_B$

将 $p_B^*(358.15K)=117.6kPa$，$p_A^*(358.15K)=1101.325kPa$，$p(358.15K)=101.3kPa$ 代入上式，解得：$x_B=0.78$，$x_A=0.22$；$y_B=p_B^*x_B/p=0.9$，$y_A=p_A^*x_A/p=0.1$。

例 8　25℃时，将 1mol 纯态苯加入大量的苯的物质的量分数为 0.200 的苯和甲苯的溶液中。求算此过程的 ΔG。

解：此过程的 $\Delta G=G_B-G_{m,B}^*$，而 $G_B=\mu_B$，$G_{m,B}^*=\mu_B^{\ominus}$，

所以　　$\Delta G=\mu_B-\mu_B^{\ominus}=RT\ln x_B=(8.314\times298\ln0.200)J=-3.99\times10^3J$

例 9　液体 B 与液体 C 可以形成理想液态混合物，在常压及 25℃下，向总量 $n=10mol$、组成 $x_C=0.4$ 的 B、C 混合物中加入 14mol 的纯液体 C，形成新的混合物，求过程的 ΔG，ΔS。

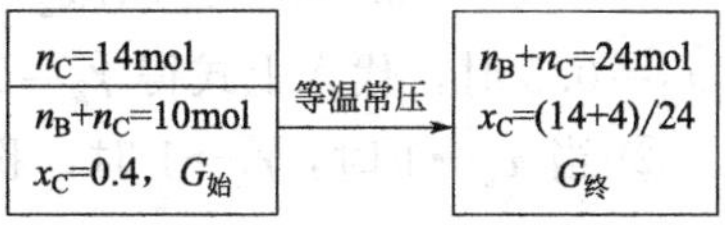

图 4.2

解：过程的框图如图 4.2 所示：

$$G_{始}=14\mu_C^{\ominus}+4\mu_C(x_C=0.4)+6\mu_B(x_B=0.6)$$

$$G_{终}=18\mu_C(x_C=0.75)+6\mu_B(x_B=0.25)$$

$$\Delta G=G_{终}-G_{始}=[18(\mu_C^{\ominus}+RT\ln0.75)+6(\mu_B^{\ominus}+RT\ln0.25)]$$

$$-[14\mu_C^{\ominus}+4(\mu_C^{\ominus}+RT\ln0.4)+6(\mu_B^{\ominus}+RT\ln0.6)]$$

$$=(18RT\ln0.75+6RT\ln0.25)-(4RT\ln0.4+6RT\ln0.6)=-16.764kJ$$

$$\Delta S=-\Delta G/T=16764/298=56.26J\cdot K^{-1}$$

例 10　定压、298.15K，固体物质 A 在水中的溶解度是 $3mol\cdot dm^{-3}$，计算固体 A 在 298.15K 时，溶于浓度为 $c=1mol\cdot dm^{-3}$的大量溶液中的 ΔG_m。

解：可以设计以下步骤来完成溶解过程。步骤（1）纯固体 A 与其饱和溶液中的 A 有相同的化学势。步骤（2）是浓度不同引起的化学势变化。

$$\text{A(纯固态)} \xrightleftharpoons[(1)]{} \text{A(饱和溶液,}c_{sat}\text{)} \xrightleftharpoons[(2)]{} \text{A}\ (c_A = 1\text{mol}\cdot\text{dm}^{-3})$$

$$\Delta_r G_m$$

$$\Delta_r G_m = \Delta G_1 + \Delta G_2 = 0 + RT\ln(c_A/c_{sat}) = 8.314\times298\times\ln(1/3) = -2722\text{J}\cdot\text{mol}^{-1}$$

例 11 实验测得某水溶液的凝固点为-15℃，求该溶液中水的活度以及 25℃时，该溶液的渗透压。已知冰的熔化热 $\Delta_{fus}H_m^{\ominus}=6025\text{J}\cdot\text{mol}^{-1}$，设为常数。

解：水的正常凝固点为 0℃，即 $T_f^*=273\text{K}$，溶液的凝固点为-15℃，即 $T_f^*=258\text{K}$，利用凝固点降低公式得：

$$\ln a_A = \Delta_{fus}H_m^{\ominus}/R(1/T_f^* - 1/T_f) = 6025/R(1/273 - 1/258) = -0.1543$$

所以该溶液中水的活度 $a_1=0.857$。

纯水的摩尔体积 $V_m^*=18\text{cm}^3\cdot\text{mol}^{-1}=1.8\times10^{-5}\text{m}^3\cdot\text{mol}^{-1}$，25℃时该溶液的渗透压

$$\ln a_A = -\Pi V_{m,A}^*/RT$$

$$\Pi = -(RT/V_{m,1}^*)\ln a_A = (8.314\times298\times0.1543/1.8\times10^{-5})\text{Pa} = 2.12\times10^{-7}\text{Pa}$$

例 12 在 325℃时，含铊的汞齐中汞的活度系数 γ_1 在 x_2 为 1～0 范围内服从下列公式

$$\lg\gamma_1 = -0.096(1+0.263x_1/x_2)^{-2}$$

试用 (1) 溶质型标准态 $x_2\to0$ 时，$\gamma_2\to1$，(2) 溶剂型标准态 $x_2\to1$ 时，$\gamma_2\to1$ 求 $x_2=0.5$ 时铊的活度系数 γ_2。

解：由 G-D 式得 $x_2\text{d}\ln\gamma_2 + x_1\text{d}\ln\gamma_1 = 0$

$$\begin{aligned}\text{d}\ln\gamma_2 &= -2.303x_1/x_2\text{d}[-0.096(1+0.263x_1/x_2)^{-2}]\\ &= 0.2211\times(-2)\times x_1/x_2(1+0.263x_1/x_2)^{-3}(-0.263x_1/x_2^2)\text{d}x_2\\ &= 0.1163(1-x_2)(0.263+0.737x_2)^{-3}\text{d}x_2 \qquad (1)\end{aligned}$$

① 当 $x_2\to0$，$\gamma_2\to1$ 时，积分式(1)：

$$\int_1^{\gamma_2}\text{d}\ln\gamma_2 = 0.1163\left[\int_0^{x_2}(0.263+0.737x_2)^{-3}\text{d}x_2 - \int_0^{x_2}x_2(0.263+0.737x_2)^{-3}\text{d}x_2\right]$$

$$\ln\gamma_2 = \frac{0.2141}{0.263+0.737x_2} - \frac{0.1071}{(0.263+0.737x_2)^2} + 0.733$$

当 $x_2=0.5$ 时，代入上式得 $\gamma_2=2.233$

② 当 $x_2\to1$ 时，$\gamma_2\to1$ 时，积分式(1) 得：

$$\lg\gamma_2 = \frac{0.2124}{0.263+0.737x_2} - \frac{0.1071}{(0.263+0.737x_2)^2} - 0.107$$

当 $x_2=0.5$ 时，代入上式得 $\gamma_2=0.9636$ 。

第5章 化学平衡

5.1 概述

一个给定的化学反应在一定条件下能否进行，如何判断？如果能进行，理论上可获得目的产物的最大产率是多少，用什么参数来衡量？这是科学实验和工业生产必须面对和需要解决的问题。本章节的内容就是研究化学反应方向，限度（反应物的最大转化率）以及各种因素（温度、压力、反应物的组成比等）对化学反应方向、限度的影响。

对于恒温、恒压、无非体积功的封闭系统，可用 $\Delta G \leqslant 0$ 判断过程（其中包括化学反应过程）进行的方向。为了研究化学反应方向，首先必须定义摩尔化学反应的 Gibbs 函数 $\Delta_r G_m$，并以 $\Delta_r G_m$数值作为判断化学反应方向的依据。在研究化学平衡时，人们把"反应系统处在平衡时的活度商"定义为标准平衡常数 $K^{\ominus}$，并以 $K^{\ominus}$的值衡量该反应的限度（平衡转化率）。其中 $K^{\ominus}$具有以下几个特征：①$K^{\ominus}$是一个与反应物和产物标准态化学势或标准摩尔生成 Gibbs 函数相关联、量纲为 1 的纯数。②$K^{\ominus}$仅是温度的函数，与压力和反应物的组成比无关。③但 $K^{\ominus}$的值与反应方程式的书写和物质浓度的表示方法有关。对于一个给定的化学反应，$\Delta_r G_m$、$K^{\ominus}$与任意给定条件（温度、反应物和产物各组分的压力等）下的活度商 J_p之间的关系如何？van't Hoff 给出了答案：$\Delta_r G_m = -RT\ln K^{\ominus} + RT\ln J_p$，称为 van't Hoff 恒温方程。该方程是恒温条件下反应方向的判据。van't Hoff 恒温方程的计算和应用是化学平衡这一章的主要内容之一。

对于给定的温度下的反应，$K^{\ominus}$可以通过测定达到平衡时的活度（或压力）商求得；也可以通过手册查到 298.15K 时反应物和产物的标准摩尔生成 Gibbs 函数后根据反应方程式求得，进而根据 van't Hoff 恒温方程判断指定条件下恒温反应的方向。但是，$\Delta_r G_m$和 $K^{\ominus}$皆是温度的函数，如何求任意给定温度下的 $\Delta_r G_m$和 $K^{\ominus}$并判断反应进行的方向？这是化学平衡这一章的另一个主要内容——van't Hoff 恒压（容）方程。利用 van't Hoff 恒压（容）方程可以计算反应的 $\Delta_r G_m$和 $K^{\ominus}$随温度的变化情况。van't Hoff 恒压（容）方程有微分和积分两种表达式，利用微分式，根据 $\Delta_r H_m^{\ominus}(\Delta_r U_m^{\ominus})$ 的正、负，可以判断 $K^{\ominus}$随 T 的变化是增大还是减小，即平衡是向右移动还是向左移动；利用积分式，可以通过某已知温度（T_1）的 $K^{\ominus}(\mathrm{T}_1)$ 计算出另一温度 T_2 下的 $K^{\ominus}(T_2)$。根据 $\Delta_r H_m$ 与温度的关系：$(\partial \Delta_r H_m/\partial T)_p = \Delta_r C_p$，van't Hoff 恒压（容）方程积分形式有两种：①当 $\Delta_r C_p = 0$ 或温度变化不大，$\Delta_r H_m$ 可视为常数时的定积分形式；②当 $\Delta_r C_p \neq 0$，$\Delta_r H_m^{\ominus} = f(T)$ 时的不定积分形式。

在本章中，除了重点讨论温度、压力两因素［van't Hoff 等温方程和等压（容）方程］对化学平衡的影响外，还应考虑其他因素如反应物的投料比、惰性气体等因素（压力、反应物的组成比等）对化学反应平衡的影响以及平衡组成的计算。本章知识点架构纲目图如下：

化学反应

- **方向**
  1. $\Delta_r G_m$ 的定义
  2. 反应方向判据 $\Delta_r G_m = \sum \nu_B \mu_B$
     - <0（自发向右进行）
     - $=0$（平衡）
     - >0（自发向左进行）
  3. $\Delta_r G_m$ 的计算：$\Delta_r G_m = \Delta_r G_m^{\ominus} + RT\ln J_p$
     - $\Delta_r G_m^{\ominus}$ 定义和计算
     - J_p 的计算
     - 等温方程的应用
  4. Gibbs-Helmholtz 方程
     - $[\partial(\Delta_r G_m^{\ominus}/T)/\partial T]_p = -\Delta_r H_m^{\ominus}/T^2$
     - $[\partial(\Delta_r A_m^{\ominus}/T)/\partial T]_V = -\Delta_r U_m^{\ominus}/T^2$
- van't Hoff 等温方程　$\Delta_r G_m = -RT\ln K^{\ominus} + RT\ln J_p$
  - $J_p < K^{\ominus}$ 时，$\Delta_r G_m < 0$，反应自发向右进行
  - $J_p = K^{\ominus}$ 时，$\Delta_r G_m = 0$，反应处于平衡态
  - $J_p > K^{\ominus}$ 时，$\Delta_r G_m > 0$，反应自发向左进行
- van't Hoff 恒压（容）方程
  - $(\partial \ln K_c^{\ominus}/\partial T)_V = \Delta_r U_m^{\ominus}/RT$
  - $(\partial \ln K^{\ominus}/\partial T)_p = \Delta_r H_m^{\ominus}/RT$
    - $\Delta_r H_m^{\ominus} > 0, T\uparrow, K^{\ominus}\uparrow$
    - $\Delta_r H_m^{\ominus} < 0, T\uparrow, K^{\ominus}\downarrow$
- **限度**
  1. 平衡常数 $K^{\ominus}$ 的定义
  2. $K^{\ominus}$ 与 $\Delta_r G_m^{\ominus}$ 的关系：$\Delta_r G_m^{\ominus} = -RT\ln K^{\ominus}$
  3. 不同反应系数 $K^{\ominus}$
     - 理想气体或理想气体和纯凝聚相系统 $K^{\ominus} = K_p^{\ominus} = \prod_B \left(\dfrac{p_B}{p^{\ominus}}\right)^{\nu_B} = (p^{\ominus})^{-\sum\nu_B} \prod_B p_B^{\nu_B} = K_p\ (p^{\ominus})^{-\sum\nu_B}$
     - 实际气体系统 $K^{\ominus} = K_f^{\ominus} = \prod_B \left(\dfrac{f_B}{p^{\ominus}}\right)^{\nu_B} = \prod_B \left(\dfrac{p_B}{p^{\ominus}}\right)^{\nu_B} \times \prod_B \varphi_B^{\nu_B} = K_p^{\ominus} K_\varphi$
     - 常压液态混合物系统
       - 理想液态混合物系统：$K^{\ominus} = K_x^{\ominus} = \prod_B x_B^{\nu_B}$
       - 非理想液态：混合物系统 $K^{\ominus} = K_a^{\ominus} = \prod_B a_B^{\nu_B} = \prod_B (\gamma_B x_B)^{\nu_B} = \prod_B x_B^{\nu_B} \times \prod_B \gamma_B^{\nu_B} = K_x^{\ominus} K_\gamma$
     - 理想稀溶液系统
       - $K^{\ominus} = K_b^{\ominus} = \left[\exp(-\nu_A M_A \sum_B b_B)\right] \times \left[\prod_B (b_B/b^{\ominus})^{\nu_B}\right]$
       - $K^{\ominus} = K_b^{\ominus} \approx \prod_B (b_B/b^{\ominus})^{\nu_B}$
  4. 理想气体或理想气体和纯凝聚相系统平衡常数的不同表示
     - $K^{\ominus} = \prod_B \left(\dfrac{p_B}{p^{\ominus}}\right)^{\nu_B} = (p^{\ominus})^{-\sum\nu_B} \prod_B p_B^{\nu_B} = (p^{\ominus})^{-\sum\nu_B} K_p$
     - $K^{\ominus} = \left(\dfrac{RT}{p^{\ominus}}\right)^{\sum\nu_B} \prod_B (c_B)^{\nu_B} = \left(\dfrac{RT}{p^{\ominus}}\right)^{\sum\nu_B} K_c$
     - $K^{\ominus} = p_{总}^{\sum\nu_B} \prod_B \left(\dfrac{p_B}{p^{\ominus} p_{总}}\right)^{\nu_B} = \left(\dfrac{p_{总}}{p^{\ominus}}\right)^{\sum\nu_B} \prod_B x_B^{\nu_B} = \left(\dfrac{p_{总}}{p^{\ominus}}\right)^{\sum\nu_B} K_x$
     - $K^{\ominus} = \prod_B \left(\dfrac{p_B}{p^{\ominus}}\right)^{\nu_B} = \prod_B \left(\dfrac{n_B}{\sum n_B} p_{总}/p^{\ominus}\right) = \left(\dfrac{p_{总}}{p^{\ominus}\sum n_B}\right)^{\sum\nu_B} K_n$
  5. $K^{\ominus}$ 的测定和计算
     - 通过测定平衡时化学组成求 $K^{\ominus}$
       - 物理方法
       - 化学方法
     - 标准平衡常数的计算：由 $\Delta_r G_m^{\ominus}$ 计算 $K^{\ominus}$：$\Delta_r G_m^{\ominus} = -RT\ln K^{\ominus}$
  6. 由 $K^{\ominus}$ 计算平衡组成（转化率）
  7. 影响平衡转化率的因素
     - 温度对化学平衡的影响
     - 压力对化学平衡的影响
     - 惰性气体对化学平衡的影响
     - 反应物的摩尔比对平衡的影响

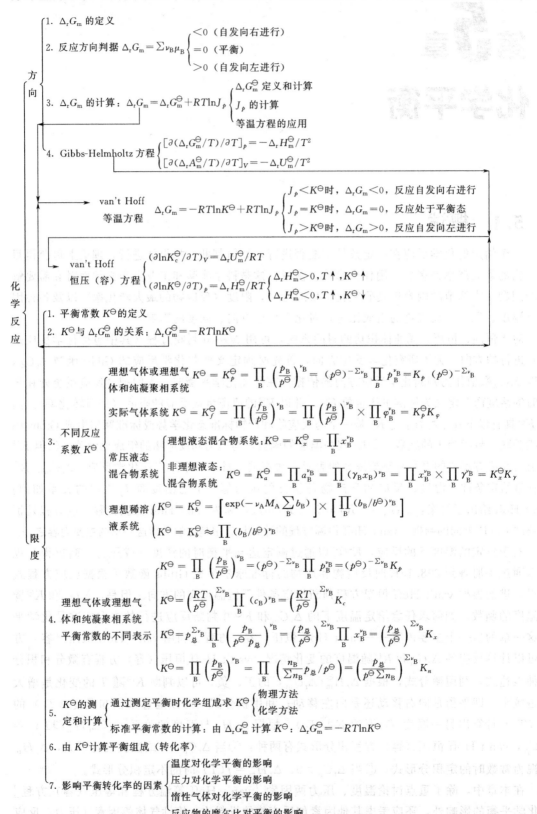

5.2 主要知识点

5.2.1 化学反应摩尔 Gibbs 函数定义、物理意义及反应方向判据

定义：$\Delta_r G_m = \sum \nu_B \mu_B = (\partial G/\partial \xi)_{T,p}$

物理意义：在恒温恒压、参与反应的各物质化学势 μ_B 不变的条件下，发生一个单位的化学反应（$\Delta\xi = 1mol$）时 Gibbs 函数的改变值。

化学反应方向判据：$\Delta_r G_m = \sum \nu_B \mu_B = (\partial G/\partial \xi)_{T,p} \begin{cases} <0, \text{反应自发向右进行} \\ =0, \text{反应处在平衡状态} \\ >0, \text{反应自发向左进行} \end{cases}$

5.2.2 化学反应恒温方程的计算及其应用

化学反应的恒温方程——van't Hoff 恒温方程：

$$\Delta_r G_m = \Delta_r G_m^{\ominus} + RT\ln J_p \text{ 或 } \Delta_r G_m = RT\ln(J_p/K^{\ominus})$$

$J_p < K^{\ominus}$时，$\Delta_r G_m < 0$，反应自发向右进行

$J_p = K^{\ominus}$时，$\Delta_r G_m = 0$，反应处于平衡状态

$J_p > K^{\ominus}$时，$\Delta_r G_m > 0$，反应自发向左进行

范特霍夫 van't Hoff 恒温方程是一普适方程，对（包含纯液体或纯固体参与的）理想气体、真实气体以及真实液态混合物、真实溶液中的反应都是适用的，要注意的是在上述不同场合下 J_p 项的差异。van't Hoff 恒温方程及其应用是本章的最重要的内容之一。

5.2.3 平衡常数 $K^{\ominus}$的定义及其有关性质

定义："反应系统处在平衡时的活度商"（对于仅有气相存在的反应系统或仅有气相和纯凝聚相参与的反应系统为逸度商，如果将气体视为理想气体则为压力商）定义为标准平衡常数 $K^{\ominus}$。

有关性质：$K^{\ominus}$的值是反应限度的（平衡转化率）量度，是一个与反应物和产物标准态化学势或标准摩尔生成 Gibbs 函数相关联的纯数，量纲为 1。$K^{\ominus}$仅是温度的函数，与压力和反应物的组成比无关。但 $K^{\ominus}$的值与反应方程式的书写和物质浓度的表示方法有关。

5.2.4 不同反应系统的 $K^{\ominus}$

（1）理想气体或理想气体和纯凝聚相系统

$$K^{\ominus} = K_p^{\ominus} = \prod_B (p_B/p^{\ominus})^{\nu_B} = (p^{\ominus})^{-\sum\nu_B} \prod_B p_B^{\nu_B} = K_p (p^{\ominus})^{-\sum\nu_B}$$

（2）实际气体系统（式中 f_B 为实际气体 B 的逸度，φ_B 为实际气体 B 的逸度因子）

$$K^{\ominus} = K_f^{\ominus} = \prod_B (f_B/p^{\ominus})^{\nu_B} = \prod_B (p_B/p^{\ominus})^{\nu_B} \times \prod_B \varphi_B^{\nu_B} = K_p^{\ominus} K_{\varphi}$$

（3）常压液态混合物系统（式中 γ 为活度因子）

理想液态混合物系统：$K^{\ominus} = K_x^{\ominus} = \prod_B x_B^{\nu_B}$

非理想液态混合物系统：$K^{\ominus} = K_a^{\ominus} = \prod_B a_B^{\nu_B} = \prod_B (\gamma_B x_B)^{\nu_B} = K_x^{\ominus} K_{\gamma}$

（4）理想稀溶液系统

$$K^{\ominus} = K_b^{\ominus} = \left[\exp\left(-\nu_A M_A \sum_B b_B^{eq}\right)\right] \times \prod_B (b_B^{eq}/b^{\ominus})^{\nu_B}$$

当 $\sum_{B} b_B^{eq}$ 很小时，$\exp\left(-\nu_A M_A \sum_{B} b_B^{eq}\right) \approx 1$，上式可简化成

$$K^{\ominus} = K_b^{\ominus} \approx \prod_{B} (b_B/b^{\ominus})^{\nu_B} \text{（理想稀溶液系统常用公式）}$$

在上述各表达式中，$K^{\ominus}$、$K_p^{\ominus}$（理想）、$K_f^{\ominus}$ 仅是温度函数。常压下，凝聚相受压力影响很小，故 $K_x^{\ominus}$、$K_a^{\ominus}$ 和 $K_b^{\ominus}$ 也仅是温度函数。但是，对于实际气体，$K_p^{\ominus}$ 既是温度函数，又是压力函数。

5.2.5 理想气体反应系统平衡常数各种不同表示及相互关系

由于平衡常数有各种不同的表示方法，在实际计算中又经常涉及到相互换算，因而要熟练掌握标准平衡常数与其他平衡常数之间的关系：

$$K^{\ominus} = K_p (p^{\ominus})^{-\sum\nu_B} = (RT/p^{\ominus})^{\sum\nu_B} K_c = K_x (p/p^{\ominus})^{\sum\nu_B} = K_n (p/p^{\ominus} n_{总})^{\sum\nu_B}$$

在上式中，由于 $K^{\ominus} = f(T)$，仅是温度函数，所以 K_p 和 K_c 也仅是温度函数，与压力无关。而 K_x 和 K_n 则既是温度函数，又是压力函数。当 $\sum\nu_B = 0$ 时，有 $K^{\ominus} = K_p = K_c = K_x = K_n$。

在讨论压力对平衡移动影响时，要用到公式 $K^{\ominus} = K_x (p/p^{\ominus})^{\sum\nu_B}$，而讨论惰性气体对平衡移动影响时，常用到公式 $K^{\ominus} = K_n (p/p^{\ominus} n_{总})^{\sum\nu_B}$。

5.2.6 标准平衡常数的求算以及根据标准平衡常数计算热力学状态函数

（1）标准平衡常数 $K^{\ominus}$ 的求算

除了可以按定义式计算外，主要由式 $\Delta_r G_m^{\ominus} = -RT\ln K^{\ominus}$ 计算，方程 $\Delta_r G_m^{\ominus} = -RT\ln K^{\ominus}$ 是平衡常数联系热力学函数的桥梁，是一普遍适用的方程。对理想气体、真实气体或对有纯液体（或纯固体）参与的反应以及真实液态混合物、真实溶液中的反应都适用。根据上式既可以由 $K^{\ominus}$ 求 $\Delta_r G_m^{\ominus}$，也可以由 $\Delta_r G_m^{\ominus}$ 求 $K^{\ominus}$。$\Delta_r G_m^{\ominus}$ 的计算主要有以下几种方法：

① 由有关化合物的标准摩尔生成吉布斯自由能求算：

$$\Delta_r G_m^{\ominus} = \left(\sum_{B} \nu_B \Delta_f G_m^{\ominus}(B)\right)_{产物} - \left(\sum_{B} \nu_B \Delta_f G_m^{\ominus}(B)\right)_{反应物}$$

② 由标准摩尔生成焓和标准摩尔熵先求标准摩尔反应焓和标准摩尔反应熵，则

$$\Delta_r G_m^{\ominus} = \Delta_r H_m^{\ominus} - T\Delta_r S_m^{\ominus}$$

③ 由电化学方法计算：$\Delta_r G_m^{\ominus} = -zFE^{\ominus}$

（2）根据标准平衡常数计算热力学状态函数

利用 $K^{\ominus}$、$\Delta_r G_m^{\ominus}$、$\Delta_r H_m^{\ominus}$、$\Delta_r S_m^{\ominus}$ 之间的关系式 $\Delta_r G_m^{\ominus} = -RT\ln K^{\ominus}$、$\ln K^{\ominus} = -\Delta_r H_m^{\ominus}/RT + C$ 和 $\Delta_r G_m^{\ominus} = \Delta_r H_m^{\ominus} - T\Delta_r S_m^{\ominus}$ 计算相关热力学函数，这一部分在考试题目中经常出现，尤其在化学平衡和电化学两章中。

5.2.7 Gibbs-Helmholtz 方程

Gibbs-Helmholtz 恒压方程微分式：$[\partial(\Delta_r G_m^{\ominus}/T)/\partial T]_p = -\Delta_r H_m^{\ominus}/T$

Gibbs-Helmholtz 恒容方程微分式：$[\partial(\Delta_r A_m^{\ominus}/T)/\partial T]_V = -\Delta_r U_m^{\ominus}/T$

若 $(\partial\Delta_r H_m^{\ominus}/\partial T)_p = \Delta_r C_p = 0$，或 $\Delta_r H_m$ 可视为常数，则：

恒压方程积分式：$(\Delta_r G_{m,2}/T_2) - (\Delta_r G_{m,1}/T_1) = \Delta_r H_m (1/T_2 - 1/T_1)$

恒容方程积分式：$(\Delta_r A_{m,2}/T_2) - (\Delta_r A_{m,1}/T_1) = \Delta_r U_m (1/T_2 - 1/T_1)$

利用 G-H 恒压（容）方程可以通过已知温度（如 298.15K）的 $\Delta_r G_{m,1}$(298.15K)［或

$\Delta_r A_{m,1}$(298.15K)] 求另一温度 T_2 下的 $\Delta_r G_{m,2}(T_2)$ [或 $\Delta_r A_{m,2}(T_2)$]，进而判断 T_2时的反应方向。

5.2.8 温度对标准平衡常数的影响与计算——van't Hoff 恒压（容）方程

结合 Gibbs-Helmholtz 方程和公式 $\Delta_r G_m^{\ominus} = -RT\ln K^{\ominus}$就得到另一个重要方程 van't Hoff 恒压（容）方程，van't Hoff 恒压（容）方程及其应用是化学平衡这一章的又一主要内容。

恒压方程：$\left(\dfrac{\mathrm{d}\ln K^{\ominus}}{\mathrm{d}T}\right)_p = \dfrac{\Delta_r H_m^{\ominus}}{RT^2}$；恒容方程：$\left(\dfrac{\mathrm{d}\ln K_c^{\ominus}}{\mathrm{d}T}\right)_V = \dfrac{\Delta_r U_m^{\ominus}}{RT^2}$（只适用于理想气体）

van't Hoff 恒压（容）方程可用来讨论 $K^{\ominus}$随温度变化情况，有微分和积分两种表达式。利用微分式，根据 $\Delta_r H_m^{\ominus}(\Delta_r U_m^{\ominus})$ 的正、负，可以判断 $K^{\ominus}$随 T 的变化是增大还是减小，即平衡是向右移动还是向左移动，以恒压方程为例：

$$\left(\frac{\mathrm{d}\ln K^{\ominus}}{\mathrm{d}T}\right)_p = \frac{\Delta_r H_m^{\ominus}}{RT^2}\begin{cases}\text{若 } \Delta_r H_m^{\ominus}<0\text{，}(\mathrm{d}\ln K^{\ominus}/\mathrm{d}T)_p<0\text{，则 } T\uparrow\text{，}K^{\ominus}\downarrow\text{，反之亦然}\\ \text{若 } \Delta_r H_m^{\ominus}>0\text{，}(\mathrm{d}\ln K^{\ominus}/\mathrm{d}T)_p>0\text{，则 } T\uparrow\text{，}K^{\ominus}\uparrow\text{，反之亦然}\end{cases}$$

利用积分式，可以通过某已知温度（例如 298.15K）的 $K^{\ominus}$(298.15K) 求得另一温度 T_2下的 $K^{\ominus}(T_2)$。当然，也可以通过两个已知温度下的平衡常数 $K^{\ominus}(T_1)$ 和 $K^{\ominus}(T_2)$ 求标准摩尔反应热效应。根据 $\Delta_r H_m^{\ominus}$ 与温度的关系：$(\partial \Delta_r H_m^{\ominus}/\partial T)_p = \Delta_r C_p^{\ominus}$，van't Hoff 恒压（容）方程积分形式有两种：

① 当 $\Delta_r C_p^{\ominus}=0$ 或温度变化不大，$\Delta_r H_m^{\ominus}$ 可视为常数时

定积分形式：$\ln\dfrac{K^{\ominus}(2)}{K^{\ominus}(1)} = \dfrac{\Delta_r H_m^{\ominus}}{R}\left(\dfrac{1}{T_1}-\dfrac{1}{T_2}\right)$；不定积分形式：$\ln K^{\ominus} = -\dfrac{\Delta_r H_m^{\ominus}}{RT}+C$

② $\Delta_r H_m^{\ominus}=f(T)$ 时的不定积分形式：$\ln K^{\ominus} = -\dfrac{\Delta H_0}{RT}+\dfrac{\Delta a}{R}\ln T+\dfrac{\Delta b}{2R}T+\dfrac{\Delta c}{6R}T^2+\mathrm{I}$

5.2.9 压力、惰性组分对平衡转化率的影响

压力、惰性组分对平衡移动有影响，勒·夏特列提出的“平衡移动原理”很好地总结了此问题，即“如果对一平衡系统施加外部影响，如改变浓度、压力或温度等，则平衡将向减少此外部影响的方向移动。”

浓度：增加反应物浓度，平衡向产物方向移动，使反应物浓度减小；

压力：压力增大，平衡向气体分子数减小的方向移动，使压力减小；

惰性气体：增加惰性气体，平衡向气体分子数增加的方向移动，使惰性气体比例减小；

温度：升高温度，平衡向吸热方向移动，减少温度升高对平衡的影响。

5.2.10 应用标准平衡常数进行平衡转化率及平衡组成的计算

平衡转化率是反应达到平衡后，反应物转化为产物的物质的量与投入的反应物物质的量之比，是理论的最高转化率，延长反应时间或加入催化剂都不能超越这个极限。已知 $K^{\ominus}$或 $\Delta_r G_m^{\ominus}$，就可以由投入反应物的比例计算平衡转化率及平衡组成。

对于一个已达平衡的化学反应，其标准平衡常数 $K^{\ominus}$、平衡组成以及平衡转化率的相互计算问题是化学平衡章节中较为常见的问题，此类计算在实际生产当中有十分重要的应用价值（参见典型例题精解 6）。

5.2.11 固体分解压力与平衡常数、分解温度及计算

所谓分解压力是指固体物质在一定温度下分解达到平衡时产物中气体的总压力。

对于气-固复相反应来说，表示其标准平衡常数时，只要写出参加反应的各气体物质的分压即可，而纯固体物质无须出现在标准平衡常数的表达式中。因此，求固体分解压力的关键是根据题目的已知条件求固体分解反应的平衡常数（参见典型例题精解 3）。

$p_{分}=p^{\ominus}$时的温度，称为该固体物质的分解温度。求该固体物质的分解温度时，常常要用到 van't Hoff 恒压（容）方程的积分式。

5.2.12 同时反应平衡组成的计算

在一个反应系统中，如果同时发生几个反应且达到平衡态，这种情况称为同时平衡。在处理同时平衡的问题时，要考虑每个物质的数量在各个反应中的变化，并在各个平衡方程式中同一物质的数量应保持一致（参见典型例题精解 8）。

5.3 习题详解

1. 恒温、恒压、$w_f=0$ 时，是否凡是 $\Delta_r G_m^{\ominus}>0$ 的反应，在任何条件下均不能自发进行，而凡是 $\Delta_r G_m^{\ominus}<0$ 的反应，在任何条件下均能自发进行？比较 $\Delta_r G_m$ 和 $\Delta_r G_m^{\ominus}$ 两个物理量的异同。

答： 不对，$\Delta_r G_m^{\ominus}$ 的值只能判断反应体系中各组分处于标准态时的反应方向，却不能判断任意条件下的反应方向。$\Delta_r G_m^{\ominus}$ 是标准条件下摩尔反应吉布斯函数的变化，$\Delta_r G_m$ 是反应进行到某一给定状态的摩尔反应吉布斯函数的变化，可用来判断反应的进行方向。

2. 试问在 1500K 的标准状态下，下述反应在高炉内能否进行？

$$Fe_2O_3(s)+3CO(g)=\!=\!=2Fe(s)+3CO_2(g)$$

已知：$\Delta_f G_m^{\ominus}(Fe_2O_3)=(-811696+255.2T)\,J\cdot mol^{-1}$

$\Delta_f G_m^{\ominus}(CO)=(-116315-83.89T)\,J\cdot mol^{-1}$

$\Delta_f G_m^{\ominus}(CO_2)=(-395388J)\cdot mol^{-1}$

解：
$$\begin{aligned}\Delta_r G_m^{\ominus}&=2\Delta_f G_m^{\ominus}(Fe)+3\Delta_f G_m^{\ominus}(CO_2)-\Delta_f G_m^{\ominus}(Fe_2O_3)-3\Delta_f G_m^{\ominus}(CO)\\&=[3\times(-395388)-(-811696+255.2T)-3\times(-116315-83.89T)]\,J\cdot mol^{-1}\\&=[-25523-3.53T]\,J\cdot mol^{-1}\end{aligned}$$

代入 $T=1500K$，得 $\Delta_r G_m^{\ominus}(1500K)=-30818J\cdot mol^{-1}<0$

此反应在该条件下能够进行。

3. 已知 700℃时理想气体反应 $CO(g)+H_2O(g)=\!=\!=CO_2(g)+H_2(g)$ 的平衡常数为 $K_p^{\ominus}=0.71$，试问：

（1）各物质的分压均为 $1.5p^{\ominus}$时，此反应能否自发进行？

（2）若增加反应物的压力，使 $p_{CO}=10p^{\ominus}$，$p_{H_2O}=5p^{\ominus}$，$p_{CO_2}=p_{H_2}=1.5p^{\ominus}$，该反应能否自发进行？

解：（1）
$$\begin{aligned}\Delta_r G_m&=\Delta_r G_m^{\ominus}+RT\ln J_p=-RT\ln K_p^{\ominus}+RT\ln[(1.5\times1.5)/(1.5\times1.5)]\\&=-8.314\times973\ln0.71=2.77kJ\cdot mol^{-1}>0\end{aligned}$$
反应不能自发进行

（2）
$$\begin{aligned}\Delta_r G_m&=-RT\ln K_p^{\ominus}+RT\ln J_p\\&=-8.314\times973\times\ln0.71+8.314\times973\ln[(1.5\times1.5)/(10\times5)]\\&=-22.3kJ\cdot mol^{-1}<0\end{aligned}$$
反应能自发进行

4. 求理想气体反应 $C_3H_6(g)+H_2(g)=\!=\!=C_3H_8(g)$ 在 298K 时的标准平衡常数。若原料气组成（摩尔分数）为 30%C_3H_6、40%H_2、0.5%C_3H_8、29.5%N_2，且体系压力为 $p^{\ominus}$，

反应向哪个方向进行？已知 298K 时下列数据：

	$C_3H_6(g)$	$C_3H_8(g)$	$H_2(g)$
$\Delta_f H_m^{\ominus}(kJ\cdot mol^{-1})$	20.42	−103.85	0
$S_m^{\ominus}(J\cdot mol^{-1}\cdot K^{-1})$	266.90	269.90	130.5

解： $\Delta_r H_m^{\ominus}=\sum\nu_B\Delta_f H_m^{\ominus}=-103.85-20.42=-124.27kJ\cdot mol^{-1}$

$\Delta_r S_m^{\ominus}=\sum\nu_B S_m^{\ominus}=269.9-266.9-130.5=-127.5J\cdot K^{-1}\cdot mol^{-1}$

$\Delta_r G_m^{\ominus}=\Delta_r H_m^{\ominus}-T\Delta_r S_m^{\ominus}=$

$=[-124.27\times10^3-298\times(-127.5)]J\cdot mol^{-1}$

$=-86275J\cdot mol^{-1}=-86.275kJ\cdot mol^{-1}$

由 $\Delta_r G_m^{\ominus}=-RT\ln K^{\ominus}$，得 $K^{\ominus}=1.33\times10^{15}$

$\Delta_r G_m=\Delta_r G_m^{\ominus}+RT\ln J_p$

$=\{-86.275+8.314\times298\times\ln[0.005/(0.3\times0.4)/1000]\}kJ\cdot mol^{-1}$

$=-94.15kJ\cdot mol^{-1}$

$\Delta_r G_m<0$，反应向右进行

5. 298K、10^5 Pa 时，有理想气体反应

$$4HCl(g)+O_2(g)\rightleftharpoons 2Cl_2(g)+2H_2O(g)$$

求该反应的标准平衡常数 $K^{\ominus}$ 及平衡常数 K_p 和 K_x。已知 298K 时 $\Delta_f G_m^{\ominus}(HCl,g)=-95.265kJ\cdot mol^{-1}$；$\Delta_f G_m^{\ominus}(H_2O,g)=-228.597kJ\cdot mol^{-1}$

解： 反应的 $\Delta_r G_m^{\ominus}=\sum\nu_B\Delta_f G_m^{\ominus}=[2\times(-228.597)-4\times(-95.265)]kJ\cdot mol^{-1}$

$=-76.134kJ\cdot mol^{-1}$

$$K^{\ominus}=\exp(-\Delta_r G_m^{\ominus}/RT)=\exp\left(\frac{76.134\times10^3}{8.314\times298}\right)=2.216\times10^{13}$$

该反应的计量数之差 $\Delta\nu=(2+2)-(4+1)=-1$

所以 $K_p=K^{\ominus}(p^{\ominus})^{\Delta\nu}=\dfrac{2.216\times10^{13}}{100000}Pa^{-1}=2.216\times10^8 Pa^{-1}$

$K_x=K_p\cdot p^{-\Delta\nu}=2.216\times10^8\times10^5=2.216\times10^{13}$

6. 若将 1mol $H_2(g)$ 和 3mol $I_2(g)$ 引入一容积为 V、温度为 T 的烧瓶中，当达到平衡时得到 $x$mol 的 HI(g)，此后再引入 2mol $H_2(g)$，达到新的平衡后，得到 $2x$mol 的 HI(g)。设气体可视为理想气体。

(1) 写出 K_p、K_c，K_x 之间的关系；

(2) 求该温度下的 K_p。

解： (1) $H_2(g)+I_2(g)\rightleftharpoons 2HI(g)$

因 $\Delta\nu=2-1-1=0$

故 $K_p=K_c=K_x$

(2)	$H_2(g)$	+ $I_2(g)$	$\rightleftharpoons$ $2HI(g)$
$t=0$	1mol	3mol	0
平衡 (1)	$[1-(x/2)]$mol	$[3-(x/2)]$mol	$x$mol
平衡 (2)	$(3-x)$mol	$(3-x)$mol	$2x$mol

$K_p(1)=x^2/[\{1-(x/2)\}\times\{3-(x/2)\}]$

$K_p(2)=(2x)^2/[(3-x)(3-x)]$

$$K_p(1)=K_p(2)$$

解得　　$x=3/2,\ K_p=4$

7. 630K 时反应 $2HgO(s)\rightleftharpoons 2Hg(g)+O_2(g)$ 的 $\Delta_r G_m^{\ominus}=44.3kJ\cdot mol^{-1}$，(1) 试求算此温度时反应的 $K^{\ominus}$ 及 HgO(s) 的分解压。(2) 若反应开始前容器中已有 10^5 Pa 的 O_2，试求算 630K 达到平衡时与 HgO 固相共存的气相中 Hg(g) 的分压。

解：(1) $K^{\ominus}=\exp(-\Delta_r G_m^{\ominus}/RT)=\exp[-44300/(8.314\times630)]=2.12\times10^{-4}$

$$K^{\ominus}=K_p(p^{\ominus})^{-3}=p^2(Hg)p(O_2)(p^{\ominus})^{-3}=4p^3(O_2)(p^{\ominus})^{-3}=2.12\times10^{-4}$$

$$p(O_2)=3.77kPa$$

$$p(\text{分解})=3p(O_2)=11.3kPa$$

(2) 反应开始前容器中已有 10^5 Pa 的 O_2 时：

$$K^{\ominus}=2.12\times10^{-4}=p^2(Hg)[10^5+p(O_2)](p^{\ominus})^{-3}$$

解得　$p(Hg)=1.45kPa$

8. 试利用标准生成吉布斯函数数据，求算 298K 时，欲使反应

$$KCl(s)+\frac{3}{2}O_2(g)\rightleftharpoons KClO_3(s)$$

得以进行，最少需要氧的分压为多少？已知 298K 时，$\Delta_f G_m^{\ominus}(KCl,s)=-408.32kJ\cdot mol^{-1}$，$\Delta_f G_m^{\ominus}(KClO_3,s)=-289.91kJ\cdot mol^{-1}$。

解：$\Delta_r G_m^{\ominus}=\Delta_f G_m^{\ominus}(KClO_3,s)-\Delta_f G_m^{\ominus}(KCl,s)$

$$=(-289.91+408.32)kJ\cdot mol^{-1}=118.41kJ\cdot mol^{-1}$$

$$K^{\ominus}=\exp(-\Delta_r G_m^{\ominus}/RT)=\exp(-118410/(8.314\times298))$$

$$=1.75\times10^{-21}=[p(O_2)/p^{\ominus}]^{-3/2}$$

解得　$p(O_2)=6.9\times10^{18}Pa$

9. 对于反应 $MgCO_3$(菱镁矿)══MgO(方镁石)$+CO_2(g)$，

(1) 计算 298K 时 $MgCO_3$ 的分解压力；

(2) 设在 298K 时地表 CO_2 的分压为 $p(CO_2)=32Pa$，问此时的 $MgCO_3$ 能否自动分解为 MgO 和 CO_2；

(3) 从热力学上说明当温度升高时，$MgCO_3$ 稳定性的变化趋势。

已知 298K 时的数据如下：

	$MgCO_3(s)$	$MgO(s)$	$CO_2(g)$
$\Delta_f H_m^{\ominus}/kJ\cdot mol^{-1}$	−1112.9	−601.83	−393.5
$S_m^{\ominus}/J\cdot K^{-1}\cdot mol^{-1}$	65.7	27	213.6

解：(1) $\Delta_r H_m^{\ominus}=\sum\nu_B\Delta_f H_m^{\ominus}=-393.5-601.83+1112.9=117.57kJ\cdot mol^{-1}$

$$\Delta_r S_m^{\ominus}=\sum\nu_B S_m^{\ominus}=213.6+27-65.7=174.9J\cdot K^{-1}\cdot mol^{-1}$$

$$\Delta_r G_m^{\ominus}=\Delta_r H_m^{\ominus}-T\Delta_r S_m^{\ominus}=(117570-298\times174.9)J\cdot mol^{-1}=65.45kJ\cdot mol^{-1}$$

$$K^{\ominus}=p/p^{\ominus}=\exp(-\Delta_r G_m^{\ominus}/RT)=\exp(-65.45\times10^3/8.314\times298)$$

$$=3.37\times10^{-12}$$

$$p=3.37\times10^{-12}\times100000Pa=3.37\times10^{-7}Pa$$

(2) 因为 $32Pa\gg3.37\times10^{-7}Pa$，故知 $MgCO_3$ 不能自动分解。

(3) 因为 $\Delta_r H_m^{\ominus}=117.57kJ\cdot mol^{-1}>0$

所以 $d\ln p/dT=d\ln K_p/dT=\Delta_r H_m^{\ominus}/RT^2>0$

升高温度时，p 变大，$MgCO_3$ 的稳定性变小。

10. 银可能受到 H_2S 气体的腐蚀而发生下列反应：

$$H_2S(g)+2Ag(s) \longrightarrow Ag_2S(s)+H_2(g)$$

298K 下，$Ag_2S(s)$ 和 $H_2S(g)$ 的标准摩尔生成 Gibbs 函数 $\Delta_f G_m^{\ominus}$ 分别为 $-40.25kJ\cdot mol^{-1}$ 和 $-32.93kJ\cdot mol^{-1}$。在 298K、10^5Pa 下，H_2S 和 H_2 的混合气体中 H_2S 的摩尔分数低于多少时便不致使 Ag 发生腐蚀？

解：设 H_2S 的摩尔分数为 x，因为 $\Delta\nu=0$，所以 $K^{\ominus}=K_x=(1-x)/x$，则，

$$\Delta_r G_m=\Delta_r G_m^{\ominus}+RT\ln[(1-x)/x]\geqslant 0$$

$$\Delta_r G_m^{\ominus}=\Delta_f G_m^{\ominus}(Ag_2S,s)-\Delta_f G_m^{\ominus}(H_2S,g)=-40250+32930=-7320J\cdot mol^{-1}$$

$$[(1-x)/x]\geqslant \exp(-\Delta_r G_m^{\ominus}/RT)=\exp[-(-7320)/(8.314\times 298)]=19.19$$

解得　$x\leqslant 0.050$

11. 实际气体反应 $N_2O_4(g) \rightleftharpoons 2NO_2(g)$，已知 298K 时 $\Delta_r G_m^{\ominus}=4.78kJ\cdot mol^{-1}$，当 N_2O_4 的逸度为 6000kPa 时，NO_2 的逸度最少为多少才能使反应向生成 N_2O_4 的方向进行？

解：$K^{\ominus}=\exp(-\Delta_r G_m^{\ominus}/RT)=\exp[-4780/(8.314\times 298)]=0.1452$

根据方程 $K^{\ominus}=(J_f)_{eq}=\prod_B (f_B/p^{\ominus})_{eq}^{\nu_B}$，有

$$K_f=K^{\ominus}\, p^{\ominus}=0.1452\times 100kPa=14.52kPa$$

$$\Delta_r G_m(\xi)=RT\ln[J_f/K_f]>0，即\ J_f>K_f=14.52kPa$$

$$J_f=[f^2(NO_2)/f(N_2O_4)]>14.52kPa$$

$$f(NO_2)>(14.52kPa\times 6000kPa)^{1/2}=295.2kPa$$

12. 423K、$100p^{\ominus}$ 下，甲醇的合成反应 $CO(g)+2H_2(g) = CH_3OH(g)$ 的 $K^{\ominus}=2.35\times 10^{-3}$。已知在此条件下，CO、$H_2$ 和 CH_3OH 的逸度系数分别为 1.08、1.25 和 0.56，试求此时反应的 K_p。

解：根据方程 $K^{\ominus}=(J_f)_{eq}=\prod_B (f_B/p^{\ominus})_{eq}^{\nu_B}$，有

$$K^{\ominus}=K_f(p^{\ominus})^2$$

$$K_f=2.35\times 10^{-3}(p^{\ominus})^{-2}=2.35\times 10^{-13}Pa^{-2}$$

$$K_p=K_f/K_\gamma=K_f/[0.56/(1.08\times 1.25^2)]=7.08\times 10^{-13}Pa^{-2}$$

13. 已知 37℃时，细胞内 ATP 水解反应 [$ATP+H_2O = ADP+P_i$(磷酸)] 的 $\Delta_r G_m^{\ominus}=-30.54kJ\cdot mol^{-1}$，细胞内 ADP 和 P_i 的平衡浓度分别是 3×10^{-3} 和 $1\times 10^{-3}mol\cdot dm^{-3}$，试求：(1) 37℃时，ATP 在细胞内的平衡浓度；(2) 若实际测得 ATP 的浓度为 $10\times 10^{-3}mol\cdot dm^{-3}$，水解反应的 $\Delta_r G_m$ 应是多少？

解：(1) $K_a^{\ominus}=\exp(-\Delta_r G_m^{\ominus}/RT)=\exp[30540/(8.314\times 310)]=1.4\times 10^5$

因为溶液很稀，可认为活度=浓度

$$K_a^{\ominus}=a(ADP)\times a(Pi)/[a(ATP)\times a(H_2O)]$$

$$=\{[c(ADP)/c^{\ominus}][c(Pi)/c^{\ominus}]\}/\{[c(ATP)/c^{\ominus}]\times a(H_2O)\}$$

$$1.4\times 10^5=3\times 10^{-3}\times 10^{-3}/\{[c(ATP)/1]\times 1\}$$

求得　$c(ATP)=2.14\times 10^{-11}mol\cdot dm^{-3}$

(2)　$\Delta_r G_m=\Delta_r G_m^{\ominus}+RT\ln J_a$

$$=\{-30540+8.314\times 310\times \ln[(3\times 10^{-3}\times 10^{-3})/(10\times 10^{-3})]\}J\cdot mol^{-1}$$

$=-51.45\text{kJ}\cdot\text{mol}^{-1}$

14. 反应 $4HCl(g)+O_2(g)\!=\!=\!=2Cl_2(g)+2H_2O(g)$ 在适当的催化剂下达到平衡，一个原先含 HCl 和 O_2 摩尔分数 x 各为 0.5 的混合物，温度为 480℃，平衡时有 75% HCl 转变为 Cl_2，若总压为 $0.947p^{\ominus}$，计算反应的 $K^{\ominus}$。

解： $4HCl(g)+O_2(g)\!=\!=\!=2Cl_2(g)+2H_2O(g)$，摩尔比为 1∶1

开始	1	1	0	0
平衡时	$(1-4\alpha)$	$(1-\alpha)$	2α	2α

$1-4\alpha=25\%$，故 $\alpha=0.1875$，$n_{总}=2-\alpha=1.8125\text{mol}$

$K^{\ominus}=K_n\cdot[p/(n_{总}\,p^{\ominus})]^{\Sigma\nu}$

$=\{(2\times0.1875)^4/[0.25^4\times(1-0.1875)]\}\times(1.8125/0.947)$

$=11.93$

15. 反应 $R\!=\!=\!=A+D$ 的平衡常数与温度的关系可用下式表示：$\ln K^{\ominus}=-4567/(T/\text{K})+8.51$，求 373K 时该反应的 $\Delta_r S_m^{\ominus}$。

解： $\Delta_r G_m^{\ominus}=-RT\ln K^{\ominus}=-RT(-4567/T+8.51)=4567R-8.51RT$

$=(4567\times8.314-8.51\times8.314\times373)\text{J}\cdot\text{mol}^{-1}=11579\text{J}\cdot\text{mol}^{-1}$

$\Delta_r S_m^{\ominus}=-(\partial\Delta_r G_m^{\ominus}/\partial T)_p=8.51R=70.75\text{J}\cdot\text{mol}^{-1}\cdot\text{K}^{-1}$

或 $\Delta_r H_m^{\ominus}=4567R=37970\text{J}\cdot\text{mol}^{-1}$

$\Delta_r S_m^{\ominus}=(\Delta_r H_m^{\ominus}-\Delta_r G_m^{\ominus})/373\text{K}=70.75\text{J}\cdot\text{mol}^{-1}\cdot\text{K}^{-1}$

又或者 $\ln K^{\ominus}=-\Delta_r H_m^{\ominus}/RT+\Delta_r S_m^{\ominus}/R$

$\Delta_r S_m^{\ominus}=8.51\times8.314=70.75\text{J}\cdot\text{mol}^{-1}\cdot\text{K}^{-1}$

16. 从 NH_3 制备 HNO_3 的工业方法中，一个主要反应是空气的混合物通过高温下的 Pt 催化剂，按下式发生反应：$4NH_3(g)+5O_2(g)\!=\!=\!=4NO(g)+6H_2O(g)$。

已知 298K 时的数据如下：

	$NH_3(g)$	$H_2O(g)$	$NO(g)$	$O_2(g)$
$\Delta_f H_m^{\ominus}/\text{kJ}\cdot\text{mol}^{-1}$	-46.19	-241.8	90.37	0
$\Delta_f G_m^{\ominus}/\text{kJ}\cdot\text{mol}^{-1}$	-16.63	-228.59	86.69	0

试求 1073K 时的标准平衡常数，假定 $\Delta_r H_m^{\ominus}$ 不随温度而改变。

解： $\Delta_r H_m^{\ominus}(298\text{K})=\sum\nu_B\Delta_f H_m^{\ominus}=(-241.8\times6+90.37\times4+46.19\times4)\text{kJ}\cdot\text{mol}^{-1}$

$=-904.56\text{kJ}\cdot\text{mol}^{-1}$

$\Delta_r G_m^{\ominus}(298\text{K})=\sum\nu_B\Delta_f G_m^{\ominus}=(-228.59\times6+4\times86.69+16.63\times4)\text{kJ}\cdot\text{mol}^{-1}$

$=-958.26\text{kJ}\cdot\text{mol}^{-1}$

$$\ln K^{\ominus}(298\text{K})=-\Delta_r G_m^{\ominus}/RT=\frac{958260}{8.314\times298}=386.8$$

因为 $\text{d}\ln K^{\ominus}/\text{d}T=\Delta_r H_m^{\ominus}/RT^2$

所以 $\ln K_2^{\ominus}=\ln K_1^{\ominus}+(\Delta_r H_m^{\ominus}/R)\times(1/T_1-1/T_2)$

$=386.8-(904560/8.314)\times(1/298-1/1073)=123.1$

$K^{\ominus}(1073\text{K})=2.90\times10^{53}$

17. $Ag_2CO_3(s)$ 分解计量方程为 $Ag_2CO_3(s)\!=\!=\!=Ag_2O(s)+CO_2(g)$，设气相为理想气体，298K 时各物质的 $\Delta_f H_m^{\ominus}$、$S_m^{\ominus}$ 如下：

	$\Delta_f H_m^\ominus$/kJ·mol^{-1}	$S_m^\ominus$/J·K^{-1}·mol^{-1}
$Ag_2CO_3(s)$	−506.14	167.36
$Ag_2O(s)$	−30.57	121.71
$CO_2(g)$	−393.15	213.64

(1) 求 298K、$p^\ominus$下，1mol $Ag_2CO_3(s)$ 完全分解时吸收的热量；

(2) 求 298K 下，$Ag_2CO_3(s)$ 分解压力；

(3) 假设反应焓变与温度无关，求 383K 下 Ag_2CO_3 分解时的平衡压力。

解：(1)　$\Delta_r H_m^\ominus = \sum \nu_B \Delta_f H_m^\ominus = (-393.15-30.57+506.14)\text{kJ·mol}^{-1}$

$= 82.42\text{kJ·mol}^{-1}$

(2)　$\Delta_r S_m^\ominus = \sum \nu_B S_m^\ominus = (213.64+121.71-167.36)\text{J·K}^{-1}\text{·mol}^{-1}$

$= 167.99\text{J·K}^{-1}\text{·mol}^{-1}$

$\Delta_r G_m^\ominus = \Delta_r H_m^\ominus - T\Delta_r S_m^\ominus = -RT\ln K^\ominus$

因为　$K_1^\ominus = \exp\left(-\dfrac{\Delta_r G_m^\ominus}{RT}\right) = \exp[-(82420-167.99\times298)/(8.314\times298)]$

$= 2.127\times10^{-6} = p_{O_2}/p^\ominus$

$p(O_2, 298\text{K}) = 2.127\times10^{-6}\times100000 = 0.2127\text{Pa}$

(3)　$\ln(K_2^\ominus/K_1^\ominus) = (\Delta_r H_m^\ominus/R)\times(1/T_1 - 1/T_2)$

$\ln(K_2^\ominus/2.127\times10^{-6}) = (82420/8.314)\times(1/298-1/383)$

$K_2^\ominus = 0.00342$，　$p(O_2, 383\text{K}) = 342\text{Pa}$

18. 反应：$2NaHCO_3(s) = Na_2CO_3(s) + H_2O(g) + CO_2(g)$，$NaHCO_3$ 在 25℃与 60℃时的分解压力分别为 $0.005p^\ominus$ 与 $0.080p^\ominus$，并且该反应的 $\Delta_r H_m^\ominus$ 与温度无关。

(1) 计算 25℃与 60℃的 $K^\ominus$各是多少；

(2) 1mol $NaHCO_3$ 在等压下，需吸收多少热量才能全部转化成 Na_2CO_3；

(3) 计算 25℃时反应的 $\Delta_r G_m$ 与 $\Delta_r S_m$。

解：(1) $2NaHCO_3(s) = Na_2CO_3(s) + H_2O(g) + CO_2(g)$

$K^\ominus = p_{H_2O}/p^\ominus \cdot p_{O_2}/p^\ominus = 1/2p\times1/2p\times(p^\ominus)^{-2} = 1/4p^2\times(p^\ominus)^{-2}$

$T=298\text{K}$，$K_1^\ominus = 1/4\times0.005^2 = 6.25\times10^{-6}$

$T=333\text{K}$，$K_2^\ominus = 1/4\times0.08^2 = 1.60\times10^{-3}$

(2) $\ln(K_2^\ominus/K_1^\ominus) = \Delta_r H_m^\ominus(T_2-T_1)/RT_2T_1$

即　$\ln(1.60\times10^{-3}/6.25\times10^{-6}) = (\Delta_r H_m^\ominus/8.314)\times(1/298-1/333)$

解得　$\Delta_r H_m^\ominus = 130.713\text{kJ·mol}^{-1}$

由此得 1mol $NaHCO_3$ 在等压下需吸收 $\Delta_r H_m^\ominus/2 = 65.36\text{kJ}$ 热量才能全部转化为 Na_2CO_3。

(3) 25℃时，$\Delta_r G_m^\ominus = -RT\ln K^\ominus$

$= [-8.314\times298\times\ln(6.25\times10^{-6})]\text{J·mol}^{-1} = 29.689\text{kJ·mol}^{-1}$

$\Delta_r S_m^\ominus = (\Delta_r H_m^\ominus - \Delta_r G_m^\ominus)/T$

$= [(130.713-29.689)\times10^3/298]\text{J·K}^{-1}\text{·mol}^{-1}$

$= 339.01\text{J·K}^{-1}\text{·mol}^{-1}$

19. 某反应在 1100K 附近，温度每升高 1℃，$K^\ominus$比原来增大 1%，试求在此温度附近的

$\Delta_r H_m^\ominus$。

解： $1/K^\ominus \times dK^\ominus/dT = 0.01K^{-1}$

所以 $d\ln K^\ominus/dT = 0.01K^{-1} = \Delta_r H_m^\ominus/RT^2$

$\Delta_r H_m^\ominus = 0.01RT^2 = (0.01\times 8.314\times 1100^2)J\cdot mol^{-1} = 100.6kJ\cdot mol^{-1}$

20. 求反应 $Cr_2O_3(s)+3C(石墨)$══$2Cr(s)+3CO(g)$ 的 $\Delta_r G_m^\ominus$ 与 T 的关系，假定该反应的 $\Delta_r H_m^\ominus$ 不随温度而变。若体系内 CO 的平衡分压为 10kPa，求此时的温度。设该气体为理想气体。已知 298K 时的数据如下：

	$\Delta_f H_m^\ominus/kJ\cdot mol^{-1}$	$S_m^\ominus/J\cdot K^{-1}\cdot mol^{-1}$
$Cr_2O_3(s)$	−1128.4	81.17
C（石墨）	0	5.690
Cr(s)	0	23.77
CO(g)	−110.5	197.9

解： $\Delta_r H_m^\ominus(298K) = 3\Delta_f H_m^\ominus(CO) + 2\Delta_f H_m^\ominus(Cr) - \Delta_f H_m^\ominus(Cr_2O_3) - 3\Delta_f H_m^\ominus(C)$

$= [3\times(-110.5)+2\times 0+1128.4-3\times 0]kJ\cdot mol^{-1}$

$= 796.9kJ\cdot mol^{-1}$

$\Delta_r S_m^\ominus(298K) = 3S_m^\ominus(CO) + 2S_m^\ominus(Cr) - S_m^\ominus(Cr_2O_3) - 3S_m^\ominus(C)$

$= (3\times 197.9+2\times 23.77-81.17-3\times 5.69)J\cdot mol^{-1}\cdot K^{-1}$

$= 543J\cdot mol^{-1}\cdot K^{-1}$

$\Delta_r H_m^\ominus$ 不随温度而变，即 $(\partial\Delta_r H_m^\ominus/\partial T)_p = \Delta C_p = 0$，必有 $(\partial\Delta_r S_m^\ominus/\partial T)_p = \Delta C_p/T = 0$，故 $\Delta_r S_m^\ominus$ 也不随温度而变，

即 $\Delta_r H_m^\ominus(T) = \Delta_r H_m^\ominus(298K)$，$\Delta_r S_m^\ominus(T) = \Delta_r S_m^\ominus(298K)$

所以，对任意温度 T 的反应

$\Delta_r G_m^\ominus(T)(J\cdot mol^{-1}) = \Delta_r H_m^\ominus(298K) - T\Delta_r S_m^\ominus(298K)$

$= 796900 - 543(T/K)$

又 $\Delta_r G_m^\ominus(T) = -RT\ln K^\ominus = -8.314T\times\ln(0.1p^\ominus/p^\ominus)^3$

联立得 $T = 1327K$

21. 已知 298K 时 $Br_2(g)$ 的标准摩尔生成焓 $\Delta_f H_m^\ominus$ 和标准摩尔生成吉布斯函数 $\Delta_f G_m^\ominus$ 分别为 $30.71kJ\cdot mol^{-1}$ 和 $3.14kJ\cdot mol^{-1}$。

(1) 计算液态溴在 298K 时的蒸气压；

(2) 近似计算溴在 323K 时的蒸气压；

(3) 近似计算标准压力下液态溴的沸点。

解：(1) $Br_2(l) = Br_2(g)$

$\Delta_r H_m = \Delta_f H_m^\ominus(Br_2, g) = 30.71kJ\cdot mol^{-1}$

$\Delta_r G_m = = \Delta_f G_m^\ominus(Br_2, g) = 3.14kJ\cdot mol^{-1}$

$K^\ominus = p(Br_2)/p^\ominus = \exp(-\Delta_r G_m^\ominus/RT)$

$= \exp[-3140/(8.314\times 298)] = 0.2816$

$p(Br_2) = 0.2816p^\ominus = 28.16kPa$

(2) $d\ln K^\ominus/dT = \Delta_r H_m^\ominus/RT^2$

因是近似计算，故假设 $Br_2(l)$ 的汽化热与温度无关，由此得

$K^{\ominus}(323\mathrm{K})/K^{\ominus}(298\mathrm{K})=\exp[(\Delta_r H_m^{\ominus}/R)(1/298-1/323)]$

$=\exp[(30710/8.314)\times(1/298-1/323)]=2.610$

$K^{\ominus}(323\mathrm{K})=2.610\times0.2816=0.7350$

$p(Br_2)=0.7350p^{\ominus}=73.50\mathrm{kPa}$

(3) 标准压力下沸腾时 $p(Br_2)=p^{\ominus}$，即 $K^{\ominus}(T)=p^{\ominus}/p^{\ominus}=1$

$K^{\ominus}(323)/K^{\ominus}(T)=\exp[(\Delta_r H_m^{\ominus}/R)(1/T-1/323)]=0.735$

求得 $T=332\mathrm{K}$

22. 已知 1000K 时生成水煤气的反应

$$C(s)+H_2O(g)\rightleftharpoons H_2(g)+CO(g)$$

在 $p^{\ominus}$下的平衡转化率 $\alpha=0.844$。求：(1) 平衡常数 $K^{\ominus}$；(2) 在 $1.1p^{\ominus}$下的平衡转化率 α。

解：(1) 设起始 $H_2O(g)$ 为 1mol。

$$C(s)+H_2O(g)\rightleftharpoons H_2(g)+CO(g)$$

平衡时 $1-0.844$ 0.844 0.844 $n_{总}=1.844$

$$K^{\ominus}=\frac{\left[\frac{0.844}{1.844}p^{\ominus}/p^{\ominus}\right]\cdot\left[\frac{0.844}{1.844}p^{\ominus}/p^{\ominus}\right]}{\frac{0.156}{1.844}p^{\ominus}/p^{\ominus}}=2.48$$

(2) $C(s)+H_2O(g)\rightleftharpoons H_2(g)+CO(g)$

平衡时 $1-\alpha$ α α $n_{总}=1+\alpha$

$$K^{\ominus}=\frac{\left[\frac{\alpha}{1+\alpha}\times1.1p^{\ominus}/p^{\ominus}\right]\cdot\left[\frac{\alpha}{1+\alpha}\times1.1p^{\ominus}/p^{\ominus}\right]}{\frac{1-\alpha}{1+\alpha}\times1.1p^{\ominus}/p^{\ominus}}=2.48$$

$$\frac{\alpha^2}{1-\alpha^2}\times1.1=2.48$$

解得 $\alpha=0.832$

23. 1000K 下，在 $1\mathrm{dm}^3$ 容器内含过量碳；若通入 4.25g CO_2 后发生下列反应：

$$C(s)+CO_2(g)=2CO(g)$$

反应平衡时气体的密度相当于平均摩尔质量为 $36\mathrm{g\cdot mol^{-1}}$ 的气体密度，$M_{CO_2}=44\mathrm{g\cdot mol^{-1}}$

(1) 计算平衡总压以及 K_p；

(2) 若加入惰性气体 He，使总压加倍，则 CO 的平衡量是增加、减少还是不变？若加入 He，使容器体积加倍，而总压维持不变，则 CO 的平衡量发生怎样变化？

解：(1) 设平衡转化率为 α，

$$C(s)\ +\ CO_2(g)=2CO(g)$$

开始时 $4.25/44=0.097$ 0 mol

平衡时 $0.097(1-\alpha)$ $2\times0.097\alpha$ mol

则 $\sum_B n_B=0.097(1+\alpha)\mathrm{mol}$

$\overline{M}=x(CO_2)M(CO_2)+x(CO)M(CO)=[(1-\alpha)/(1+\alpha)]\times44+[2\alpha/(1+\alpha)]\times28=36$

解得 $\alpha=0.333$

$p(总压)=\sum_B n_B(RT)/V=(1.333\times0.097\times8.314\times1000/10^{-3})\mathrm{Pa}=1075\mathrm{kPa}$

$$K_p = K_x p_{总} = p_{总}\ x^2(CO)/x(CO_2) = 1075\times10^3\times0.5^2/0.5 = 537.5\text{kPa}$$

(2) 根据公式 $p/\sum n_B = RT/V$，在恒温恒容下，T 和 V 不变，总压 p 与总的气体摩尔数$\sum n_B$之比保持不变。因此，在恒温、恒容条件下，加入惰性气体 He，对平衡无影响。但在恒温、恒压下加入惰气，使总体积变化，则平衡转化率将发生变化。根据

$$K_p = K_n(RT/V)^{\sum_B \nu_B} = 537.5\text{kPa} \qquad 得 \qquad \frac{K_n(1)}{K_n(2)\times1/2} = 1$$

$$537.5\text{kPa} = (RT/V)K_n = [(0.097\times2\alpha)^2/0.097\times(1-\alpha)]\times1000R/V$$

将 $V=2\text{dm}^3$ 代入上式，并整理得

$$\frac{\alpha^2}{1-\alpha} = \frac{1}{3}, \qquad 求得：\alpha = 0.434$$

CO 的平衡量为 $0.097\times2\alpha$，原来为 0.065mol，现增大至 0.084mol。

24. 设在某一定温度下，有一定量的 $PCl_5(g)$ 在标准压力 $p^{\ominus}$下的体积为 1dm^3，在此情况下，$PCl_5(g)$ 的解离度设为 50%。通过计算说明在下列几种情况下，$PCl_5(g)$ 的解离度是增大还是减小。

(1) 使气体的总压降低，直到体积增加到 2dm^3；

(2) 恒压下，通入氮气，使体积增加到 2dm^3；

(3) 恒容下，通入氮气，使压力增加到 $2p^{\ominus}$；

(4) 通入氯气，使压力增加到 $2p^{\ominus}$，而体积维持为 1dm^3。

解： $PCl_5(g) \longrightarrow PCl_3(g) + Cl_2(g)$

平衡 $\quad 1-\alpha \qquad \alpha \qquad \alpha$

$$\sum_i n_B = 1+\alpha = 1.5$$

$$K^{\ominus} = K_n[(p/p^{\ominus})/\sum n_B] = [(0.5)^2/(1-0.5)](1/1.5) = 1/3$$

(1) 设解离度为 α_1，此时$\sum n_{B,1} = 1+\alpha_1$ 则

$pV/\sum n_B = p_1V_1/\sum n_{B,1}$ 即 $p_1 = [(1+\alpha_1)/3]p^{\ominus}$

代入 $K^{\ominus} = [\alpha_1^2/(1-\alpha_1)][(p_1/p^{\ominus})/(1+\alpha_1)] = [\alpha_1^2/(1-\alpha_1)]\{[(1+\alpha_1)/3]/(1+\alpha_1)\} = 1/3$

求得 $\alpha_1 = 0.618 > 0.50$，解离度增加

(2) 解离度为 α_2，此时$\sum n_{B,2} = 1+\alpha_2+n(N_2)$

$pV/\sum n_B = p_2V_2/\sum n_{B,2}$，求得 $\sum n_{B,2} = 3$

代入 $K^{\ominus} = [\alpha_2{}^2/(1-\alpha_2)][(p/p^{\ominus})/3] = 1/3$

求得 $\alpha_2 = 0.618 > 0.50$，故解离度增加

(3) 解离度为 α_3，此时$\sum n_{B,3} = 1+\alpha_3+n(N_2)$

$pV/\sum n_B = p_3V_3/\sum n_{B,3}$，求得$\sum n_{B,3} = 3$

代入 $K^{\ominus} = [\alpha_3^2/(1-\alpha_3)][(2p/p^{\ominus})/3] = 1/3$

求得 $\alpha_3 = 0.50$，不变

(4) 解离度为 α_4，通入氯的量为 y，此时$\sum n_{B,4} = 1+\alpha_4+y$

$pV/\sum n_B = p_4V_4/\sum n_{B,4}$求得$\sum n_{B,4} = 3\text{mol}$，$y = 2-\alpha_4$

代入 $K^{\ominus} = [\alpha_4(\alpha_4+y)/(1-\alpha_4)]\times2/3 = 1/3$

求得 $\alpha_4 = 0.2 < 0.5$，解离度下降

*25. 600K、10^5Pa 时由 CH_3Cl 和 H_2O 作用生成 CH_3OH 后，CH_3OH 可以继续分解

为 $(CH_3)_2O$ 即下列平衡同时存在：

(1) $CH_3Cl(g)+H_2O(g) \longrightarrow CH_3OH(g)+HCl(g)$

(2) $2CH_3OH(g) \longrightarrow (CH_3)_2O(g)+H_2O(g)$

已知在该温度下 $K_{p1}=0.00154$，$K_{p2}=10.6$，今以等物质的量的 CH_3Cl 和 H_2O 开始反应，求 CH_3Cl 的平衡转化率。

解： 这是一道多个反应同时平衡，计算平衡转化率或组成类题目中最简单的一种。两个反应同时平衡，关键是设好未知数。在同时平衡时，同一个物质在各反应中浓度相等。设未知数时，总是首先设定只在一个反应中出现的某产物为主变量，再根据反应方程设定其他反应物和产物的变量。在本题中，分别设产物 $HCl(g)$ 和 $(CH_3)_2O(g)$ 为 x 和 y。

	$CH_3Cl(g)$	$+H_2O(g)$	$\longrightarrow CH_3OH(g)$	$+HCl(g)$
开始 (mol)	1	1	0	0
平衡 (mol)	$1-x$	$1-x+y$	$x-2y$	x

$2CH_2OH(g)$	$\longrightarrow (CH_3)_2O(g)$	$+H_2O(g)$
$x-2y$	y	$1-x+y$

$$K_{p1}=[(x-2y)x]/[(1-x)(1-x+y)]=0.00154 \quad (1)$$

$$K_{p2}=[y(1-x+y)]/(x-2y)^2=10.6 \quad (2)$$

联立方程 (1) 和 (2)，解得

$$x=0.048,\ y=0.009$$

CH_3Cl 的平衡转化率 $0.048/1\times100\%=4.8\%$

*26. 在450℃，把0.1mol的 H_2 与0.2mol的 CO_2 引入一个抽空的反应瓶中，在达到以下① $H_2(g)+CO_2(g) = H_2O(g)+CO(g)$ 平衡时，混合物中 H_2O 的摩尔分数 $x=0.10$，平衡常数为 $K_1^{\ominus}$，将平衡压力为50.66kPa的氧化钴与钴的混合物引入瓶中，又建立起另外两个平衡：

② $CoO(s)+H_2(g) = Co(s)+H_2O(g)$；$K_2^{\ominus}$

③ $CoO(s)+CO(g) = Co(s)+CO_2(g)$；$K_3^{\ominus}$。由分析得知混合物中 $x_{H_2O}=0.30$。

(1) 计算这三个反应的平衡常数；

(2) 若在450℃附近，温度每升高1℃，反应①的平衡常数 $K_1^{\ominus}$ 增加1%，试求反应①的反应焓变为多少？

解： (1) $H_2(g)+CO_2(g) = H_2O(g)+CO(g) \qquad \sum\nu_B=0$

$0.1-n \quad 0.2-n \qquad n \qquad n \qquad n_{总}=0.3mol$；

$n_{H_2O}=0.03mol$；$n_{CO}=0.03mol$；$n_{H_2}=0.07mol$；$n_{CO_2}=0.17mol$

$K_1^{\ominus}=K_n=0.03^2/(0.07\times0.17)=0.0756$

新平衡时，$H_2(g)+CO_2(g) = H_2O(g)+CO(g) \qquad \sum\nu_{B(g)}=0$

$0.1-n' \quad 0.2-n' \qquad n' \qquad n'$

$CoO(s)+H_2(g) = Co(s)+H_2O(g)$

$0.1-n' \quad 0.1-n' \qquad n'$

$n(g)_{总}=0.3mol$；$n_{H_2O}=0.09mol$，$n_{H_2}=0.01mol$

所以 $K_2^{\ominus}=K_n=0.09/0.01=9$

因为③=②−①

所以 $K_3^{\ominus}=K_2^{\ominus}/K_1^{\ominus}=9/0.0756=119$

(2) $dK_1^{\ominus}/dT=K_1^{\ominus}\times\Delta_r H_m^{\ominus}/RT^2=1\% K_1^{\ominus}$

$\Delta_r H_m^{\ominus}=0.01\times8.314\times(273+450)^2=43.46\text{kJ}\cdot\text{mol}^{-1}$

5.4 典型例题精解

例 1 已知 700℃时反应 $CO(g)+H_2O(g)═══CO_2(g)+H_2(g)$ 的标准平衡常数为 $K^{\ominus}=0.71$，试问：

(1) 各物质的分压均为 $1.5p^{\ominus}$时，此反应能否自发进行?

(2) 若增加反应物的压力，使 $p_{CO}=10p^{\ominus}$，$p_{H_2O}=5p^{\ominus}$，$p_{CO_2}=p_{H_2}=1.5p^{\ominus}$，该反应能否自发进行?

解：已知反应的标准平衡常数和参加反应的各物质的分压比（即 J_p），欲判断反应的方向，应用化学反应的恒温方程可以解决此问题。

(1) $\Delta_r G_m=-RT\ln K^{\ominus}+RT\ln J_p=-RT\ln0.71+RT\ln[(1.5\times1.5)/(1.5\times1.5)]$
$=-8.314\times973\times\ln0.71+8.314\times973\ln[(1.5\times1.5)/(1.5\times1.5)]$
$=2.77\text{kJ}\cdot\text{mol}^{-1}>0$； 反应不能自发进行

(2) $\Delta_r G_m=-RT\ln K^{\ominus}+RT\ln J_p$
$=-8.314\times973\times\ln0.71+8.314\times973\ln[(1.5\times1.5)/(10\times5)]$
$=-22.3\text{kJ}\cdot\text{mol}^{-1}<0$； 反应能自发进行

讨论：此题也可以通过直接比较 J_p 与 $K^{\ominus}$大小来判断反应的方向。该题是化学反应恒温方程的典型应用，是最基本的题型之一。

例 2 在高温下水蒸气通过灼热的煤层，按下式生成水煤气：C(石墨)$+H_2O(g)═══H_2(g)+CO(g)$。若在 1000K 及 1200K 时的 $K^{\ominus}$分别为 2.472 及 37.58，试计算在此温度范围内的平均反应焓 $\Delta_r H_m^{\ominus}$，及在 1100K 时反应的平衡常数 $K^{\ominus}$(1100K)。

解：该题求反应在给定温度范围内的平均反应焓 $\Delta_r H_m^{\ominus}$，即此时 $\Delta_r H_m^{\ominus}$ 可视为常数，故可利用 van't Hoff 等压方程的定积分式直接求取，求出 $\Delta_r H_m^{\ominus}$ 值后，运用此式可求算在此温度范围内的任意 $K^{\ominus}$，题目虽简单，但属最基本计算之一。

若在 T_1 至 T_2 范围内平均反应焓为常数，则

$$\ln(K_2^{\ominus}/K_1^{\ominus})=(\Delta_r H_m^{\ominus}/R)\times(1/T_1-1/T_2)$$

即 $\ln(37.58/2.472)=(\Delta_r H_m^{\ominus}/8.314)\times(1/1000-1/1200)$，$\Delta_r H_m^{\ominus}=135.77\text{kJ}\cdot\text{mol}^{-1}$

又：$\ln[K^{\ominus}(1100)/2.472]=(135770/8.314)\times(1/1000-1/1100)$，$K^{\ominus}(1100\text{K})=10.91$

讨论：此题中化学反应的 $\Delta_r H_m^{\ominus}$ 为定值，与温度无关，因此可由范特霍夫定积分式 $\ln[K^{\ominus}(2)/K^{\ominus}(1)]=(\Delta_r H_m^{\ominus}/R)(1/T_1-1/T_2)$ 直接求得。但是，若化学反应的 $\Delta_r C_{p,m}\neq0$，尤其是温度变化的范围很大时，应将 $\Delta_r H_m^{\ominus}$ 表示成 T 的函数并代入范特霍夫方程的微分式进行积分：

$$\ln K^{\ominus}=-\frac{\Delta H_0}{RT}+\frac{\Delta a}{R}\ln T+\frac{\Delta b}{2R}T+\frac{\Delta c}{6R}T^2+I$$

例 3 在 929K $FeSO_4(s)$ 热分解，平衡时气体总压为 $0.9p^{\ominus}$。反应式如下：

$$2FeSO_4(s)\rightleftharpoons Fe_2O_3(s)+SO_2(g)+SO_3(g)$$

(1) 计算此温度时的 $K^{\ominus}$；

(2) 929K 时容器内有过量的 $FeSO_4$，且 SO_2 初压为 $0.6p^{\ominus}$，平衡后系统总压是多少？

解：本题中的化学反应为气-固复相化学反应，而且已知平衡时气体的总压，应用复相化学反应的 $K^{\ominus}$ 表示式就可求出 $K^{\ominus}$；当已知 SO_2 的初始压力和 $K^{\ominus}$ 时，就能求出平衡时各气体组分的压力，总压也就能随之求出。

(1) $p(SO_2)=p(SO_3)=1/2\times0.9p^{\ominus}=0.45p^{\ominus}$

$$K^{\ominus}=[p(SO_2)/p^{\ominus}]\times[p(SO_3)/p^{\ominus}]=0.45^2=0.203$$

(2) 平衡时：$p(SO_2)=p(SO_3)+0.6p^{\ominus}$，故 $p(SO_2)/p^{\ominus}=p(SO_3)/p^{\ominus}+0.6$

$$K^{\ominus}=[p(SO_2)/p^{\ominus}]\times[p(SO_3)/p^{\ominus}]$$
$$=[p(SO_3)/p^{\ominus}+0.6]\times[p(SO_3)/p^{\ominus}]$$

故 $[p(SO_3)/p^{\ominus}+0.6][p(SO_3)/p^{\ominus}]-0.203=0$

$p(SO_2)=0.84p^{\ominus}, p(SO_3)=0.24p^{\ominus}$,

$$p_{总}=(0.24+0.84)p^{\ominus}=1.08p^{\ominus}=109431\text{Pa}$$

讨论：(1) 掌握复相化学反应的平衡常数的表达式，利用分解压求算反应的标准平衡常数。

(2) 当产物的初始浓度变化时，利用标准平衡常数求算反应重新达到平衡时的各组分平衡浓度的关键是牢记 $K^{\ominus}$ 仅是温度的函数，只要 T 不变，初始浓度变化不改变 $K^{\ominus}$ 的值。

例 4　在 55℃、$p^{\ominus}$ 下，部分解离的 N_2O_4 的平均分子量为 $61.2\text{g}\cdot\text{mol}^{-1}$，试计算：

(1) 解离度 α；(2) 反应 $N_2O_4(g)\rightleftharpoons 2NO_2(g)$ 的 K_p；

(3) 若总压降至 10kPa，55℃ 时的解离度 α 又是多少？

解：根据反应方程式，利用达到平衡时的平均分子量的数据计算平衡组成，进而计算出解离度；又因为 K_p 仅是温度的函数，与系统压力无关，所以可用由 (2) 计算出的 K_p 值计算压力变化时的解离度。

(1) 设 NO_2 的物质的量分数为 x，N_2O_4 的为 $(1-x)$

$xM(NO_2)+(1-x)M(N_2O_4)=61.2$，即 $46x+(1-x)\times92=61.2$，求得 $x=0.67$

设初始时 N_2O_4 的物质的量为 $n$mol，则：

$$N_2O_4(g)\rightleftharpoons 2NO_2(g)$$

平衡时：　$n(1-\alpha)$　　$2n\alpha$　　$\sum n_B=n(1+\alpha)$

$$x=2\alpha n/n(1+\alpha)=0.67，故\ \alpha=0.50$$

(2) $K_p=p^2(NO_2)/p(N_2O_4)=[4\alpha^2/(1-\alpha^2)]p=133.33\text{kPa}$

(3) 当 $p=10\text{kPa}$ 时，$K_p=133.33\text{kPa}=[4\alpha^2/(1-\alpha^2)]\times10\text{kPa}$，求得 $\alpha=0.877$

讨论：利用平衡状态时的已知数据计算解离度 α 或 K_p，是化学平衡章节中常见题型，需熟练掌握；此题也证明了在一定温度下，增加反应压力，平衡向气体分子数减少方向移动。

例 5　在 200～400K，反应 $NH_4Cl(s)=NH_3(g)+HCl(g)$ 的标准平衡常数与温度 T 的关系为：

$$\lg K^{\ominus}=16.2-9127/(T/\text{K})$$

(1) 计算 300K 时反应的 $\Delta_r H_m^{\ominus}$、$\Delta_r G_m^{\ominus}$、$\Delta_r S_m^{\ominus}$；

(2) 300K 时，若反应开始时只有 $NH_4Cl(s)$ 放在一真空容器内，求平衡时 HCl(g) 的分压；

(3) 求 (2) 中反应平衡系统的自由度数。

解：(1) 若 $\Delta_r H_m^\ominus$ 与温度无关，则 $\Delta_r H_m^\ominus = 2.303\times 9127\times 8.314 = 174756\text{J}\cdot\text{mol}^{-1}$
由题给的 $\lg K^\ominus$-T 的关系式得 300K 时 $K^\ominus = 5.98\times 10^{-15}$

所以 $\Delta_r G_m^\ominus(300\text{K}) = -RT\ln K^\ominus(300\text{K}) = -8.314\times 300\ln(5.98\times 10^{-15}) = 81686\text{J}\cdot\text{mol}^{-1}$
由公式：$\Delta_r G_m^\ominus = \Delta_r H_m^\ominus - T\Delta_r S_m^\ominus$ 得 $\Delta_r S_m^\ominus(300K) = 310.2\text{J}\cdot\text{mol}^{-1}\cdot\text{K}^{-1}$

(2) $K^\ominus = \left[\frac{p(NH_3)}{p^\ominus}\times\frac{p(HCl)}{p^\ominus}\right] = \left[\frac{p(HCl)}{p^\ominus}\right]^2 = 5.98\times 10^{-15}$

解得：　$p(HCl) = 7.73\times 10^{-3}\text{Pa}$

(3) $F^* = C - P + 1 = S - R - R' - P + 1 = 3 - 1 - 1 - 2 + 1 = 0$

说明：该题涉及的主要问题有：

(1) 围绕 $K^\ominus$，利用公式 $\Delta_r G_m^\ominus = -RT\ln K^\ominus$ 和 $\ln K^\ominus = -\frac{\Delta_r H_m^\ominus}{RT} + C$ 以及 $\Delta_r G_m^\ominus = \Delta_r H_m^\ominus + T\Delta_r S_m^\ominus$ 计算热力学函数 G、H、S 的改变值；

(2) 利用分解压表示复相化学反应的标准平衡常数；

(3) 组分数的计算，$C = S - R - R'$。

例 6　将 10.00g $Ag_2S(s)$ 与 890K、$p^\ominus$的 1dm^3 H_2 相接触，直至平衡。已知反应

$$Ag_2S(s) + H_2(g) \rightleftharpoons 2Ag(s) + H_2S(g)$$

在 890K 时的 $K^\ominus = 0.278$，试问：

(1) 平衡时，系统中 $Ag_2S(s)$ 及 $Ag(s)$ 各为多少克，气相组成如何？

(2) 欲使 10.00g $Ag_2S(s)$ 全部被还原，求算最少需要 890K、$p^\ominus$下的 H_2 体积数。

解：(1) 10.00g $Ag_2S(s)$ 为 0.04052mol，设反应达平衡时，$H_2S(g)$ 的压力为 $xp^\ominus$，有：

	$Ag_2S(s) + H_2(g) \rightleftharpoons$	$2Ag(s) + H_2S(g)$
$t=0$ 时气相分压	$p^\ominus$	0
平衡时气相分压	$(1-x)p^\ominus$	$xp^\ominus$

$$K^\ominus = \frac{xp^\ominus/p^\ominus}{(1-x)p^\ominus/p^\ominus} = 0.278$$

$$x/(1-x) = 0.278,\quad x = 0.2175$$

达平衡时气相组成为：H_2：78.25%(V)；H_2S：21.75%(V)

对气相而言，反应为等分子反应，故在恒温等压下，反应系统的体积不变，一直为 1dm^3，系统气相的总摩尔数为：

$$n = pV/(RT) = (101325\times 0.01)/(8.314\times 890) = 0.01369\text{mol}$$

达平衡时各组分的摩尔数为：

$n_{H_2S} = 0.01369\times 0.2175 = 0.002978\text{mol}$，$n_{Ag} = 0.005955\text{mol}$，$w_{Ag} = 0.6425\text{g}$

$n_{Ag_2S} = 0.04052 - 0.002978 = 0.03754\text{mol}$，$w_{Ag_2S} = 9.264\text{g}$

(2) 由 (1) 的计算结果可知，1dm^3 的 H_2 使 0.736g Ag_2S 还原为 Ag，若需将 10.00g $Ag_2S(s)$ 完全还原，所需 H_2 的量至少为：$10.0/0.736\times 1\text{dm}^3 = 13.6\text{dm}^3$。

讨论：该题是已知标准平衡常数求平衡时各组分的组成，此类题目有时会涉及标准平衡常数与各类平衡常数之间的转换。

例 7　总压 101.325kPa，反应前气体含 SO_2 6%、O_2 12%（摩尔分数）其余为惰性气体 Ar。问在什么温度下，反应 $SO_2(g) + 1/2O_2(g) \rightleftharpoons SO_3(g)$ 达到平衡时，有 80% SO_2 转变为 SO_3？已知 298K 的标准生成热 $\Delta_f H_m^\ominus/(\text{kJ}\cdot\text{mol}^{-1})$ 为：SO_3 −395.76、SO_2 −296.90；

298K 的标准熵 $S_m^\ominus/(J\cdot K^{-1}\cdot mol^{-1})$ 为：SO_3 256.6、SO_2 248.11、O_2 205.04，并设反应的 $\Delta_r C_p$ 为零。

解：首先求 80% SO_2 转变为 SO_3 时的标准平衡常数，这里要掌握 K_n 与 $K^\ominus$ 之间的关系式；然后求出 $\Delta_r H_m^\ominus$ 和 $\Delta_r S_m^\ominus$ 数值，因为反应的 $\Delta_r C_p$ 为零，利用等式 $\Delta_r G_m^\ominus = -RT\ln K^\ominus = \Delta_r H_m^\ominus - T\Delta_r S_m^\ominus$ 求出反应温度。

以 100mol 的反应物为计算基准

	$SO_2(g)$	$+1/2O_2(g)$ $\rightleftharpoons$	$SO_3(g)$	Ar	$\sum n/mol$
起始 n_i	6	12	0	82	100
平衡 $n_{e,i}$	6(1−0.8)	12−6×0.4	6×0.8	82	97.6

$$K^\ominus = K_n(p/p^\ominus n_{总})^{\sum\nu_B} = [4.8/(9.6^{1/2}\times 1.2)]\times(1/97.6)^{-1/2} = 12.75$$

$$\Delta_r G_m^\ominus = -RT\ln K^\ominus = -21.16T = \Delta_r H_m^\ominus - T\Delta_r S_m^\ominus$$

$$\Delta_r H_m^\ominus = \Delta_r H_m^\ominus(SO_3) - \Delta_r H_m^\ominus(SO_2) = -395.76 + 296.9 = -98.86 kJ\cdot mol^{-1}$$

$$\Delta_r S_m^\ominus = S_m^\ominus(SO_3) - [S_m^\ominus(SO_2) + 1/2 S_m^\ominus(O_2)]$$

$$= 256.6 - 248.11 - 1/2\times 205.04 = -94.03 J\cdot K^{-1}\cdot mol^{-1}$$

所以 $-21.16T = -98860 + 94.03T$，得：$T = 858.2K$

讨论：此题包含的知识点较多：(1) 计算在有惰性气体存在时，指定反应的反应物达到一定平衡转化率时该反应的 $K^\ominus$；(2) 涉及热力学函数的计算，用已有的热力学数据计算反应的 $\Delta_r G_m^\ominus$；(3) 要注意到一定温度下 $K^\ominus$ 与热力学函数 $\Delta_r H_m^\ominus$ 和 $\Delta_r S_m^\ominus$ 之间的间接关系，即：$\Delta_r G_m^\ominus = -RT\ln K^\ominus = \Delta_r H_m^\ominus - T\Delta_r S_m^\ominus$。

例 8 600K 时，$CH_3Cl(g)$ 与 $H_2O(g)$ 发生反应生成 CH_3OH，继而又生成 $(CH_3)_2O$，同时存在两个平衡：

(1) $CH_3Cl(g) + H_2O(g) \rightleftharpoons CH_3OH(g) + HCl(g)$

(2) $2CH_3OH(g) \rightleftharpoons (CH_3)_2O(g) + H_2O(g)$

已知在该温度下，$K_{p,1}^\ominus = 0.00154$；$K_{p,2}^\ominus = 10.6$。今以等量的 $CH_3Cl(g)$ 和 $H_2O(g)$ 开始，求 $CH_3Cl(g)$ 的平衡转化率。

解：观察题中的两个化学反应式，可知式(1) 中的产物 $CH_3OH(g)$ 同时也是式(2) 中的反应物，式(1) 中的反应物 $H_2O(g)$ 同时也是式(2) 的产物。解题时要注意，达到平衡时，每种物质在两个化学式中为同一浓度，且一般以只出现在某一个反应式中的物质的量或分压为变量。

设开始时 $CH_3Cl(g)$ 和 $H_2O(g)$ 的摩尔数为 1.0，达到平衡时，生成 HCl 的摩尔数为 x，生成 $(CH_3)_2O$ 为 y，则在平衡时各物的量为：

(1) $CH_3Cl(g) + H_2O(g) \rightleftharpoons CH_3OH(g) + HCl$

$1-x \quad 1-x+y \quad x-2y \quad x$

(2) $2CH_3OH(g) \rightleftharpoons (CH_3)_2O(g) + H_2O(g)$

$x-2y \quad y \quad 1-x+y$

因为两个反应的 $\sum_B \nu_B$ 都等于零，所以 $K_p^\ominus = K_x$

$$K_{p,1}^\ominus = \frac{(x-2y)x}{(1-x)(1-x+y)} = 0.00154 \qquad K_{p,2}^\ominus = \frac{y(1-x+y)}{(x-2y)^2} = 10.6$$

将两个方程联立，解得 $x = 0.048$；$y = 0.009$。所以 $CH_3Cl(g)$ 的转化率为 4.8%。

讨论：此题为两个反应同时发生且达到平衡。在处理同时平衡的问题时，要考虑每个物质的数量在各个反应中的变化，注意各个平衡方程式中同一物质的数量应保持一致。

例 9 理想气体反应：$2A(g) \rightleftharpoons B(g)$，已知：298K 时：

	$\Delta_f H_m^\ominus/kJ \cdot mol^{-1}$	$S_m^\ominus/J \cdot K^{-1} \cdot mol^{-1}$	$C_{p,m}^\ominus/J \cdot K^{-1} \cdot mol^{-1}$
A	35.0	250	38.0
B	10.0	300	76.0

(1) 当系统中 $x_A=0.5$ 时，判断反应在 310K，$p^\ominus$下进行的方向；

(2) 欲使反应与（1）方向相反方向进行，

(a) T，x_A不变，压力应控制在什么范围？(b) p，x_A不变，温度应控制在什么范围？

(c) T，p 不变，x_A应控制在什么范围？

解：此题（1）和（2）(a)、(c) 是典型的由标准摩尔生成焓和标准摩尔熵先求标准摩尔反应焓和标准摩尔反应熵，再由公式 $\Delta_r G_m^\ominus=\Delta_r H_m^\ominus-T\Delta_r S_m^\ominus$ 求 $\Delta_r G_m^\ominus$，进而由 $\Delta_r G_m^\ominus$ 求 $K^\ominus$，然后通过 van't Hoff 方程判断反应方向。

(1) $\Delta_r H_m^\ominus=-60.0kJ \cdot mol^{-1}$，$\Delta_r S_m^\ominus=-200J \cdot K^{-1} \cdot mol^{-1}$

$\Delta_r C_{p,m}^\ominus=0$，所以 $\Delta_r H_m^\ominus$，$\Delta_r S_m^\ominus$ 与 T 无关

$$\Delta_r G_m^\ominus=\Delta_r H_m^\ominus-T\Delta_r S_m^\ominus=(-60.0\times10^3+200T/K)J \cdot mol^{-1}$$

310K 时，$\ln K^\ominus=-\Delta_r G_m^\ominus/(RT)=-0.776$，$K^\ominus=0.460$

$$\Delta_r G_m=\Delta_r G_m^\ominus+RT\ln J_p$$

$$J_p=(p_B/p^\ominus)/(p_A/p^\ominus)^2=(0.5p^\ominus/p^\ominus)/(0.5p^\ominus/p^\ominus)^2=2$$

$J_p>K^\ominus$，故反应由 B 向 A 进行，即向左进行。

(2) 要使反应向右进行，须使 $J_p<K^\ominus$

(a) T，x_A不变，$K^\ominus=0.460$

欲使 $J_p=(0.5p/p^\ominus)/(0.5p/p^\ominus)^2<K^\ominus$，解得 $p>4.35p^\ominus$

(b) p，x_A不变，即 J_p 不变

$$\ln K^\ominus=-\Delta_r G_m^\ominus/(RT)=-\Delta_r H_m^\ominus/(RT)+\Delta_r S_m^\ominus/R>\ln J_p$$

$\ln K^\ominus=60\times10^3/RT-200/RT>\ln 2$，得：$T<291.6K$

(c) T，p 不变，$K^\ominus=0.460$，且 $p=p^\ominus$

$$J_p=[(1-x_A)/x_A^2](p/p^\ominus)^{-1}<K^\ominus\text{，得：}x_A>0.74$$

讨论：本题（1）是应用化学恒温方程来判断反应的方向性，由题所给的热力学数据求出 $K^\ominus$，再计算 J_p，比较两者大小即可。题（2）是考察压力、温度、组成对平衡移动的影响，要改变反应方向必须满足条件 $J_p<K^\ominus$，解决温度对平衡移动的影响，实质上是找出 $K^\ominus=f(T)$；要解决压力、组成对平衡移动的影响实质是要找出 $J_p=f(p)$；$J_p=f(x_A)$，再与（1）中计算出的同温度下的 $K^\ominus$进行比较。

第6章 相平衡

6.1 概述

本章主要描述多相多组分平衡系统中相变化所遵循的规律。不同物质（包括纯物质和混合物）在不同的条件下以不同的相态存在。系统的状态发生变化，物质的相态或各相的数量就有可能发生变化。相平衡实际上是在满足热平衡、力平衡的基础上（即一定的温度、压力下），各组分在各相中的平衡分布。恒温、恒压、$W'=0$ 条件下，分布达到平衡的条件是任一组分在各相中的化学势相等。若化学势不相等，则系统偏离相平衡，将发生不可逆的相变化。

描述一个多组分多相平衡系统，首先要确定状态所需的独立强度变量的数目，即自由度。系统的自由度（F）可用 Gibbs 相律公式定量计算。相律是相平衡系统所遵循的基本定律，是物理化学中最具普遍性、最重要的规律之一。借助相律可以解决：①计算一个多组分多相平衡系统最多可平衡共存的相数；②计算一个多组分平衡系统的自由度及最大自由度。但相律并不能回答相平衡系统中具体存在的是哪几个相。

通过相图可以解答相律中无法解答的相平衡系统中存在哪几个相的问题。所谓相图，就是用图形来表示相平衡系统的状态以及状态随组成、温度、压力的变化关系。相图是相平衡的几何语言，用几何图形来表示平衡系统的状态和演变的规律性，具有直观、简洁、呈现整体性的优点。结合相律，通过相图可知：①一个多组分多相平衡系统在不同状态下系统存在哪几相；②随着某些强度性质的变化，系统的相是否会发生变化以及如何变化；③如需得到特定的某种组分，应如何操作。通过相图我们可以清晰地定性分析系统存在的相、相的组成及相随某些强度性质如何变化，但无法进行定量计算。定量计算则需借助杠杆规则。

本章根据组分数将相图分成单组分、二组分、三组分系统。着重讲述了单组分和二组分系统相图，并对二组分系统按不同聚集状态分成气～液和固～液（凝聚系）两大类。详细讲述了各种类型相图中点、线、面的意义及相变规律，并结合工业生产和科学研究阐述各类相图的应用。通过对各类简单相图特征的认识和理解，比较各类相图的区别和联系，可为复杂相图的分析和应用打下基础。

在本章中，需要掌握以下内容：①熟练运用相律分析相平衡系统，明确理解相图中点、线、面的物理意义；②指出确定系统中点、线、面上的总组成及相组成，区分物系点和相点；③能够描述系统的强度性质发生变化时，系统的相数、相态、系统的总组成或相组成的变化情况及在相图中的运动轨迹；④运用杠杆规则定量计算二相平衡系统中各相物质的量；⑤根据实验数据描述绘制简单的相图。认识、描述和处理相平衡中各种问题的基本理论仍是热力学基本原理。只有结合物理化学基本原理，整理出简单相图的规律性和条理性，才能真正学好本章。

本章中将重点讨论单组分和二组分系统相平衡体系及其相图。三组分体系相平衡及其相图请看教材。

本章知识点架构纲目图如下：

- 多组分系统相平衡
  - 热力学原理在相平衡中的应用 → 相律
    - 相、组分数→物种数、自由度→条件自由度的定义及物理意义
    - 独立的化学平衡数的确定
    - 不同系统浓度限制条件的确定
    - Gibbs 相律：$F=C-P+n$ 及其物理意义
  - 杠杆规则
    - 杠杆规则原理→物质守恒
    - 杠杆规则运用范围：两相平衡区
    - 杠杆规则应用：各类相图中不同相组分量的计算
  - 相图
    - 单组分系统
      - 点
        - 点的相律分析：$P=?$，$C=?$，$F=?$
        - $m(L_1)$
      - 线
        - 线的相律分析：$P=?$，$C=?$，$F=?$
        - 线上每点的斜率与 C～C 方程的联系
      - 面　面的相律分析：$P=?$，$C=?$，$F=?$
      - 认真理解和认识水和硫的相图
    - 纯物质两相平衡时 T-p 关系
      - 任意两相平衡 T-p 关系：$\mathrm{d}p/\mathrm{d}T=\Delta_\alpha^\beta H_\mathrm{m}/(T\Delta_\alpha^\beta V)$（Clapeyron 方程）
      - g～l 或 s 两相平衡时 T-p 关系
        - 微分式：$\dfrac{\mathrm{d}\ln p}{\mathrm{d}T}=\dfrac{\Delta_\mathrm{vap}H_\mathrm{m}}{RT^2}$（C-C 方程）
        - 定积分式：$\ln(p_2/p_1)=-\Delta_\mathrm{vap}H_\mathrm{m}/[R(1/T_2-1/T_1)]$
        - 不定积分式：$\ln p=-\Delta_\mathrm{vap}H_\mathrm{m}/(RT)+C$
    - 二组分系统　二组分相图的详细解剖见下面“二组分系统相平衡”
    - 三组分系统　三组分相图的初步了解
- 二组分系统相平衡
  - 二组分相平衡系统的相律分析→点、线、面各自的：$P=?$，$F=?$
  - 二组分系统相图的种类：p-x 相图，T-x 相图，x-y 相图
  - 物系点、相点的定义，区别和联系
  - 气液平衡相图
    - 液相完全互溶
      - 理想液态混合物
        - p-x 相图
          - 点、线、面的物理意义及相律分析
          - 特点：液相线为一条直线
        - T-x 相图：点、线、面的物理意义及相律分析
      - 真实液态混合物
        - 相图的类型：对 Raoult 定律发生一般正偏差、较大正偏差、较大负偏差的相图
        - p-x 相图和 T-x 相图的类型与发生偏差的对应关系
        - 恒沸点的物理意义
        - 柯诺瓦洛夫-吉布斯定律
        - p-x 相图或 T-x 相图点、线、面的物理意义及相律分析
    - 液相部分互溶
      - T-x 相图点、线、面的物理意义及相律分析
      - 升温或降温过程中相点运动轨迹及相态变化
    - 液相完全不互溶
      - T-x 相图、气相总压（或沸点）与各组分分压（或沸点）的关系
      - 水蒸气蒸馏原理及蒸气消耗系数的计算
    - 精馏原理
  - 二元凝聚系相图
    - 升温或降温过程中相点运动轨迹及三相线上的相平衡关系
    - 点、线、面的物理意义及相律分析；
    - 固相完全互溶
      - 三种偏差类型
      - 凝点线、熔点线
    - 固相部分互溶
    - （固相完全互溶、固相部分互溶）→ 有固溶体生成的系统
      - 固溶体的定义与混合物的区别
      - 应用：区域熔炼
    - 固相完全不互溶
      - 简单低共熔混合物
        - 水盐系统相图
          - 最低共熔点
          - 应用：提纯和分离
        - 金属系统相图
          - 热分析法绘制相图
          - 步冷曲线上转折点或平台的相变及相律分析
      - 有化合物生成的系统
        - 生成稳定化合物
          - 相合熔点
          - 与简单低共熔化合物相图的联系
        - 生成不稳定化合物
          - 不相合熔点
          - 与生成稳定化合物相图的区别和联系

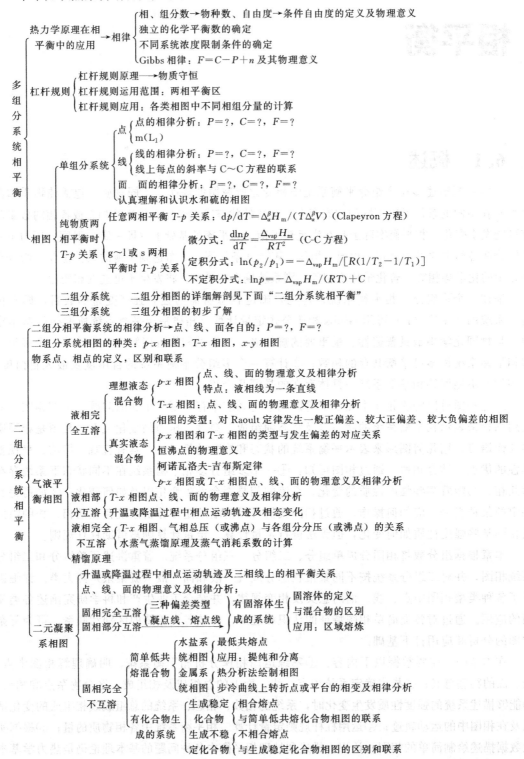

6.2　主要知识点

6.2.1　相律

6.2.1.1　相、组分数

物理性质和化学性质完全均匀一致的部分称之为相，不同相间有明显的界面。具体地说，就是以分子、原子（或离子）尺度均匀混合的系统一般称之为一个相，如气体、固溶体、同分异构体。平衡系统中相的数目（相数）用 P 表示。

表示平衡系统中各相的组成所需最少的独立物种数，称之为组分数或独立组分数，用 C 表示，并用下式定义：$C=S-R-R'$，式中，S 表示物种数；R 表示独立的化学平衡数；R' 表示独立的浓度限制条件数。

说明：物种数的认定与思考问题的方式有关，不同物种数的认定也直接关系到独立的化学平衡数和独立的浓度限制条件数的认定，但计算得到的独立组分数不变。故在考虑问题时，应该尽可能地将复杂的问题简单化，用最简化的方式认定物种数有利于问题的解决。

6.2.1.2　Gibbs 相律及其应用

Gibbs 相律一般用 $F=C-P+2$ 来表示，其揭示了自由度 F、独立组分数 C、相数 P 之间的关系，式中 2 表示温度和压力。因此，上式的适用条件为：只受温度、压力影响的相平衡系统。若考虑其他因数（如电场、磁场、重力场等）的影响时，相律的形式可以写成 $F=C-P+n$。但对于只有固相或液相形成的凝聚系统，压力对相平衡的影响很小，可忽略不计；或者系统的温度或/和压力已经恒定，不为变量，在这两种情况下，用条件自由度 $F^{*}=C-P+1$ 或 $F^{**}=C-P$ 来表示相律。

6.2.2　Clapeyron 方程及 Clapeyron-Clausius 方程

纯物质两相平衡时 T-p 关系及相变焓的计算：

任意两相平衡 T-p 关系：$\mathrm{d}p/\mathrm{d}T=\Delta_{\alpha}^{\beta}H_{\mathrm{m}}/(T\Delta_{\alpha}^{\beta}V_{\mathrm{m}})$（Clapeyron 方程）

对于凝聚相，当近似认为 ΔV_{m}、ΔH_{m} 与温度、压力无关时，上式的积分式为

$$\ln(T_2/T_1)=\Delta V_{\mathrm{m}}/\Delta H_{\mathrm{m}}(p_2-p_1)$$

用此式可以根据已知 p_1 下的相变温度（如熔点）T_1 求另一压力 p_2 下的相变温度（如熔点）T_2。

若平衡系统为 $\mathrm{l}\rightleftharpoons\mathrm{g}$ 或 $\mathrm{s}\rightleftharpoons\mathrm{g}$，且设 $\Delta V\approx V(g)$、气体可视为理想气体时，相变温度与气相平衡压力之间的关系服从 Clapeyron-Clausius 方程，以下简称 C-C 方程：$\mathrm{l}\rightleftharpoons\mathrm{g}$ 或 $\mathrm{s}\rightleftharpoons\mathrm{g}$ 两相平衡 T-p 关系：

$$\frac{\mathrm{d}\ln p}{\mathrm{d}T}=\frac{\Delta_{\mathrm{vap}}H_{\mathrm{m}}}{RT^2}\qquad\text{(C-C 方程微分式)}$$

在温度变化不大、$\Delta_{\mathrm{vap}}H_{\mathrm{m}}$ 可视为常数时，可得 C-C 方程的定积分式和不定积分式。

$$\ln(p_2/p_1)=-\Delta_{\mathrm{vap}}H_{\mathrm{m}}/R(1/T_2-1/T_1)\qquad\text{(C-C 方程定积分式)}$$

$$\ln p=-\Delta_{\mathrm{vap}}H_{\mathrm{m}}/(RT)+C\qquad\text{(C-C 方程不定积分式)}$$

由定积分式可求 p_1、p_2、T_1、T_2、$\Delta_{\mathrm{vap}}H_{\mathrm{m}}$ 5 个量中的任一未知量；由不定积分式则可求得饱和蒸气压与 T 的关系。

6.2.3　相图

所谓相图，就是用图形来表示相平衡系统的状态以及状态随组成、或温度、或压力、或

三者兼而有之的变化关系。用相图来描述相平衡系统具有直观、简洁、呈现整体性的优点。相图具有严密的结构，一般由特殊的点（如三相点）、线（两相平衡线）、面（相区）构成，其中的点、线、面都有明确的物理意义，要理解相图必须从其中的点、线、面开始。相图一般由若干个相区（即面）组成，用点和线将相区隔开，每个相区又是点的集合。相图中的点又可以分成物系点和相点，对于单相系统，物系点和相点重合，物系点的组成等于相组成，它既表示体系的实际状态也表示其相的状态。对于相数为 n（$n\geqslant 2$）的多相体系，相区中单相区与单相系统相同，多相区（$n\geqslant 2$）相区中的点是物系点，而系统实际存在的 n 个相分别用处于相同条件下的该相区的边界上（即线上）的 n 个点即相点来表示。相区以一定的规律构成整个相图，相区之间彼此具有确定的关系，遵循以下规则：①任何多相区必须与单相区相连，而且一个相数为 P 的相区其边界必与 P 个结构不同的单相区相连；②在临界点以下，一个相数为 P 的相区绝对不会与同组分的另一个相数为 P 的相区直接相连，由相数为 P 的相区到另一个相数为 P 的相区必定要经过 $P\pm n$（n 为整数）相区，故相图中的相区是交错的，这也是相律的必然结果。相图之间也存在一定的相互关联，任何一张复杂的相图都可以看成是若干个简单相图按一定规律的组合，也可以看成由某一相图演变而来。这种现象实际上反映了物质内在结构及性质的统一性和差异性。

相图主要由实验直接测定的数据绘制而成，也有少量相图通过间接的实验数据和热力学规律进行绘制，一般的方法有蒸馏法、溶解度法和热分析法。相图的应用非常广泛，物质的分离提纯与控制相的形态及组成是两个主要的实际应用，它也为理论上描述（分析）物质结构及相互作用等提供了可靠的实验背景。

学习本节的首要的问题是如何从理论上认识、理解简单相图，然后通过相图的规律性从已知相图推断认识复杂或陌生的相图。在认识相图的基础上，如何从实验数据和热力学一般规律绘制相图也是本节的另一个要点。

6.2.4 单组分系统相图

用相律分析单组分系统：$F=C-P+2=3-P$，$P_{\max}=3$，说明在单组分系统中最多只能 3 相共存；$F_{\max}=2$，自由度最多是 2，即最多有两个独立的强度变量，一般为温度和压力。故可在二维平面描述单组分系统的相平衡关系。

图 6.1 是水的相图，图中有一个三相点、三条两相平衡线和三个单相区。图 6.2 是硫的相图。硫在常温下有两种晶型：单斜硫和正交硫。因此相图中共有四个三相点、六条两相平衡线和四个单相区。

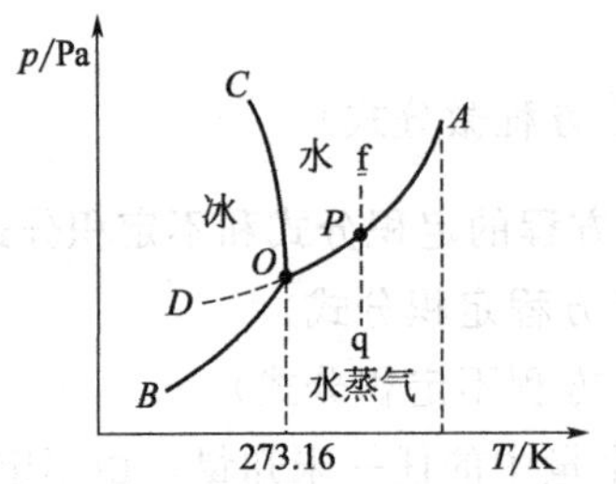

图 6.1 水的相图

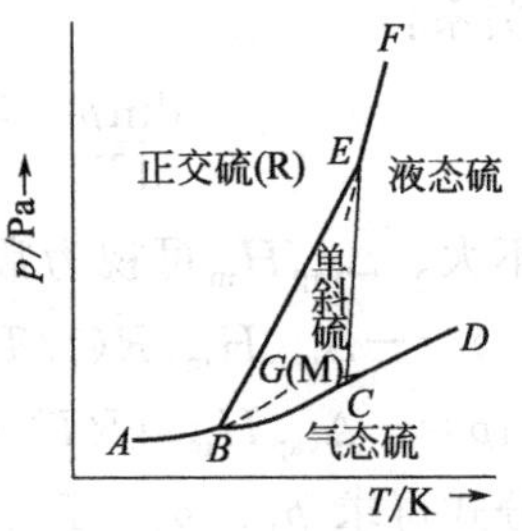

图 6.2 硫的相图

说明：① 水的三相点（273.16K，610.5Pa）和通常所说的冰点（273.15K，100kPa）是不同的。造成二者不同的原因是处在冰点时，水中溶有空气，变成了稀溶液，导致其凝固点降低；此外压力由 610.5Pa→100kPa，也导致冰点下降。

② 水的固液平衡线负斜率的特殊性及其原因：冰的密度比水小；

③ 硫相图中亚稳态的存在及其消除；

④ Clapeyron 方程或 Clapeyron-Clausius 方程对纯物质两相线上温度与压力的关系的定量描述；

⑤ 如何通过化学势解释相的稳定性和相变。

6.2.5 二组分系统相图

用相律分析二组分系统：$F=C-P+2=4-P$，说明在二组分系统中最多只能 4 相共存，自由度最多是 3；$F_{max}=2$，即最多有三个独立的强度变量，一般是温度、压力和系统的组分。显然，这样的系统需要用三维空间坐标来描述二组分系统的相平衡关系，如果将温度、压力或组成这三者之一固定也可以用平面图来描述二组分系统的相平衡关系。

二组分系统相图分类和结构比较复杂，但任何一张复杂的相图都可以看成是由若干个简单相图按一定规律的组合，也可以看成是由某一相图演变而来。故学会分析简单但典型相图是读懂所有相图的关键。识图（点、线、面的物理意义，相平衡，步冷曲线，变温、变压及物系点变化过程中相点的运动轨迹）和画图（已知关键数据绘制相图）及计算［各相物质量的计算：杠杆规则运用；已知液相（或气相）组成，求与之平衡的气相（或液相）组成；已知平衡组成，求平衡压力或平衡温度等（后两者对理想液态混合物而言）］是学习相图的基本要求。一般我们将二组分系统相图分成以下几类：

(1) 完全互溶双液系统

如果两组分构成理想液态混合物，则各组分的蒸气压与溶液组成均能遵守拉乌尔定律，只要通过理论计算就可以得到恒温下的 p-x 相图（图 6.3）。如果溶液对拉乌尔定律有些偏差，则根据偏差的不同就形成了图 6.4 中的几种类型：①一般正偏差［图 6.4(a)］；②存在极大值［图 6.4(b)］；③存在极小值三类［图 6.4(c)］。通过 p-x 相图也可以画出其 T-x 相图。

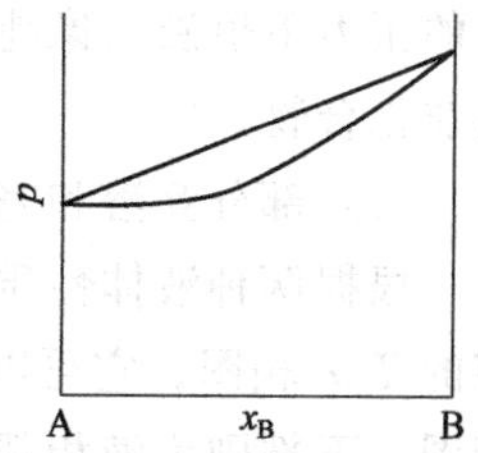

图 6.3 理想溶液的蒸气压-组成图

说明：① 恒温下蒸气压较高的物质在恒压下应具有较低的沸点，反之亦然；对于具有最高或最低恒沸点的二组分系统，在进行精馏时，要能够根据物系点的组成正确判断在塔顶和釜底所得到的组分。并不是所有类型的二元液态混合物都可以通过精馏分离出纯 A 和纯 B。如在图 6.4(e) 的在 T-x 图上，物系组成处于 AE 段时，只能分馏出组分 A 和最低恒沸物 C；而物系组成处于 EB 段时，只能分馏出最低恒沸物 C 和组分 B。

② 要学会区分相点和物系点，以图 6.4(d) 为例，将组分 x_1 的溶液加热，当温度为 t_1 时，系统的状态由 O 点表示，O 点称之为此条件下系统的物系点。此时系统中实际存在的是平衡的气-液两相，液相的温度及组成由 b 点表示；蒸气相的温度及组成由 b' 点表示。b 和 b' 称之为在该温度下与物系点 O 对应的两相的相点。在二相区，根据物系点的组成和气、液相相点的组成，气、液两相物质量之比可利用杠杆规则进行计算。如果知道了系统物质的总量，还可以计算气、液相各自的绝对量。

③ 由柯诺瓦洛夫规则可知：在 p-x 相图中：a. 气相线应在液相线的下方；b. 在极大值点和极小值点，$x_l=x_g$。在 p-x 图上的有最高点的相图［图 6.4(b)］在 T-x 图上存在最低点［图 6.4(e)］，反之亦然。但在 p-x 图上的最高点和 T-x 图上的最低点其溶液的组成不一

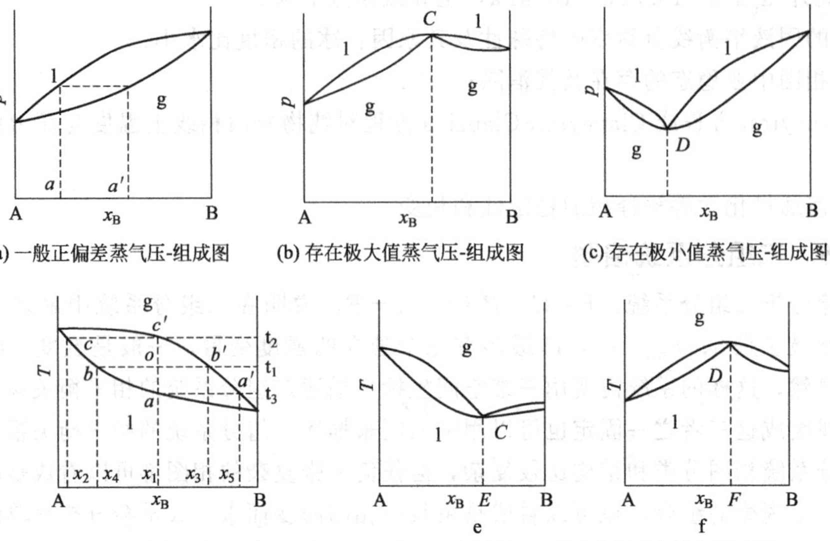

(a) 一般正偏差蒸气压-组成图　(b) 存在极大值蒸气压-组成图　(c) 存在极小值蒸气压-组成图

(d) 一般正偏差温度-组成图　(e)，(f) 有最低(e)、最高(f)恒沸点温度-组成图

图 6.4　溶液性质对拉乌尔定律偏差

定相同，因为在 T-x 图中恒定的压力值与 p-x 图的最高点压力未必相等。因此，尽管在一定的压力下恒沸物像纯物质一样有恒定沸点，但恒沸物的组成与压力有关，故仍为一混合物而非化合物。

(2) 部分互溶和完全不互溶双液系统

根据两种液体性质的差异，会出现部分互溶和完全不互溶的情况，图 6.5 为液相部分互溶的 T-x 相图。它可以看作是由两部分构成，上部为具有最低恒沸点的气～液平衡的 T-x 相图，下部则为液相部分互溶的 T-x 相图。部分互溶相图中，MC 曲线为 B 在 A 中的饱和溶解度曲线，而 NC 曲线则为 A 在 B 中的饱和溶解度曲线。C 点称为最高会溶点，对应的温度称为最高临界会溶温度。由于 AB 物质相互溶解性能的不同，也可能会出现最低临界会溶温度或同时出现最高、最低临界会溶温度和没有最高临界会溶温度的相图。在最高会溶点 C，$P=2$，$C=1$，$F^*=0$；在最高会溶点以上，$P=1$。

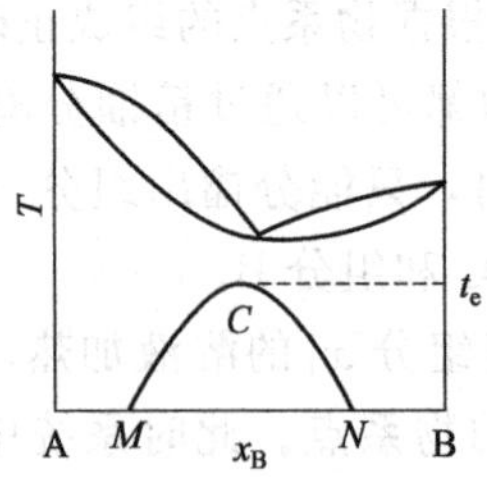

图 6.5　部分互溶双液系统相图

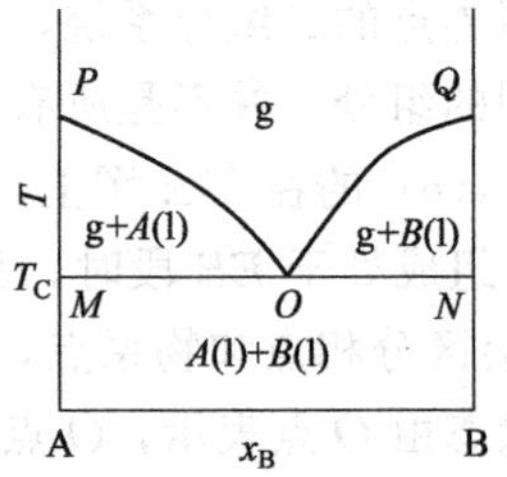

图 6.6　完全不互溶双液系统相图

完全不互溶 T-x 相图（图 6.6）中，O 点称之为最低共沸点，MON 三相线上液相 A、B 和气相三相共存。从完全不互溶 p-x 相图可知，在完全不互溶双液系统中，每一种液体的饱和蒸气压就是其纯态时的蒸气压 p^*，系统的总的蒸气压 $p=p_A^*+p_B^*$，总的蒸气压总是比任一组分的饱和蒸气压大，因此，完全不互溶双液系统的沸点总是比任一组分的沸点低。这也是水蒸气蒸馏的原理。由此使我们想到在汞上覆盖水，企图减少汞蒸气的方法其实是徒

劳的。

(3) 二组分固态完全不互溶固液系统

图 6.7(a) 是固态完全不互溶的简单二组分合金系统的 T-x 相图。比较液～液完全不互溶系统相图（图 6.6），发现二者基本相似，只是气～液变成了液～固。图中 PO 线为（由于 B 的存在而导致的）A 的凝固点降低曲线；而 QO 线则为（由于 A 的存在而导致的）B 的凝固点降低曲线。MON 线为三相线，任何落在三相线上的物系点，系统总是呈现 M(s)、N(s) 和组成为 x_O 的液相三相平衡。O 点为三相点，该点三相共存，两个固相同时析出，故析出的是混合物而非化合物。由于两种固体同时析出放出大量的热，使得在液相完全凝固前温度不发生变化，故在步冷曲线上出现平台（即 $F^*=2-3+1=0$）。当物系点处在 O 点之外的任何点时，在步冷曲线上先出现一个转折（有一种固体析出）后，再出现平台（三相线）。

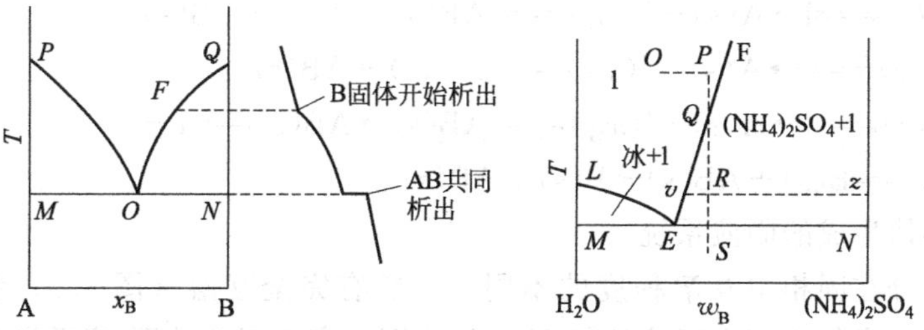

(a) 简单二组分合金相图　　(b) 水盐体系相图

图 6.7　固态不互溶固液相图

水盐系统相图［图 6.7(b)］是利用溶解度法绘制的相图。图中 LE 线为［由于 $(NH_4)_2SO_4$ 的存在而导致的］H_2O 的冰点下降曲线，EF 线为 $(NH_4)_2SO_4$ 在水中的饱和溶解度曲线，MEN 为三相线。同二元合金相图一样，任何落在三相线上的物系点，系统总是呈现两个纯固体相和一个组成为 $x_{(三相点)}$ 的液相三相平衡。E 点为三相点，当温度降至三相线时，从组成为 x_E 的液相同时析出 $H_2O(s)$ 和 $(NH_4)_2SO_4(s)$。由相图可知盐类的提纯操作应在 EN 区间内冷却，在 EM 区间由于冷却过程中先有冰析出，故无法得到纯盐类。对图 6.7(b) 中物系点 O 点，可通过浓缩（OP）、冷却（PR）、过滤（Rv）等操作实现盐的提纯。并可通过杠杆规则计算每次精制的量。

(4) 有化合物生成的固液系统

根据生成化合物的不同又分成有稳定化合物生成的系统［图 6.8(a)］和有不稳定化合物生成的系统［图 6.8(b)］。

说明： 所谓稳定化合物 AB［图 6.8(a)］，就是所生成的化合物 AB 具有自己的熔点，

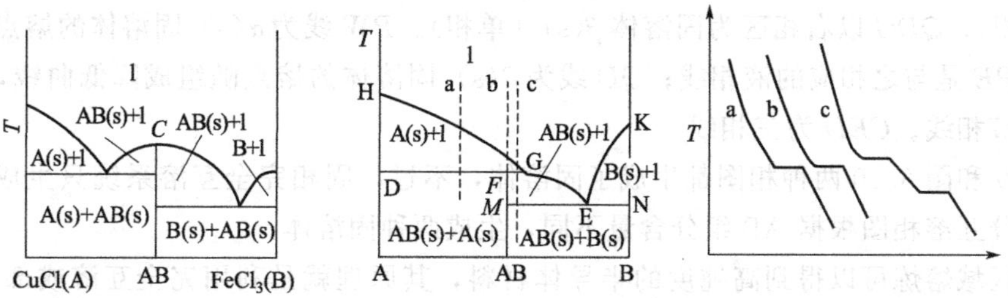

(a) 生成稳定化合物相图　　(b) 生成不稳定化合物相图及物系点a、b、c的步冷曲线

图 6.8　有化合物生成的固液相图

即在溶解时固相和液相的组成相同，其熔点 C 点又称之为相合熔点。整个图形可以看成两张简单低共熔化合物相图合并而成。其中点、线、面的物理意义参见简单低共熔化合物相图。

所谓不稳定化合物［图 6.8(b)］，就是所生成的化合物 AB 不具有自己的熔点，在 F 点分解为固体 A(s) 和组成为 x_G 的液相。故又把 F 点称之为不相合熔点，这点的温度称之为转熔温度。图中 HG 线为（由于 B 的存在而导致的）A 的凝固点降低曲线；GE 线为（由于 B 的存在而导致的）AB 的凝固点降低曲线；KE 线为（由于 A 的存在而导致的）B 的凝固点降低曲线。DFG 线为 A(s)、AB(s) 和 $l(x_G)$ 三相平衡线［$AB(s) \underset{降温冷凝}{\overset{升温熔融}{\rightleftharpoons}} A(s) + l(x_G)$］，$MEN$ 线为 B(s)、AB(s) 和 $l(x_E)$ 三相平衡线［$AB(s) + B(s) \underset{降温冷凝}{\overset{升温熔融}{\rightleftharpoons}} l(x_E)$］。

a、b、c 三个物系点各自的步冷曲线见图 6.8(b)，在冷却过程中的相变过程如下：

a 点：$l \rightarrow A(s) \rightleftharpoons l \rightarrow A(s) + l(x_G) \rightleftharpoons AB(s) \rightarrow A(s) + AB(s)$

b 点：$l \rightarrow A(s) \rightleftharpoons l \rightarrow A(s) + l(x_G) \rightleftharpoons AB(s) \rightarrow AB(s)$

c 点：$l \rightarrow A(s) \rightleftharpoons l \rightarrow A(s) + l(x_G) \rightleftharpoons AB(s) \rightarrow AB(s) \rightleftharpoons l \rightarrow$
$l(x_E) \rightleftharpoons B(s) + AB(s) \rightarrow B(s) + AB(s)$

（5）有固溶体生成的固液系统

根据两种组分在固相中互溶程度的不同，一般有完全互溶（图 6.9）和部分互溶（图 6.10）两种情况。类似于完全互溶的气-液平衡相图，完全互溶的固-液平衡相图有类似于气-液平衡相图的图形（只需将气相换成液相，液相换成固相即可），一般也有如下三类：没有最高/最低共熔点［图 6.9(a)］、有最高共熔点［图 6.9(b)］和有最低共熔点［图 6.9(c)］。值得注意的是：①除了纯物质 A 和 B 以外，在固相完全互溶的固-液相图上，任一物系点的步冷曲线上没有平台；②固溶体为单相。

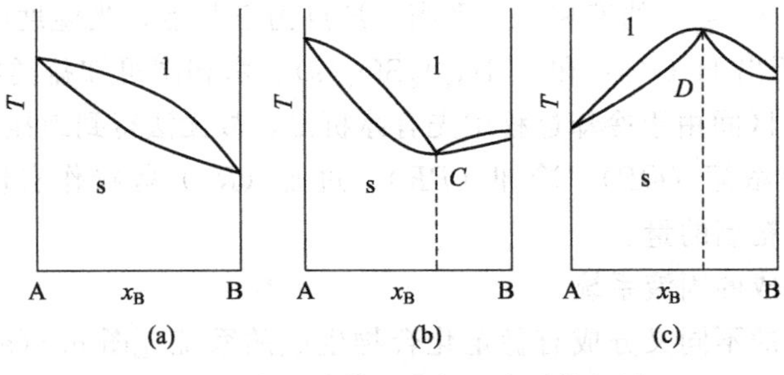

图 6.9 有固溶体生成的固液系统相图

图 6.10 是生成固溶体且固相部分互溶的二元凝聚系相图。图中 PCG 以左相区为固溶体 α(s)（单相）；QDG 以右相区为固溶体 β(s)（单相）。PW 线为 α(s) 固溶体的熔点随组成降低曲线，PE 是与之相应的液相线；QD 线为 β(s) 固溶体的熔点随组成降低曲线，QE 是与之相应的液相线。CED 为三相线。

图 6.9 和图 6.10 两种相图都生成了固溶体，不过，固相完全互溶系统只生成一种固溶体，而部分互溶相图根据 AB 组分含量不同，生成两种固溶体。

通过区域熔炼可以得到高纯度的半导体材料，其原理就是利用完全互溶或部分互溶固-液相图中尖角区（如图 6.10 中 PCE 区）的特性，利用类似分馏原理进行提纯。

说明：从上面诸相图中可以看出，在相图上，垂线表示纯物质［例如，纯 A、纯 B 或

图 6.8(a) 中新生成的化合物 AB]，水平线为三相线（或转晶线，转晶线不常见），表示三相平衡共存；而斜线则为二相线，表示二相平衡共存。

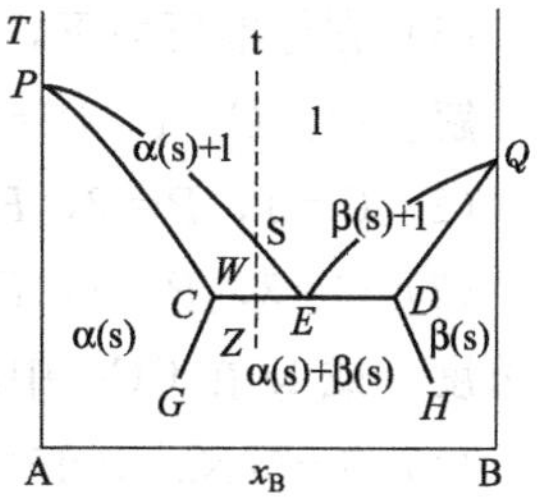

图 6.10　有部分互溶固液系统相图

6.2.6　由已知实验数据绘相图

本章的另外一个重要内容，同时也是考研试题中经常遇到的，是由已知实验数据绘相图或已知关键的实验点绘制相图的示意图。

相图主要由实验直接测定的数据绘制而成。气～液相图一般用蒸馏法，凝聚系相图用溶解度法或热分析法。在识图的基础上如何根据实验数据绘制相图也是本章的另一个重要的考点。一般对实验数据的描述分成文字描述和图表描述两种。考题中，蒸馏法的实验结果较多用文字描述（参见典型例题精解例 3）。在热分析法实验中，较多的是用图表给出实验数据。如给出一定组成（物系点）的步冷曲线，通过步冷曲线的转折和平台就可以分别找到与给定物系点相对应的相点的温度和三相线的温度。也可以是列表给出实验数据用，从表中找出不同组分出现转折和平台的温度，根据这些数据再通过对相图大致形状和类型的了解即可画出相应的相图（参见典型例题精解例 6、例 9 等）。

6.3　习题详解

1. 有下列化学反应存在：

$$N_2(g)+3H_2(g)\rightleftharpoons 2NH_3(g)$$
$$NH_4HS(s)\rightleftharpoons NH_3(g)+H_2S(g)$$
$$NH_4Cl(s)\rightleftharpoons NH_3(g)+HCl(g)$$

在一定温度下，一开始向反应容器中加入 $NH_4HS(s)$、$NH_4Cl(s)$ 两种固体以及物质的量之比为 3∶1 的氢气与氮气。试计算达到平衡时的组分数和自由度数。

解： 根据题意，系统中 $S=7$，$R=3$，$R'=1$，

$C=S-R-R'=7-3-1=3$，$P=3$

$F^*=C-P+1=3-3+1=1$

2. 试确定在 $H_2(g)+I_2(g)=2HI(g)$ 的平衡体系中的组分数。

(1) 反应前只有 HI；

(2) 反应前有等物质的量的 H_2 和 I_2；

(3) 反应前有任意量的 H_2、I_2 和 HI。

解： (1) $S=3$，$R=1$，$R'=1$，$C=S-R-R'=1$

(2) $S=3$，$R=1$，$R'=1$，$C=S-R-R'=1$

(3) $S=3$，$R=1$，$R'=0$，$C=S-R=2$

3. 试求下列体系的自由度，并指出此变量是什么？

(1) 在标准压力下，水与水蒸气达平衡；

(2) 水与水蒸气达平衡；

(3) 在标准压力下，在无固体 I_2 存在时，I_2 在水和 CCl_4 中的分配已达平衡；

(4) 在 25℃时，NaOH 和 H_3PO_4 的水溶液达平衡；

(5) 在标准压力下，H_2SO_4 水溶液与 $H_2SO_4 \cdot 2H_2O(s)$ 已达平衡。

解： (1) $C=1$，$P=2$，$F^*=C-P+1=0$，该体系为无变量体系。

(2) $C=1$，$P=2$，$F=C-P+2=1$，该体系为单变量体系，变量是温度或压力。

(3) $C=3$，$P=2$，$F^*=C-P+1=2$，该体系为双变量体系，变量是温度和 I_2 在水中的浓度（或 I_2 在 CCl_4 中的浓度）。

(4) $S=5(Na^+, OH^-, H^+, PO_4^{3-}, H_2O)$，$R=1(H^+ + OH^- \rightleftharpoons H_2O)$，$R'=1$（电中性条件）。故 $C=3$，$P=1$，$F^*=C-P+1=3-1+1=3$，变量是压力、Na^+ 和 PO_4^{3-} 的浓度。

(5) $S=3(H_2O, H_2SO_4, H_2SO_4 \cdot 2H_2O(s))$，

$R=1(2H_2O + H_2SO_4 \rightleftharpoons H_2SO_4 \cdot 2H_2O(s))$，

$C=S-R=3-1=2$，$P=2$，$F^*=C-P+1=2-2+1=1$，变量为温度或 H_2SO_4 的浓度。

4. Ag_2O 分解的计量方程为 $Ag_2O(s) \longrightarrow Ag(s)+1/2O_2$，当用 $Ag_2O(s)$ 进行分解时，体系的组分数、自由度和可能平衡共存的最多相数各为多少？

解： $C=S-R-R'=3-1-0=2$

$P=3$（二固一气）

$F=C+2-P=4-P=4-3=1$

$F_{min}=0$，$P_{max}=C+2=2+2=4$

5. 西藏高原某地的气压为 65861Pa，在那里煮饭，水的最高温度是多少？已知水的汽化热 $\Delta H_m=40644 J \cdot mol^{-1}$。

解： 已知 $\Delta H_m=40644 J \cdot mol^{-1}$

$$\ln(p_2/p_1)=(\Delta H_m/R)(1/T_1-1/T_2)$$

$$\ln(65861/100000)=(40644/8.314)(1/373.2-1/T_2)$$

解之得 $T_2=361.7K$（即 88.5℃）

6. 卫生部门规定汞蒸气在 $1m^3$ 空气中的最高允许含量为 0.01mg。已知汞在 20℃ 的饱和蒸气压为 0.160Pa，摩尔蒸发焓为 $60.7 kJ \cdot mol^{-1}$。若在 30℃ 时汞蒸气在空气中达到饱和，问此时空气中汞的含量是最高允许含量的多少倍。已知汞蒸气是单原子分子，设汞蒸气为理想气体。

解： 由 C-C 方程得 $\ln\dfrac{p^*(T_2)}{p^*(T_1)}=\dfrac{\Delta_{vap}H_m}{R}\cdot\dfrac{T_2-T_1}{T_2T_1}$

$$=\frac{60.7\times10^3}{8.314}\times\frac{30-20}{(30+273.15)\times(20+273.15)}=0.822$$

解之得

$$\frac{p^*(T_2)}{p^*(T_1)}=2.28$$

$$p^*(T_2)=(2.28\times0.160)Pa=0.365Pa$$

设汞蒸气为理想气体，则

$$m=nM=\frac{pV}{RT}M=\left[\frac{0.363\times1}{8.314\times(30+273.15)}\times200.6\right]g=29.1\times10^{-3}g=29.1mg$$

空气中汞的含量是最高允许含量的 2910 倍。

7. 水的蒸气压与温度的关系为：$\ln(p/Pa)=24.62-4885K/T$

(1) 将 1mol 水引入体积为 $15dm^3$ 的真空容器中，试计算在 333K 时容器中剩余液态水

的质量 m。

（2）求逐渐升高温度时，当水恰好全部变为蒸气的温度（水蒸气可视作理想气体）。

解：（1）$p=[\exp(24.62-4885\text{K}/T)]\text{Pa}=20.959\times10^3\ \text{Pa}$

水蒸气的物质的量为：$n=pV/RT=(20.959\times10^3\times15\times10^{-3})/(8.314\times333)\text{mol}=0.1136\text{mol}$

故液态水的质量 m 为：

$$m=(1-0.1136)\times18\text{g}=15.96\text{g}$$

（2）水恰好全部变为蒸汽的温度为 $T=pV/nR$

而　$\ln(p/\text{Pa})=24.62-4885\text{K}/T=24.62-4885\text{K}/(pV/nR)$

解得：　$p=220\text{kPa}$

故蒸汽的温度为：　$T=pV/nR=396.9\text{K}$

8. 在 -5℃结霜后的早晨冷而干燥，大气中的水蒸气分压降至 266.6Pa 时霜会变为水蒸气吗？若要使霜存在，水的分压要有多大？已知水的三相点：273.16K、611Pa，水的 $\Delta_{vap}H_m(273\text{K})=45.05\text{kJ}\cdot\text{mol}^{-1}$，$\Delta_{fus}H_m(273\text{K})=6.01\text{kJ}\cdot\text{mol}^{-1}$。

解：由水蒸气直接变为霜为凝华过程，故要先求出 $\Delta_{sub}H_m$，才能利用 C-C 方程求霜可以存在时的压力。为此，先画框图求 $\Delta_{sub}H_m$。假设在水的三相点到 -5℃和 p 范围内，$\Delta_{sub}H_m$ 和 $\Delta_{vap}H_m$ 为常数。

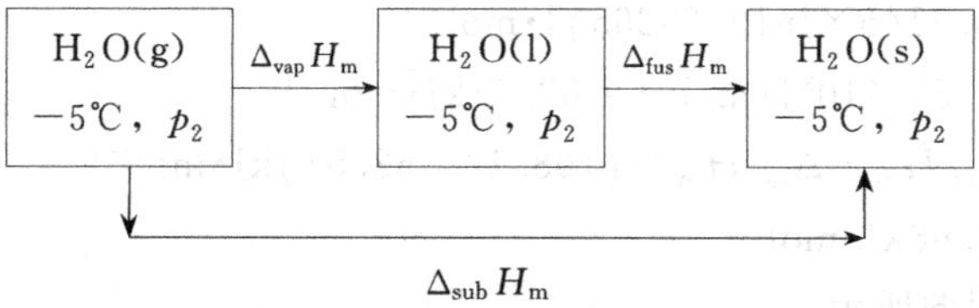

$$\Delta_{sub}H_m=\Delta_{vap}H_m+\Delta_{fus}H_m=51.06\text{kJ}\cdot\text{mol}^{-1}$$

$$\ln(p_1/p_2)=(\Delta_{sub}H_m/R)(1/T_2-1/T_1)$$

$$\ln(611/p_2/\text{Pa})=51060/8.314\times(1/268.2-1/273.16),\ p_2=403.15\text{Pa}$$

即 -5℃冰的蒸气压为 403.15Pa，水蒸气分压为 266.6Pa 时霜要升华，水蒸气分压等于或大于 403.15Pa 时，霜可以存在。

9. 在 100～120K 的温度范围内，甲烷的蒸气压与绝对温度 T 如下式所示

$$\lg(p/\text{Pa})=8.96-445/(T/\text{K})$$

甲烷的正常沸点为 112K。在 100kPa 下，下列状态变化是等温可逆地进行的。

$$CH_4(l)=\!=\!=CH_4(g)(p^{\ominus},112\text{K})$$

试计算：（1）甲烷的 $\Delta_{vap}H_m^{\ominus}$、$\Delta_{vap}G_m^{\ominus}$、$\Delta_{vap}S_m^{\ominus}$ 及该过程的 Q、W。

（2）环境的 $\Delta S_{环}$ 和总熵变 ΔS。

解：（1）利用 C-C 方程 $\ln p=-\Delta_{vap}H_m/(RT)+C$ 可得：$\Delta_{vap}H_m^{\ominus}=8.52\text{kJ}\cdot\text{mol}^{-1}$

可逆相变　$\Delta_{vap}G_m^{\ominus}=0$

$$\Delta_{vap}S_m^{\ominus}=\Delta_{vap}H_m^{\ominus}/T=(8.52\times10^3/112)\text{J}\cdot\text{mol}^{-1}\cdot\text{K}^{-1}=76.07\text{J}\cdot\text{mol}^{-1}\cdot\text{K}^{-1}$$

$$Q_p=8.52\text{kJ}\cdot\text{mol}^{-1}$$

$$W=-p\Delta V=-RT=(-8.314\times112)\text{J}\cdot\text{mol}^{-1}=-931\text{J}\cdot\text{mol}^{-1}$$

（2）　$\Delta S_{环}=-76.07\text{J}\cdot\text{mol}^{-1}\cdot\text{K}^{-1}$

$$\Delta S_{总}=\Delta_{vap}S_m^{\ominus}+\Delta S_{环}=0$$

10. 在熔点附近的温度范围内，TaBr 固体的蒸气压与温度的关系为 $\lg(p^*/\text{Pa})=$

14.696－5650/(T/K)，液体的蒸气压与温度的关系为：$\lg(p^*/\text{Pa})=10.296-3265/(T/\text{K})$。试求三相点的温度和压力，并求三相点时的摩尔升华焓、摩尔蒸发焓及摩尔熔化焓。

解：根据三相点的物理意义有

$$14.696-\frac{5650}{T/\text{K}}=10.296-\frac{3265}{T/\text{K}},\quad 4.400=\frac{2385}{T/\text{K}}$$

解得 $$T=\left(\frac{2385}{4.400}\right)\text{K}=542.0\text{K}$$

$$\lg\left(\frac{p^*}{\text{Pa}}\right)=10.296-\frac{3265}{542.0}=4.272,\quad p^*=18.7\times10^3\text{Pa}$$

对固-气平衡

$$\frac{\text{d}\ln(p^*/\text{Pa})}{\text{d}T}=\frac{\Delta_{\text{sub}}H_{\text{m}}}{RT^2}=\frac{\ln10\times5650\text{K}}{T^2}$$

$$\Delta_{\text{sub}}H_{\text{m}}=(8.3145\times\ln10\times5650)\text{J}\cdot\text{mol}^{-1}$$
$$=108.17\times10^3\text{J}\cdot\text{mol}^{-1}=108.17\text{kJ}\cdot\text{mol}^{-1}$$

对液-气平衡，

$$\frac{\text{d}\ln(p^*/\text{Pa})}{\text{d}T}=\frac{\Delta_{\text{vap}}H_{\text{m}}}{RT^2}=\frac{\ln10\times3265\text{K}}{T^2}$$

$$\Delta_{\text{vap}}H_{\text{m}}=(8.3145\times\ln10\times3265)\text{J}\cdot\text{mol}^{-1}$$
$$=62.51\times10^3\text{J}\cdot\text{mol}^{-1}=62.51\text{kJ}\cdot\text{mol}^{-1}$$

$$\Delta_{\text{fus}}H_{\text{m}}=\Delta_{\text{sub}}H_{\text{m}}-\Delta_{\text{vap}}H_{\text{m}}=(108.17-62.51)\text{kJ}\cdot\text{mol}^{-1}$$
$$=45.66\text{kJ}\cdot\text{mol}^{-1}$$

11. 硫的相图如附图所示。

(1) 试写出图中的点、线、面各代表哪些相或哪些相平衡，F=？

(2) 叙述恒压下体系的状态由 x 加热到 y 所发生的相变化。

解：(1) 根据右图，点、线、面的平衡相和自由度如下表

要素	平衡相	P	F
点 A	S(正交)＝S(斜方)＝S(l)	3	0
B	S(斜方)＝S(l)＝S(g)	3	0
C	S(正交)＝S(斜方)＝S(g)	3	0
D(亚稳态)	S(过热正交硫)＝S(l)＝S(g)	3	0
线 AB	S(斜方)＝S(l)	2	1
BC	S(斜方)＝S(g)	2	1
AC	S(正交)＝S(斜方)	2	1
CG	S(正交)＝S(g)	2	1
BF	S(l)＝S(g)	2	1
AE	S(正交)＝S(l)	2	1
AD	S(正交,过热)＝S(l,过冷)	2	1
BD	S(l,过冷)＝S(g,过饱和)	2	1
面 $EABF$	S(l)	1	2
$EACG$	S(正交)	1	2
$GCBF$ 以下	S(g)	1	2
$ACBA$	S(斜方)	1	2

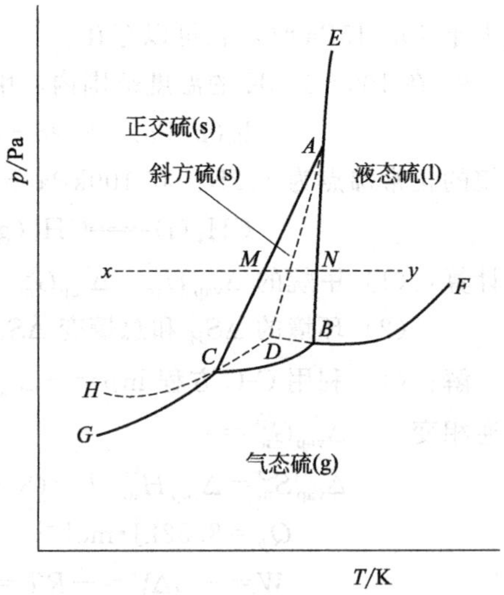

习题 11 附图

请注意：当有介稳态存在看相图时，看实线时，只当虚线（亚稳态两相平衡线）不存在；同理，看虚线时，只当实线不存在。

（2）恒压下体系的状态由 x 加热到 y 所发生的相变化如下：

系统状态	X→→→→→→→	M→→→→→→→→→→→	N→→→→→	Y
平衡相	S(正交)→→	S(正交)＝S(斜方)→→→	S(斜方)＝S(l)→→	S(g)
P	1	2	2	1
F	2	1	1	2

12. 附图是根据实验结果绘制的白磷的相图。试讨论相图中各点、线（实线和虚线 EF 及 GH）、面的含义。

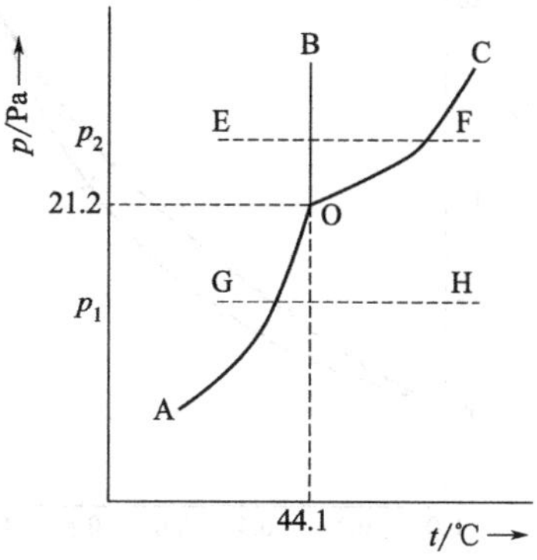

习题 12 附图

解：（1）面 相区 AOC 以下为气相区，COB 以上为液相区，BOA 以左为固相区。$P=1$，$F=2$。

（2）线 ① 实线 OC、OB 和 OA 皆为两个相区的交界线，在线上 $P=2$，$F=1$，是两相平衡，温度和压力只有一个是独立变量。

OC 线是气-液平衡线，又称为蒸发曲线；

OB 线是液-固平衡线，又称为熔化曲线；

OA 线是气-固平衡线，又称为升华曲线。

② 两条虚线 EF 和 GH 表示恒压下升温时白磷的相变化情况。

恒定在 p_1 情况下升温，白磷将由固态变成气态，即白磷升华；

恒定在 p_2 情况下升温，白磷将由固态熔化为液态，然后再蒸发为气态。由此可见，若要实现升华操作，必须将体系的压力控制在低于三相点时的压力。

（3）点 O 点是三相点（$t=44.1$℃，$p=21.20$Pa），三相平衡共存，$P=3$，$F=0$。

C 点是临界点，高于此温度时，无论加多大压力，白磷的气体均不能被液化。

13. 试根据碳的相图回答下列问题：

（1）曲线 OA、OB、OC 的物理意义分别代表什么？

（2）点 O 的物理意义。

（3）碳在室温及 100kPa 下，以什么状态稳定存在？

（4）在 2000K 时，增加压力，使石墨转变成金刚石是一个放热反应，试从相图判断两者的摩尔体积 V_m 哪个大？

（5）从图上估计 2000K 时，将石墨变为金刚石需要多大压力？

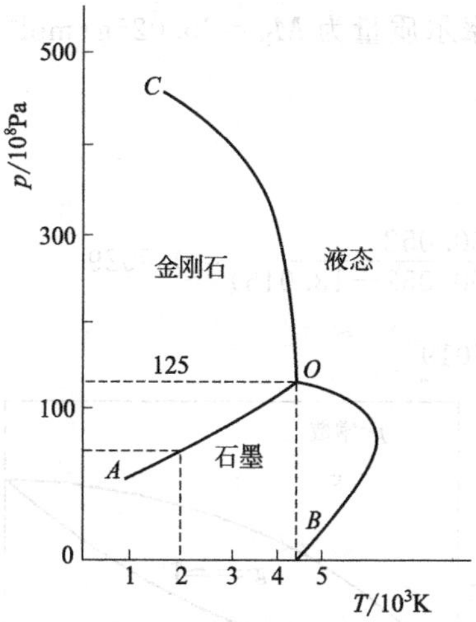

习题 13 附图

解：（1）OA 线为石墨和金刚石的晶型转换时压力随温度的变化曲线；

OB 线为不同压力下石墨的熔化曲线；

OC 线为不同压力下金刚石的熔化曲线。

（2）O 点是石墨、金刚石、液态碳三相的平衡共存点。

（3）由相图可直观看出，碳在室温及 100kPa 下石墨是稳定的。

（4）由图可知，OA 线的 $\frac{dp}{dT}=\frac{\Delta H_m}{T\Delta V_m}>0$，又因为 $\Delta H_m<0$，所以，$\Delta V_m<0$，即金刚石的密度比石墨大，故石墨的摩尔体积大。

（5）由图可见，$p \approx 6 \times 10^9 \mathrm{Pa}$。

14. 100kPa 下水（A)-醋酸（B）系统的气-液平衡数据如下：

$t/℃$	100	102.1	104.4	107.5	113.8	118.1
x_B	0	0.300	0.500	0.700	0.900	1.000
y_B	0	0.185	0.374	0.575	0.833	1.000

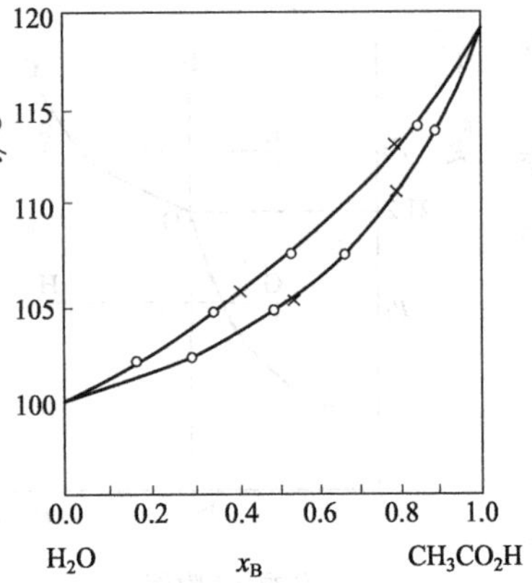

习题 14 附图

（1）画出气-液平衡的温度-组成图；

（2）从图上找出组成为 $x_B = 0.800$ 时液相的泡点温度；

（3）从图上找出组成为 $y_B = 0.800$ 时气相的露点温度；

（4）105.0℃时气-液平衡两相的组成是多少？

（5）9kg 水与 30kg 醋酸组成的系统在 105.0℃达到平衡时，气-液两相的质量各为多少？

解：（1）气-液平衡的温度-组成如附图。

（2）在附图中由 $x_B = 0.800$ 处作垂线与液相线相交，从纵轴读出温度为 110.3℃，此即所求液相的泡点。

（3）在横轴上找 $y_B = 0.800$，作垂线与气相线相交，从纵轴读出对应的温度，得到气相的露点为 112.7℃。

（4）在纵轴 105.0℃处作水平线与气、液相线相交，由交点读出气-液平衡两相的组成分别为 $x_B = 0.550$，$y_B = 0.414$。

（5）水的摩尔质量为 $M_A = 18.015 \mathrm{g \cdot mol^{-1}}$，醋酸的摩尔质量为 $M_B = 60.025 \mathrm{g \cdot mol^{-1}}$。系统点组成为

$$w_B = \frac{m_B}{m_A + m_B} = \frac{30\mathrm{kg}}{(30+9)\mathrm{kg}} = 0.7692$$

$$w_B(\mathrm{l}) = \frac{x_B M_B}{M_A + x_B(M_B - M_A)} = \frac{0.550 \times 60.052}{18.015 + 0.550 \times (60.052 - 18.015)} = 0.8029$$

$$w_B(\mathrm{g}) = \frac{0.414 \times 60.052}{18.015 + 0.414 \times (60.052 - 18.015)} = 0.7019$$

应用杠杆规则

$w_B(\mathrm{g}) = 0.7019$　　$w_B = 0.7692$　　$(\mathrm{l}) = 0.8029$

$m(\mathrm{g})$　　m　　$m(\mathrm{l})$

$$\frac{m(\mathrm{g})}{m} = \frac{w_B(\mathrm{l}) - w_B}{w_B(\mathrm{l}) - w_B(\mathrm{g})} = \frac{0.8029 - 0.7692}{0.8029 - 0.7019} = 0.3337$$

$$m(\mathrm{g}) = 0.3337m = 0.3337 \times 39\mathrm{kg} = 13.0\mathrm{kg}$$

$$m(\mathrm{l}) = 39\mathrm{kg} - m(\mathrm{g}) = (39 - 13.0)\mathrm{kg} = 26.0\mathrm{kg}$$

15. 恒压下二组分液态部分互溶系统气-液平衡的温度-组成图如附图所示，指出四个区域的平衡相及自

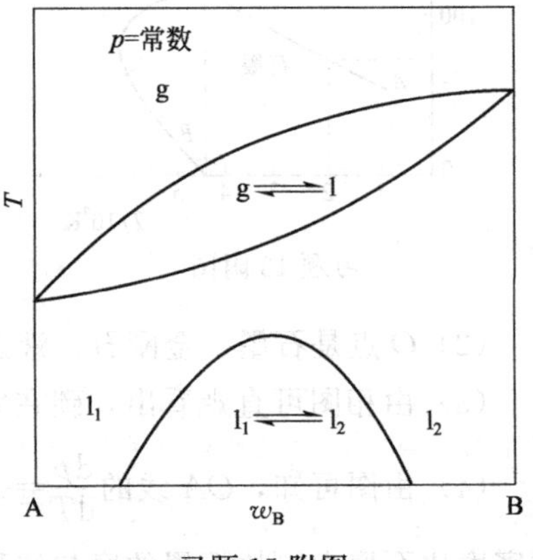

习题 15 附图

由度数。

解：各区域平衡相已标于图上。

各相区的自由度：

g 相区，$F^*=2$；$g \rightleftharpoons l$ 相区，$F^*=1$；

l 相区，$F^*=2$；$l_1 \rightleftharpoons l_2$ 相区：$F^*=1$。

16. 已知异丁醇的沸点为 108℃，水（A）-异丁醇（B）系统液相部分互溶。在 101.325kPa 下，系统处在共沸点 89.7℃时，气（G）、液（L_1）、液（L_2）三相平衡的组成以 w（异丁醇）表示依次为：70.0%，8.7%，85.0%。其他数据如下表：

t/℃	80	85	90	95
$w_{异丁醇}$(g)/%(气相)			43.3	80.9
$w_{异丁醇}$/%(水层)	4.0	5.5	2.0	
$w_{异丁醇}$/%(异丁醇层)	88.9	87.8		96.5

(1) 根据上述数据画出水（A）-异丁醇（B）系统（示意）相图。

(2) 今由 350g 水和 150g 异丁醇形成的系统在 101.325kPa 压力下由室温加热。问：

① 温度刚要达到共沸点时，系统处于相平衡时存在哪些相？其质量各为多少？

② 当温度刚刚离开共沸点上升时，系统平衡共存相各相质量为多少？

解：(1) 据上述数据画出的水（A）-异丁醇（B）系统相图如下。

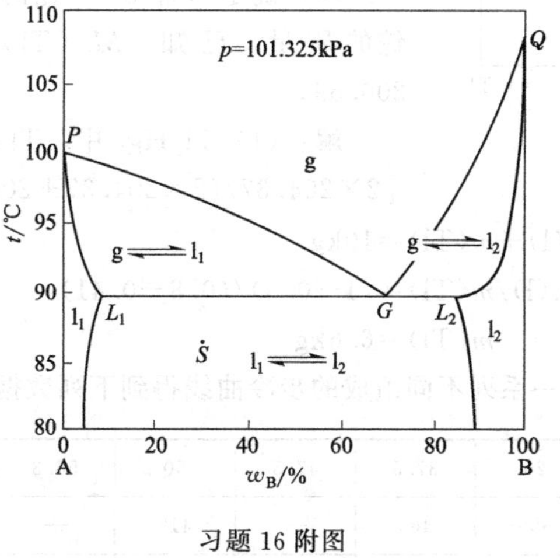

习题 16 附图

(2) ① 温度刚要达到（还未达到）共沸点时，系统中尚无气相出现。只存在两个共轭液相 L_1 和 L_2。

系统物系点组成为　　$w_{B,0}=\dfrac{m_B}{m_B+m_A}=\dfrac{150}{350+150}=0.3$

平衡时两液相组成分别为 $w_B(L_1)=0.087$ 和 $w_B(L_2)=0.85$，两液相即系统组成符合杠杆规则

$w_B(L_1)=0.087$　　　$w_{B,0}=0.3$　　　$w_B(L_2)=0.85$

m

即 $$\frac{m(L_1)}{m}=\frac{w_B(L_2)-w_{B,0}}{w_B(L_2)-w_B(L_1)}=\frac{0.85-0.3}{0.85-0.087}=0.7208$$

解出 $$m(L_1)=0.7208m=0.7208\times500g=360.4g$$

$$m(L_2)=m-m(L_1)=500g-360.4g=139.6g$$

② 温度由共沸点刚刚有上升趋势时，L_2 相消失，系统处于气-液两相平衡，两相组成分别为 $w_B(L_1)=0.087$ 和 $w_B(G)=0.70$，由杠杆规则

$w_B(L_1)=0.087$　　　$w_{B,0}=0.3$　　　$w_B(G)=0.70$

$m(L_1)$　　　m　　　$m(G)$

有 $$\frac{m(L_1)}{m}=\frac{w_B(G)-w_{B,0}}{w_B(G)-w_B(L_1)}=\frac{0.70-0.3}{0.70-0.087}=0.6525$$

$$m(L_1)=0.6525m=0.6525\times500g=326.25g$$

$$m(G)=m-m(L_1)=500g-326.25g=173.75g$$

17. 汞的熔点为 −39℃，铊的熔点为 303℃，化合物 Tl_2Hg_5 的熔点为 15℃，8%的铊使汞的熔点降到最低温度 −60℃，铊和 Tl_2Hg_5 的最低共熔点温度为 0.4℃，与之相应的低共熔混合物含 41%的铊。

（1）试绘出 Hg-Tl 体系的相图（T-w 图）；

（2）确定从含 80% 铊的 10kg 铊汞齐中最多获得铊的质量。已知：$M_r(Tl)=204.37$、$M_r(Hg)=200.59$。

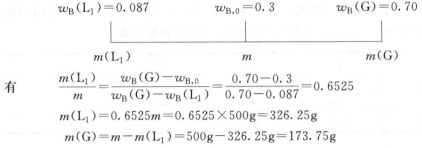

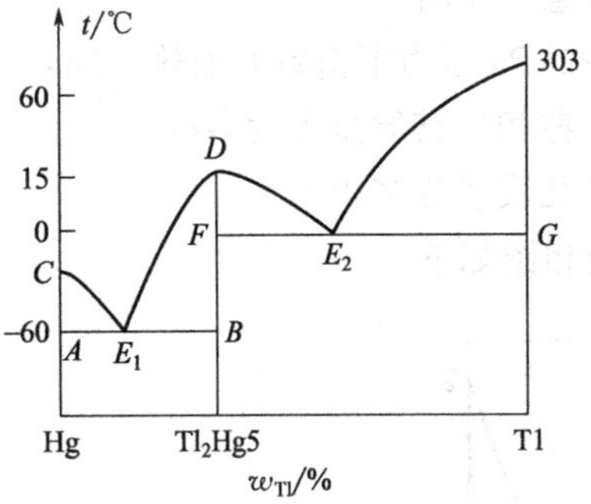

习题 17 附图

解：（1）Tl_2Hg_5 中，Tl 的质量分数为

$$[2\times204.37/(2\times204.37+200.59\times5)]\times100\%=29\%$$

（2）由杠杆规则，$m(l)+m(Tl)=10kg$

$$m(l)/m(Tl)=(1-0.8)/(0.8-0.41)$$

得 $$m(Tl)=6.6kg$$

18. 由 Sb-Cd 系统的一系列不同组成的步冷曲线得到下列数据

w_{Cd}/%	0	20	37.5	47.5	50	58.3	70	90	100
开始凝固温度/℃	—	550	460	—	419	—	400	—	—
全部凝固温度/℃	630	410	410	410	410	439	295	295	321

（1）试根据上列数据画出 Sb-Cd 的相图，标出各相区存在的相和自由度 [$M_r(Sb)=121.76$；$M_r(Cd)=112.41$]。

（2）将 1kg 含 Cd 80%（质量分数）的溶液由高温冷却，刚到 295℃时，系统中有哪两个相存在，各相的质量为若干？

（3）已知 Cd 的 $\Delta_{fus}H_m^{\ominus}=6.11kJ\cdot mol^{-1}$，求含 Cd 的量为 $w_{Cd}=90\%$（质量分数）、295℃时熔化物中 Cd 的活度系数。

解：（1）由数据表可知

① 纯组分锑、镉的熔点分别为 630℃和 321℃；

② 含 Cd 58.3%物系在冷却过程中出现一停顿温度，且为最高，又无转折温度，说明生成了稳定化合物 Sb_mCd_n；

已知稳定化合物的相应组成为：Cd 58.3%；Sb 41.7%

设此化合物分子式为 Sb_mCd_n则：

58.3/100=n×112.41/(n×112.41+m×121.76)

41.7/100=m×121.76/(m×121.76+n×121.41)

解得 $n/m=1.5$；故 $m=2$；$n=3$

分子式应为 Sb_2Cd_3

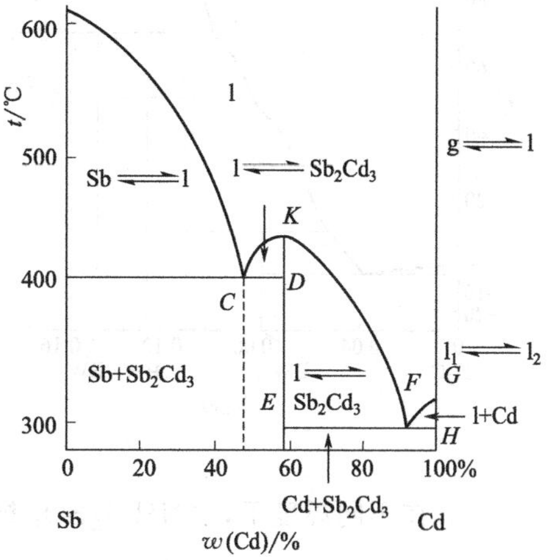

习题 18 附图

③ 含 Cd 58.3%的稳定化合物左边有一共同停顿温度（410℃），此即为 Sb 与 Sb_mCd_n 的低共熔温度，其最低共熔点组成为含 Cd 47.5%。

④ 含 Cd 58.3%稳定化合物右边有一共同停顿温度（295℃），此即为 Sb_mCd_n 和 Cd 之低共熔点，其低共熔点组成为 Cd 90%。

由以上分析可知，Sb-Cd 相图为两个简单低共熔点相图合并而成，根据上述分析所绘制的具体相图如附图所示。各相区的相态和自由度见图。

(2) 刚刚到而还未到 295℃时，系统中 Sb_2Cd_3 固体和低共溶液两个相共存，设 Sb_2Cd_3 为 m(s)kg，根据杠杆规则：

$$m(\mathrm{l})(90-80)=m(\mathrm{s})(80-58.3)$$

$$m(\mathrm{l})+m(\mathrm{s})=1\mathrm{kg}$$

解之得 $m(\mathrm{s})=0.315\mathrm{kg}$，$m(\mathrm{l})=0.685\mathrm{kg}$

(3) 当 $w_{Cd}=90\%$、295℃时，为低共熔点 E_2，把 Cd 作为非理想溶液中的溶剂，则 $a_{Cd}=\gamma_{Cd}x_{Cd}$

$$x_{Cd}=\left(\frac{0.9}{112.4}\right)\Big/\left(\frac{0.9}{112.41}+\frac{0.1}{121.75}\right)=0.907$$

根据非理想溶液中活度与凝固点的关系：

$$\ln a_{Cd}=\frac{\Delta_{fus}H_m}{R}\left(\frac{1}{T_f^*}-\frac{1}{T_f}\right)=\frac{6.11\times10^3}{8.314}\left(\frac{1}{594.2}-\frac{1}{568.2}\right)$$

$$a_{Cd}=0.945$$

$$\gamma_{Cd}=a_{Cd}/x_{Cd}=0.945/0.907=1.04$$

19. 附图为 $MgSO_4$-H_2O 系统相图。

(1) 试标出各相区存在的相；(2) 试设计由 $MgSO_4$ 的稀溶液制备 $MgSO_4\cdot6H_2O$ 的最佳操作步骤。

解：(1) 如附图所示：1. 溶液 (l)；2. l=冰；3. 冰+BW_{12}(s)；4. l=BW_{12}(s)；5. BW_{12}(s)+BW_7(s)；6. l=BW_7 (s)；7. BW_7(s)+BW_6(s)；8. l=BW_6(s)；9. BW_6(s)+B(s)；10. l=B(s)。

(2) 将稀溶液加热至温度 B'，待浓缩至 AB之间（接近 B），再冷却至 A'（温度略高于 A）即可。

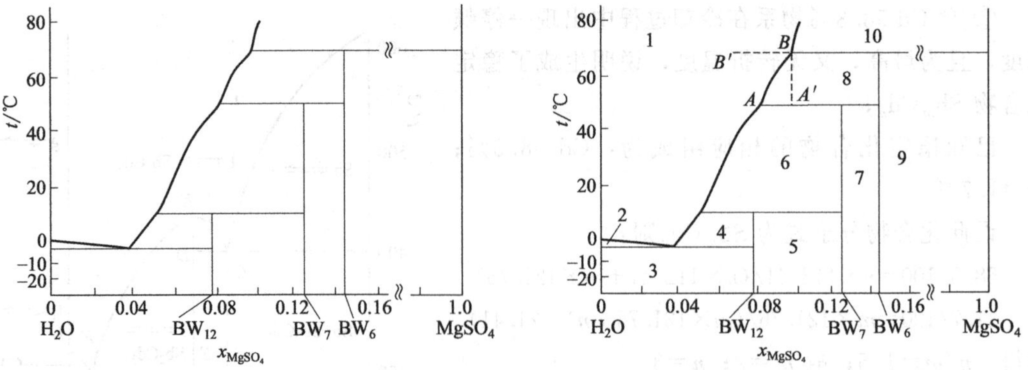

习题 19 附图

20. 在不同温度下，$(NH_4)_2SO_4$ 饱和溶液的质量分数如下表所示：

t/℃	$w[(NH_4)_2SO_4]$/%	平衡时的固体
−5.45	16.7	冰
−11.0	28.6	冰
−18.0	37.5	冰
−19.05	38.4	冰＋$(NH_4)_2SO_4$(s)
0	41.4	$(NH_4)_2SO_4$(s)
10	42.2	$(NH_4)_2SO_4$(s)
20	43.0	$(NH_4)_2SO_4$(s)
30	43.8	$(NH_4)_2SO_4$(s)
40	44.8	$(NH_4)_2SO_4$(s)
50	45.8	$(NH_4)_2SO_4$(s)
60	46.8	$(NH_4)_2SO_4$(s)
70	47.8	$(NH_4)_2SO_4$(s)
80	48.8	$(NH_4)_2SO_4$(s)
90	49.8	$(NH_4)_2SO_4$(s)
100	50.8	$(NH_4)_2SO_4$(s)
108.9(沸点)	51.8	$(NH_4)_2SO_4$(s)

(1) 根据表中所列数据粗略地绘出 $(NH_4)_2SO_4$-H_2O 的相图；

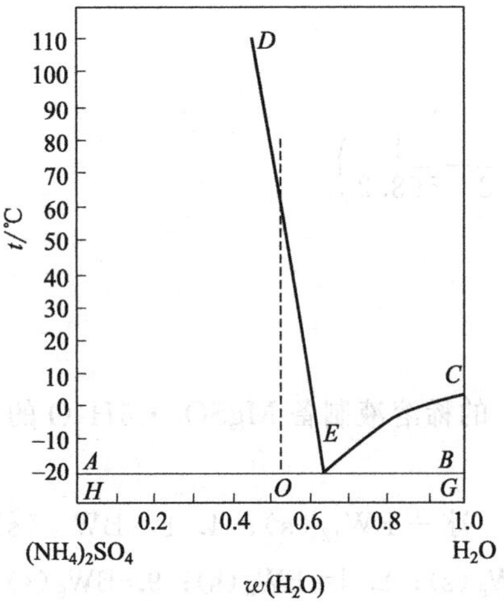

习题 20 附图

(2) 指出相图中点、线、面的含义；

(3) 若有一硫酸铵的水溶液，含硫酸铵的质量分数为 38%，问是否能用冷冻结晶法来提取 $(NH_4)_2SO_4$(s)?

(4) 若有一硫酸铵的质量分数为 43% 的水溶液，从 80℃ 冷至无限接近 −19.05℃（三相点温度），问 $(NH_4)_2SO_4$ 的最大产率为多少？

解：(1) 依题给数据作图，如附图所示。

(2) 点、线、面的含义是

E 点：最低共熔点（−19.05℃）

C 点：水的凝固点

D 点：共沸点（108.9℃）

EC 线：水的凝固点随组成的变化（降低）曲线

ED 线：$(NH_4)_2SO_4$ 的溶解度随温度的变化曲线

AB 线：$(NH_4)_2SO_4$(s)、H_2O(s) 和低共熔混合物 (l) 三相平衡共存线

AED 区：液相＝$(NH_4)_2SO_4$(s)

DEC 区：液相单相区

CEB 区：液相＝$H_2O(s)$

ABGH 区：$(NH_4)_2SO_4(s)+H_2O(s)$

（3）从图中可以看出，质量分数为 38％的 $(NH_4)_2SO_4$ 水溶液不能用冷冻法提纯 $(NH_4)_2SO_4$，因为当温度下降时，首先析出的是冰，然后析出冰和硫酸铵固体。

（4）根据杠杆规则　$m(s)/m(l)=\overline{OE}/\overline{OA}=(0.43-0.384)/(1-0.43)$

即　　$m(s)/[100g-m(s)]=0.0807$

解得：　　$m(s)=7.467g$

故 $(NH_4)_2SO_4$ 的最大产率＝7.467g/43g＝0.174＝17.4％

21. $NaCl$-H_2O 二组分体系的低共熔点为－21.1℃，此时冰、$NaCl\cdot 2H_2O(s)$ 和浓度为 22.3％（质量分数）的 NaCl 水溶液平衡共存，在－9℃时有一不相合熔点，在该熔点温度时，不稳定化合物 $NaCl\cdot 2H_2O$ 分解成无水 NaCl 和 27％的 NaCl 水溶液，已知无水 NaCl 在水中的溶解度受温度的影响不大（当温度升高时，溶解度略有增加）[$M_r(Na)=22.99$，$M_r(Cl)=35.45$]。

（1）绘制相图，并指出图中线、面的意义；

（2）若在冰水平衡体系中加入固体 NaCl 作制冷剂可获得最低温度是多少摄氏度？

（3）若有 1000g 28％的 NaCl 溶液，由 25℃冷到－10℃，问此过程中最多能析出多少纯 NaCl?

解： $w(NaCl)=\dfrac{22.99+35.45}{22.99+35.45+2\times 18}\times 100=61.9\%$

相图如附图。

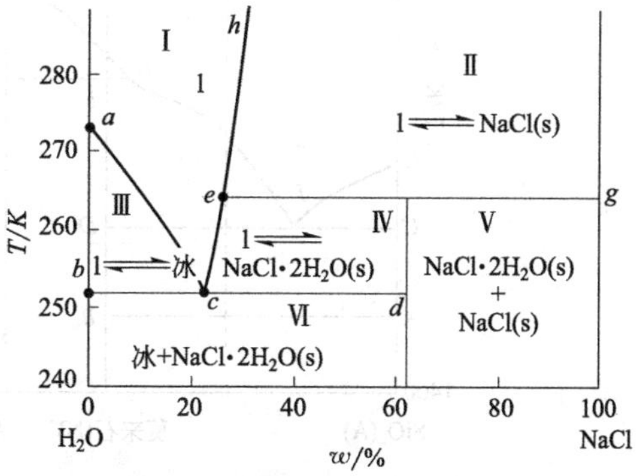

习题 21 附图

（1）图中的 *ac* 为水的冰点下降曲线；*ec* 为水化物 $NaCl\cdot 2H_2O$ 的溶解度随温度变化曲线；*eh* 为 NaCl 的溶解度随温度变化曲线；*bcd* 为三相线，线上任意一点均有冰、水化物（s）和具有 *c* 点组成的 NaCl 溶液三相平衡共存，$P=3$，$F^*=0$；*eg* 为三相线，线上任意一点均有 NaCl(s)、水化物（s）和具有 *e* 点组成的 NaCl 溶液三相平衡共存，$P=3$，$F^*=0$。Ⅰ是液相区 $P=1$，$F^*=2$；Ⅱ是 NaCl(s)-液平衡区，$P=2$，$F^*=1$；Ⅲ是冰-液平衡区，$P=2$，$F^*=1$；Ⅳ是 $(NaCl\cdot 2H_2O)(s)$-液平衡区，$P=2$，$F^*=1$；Ⅴ是 $NaCl\cdot 2H_2O(s)+NaCl(s)$ 两相区，$P=2$，$F^*=1$；Ⅵ是 $(NaCl\cdot 2H_2O)(s)$＋冰两相区，$P=2$，$F^*=1$。

（2）由相图可知，在冰水平衡体系中加入 NaCl，随着加入 NaCl 的增多，液相组成点沿 *ac* 向 *c* 点移动，系统温度下降，至 *c* 点温度降为最低，这时体系的温度为－21.1℃。

（3）在冷却到－9℃时，已开始有 $NaCl\cdot 2H_2O$ 析出，到－10℃，纯 NaCl 已消失，因此，要想得到最大量的纯 NaCl，系统的温度只能冷却到无限接近－9℃，此时，最多析出的纯 NaCl 可由杠杆规则计算：

$$m(\text{液})\times(28-27)=m(NaCl)\times(100-28)$$

$$m(\text{液})=m(NaCl)\times 72$$

$$m(\text{NaCl})/m_{总}=1/(72+1)=1/73$$

$$m(\text{NaCl})=m_{总}/73=1000/73=13.7\text{g}$$

即冷却到−10℃过程中，在冷却到无限接近−9℃最多能析出纯 NaCl 13.7g。

22. 附图是 SiO_2-Al_2O_3 体系在高温区间的相图，本相图在耐火材料工业上具有重要意义。在高温下，SiO_2 有白硅石和鳞石英两种变体，*AB* 是这两种变体的转晶线，*AB* 线之上为白硅石（R），之下为鳞石英（A）。

（1）指出各相区由哪些相组成；

（2）图中三条水平线分别代表哪些相平衡共存；

（3）画出从 *x*、*y*、*z* 点冷却的步冷曲线（莫莱石（N）的组成为 $2Al_2O_3 \cdot 3SiO_2$）。

解：（1）以 A 代表鳞石英，R 代表白硅石。各相区的相列于下表：

区	1	2	3	4	5	6	7
相	熔化物(l)	R(s)+l	N(s)+l	R(s)+N(s)	A(s)+N(s)	B(s)+l	B(s)+N(s)

（2）*AB* 线代表 A（鳞石英）、R（白硅石）、N（莫莱石）三相平衡共存。

CD 线代表 R（白硅石）、N（莫莱石）、l（熔化物）三相平衡共存。

EF 线代表 N（莫莱石）、B（Al_2O_3）、l（熔化物）三相平衡共存。

（3）步冷曲线画在相图（附图）右侧：

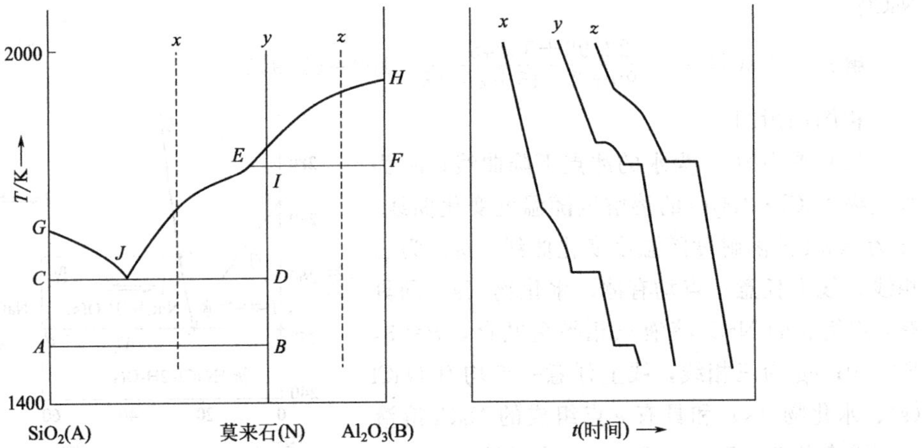

习题 22 附图

23. 指出下列 A-B 二组分凝聚系相图中各区域的平衡相态、相数和自由度 F^*。

解：

相区	相数	相态	$F^*=3-P$
1	1	溶液	2
2	2	溶液＋固溶体 β	1
3	1	固溶体 β	2
4	2	溶液＋固溶体 α	1
5	1	固溶体 α	2
6	2	固溶体 α＋固溶体 β	1

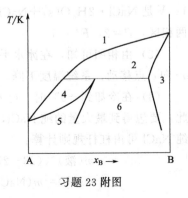

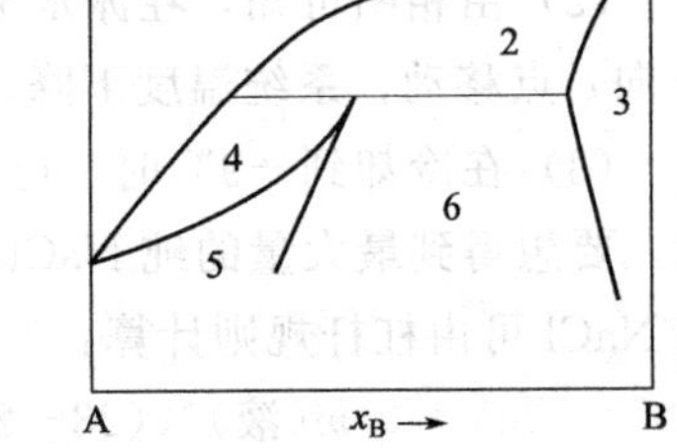

习题 23 附图

24. A 与 B 二组分体系的 T（凝固点）-x 组成图如附图，请标明各区域的平衡相态及自由度 F^*（$F^*=2-P+1$），并画出 M 点的步冷曲线。

解：

区域	相　态	F^*	区域	相　态	F^*
1	熔液 L	2	2	L_1+L_2	1
3	L+C(s)	1	4	L+C(s)	1
5	固溶体 α+C(s)	1	6	固溶体 α	2
7	L+固溶体 α	1	8	L+B(s)	1
9	C(s)+B(s)	1			

注：表中 α 为固溶体，C 为不稳定化合物。

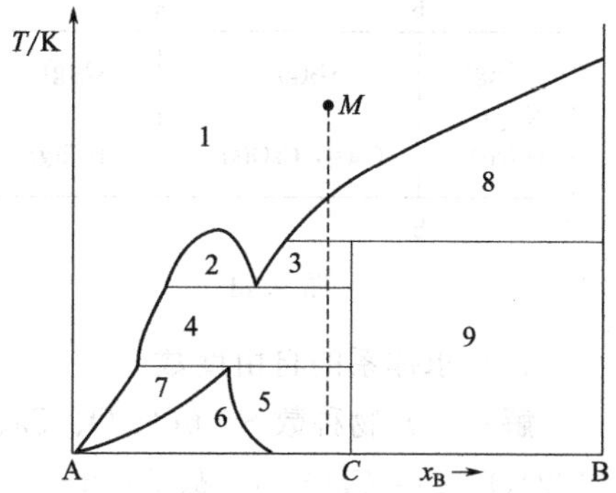

习题 24 附图

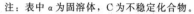

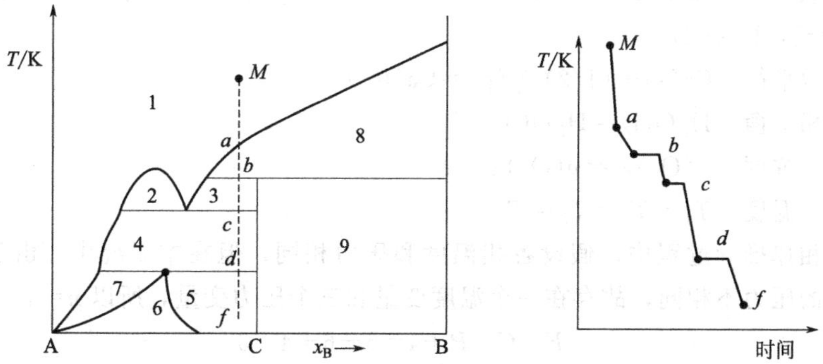

6.4 典型例题精解

例 1　Na_2CO_3 与水可生成 $Na_2CO_3 \cdot H_2O$，$Na_2CO_3 \cdot 7H_2O$，$Na_2CO_3 \cdot 10H_2O$ 三种固体水合物。

(1) 在压力 101.325kPa 下能与 Na_2CO_3 水溶液及冰共存的含水盐最多可有几种？

(2) 指出在 20℃ 时有多少水合物能与水蒸气呈平衡共存。

解：此题的考点是相律的综合运用。要通过相律进行计算，首先要计算体系的独立组分数。由于独立组分数不会由于物种数的认定不同而发生变化，故尽可能用最简化的方式认定物种数有利于问题的解决。另外在相律运用中必须注意隐含限制条件的条件自由度的运用。

(1) 题意是求最大相数。可以认为系统的物种数为 2（Na_2CO_3 和水）没有独立浓度限制条件和独立化学平衡数，故 $C=2$。也可以认为物种数 $S=5$，但此时存在 3 个独立化学平衡 $R=3$，$C=S-R=5-3=2$。可以看出用最简化的方式认定物种数有利于简化问题。

由相律 $F=C-P+2$ 可知，要得到最大相数，必须使自由度为零。

因 $p=101.325\text{kPa}$ 一定，故 $F^*=C-P+1=3-P=0$，$P_{max}=3$

表示该体系最多只能三相共存，现已有 Na_2CO_3 水溶液和冰两相，因而最多只能有一种含水盐与之共存。

(2) $C=2$，且因温度已指定（20℃），故：

$F^{*}=C-P+1=2-P+1=3-P=0$，$P_{max}=3$

即最多相数亦为 3，现只有水蒸气一相存在，故最多还可有两种含水盐与之共存。

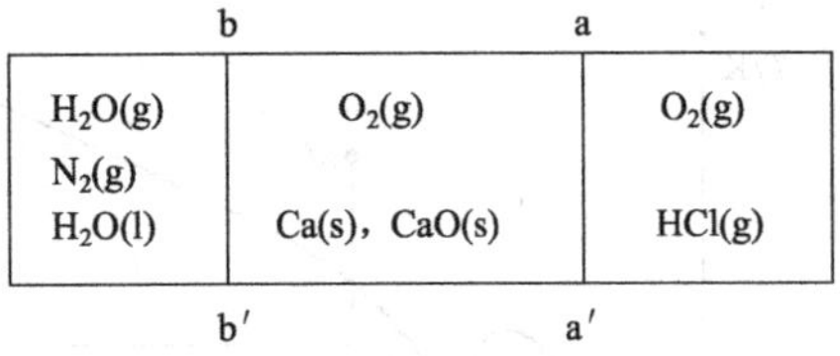

图 6.11

例 2 一个平衡体系如图 6.11 所示，其中半透膜 aa′只能允许 $O_2(g)$ 通过，bb′既不允许 $O_2(g)$，$N_2(g)$ 通过，也不允许 $H_2O(g)$ 通过。

（1）体系的组分数为几？

（2）体系有几相？并指出相态；

（3）写出所有平衡条件；

（4）求体系的自由度数。

解：（1）物种数 $S=6$（H_2O、Ca、CaO、O_2、HCl、N_2），其中存在一个化学平衡 $Ca(s)+(1/2)O_2(g)=CaO(s)$，故 $C=6-1=5$。

（2）由于存在半透膜，故在膜两侧的气相由于组成不同，不能认为是一个相，而是不同的 3 个相，故共有六相：Ca(s)，CaO(s)，$O_2(g)$，$O_2(g)+HCl(g)$ 混合气，$H_2O(g)+N_2(g)$ 混合气，$H_2O(l)$。

（3）化学平衡 $Ca(s)+(1/2)O_2(g)=CaO(s)$

相平衡 $H_2O(l)=H_2O(g)$

浓度 $p(O_2)_{中}=p(O_2)_{右}$

温度 $T_1=T_2=T_3=T$

（4）在相律推导过程中，假设各相温度和压力相同，但在本系统中，由于半透膜的存在，膜两侧的压力不相同，故存在一个温度变量和三个压力变量，所以 $n=4$，

$$F=C-P+4=5-6+4=3$$

例 3 A 和 B 完全互溶，已知 B(l) 在 353K 时的蒸气压为 101.325kPa，A(l) 的正常沸点比 B(l) 高 10K。在 101.325kPa 下，将 8mol A(l) 与 2mol B(l) 混合加热至 333K 时产生第一个气泡，其组成为 0.4，继续在 101.3kPa 下恒压封闭加热至 343K 时剩下最后一滴液体，其组成为 0.1；将 7mol B(g) 与 3mol A(g) 混合气体在 101.3kPa 下冷却到 338K，产生第一滴液体，其组成为 0.9，继续恒压封闭冷却到 328K 时，剩下最后一个气泡，其组成为 0.6。已知恒沸物的组成是 0.54，沸点为 323K（组成均以 B 的物质的量分数表示）。

（1）画出此二元物系在 101.3kPa 下的沸点-组成（$T\sim x$）图。

（2）8mol B 与 2mol A 的混合物在 101.3kPa、338K 时：(a) 求平衡气相物质的量；(b) 此混合物能否用简单的精馏方法分离 A、B 两个纯组分？为什么？

解： 此题为液-液完全互溶系统典型相图，解此题必须明确文字中对液相线和气相线的描述，如“8mol A(l) 与 2mol B(l) 液态混合加热至 333K 时产生第一个气泡，其组成为 $x_B=0.4$”，意味着在 T-x 相图上存在气-液平衡的两个坐标点（0.2，333K）和（0.4，333K），且分别为液相线上的液相点和气相线上的气相点。根据题目告之的已知条件，在 T-x 相图上描出所有根据已知条件求出的坐标点（x_i，T_i），然后，即可通过在相图中描出的点，根据完全互溶系统相图的大致形状画出相图。

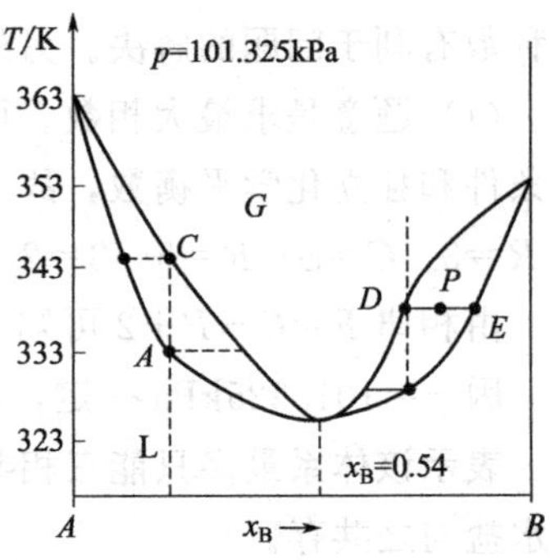

图 6.12

（1）相图示意图如图 6.12 所示。

(2) (a) $Z_B=8/(8+2)=0.8$

$n_g/n_{总}=(0.9-0.8)/(0.9-0.7)=1/2$

$n_g=n_{总}/2=(8+2)/2=5mol$

(b) 此图有恒沸点 $x_B=0.54$，而题给的物系点 $x_B=0.8$，处在恒沸点的右边，故单纯用精馏方法只能得到纯 B（塔釜馏出物）及恒沸组成 $x_B=0.54$ 的混合物（塔顶馏出物）。

例 4 电解 LiCl 制备金属锂时，由于 LiCl 熔点高（878K），通常选用比 LiCl 难电解的 KCl（熔点 1048K）与其混合。利用低共熔点现象来降低 LiCl 熔点，节省能源。已知 LiCl(A)-KCl(B) 系统的低共熔点组成为 $w_B=0.50$，温度为 629K。而在 723K 时，KCl 含量 $w_B=0.43$ 时的熔化物冷却析出 LiCl(s)。而 $w_B=0.63$ 时析出 KCl(s)。

(1) 绘出 LiCl(A)-KCl(B) 的熔点-组成相图。

(2) 电解槽操作温度为何不能低于 629K。

解：(1) 根据题意，LiCl 和 KCl 混合物在 629K、质量分数 w_{KCl} 为 0.50 时有一低共熔物。通过该点 c 应有一根三相平衡共存线 ab。当 w_{KCl} 为 0.43 时，熔化物从高温冷却到 723K 析出 LiCl(s)，说明该点 d 一定落在 LiCl 的凝固点下降曲线上。同理 e 点（723K，w_{KCl} 为 0.63）一定落在 KCl 的凝固点下降曲线上。LiCl(A) 和 KCl(B) 的凝固点分别为 878K(f 点) 和 1048K(g 点)，连接 fdc 和 gec 曲线即得到完整相图（图 6.13）。

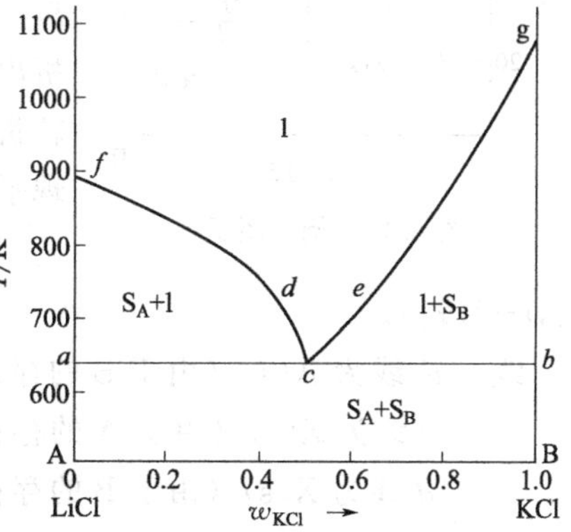

图 6.13

(2) 电解槽操作温度如果低于 629K，电解液全部凝固，Li^+ 无法向阴极移动而析出金属锂。

例 5 在 $p^{\ominus}$下，Ca 和 Na 在 1423K 以上为完全互溶的溶液，在 1273K 时部分互溶。此时两液相的组成为 33%（质量分数，下同）的 Na 与 82%的 Na，983K 时含 Na14%与 93%的两液相与固相 Ca 平衡共存，低共熔点为 370.5K，Ca 和 Na 的熔点分别为 1083K 和 371K，Ca 和 Na 不生成化合物，而且固态也不互溶。请根据以上数据绘出 Ca-Na 体系等压相图。并指明各区相态。

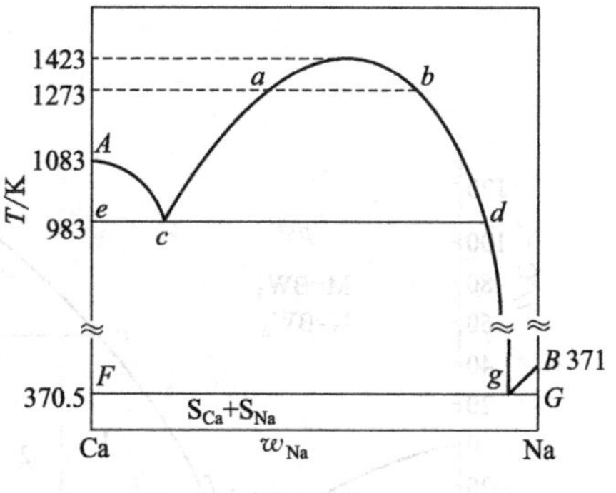

图 6.14

解：根据题意，Ca 和 Na 在 1423K 以上完全互溶，在 1423K 以下部分互溶，则 1423K 为最高会溶温度。在 1273K 时有一对部分互溶溶液，其相点为 a 含 Na 23%，相点 b 含 Na 82%，在 983K 时有一条由一固二液共存的三相线，液相点 c 含 Na 14%，液相点 d 含 Na 93%，固相点 e 为钙，连 $cabd$ 曲线使最高点温度为 1423K。钙的熔点为 1083K（图 6.14 中 A 点）。连 Ac 曲线即为钙的凝固点下降曲线。Ca 和 Na 不生成化合物，有一低共熔点，温度为 370.5K，在该温度处有一条由二固一液组成的三相平衡线，图 6.14 中 FG 线，延长曲线 abd 交 FG 线于 g 点。Na 的熔点为 371K，图 6.14 中 B 点。连 BG 线即为 Na 的凝固点下降曲线。

例 6 根据下面数据绘出在固态不互溶的物质 A 和 B 的固液相图，并说明图中点、线、面的相数以及是哪几相？

x	0.0	0.1	0.2	0.3	0.4	0.5	0.6	0.7	0.8	0.9	1.0
t_1/℃		53	46		46		43	42	64	75	
t_2/℃	60	40	40	40	40	50	30	30	30	30	80

注：t_1、t_2分别是步冷曲线上转折点与平台的温度。

解：从热分析法可知，一般固相不互溶系统相图的步冷曲线有三类，第一类：纯物质或生成的稳定化合物，只存在一个平台，即物质的熔点；第二类：最低共熔点，也只存在一个平台，在这点上两个固相同时析出；第三类：在步冷曲线上既有转折又有平台，此时转折点表示其中有一个固相析出，由相律计算可知，$F^*=2-2+1=1$，系统还有一个可变化的独立变量，故其析出并不是在恒定温度而是随温度下降逐渐析出，故是一转折而非平台，当达到三相平衡线时另一固相析出时才出现平台。具体相图见图 6.15。

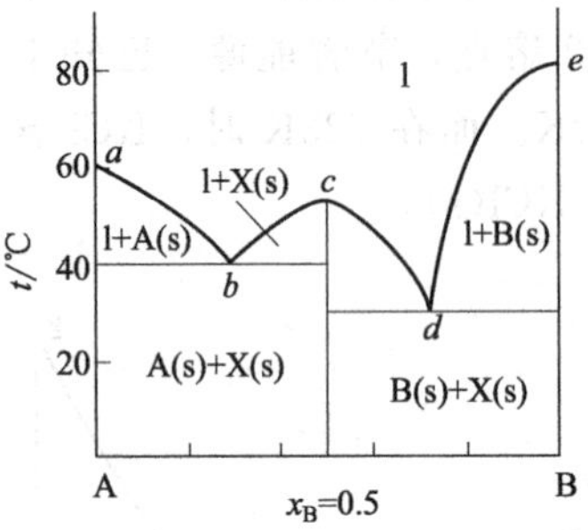

图 6.15 例 6 图示

点 三相共存 b 点：A(s)+X(s)+l(x_b)，d 点：B(s)+X(s)+l(x_d)。

线 ab 线为 A(s)（由于 B 的存在而导致）的凝固点下降曲线，两相共存：A(s)+l；

bc 线为 X(s)（由于 A 的存在而导致）的凝固点下降曲线，两相共存：X(s)+l；

cd 线为 X(s)（由于 B 的存在而导致）的凝固点下降曲线，两相共存：X(s)+l；

de 线为 B(s)（由于 A 的存在而导致）的凝固点下降曲线，两相共存：B(s)+l。

面：如图 6.15 所示。

例 7 Au 和 Sb 分别在 1333K 和 903K 时熔化，并形成一种化合物 $AuSb_2$，在 1073K 熔化时固液组成不一致。试画出符合上述数据的简单相图，并标出所有的相区名称。画出 a 点（含 $x_{Au}=0.5$）熔融物的步冷曲线。

解：相图及 a 点的步冷曲线如图 6.16 所示。

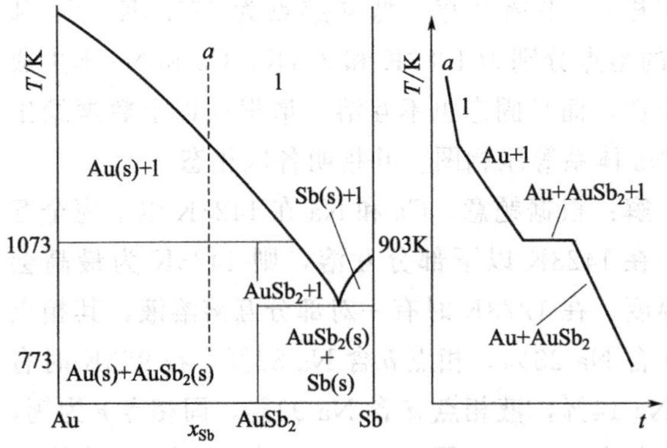

图 6.16 例 7 图示

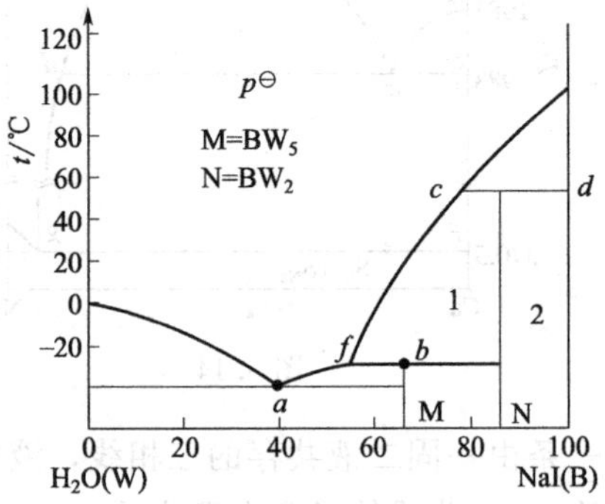

图 6.17 例 8 图示

例 8 已知 H_2O～NaI 体系的相图如图 6.17 所示：

(1) 指出 a、b 各点的相态、相数与自由度，并说明这些点所代表的意义；

(2) 指出 cd 线、1 区、2 区的相数、相态与自由度；

(3) 以 0℃纯水为标准态，求 10%的 NaI 水溶液降温至−10.7℃，饱和溶液中水的活度？已知水的凝固热为$-600.8\mathrm{J\cdot mol^{-1}}$。

解：(1)、(2) 如下表：

	相　态	相　数	自由度	意　义
a 点	$H_2O(s)+BW_5(s) \rightleftharpoons l(x_a)$	3	0	最低共熔点
b 点	$l(x_f)+BW_2(s) \rightleftharpoons BW_5(s)$	3	0	不相合熔点
cd 线	$l(x_c)+NaI(s) \rightleftharpoons BW_2(s)$	3	0	
区 1	$l \rightleftharpoons BW_2(s)$(或 N)	2	1	
区 2	$BW_2(s)$(或 N)$+NaI(s)$	2	1	

(3) $H_2O(s,-10.7℃) \rightleftharpoons H_2O(l)$（含 NaI 10%的溶液，$-10.7℃$）

$$\mu_A(s)=\mu_A(l)=\mu_A^{\ominus}(T,p)+RT\ln a_A$$

$$(\partial \ln a_A/\partial T)=\partial\{[\mu_A(s)-\mu_A^{\ominus}]/RT\}/\partial T=(1/R)\partial(\Delta G_m/T)/\partial T$$
$$=\Delta_{fus}H_m/(RT^2)$$

故　　$\mathrm{d}\ln a=-\Delta_{fus}H_m/(RT^2)\mathrm{d}T$

取 0℃纯水的活度为 1，积分上式：

$$\int \ln a_A=-\Delta H_m/R\int_{T_1}^{T_2}(\mathrm{d}T/T^2)\quad（积分区间：1 到 a）$$

$$\ln a_A=600.8/8.314\times(1/262.5-1/273.2)=0.01078$$

解得　$a_A=1.01$

例 9　利用下面数据绘制 Mg-Cu 体系的相图。Mg（熔点为 648℃）和 Cu（熔点为 1085℃）形成两种化合物：$MgCu_2$（熔点为 800℃）、Mg_2Cu（熔点为 580℃）；形成三个低共熔混合物，其组成分别为 $w(Mg)=0.10$、$w(Mg)=0.33$、$w(Mg)=0.65$，它们的熔点分别为 690℃、560℃和 380℃ [$M(Cu)=63.55\times10^{-3}\mathrm{kg\cdot mol^{-1}}$，$M(Mg)=24.35\times10^{-3}\mathrm{kg\cdot mol^{-1}}$]。

(1) 根据上述实验数据绘制 Mg-Cu 二元凝聚系相图。

(2) 画出组成为 $w(Mg)=0.25$ 的 900℃的固溶体降温到 100℃时的步冷曲线。

(3) 当 (2) 中的熔体 1kg 降温至无限接近 560℃时，可得到何种化合物？其质量为若干？

解：(1) 由于实验结果是以质量分数给出的，所以在绘制相图之前，首先分别计算化合物 $MgCu_2$ 和 Mg_2Cu 中 Mg 的质量分数：

$MgCu_2$ 中 $w_1(Mg)=24.31/(24.31+63.55\times2)=0.161$

Mg_2Cu 中 $w_2(Mg)=24.31\times2/(24.31\times2+63.55)=0.433$

依题给数据绘制相图，如图 6.18 所示。

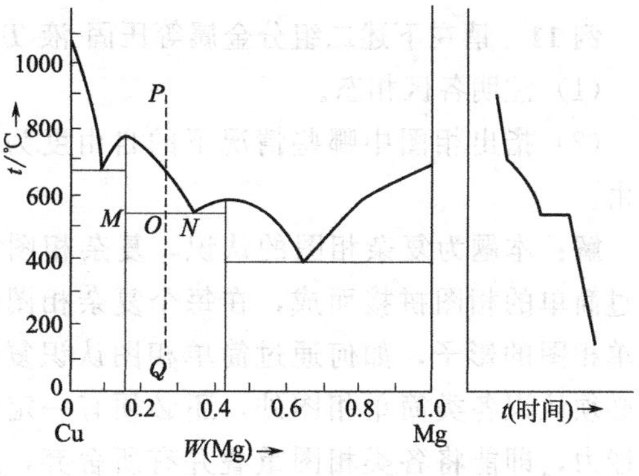

图 6.18　例 9 图示

(2) 步冷曲线画在图 6.18 的右侧。

(3) 由图可知，可得到化合物 $MgCu_2$。设降温在无限接近 560℃时，析出 $MgCu_2(s)$、的

质量为 mg，则液相质量为 $1000-m$，根据杠杆规则，有 $m\times(0.25-0.161)=(1000-m)\times(0.33-0.25)$

解得：

$$m(\text{s})=0.47\text{kg}$$

例 10 （1）指出下列凝聚体系定压相图（图 6.19）中各相区的相数、相态（为何物质和状态）及其自由度；

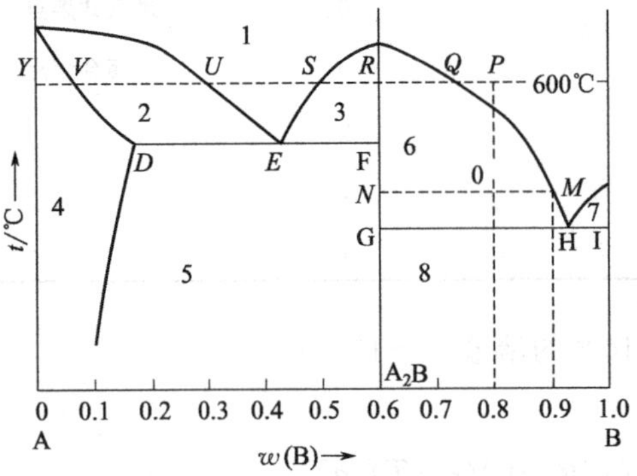

图 6.19　例 10 图示

（2）叙述组成为 P 的熔液当温度保持在 600℃并不断加入 A 物质时，体系中相的变化；

（3）设物系点处于 P 点，其质量为 3kg，当冷却到 O 点时［此时 B 的质量分数 $w(\text{B})=0.8$］，问此时体系中液相的质量为若干？

解： 本图为一个有固溶体和稳定化合物存在的相图，可以认为是两类相图的拼接，对相数、相态、自由度的认识和杠杆规则的运用类似前几题。另外，此题对组分改变过程中相点的轨迹运动进行了考察。

（1）各区的相数、相态和自由度如下表所列：

相区	相数	相态	自由度	相区	相数	相态	自由度
1	1	熔液 l	2	5	2	$A_2B(s)+\alpha(s)$	1
2	2	$l+\alpha(s)$	1	6	2	$A_2B(s)+l$	1
3	2	$A_2B(s)+l$	1	7	2	$B(s)+l$	1
4	1	固溶体 $\alpha(s)$	2	8	2	$A_2B(s)+B(s)$	1

（2）P 点（液态，单相）⟶Q 点［$A_2B(s)+l$，两相］⟶R 点［液相消失，只有 $A_2B(s)$ 一相］⟶S 点［A_2B+l，两相］⟶U 点［$\alpha(s)+l$，两相］⟶V 点［$\alpha(s)$，一相］⟶Y 点

（3）设液体质量为 m(g)，根据杠杆规则，则

$$(0.90-0.80)m=(0.80-0.60)\times(3000-m)$$

解得：

$$m=2000\text{g}$$

例 11 请在下述二组分金属等压固-液 T-x 图（图 6.20）中完成下列二问：

（1）注明各区相态。

（2）指出相图中哪些情况下的自由度为零，并说明理由。

解： 本题为复杂相图的认识，复杂相图实际上可以通过简单的相图拼接而成，在每个复杂相图中都能找到简单相图的影子，如何通过简单相图认识复杂相图，除了必须认识各类简单相图外，还必须有一定的想象和推理能力，即能将各类相图重叠并有所舍弃，并对一些特殊的线有所了解。

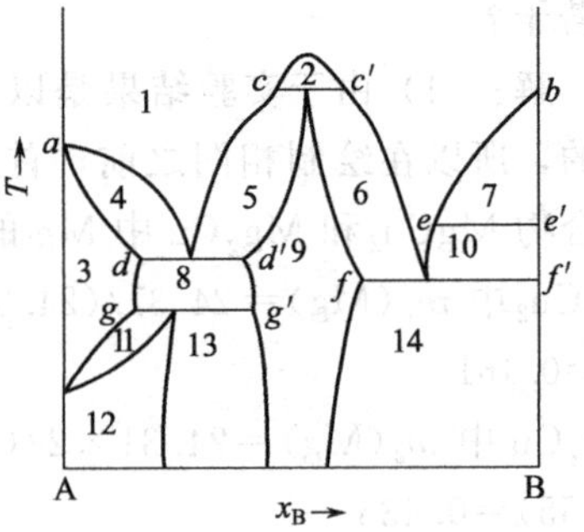

图 6.20　例 11 图示

认识复杂相图，首先应在这张相图中找出一些简单的相，如此图中存在许多固溶体，3 区、9 区、12 区都是固溶体，1 区为液相。或者通过对简单相图的了解，看出左边相图为有

固溶体生成的相图，而右边为含最低共熔点相图。然后首先确定简单相区的相，如 4、5、6、7、11、14。在二元相图中，垂直于 X 轴的直线代表化合物，平行于 X 轴的直线一般是三相线（包括转晶线），斜线则为相区分界线（二相线）。在某一相区认识相有一个简便的方法：在相区内画与 X 轴平行的直线并交相区的两端，则两端外侧存在的相即为相区内平衡共存的相。最后认识一些特殊的点、线、面，如 2 区中为不互溶的两个液相，ee' 为转晶线等。具体详解如下：

相 区	相 态	相 区	相 态	相 区	相 态
1	l(熔化物)	6	$l+\gamma(s)$	11	$\alpha+\beta$
2	l_1+l_2	7	$l+B_1(s)$	12	β(固溶体)
3	α(固溶体)	8	$\alpha+\gamma$	13	$\beta+\gamma$
4	$l+\alpha$	9	γ(固溶体)	14	$B(s)+\gamma$
5	$l+\gamma(s)$	10	$l+B_2(s)$		

例 12 因同一温度下液体及其饱和蒸气压的摩尔定压热容 $C_{p,m}(l)$，$C_{p,m}(g)$ 不同，故液体的摩尔蒸发焓是温度的函数 $\Delta_{vap}H_m=\Delta H_0+[C_{p,m}(g)-C_{p,m}(l)]T$，试推导液体饱和蒸气压与温度关系的克劳修斯-克拉佩龙方程的不定积分式。

解： 克-克方程 $\dfrac{d\ln p}{dT}=\dfrac{\Delta_{vap}H_m}{RT^2}$，已知 $\Delta_{vap}H_m=\Delta H_0+[C_{p,m}(g)-C_{p,m}(l)]T$

则
$$\frac{d\ln p}{dT}=\frac{\Delta H_0+[C_{p,m}(g)-C_{p,m}(l)]T}{RT^2}$$

积分上式得
$$\ln p=-\frac{\Delta H_0}{RT}+\frac{[C_{p,m}(g)-C_{p,m}(l)]}{R}\ln T+C$$

例 13 在熔点附近的温度范围内，TaBr 固体的蒸气压与温度的关系为 $\lg(p^*/Pa)=14.696-5650/(T/K)$，液体的蒸气压与温度的关系为 $\lg(p^*/Pa)=10.296-3265/(T/K)$。试求三相点的温度和压力，并求三相点时的摩尔升华焓、摩尔蒸发焓及摩尔熔化焓。

解： 三相点时固体的蒸气压与液体的蒸气压相等，因此

$$14.696-5650/(T/K)=10.296-3265/(T/K)，4.400=2385/(T/K)$$

所以三相点时的温度为 $T=(2385/4.400)K=542.0K$

$\lg(p^*/Pa)=10.296-3265/542.0=4.272$，三相点时的压力为 $p^*=18.7\times10^3Pa$

对固-气平衡应用 Clausius-Clapeyron 方程

$$d\ln(p^*/Pa)/dT=\Delta_{sub}H_m/(RT^2)=2.303\times5650/T^2$$

$$\Delta_{sub}H_m=(8.314\times2.303\times5650)J\cdot mol^{-1}=108.17\times10^3J\cdot mol^{-1}=108.17kJ$$

对液气平衡应用 Clausius-Clapeyron 方程

$$d\ln(p^*/Pa)/dT=\Delta_{vap}H_m/(RT^2)=2.303\times3265/T^2$$

$$\Delta_{vap}H_m=(8.314\times2.303\times3265)J\cdot mol^{-1}=62.51\times10^3J\cdot mol^{-1}=62.51kJ$$

$$\Delta_{fus}H_m=\Delta_{sub}H_m-\Delta_{vap}H_m=(108.17-62.51)=45.66kJ\cdot mol^{-1}$$

例 14 二乙醚的正常沸点为 307.6K，若将此二乙醚贮存于可耐 10^3kPa 压力的铝桶内，试估算此种桶装二乙醚存放时可耐受的最高温度？

解： 这是 Classius-Clapeyron 方程的应用，其中二乙醚的汽化热由特鲁德规则估算。

$\Delta_{vap}H_m = 88 \times 307.6 = 27068.8 J \cdot mol^{-1}$

$\ln(10^3/101.3) = (-27068.8/8.314)(1/T_2 - 1/307.6)$

解得　$T_2 = 392.7K$

例 15　水（H_2O）和氯仿（$CHCl_3$）在 101.325kPa 下正常沸点分别为 100℃和 61.5℃，摩尔蒸发焓分别为 $\Delta_{vap}H_m(H_2O) = 40.668 kJ \cdot mol^{-1}$ 和 $\Delta_{vap}H_m(CHCl_3) = 29.50 kJ \cdot mol^{-1}$，求两液体具有相同饱和蒸气压时的温度。

解：应用克-克方程 $\ln(p_2/p_1) = -\Delta_{vap}H_m/R(1/T_2 - 1/T_1)$，联立求解即可。

对 H_2O，$T_2 = 373.15K$ 时，$p_2 = 101.325kPa$；$T = T_1$ 时，$p = p_1$

所以　$\ln[101325/p(H_2O)] = -40668/R(1/373.15 - 1/T)$

对 H_2O，$T = 61.5℃$ 时，$p_2 = 101.325kPa$

所以　$\ln[101325/p(CHCl_3)] = -29500/R(1/334.65 - 1/T)$

当 $p(H_2O) = p(CHCl_3)$ 时，解上述二方程，得 $T = 262.9℃$。

自由度为零的点和线	相　　态	相律应用
点 a(A 的熔点)	$l_A + A(s)$	$F^* = C - P + 1 = 1 - 2 + 1 = 0$
点 b(B 的熔点)	$l_B + B(s)$	$F^* = 1 - 2 + 1 = 0$
cc'三相线	$l_1 + l_2 + \gamma$	$F^* = C + 1 - P = 2 + 1 - 3 = 0$
dd'三相线	$l + \alpha + \gamma$	$F^* = 2 - 3 + 1 = 0$
ee'三相线	$l + B_1(s) + B_2(s)$	
ff'三相线	$l + \gamma + B(s)$	
gg'三相线	$\alpha + \beta + \gamma$	

第7章 电化学

电化学是研究化学现象与电现象之间的相互关系以及化学能与电能相互转化规律的科学。为了研究化学能转化为电能的最大限度，并用热力学方法研究化学能和电能相互转化的规律，因此，要研究可逆电化学（电化学热力学）。而在实际过程中，无论是化学能转化为电能的电池放电过程，还是电能转变成化学能的充电过程或电解过程，都是在不可逆条件下进行的，为此，我们要研究不可逆过程的电化学：电解与极化（电化学动力学）。电能和化学能的相互转化都必须在电池或电解池中进行，都涉及电解质溶液。所以，我们还要研究电解质溶液理论。据此，本章包括如下三部分内容：

电化学
- 电解质溶液理论
- 电化学热力学（可逆电化学）
- 电解与极化（电化学动力学）

7.1 电解质溶液理论

7.1.1 概述

研究电化学一定涉及电解质溶液。在电解质溶液中，电解质是以正、负离子存在的。正、负离子不能被单独分开研究，而研究工作和电化学热力学的计算中又需要了解并用到离子的性质。因此本节的重点是讨论如何根据电解质的性质获得离子的物理性质及化学性质。

电解质又称为第二类导体，是通过溶液中正、负离子导电。对于一确定的电解质溶液，用电导 G 来衡量其导电能力。相距 1m 的两电极间单位体积（$1m^3$）电解质溶液的电导称为电导率 κ。为了比较不同电解质的导电能力，引入摩尔电导率（Λ_m）的概念。值得注意的是，摩尔电导率只规定了电解质的量，而没有规定电解质溶液的体积（刚好与电导率 κ 的规定相反）。由于正、负离子间静电引力作用，Λ_m随电解质浓度 c_B 的增大而减小。对强电解质稀溶液，$\Lambda_m=\Lambda_m^\infty-A\sqrt{c}$，对同一电解质，$\Lambda_m^\infty$ 最大。而且，在无限稀释的情况下，正、负离子间静电作用力为零，此时有离子独立运动定律：$\Lambda_m^\infty=\nu_+\Lambda_{m,+}^\infty+\nu_-\Lambda_{m,-}^\infty$。离子独立运动定律解决了弱电解质溶液 Λ_m^∞ 的计算问题。通过测定电解质溶液的 Λ_m 和 Λ_m^∞，我们可以求得弱电解质的电离度 α，计算难溶盐溶解度进而求其 K_{sp}。

电解质溶液的导电任务是由正、负离子共同承担的。由于正、负离子的运动速度不同，其导电能力并不一样。为了区别不同离子的导电能力，引入电迁移率的定义和另外一个重要概念：迁移数。我们可以用离子 i 的迁移数 t_i 来衡量 i 离子在电解质溶液中的运动速度或导电能力的相对大小。通过对迁移数的定义及其物理意义的理解，可以在离子 i 的迁移数 t_i 与离子 i

在溶液中的迁移速率、输送电量和离子的摩尔电导率等物理量之间建立起定量关系。更重要的是以迁移数为媒介，可以将实验可测量的电解质的电迁移性质分解为离子的电迁移性质。

电解质是非理想溶液，且以离子状态存在，所以在电化学的热力学计算中要用到离子的活度。考虑到电解质溶液的性质是正、负离子共同作用的结果，因此，可通过定义正、负离子的平均活度来代替离子活度。这就是为什么要定义离子的平均活度和平均活度系数的原因。通过定义离子的平均活度和平均活度系数，可以避免测定和讨论无法测定的离子的活度。此外，对于强电解质稀溶液，我们还可以用德拜-休克尔极限公式计算电解质的平均活度系数：$\lg\gamma_{\pm}=-A\times|z^{+}\times z^{-}|\sqrt{I/b^{\ominus}}$。本节知识点架构纲目图如下：

- 电解质溶液
  - 导电性质
    - 电导 G、κ、Λ_m 的定义：$G=\dfrac{1}{R}=\kappa\dfrac{A}{l}$，$\kappa=G\dfrac{l}{A}$
    - 电导的测定及计算
      - $K_{cell}=\dfrac{l}{A}=\dfrac{\kappa}{G}=\kappa R_{KCl}$
      - $\Lambda_m=\dfrac{\kappa}{c_B}$
    - 电导测定的主要应用
      - 求 α：$\alpha=\dfrac{\Lambda_m}{\Lambda_m^{\infty}}$；电导滴定
      - 求 c_B，$c_B=\dfrac{\kappa(溶液)-\kappa(H_2O)}{\Lambda_m}\approx\dfrac{\kappa(溶液)-\kappa(H_2O)}{\Lambda_m^{\infty}}$
  - 电迁移性质
    - $t_i=\dfrac{I_i}{\sum I_i}=\dfrac{Q_i}{\sum Q_i}=\dfrac{\nu_i\Lambda_{m,i}}{\sum\nu_i\Lambda_{m,i}}$，$\sum t_i=1$
    - $\Lambda_m^{\infty}=\nu_+\Lambda_{m,+}^{\infty}+\nu_-\Lambda_{m,-}^{\infty}$
  - 热力学性质
    - $b_{\pm}=(b_+^{\nu_+}\cdot b_-^{\nu_-})^{1/\nu}=(\nu_+^{\nu_+}\cdot\nu_-^{\nu_-})^{1/\nu}b_B$
    - $a_B=a_+^{\nu_+}\cdot a_-^{\nu_-}=a_{\pm}^{\nu}=\left(\gamma_{\pm}\dfrac{b_{\pm}}{b^{\ominus}}\right)^{\nu}$
    - $\lg\gamma_{\pm}=-Az_+|z_-|\sqrt{I/b^{\ominus}}$

7.1.2 主要知识点

7.1.2.1 法拉第定律

在电极上发生反应的物质的量与通入的电量成正比。即 $Q=nzF$。式中，Q 为通入的电量；n 为反应的物质的量；z 为电极反应式中的电子计量系数；F 为法拉第常数，近似取 $96500C\cdot mol^{-1}$。

7.1.2.2 电导、电导率、摩尔电导率的定义、物理意义和单位

（1）电导　电阻的倒数，$G=\kappa\times A/l$（式中，κ 为电导率；A 为电极间电解质溶液的横截面积；l 为电极间距离）。G 的单位：S（西门子）或 Ω^{-1}。

（2）电导率 κ　电阻率的倒数，其定义和物理意义为单位长度（1m）、单位截面积（$1m^2$）导体的电导。单位：$S\cdot m^{-1}$。

（3）摩尔电导率 Λ_m　电极相距 1m 时，含 1mol 电解质溶液的电导。单位：$S\cdot m^2\cdot mol^{-1}$。

在电导率定义中规定了电解质溶液导体的体积，但没有规定电解质的量。而摩尔电导率的定义刚好相反。在表示电解质的摩尔电导率时，要注明基本单元。例如：

$$\Lambda_m(K_2SO_4)=2\Lambda_m(1/2K_2SO_4)$$

（4）κ 与 Λ_m 关系　$\Lambda_m=\kappa/c_B$（式中，c_B 是电解质 B 的体积摩尔浓度，不是某种离子的浓度。单位为 $mol\cdot m^{-3}$）。

（5）电导率 κ 的测定和 Λ_m 的计算　先通过已知 κ 的 KCl 溶液，测得电解池常数 K_{cell}，再测定未知电导率 κ 的电解质溶液的电阻 R_x，通过公式 $\kappa=K_{cell}/R_x$、$\Lambda_m=\kappa/c_B$ 可分别计算未知电解质溶液的 κ 和 Λ_m。

7.1.2.3 电迁移性质

(1) 柯尔劳施关系式

柯尔劳施关系式阐明了电解质摩尔电导率和电解质体积摩尔浓度 c 之间的关系。由于离子间库仑力的作用，随着 c 增大，Λ_m减小，在稀溶液中，其定量关系式为

$$\Lambda_m = \Lambda_m^{\infty} - A\sqrt{c/c^{\ominus}}$$

式中，Λ_m^{∞}为极限摩尔电导率

(2) 离子独立运动定律

当电解质溶液浓度无限稀释时，离子间作用力可忽略不计。电解质 $M_{\nu+}A_{\nu-}$ 的极限摩尔电导率与正、负离子极限摩尔电导率之间的定量关系符合离子独立运动定律：

$$\Lambda_m^{\infty} = \nu_+\Lambda_{m,+}^{\infty} + \nu_-\Lambda_{m,-}^{\infty}$$

式中，$\Lambda_{m,+}^{\infty}$和 $\Lambda_{m,-}^{\infty}$分别为正、负离子的极限摩尔电导率。

离子独立运动定律的重要作用之一是解决了弱电解质极限摩尔电导率 Λ_m^{∞}的计算问题。

(3) 离子电迁移率 U_i

单位电场强度下离子 i 的迁移速率。单位：$m^2 \cdot V \cdot S^{-1}$。U_i与 $\Lambda_{m,i}$之间的关系为：

$$U_i = \Lambda_{m,i}/(|z_i|F)$$

式中，$\Lambda_{m,i}$为离子 i 的摩尔电导率；z_i 为离子 i 所带的电荷数。

(4) 离子的迁移数

① 定义

$t_i = I/\sum I = Q_i/\sum Q_i \approx \nu_i\Lambda_{m,i}/\sum V_i A_{m,i}$，$\sum t_i = 1$（式中，$I_i$和 Q_i分别为离子 i 承担的电流和输送的电量）。

② 希托夫法测定迁移数的计算式

用希托夫法测迁移数时，关键是计算被迁移的某离子的物质量 $n_{迁}$。同一种离子，在阳极区和在阴极区，其迁移的物质的量不同，计算时要用不同的公式。例如计算阳离子的迁移数时

$n_{迁} = n_{始} + n_{电解} - n_{终}$（阳极区阳离子迁移的物质量的计算公式）

$n_{迁} = n_{终} + n_{电解} - n_{始}$（阴极区阴离子迁移的物质量的计算公式）

式中，$n_{始}$、$n_{终}$分别是通电前后阳极区阳离子的物质量；$n_{电解}$是由库仑计测得的 Ag 的析出量。

③ 离子迁移数的作用

如表 7.1 所示，以迁移数为中介，将实验可测得的电解质迁移性质与实验不可测量的离子的电迁移性质相关联。

表 7.1 离子的迁移性质

离子 i 的迁移性质	定义式或计算式	电解质($M_{\nu+}A_{\nu-}$)性质
t_i	$t_i = I/\sum I_i = Q_i/\sum Q_i \approx \nu_i\Lambda_{m,i}/\sum V_i A_{m,i}$	$\sum t_i = 1$
$\Lambda_{m,i}$	$\Lambda_{m,i} = U_i\|z_i\|F = t_i\Lambda_m/\nu_i$	$\Lambda_m = \sum \nu_i \times \Lambda_{m,i}$
κ_i	$\kappa_i = U_i\|z_i\|Fc_i = (c_i/\nu_i)\Lambda_m t_i$	$\kappa = \sum \kappa_i$
U_i	$U_i = \Lambda_m t_i/(\nu_i\|z_i\|F)$	

7.1.2.4 电导测定的应用

(1) 检验水的纯度

普通蒸馏水的电导率 κ 约为 $1\times10^{-3} S \cdot m^{-1}$，重蒸馏水和去离子水的 κ 值可小于 $1.0\times$

$10^{-4}S\cdot m^{-1}$。理论计算纯水的电导率 κ 应为 $5.5\times10^{-6}S\cdot m^{-1}$。

(2) 计算弱电解质的电离度 α 和离解常数 $K^{\ominus}$（奥斯特瓦尔德稀释定律）

对于 AB 型（即 1-1 型）电解质，若起始浓度为 c，则

$$\alpha=\frac{\Lambda_m}{\Lambda_m^{\infty}},\qquad K^{\ominus}=\frac{\alpha^2}{1-\alpha}\cdot\frac{c}{c^{\ominus}}=\frac{\Lambda_m^2}{\Lambda_m^{\infty}(\Lambda_m^{\infty}-\Lambda_m)}\cdot\frac{c}{c^{\ominus}}$$

(3) 测定难溶盐的溶解度

一般难溶盐的溶解度都很小，其水溶液的电导率与纯水的电导率处在同一数量级。因此水的电导率不能忽略，且 $\Lambda_m\approx\Lambda_m^{\infty}$。

$$c=[\kappa(溶液)-\kappa(H_2O)]/\Lambda_m\approx[\kappa(溶液)-\kappa(H_2O)]/\Lambda_m^{\infty}$$

7.1.2.5 热力学性质

(1) 对于电解质 $M_{\nu_+}^{z_+}A_{\nu_-}^{z_-}\rightarrow\nu_+M^{z_+}+\nu_-A^{z_-}$

其活度 a、离子活度 a_i 和平均活度 $a_{\pm}$，离子活度系数 γ_i、平均活度系数 $\gamma_{\pm}$ 以及离子质量摩尔浓度 b_i 和平均质量摩尔浓度 $b_{\pm}$ 之定义以及相互之间的关系为：

$$a=a_{\pm}^{\nu}=a_+^{\nu_+}\cdot a_-^{\nu_-};\qquad \gamma_{\pm}^{\nu}=\gamma_+^{\nu_+}\cdot\gamma_-^{\nu_-};$$

$$b_{\pm}^{\nu}=b_+^{\nu_+}\cdot b_-^{\nu_-};\qquad a_{\pm}=\gamma_{\pm}b_{\pm}/b^{\ominus};$$

$$a_{\pm}=(a_+^{\nu_+}\cdot a_-^{\nu_-})^{1/\nu};\qquad \gamma_{\pm}=(\gamma_+^{\nu_+}\cdot\gamma_-^{\nu_-})^{1/\nu};\qquad b_{\pm}=(b_+^{\nu_+}\cdot b_-^{\nu_-})^{1/\nu}$$

$a_{\pm}$ 与 $a_i^{\nu_i}$ 之间、$\gamma_{\pm}$ 与 $\gamma_i^{\nu_i}$ 之间以及 $b_{\pm}$ 与 $b_i^{\nu_i}$ 之间是几何平均关系（$\nu=\nu_++\nu_-$）。

(2) Debye-Hückel（D-H）极限公式

$$\lg\gamma_{\pm}=-Az_+|z_-|\sqrt{I/b^{\ominus}},\qquad I=\frac{1}{2}\sum b_iz_i^2<0.01mol\cdot kg^{-1}$$

由于存在关系式 $\nu_+z_+=\nu_-|z_-|$，在 D-H 极限公式适用范围内，不对称电解质的离子活度系数与平均活度系数间存在如下关系：$\gamma_+=(\gamma_{\pm})^{\nu_-/\nu_+}$，$\gamma_-=(\gamma_{\pm})^{\nu_+/\nu_-}$。设计实验时应尽量避免采用不对称电解质。

当电解质溶液中同时存在对称和不对称电解质时，例如同时存在 $CaCl_2$ 和 NaCl，对于 Cl^-，γ_{Cl^-} 取哪一个？原则上应取对称电解质中离子的平均活度系数，原因在于 $\gamma_{\pm}=(\gamma_+^{\nu_+}\cdot\gamma_-^{\nu_-})^{1/\nu}$ 是几何平均（见 7..1 例题 6）。

(3) 应用　在精确求解 K_{sp}、K_a 及用 Nernst 公式求 E 时经常用到电解质的热力学性质（见 7.5.2 例题精解 6、7、11～15 题）。

7.2 电化学热力学

7.2.1 概述

电化学的基础是化学热力学和化学动力学（电解与极化）。之所以称为“电化学热力学”，这是因为对于确定的化学反应（过程）最多能提供多少电能，化学热力学从理论上给出了明确的回答：$\Delta_rG_m=-zFE$。另一方面，由关系式 $\Delta_rG_m=-zFE$，$\Delta_rS_m=zF(\partial E/\partial T)_p$，$\Delta_rH_m=\Delta_rG_m+T\Delta_rS_m$，$Q_r=T\Delta_rS_m$ 可知，如果一个化学反应或过程可以设计成电池，就可以通过测量其平衡电势 E 和 $(\partial E/\partial T)_p$，从而求出该化学反应的 Δ_rG_m、Δ_rH_m、Δ_rS_m 和 $K^{\ominus}$ 等热力学量。

作为电化学与化学热力学之间的桥梁，$\Delta_r G_m = -zFE$ 的应用条件是封闭系统的恒压可逆过程，所以电化学热力学又称为可逆电化学。正因为如此，用来联系电化学和热力学的电池必须是可逆电池。所谓可逆电池就是除了反应在正、反两个方向都是可逆的条件之外，还要求通过的电流无限小，并且不存在扩散过程。因此，要想测量可逆电池的电动势，只有用对消法才能满足这一要求。又因为电池是由两个“半电池”（电极）构成的，所以构成可逆电池的电极也必须是可逆的。常见的可逆电极有三种类型。在电化学中，为了方便电池的书面表示，规定了电池的书写符号和电极的排列：规定电池负极（阳极）写在左边，而正极（阴极）写在右边。

按照电极的实际反应，电池反应应等于电极反应的加和，相应地，电池电动势也是电极电势的加和。遗憾的是，人们还无法测定或理论计算单个电极电势的绝对值。为了计算不同电极间的电势差，人们规定在任何 T 时标准氢电极的电极电势为零。由此得到任何电极（作为正极）相对于标准氢电极的电势——还原电势。当用还原电势表示电极电势时，电池电动势 $E = E_+ - E_-$。当正极和负极皆处在标准态时，标准电池电动势 $E^\ominus = E_+^\ominus - E_-^\ominus$。值得注意的是，还原电极电势实际上是一特殊电池（负极为标准氢电极）的电动势。

当电池反应不是处在标准态时，电池的电动势不仅与构成（正、负）电极的材料及相应的电解质种类有关，还与温度和相应电解质的浓度有关。能特斯方程描述了这种关系。能特斯方程是电化学热力学中最常用、最基本的方程，是 Gibbs 函数在电化学中的具体应用和体现。

根据产生电动势的机理进行分类，电池可分为化学电池、浓差电池和液接界电池。液接界电池是由于不同电解质间扩散造成的，而扩散过程是不可逆过程，所以在可逆电池中，用盐桥连接两电极，以消除不同电解质间的液接界电势。

为了用电化学的方法通过测量电池的电动势和 $(\partial E/\partial T)_p$ 以求得热力学函数的改变值 ΔG、ΔS、ΔH、Q_r 以及 K_{sp}（或 $K^\ominus$ 或液体的饱和蒸气压 p_s）、某氧化物的分解压、未知溶液的 pH、离子的迁移数等，就必须将相应的化学反应或过程设计成电池。设计电池是电化学方法解决热力学问题的关键。设计电池时，首先找准两个氧化还原对，使要解决的热力学问题包含在电池反应中。电池设计得正确，等于解决了一半问题。可逆电化学这一部分的中心内容就是如何通过巧妙地设计电池和熟练掌握能特斯特方程的应用以解决上述热力学问题。本节知识点架构纲目图如下：

- 可逆电化学
  - 可逆电池
    - 电池的书写规则；可逆电池 ⟶
      - 为什么要研究可逆电池？
      - 满足可逆电池的条件？
    - 可逆电极类型和电极反应
      - 第一类电极及电极反应
      - 第二类电极及电极反应
      - 第三类电极及电极反应
  - 原电池电动势测定
    - 为什么要用对消法测 E？
    - 标准电池在 E 测定中的作用及使用时注意事项
    - 标准电池构造、组成、特点及电池反应
  - 原电池热力学
    - 由 E 和 $\left(\frac{\partial E}{\partial T}\right)_p$ 计算 $\Delta_r G_m$、$\Delta_r S_m$、$\Delta_r H_m$、Q_r
    - 由 $E^\ominus$ 求 $K^\ominus(K_{ap})$
  - 电极电势
    - 标准氢电极
      - 电极的组成（$p_{H_2} = p^\ominus$，$a_{H^+} = 1$）、书写式、电极反应
      - 标准氢电极电势规定：$E^\ominus(H^+/H_2(g)) = 0$（任意温度 T）
    - 电极电势 E 和标准电极电势 $E^\ominus$ 的物理意义
    - 任意电极反应及其能特斯方程：$a_O + ze^- = a_R$，$E_{电极} = E_{电极}^\ominus - \frac{RT}{zF}\ln\frac{a_R}{a_O}$
  - 见下页

- 可逆电化学
  - 浓差电池，液接电势和盐桥
    - 浓差电池
      - 电极浓差电池
        - 汞齐浓差电池、电池反应及其计算公式
        - 气体（H_2）浓差电池及其计算公式
        - 气体（Cl_2）浓差电池及其计算公式
      - 电解质浓差电池
        - 阳离子转移：电池反应及其计算公式
        - 阴离子转移：电池反应及其计算公式
      - 双联浓差电池：电池反应及其计算公式
    - 液接界电势 E_J
      - 产生 E_J 的原因及对称电解质 E_J 的计算公式
      - E_J 的测定及应用
    - 盐桥
      - 盐桥的作用
      - 作为盐桥中电解质应满足的条件
        - $t_+ \approx t_-$
        - 浓度足够高
        - 不能与所接触的电解质起反应
  - 原电池设计，电池电动势测定的应用（往往需设计电池）
    - 原电池设计
      - 氧化还原反应电池设计（注意介质）
      - 扩散过程——浓差电池设计
      - 中和反应电池设计（注意介质和盐桥的使用）
      - 沉淀反应电池设计（经常用于求 K_{sp}）
    - 电池电动势测定的应用
      - 求热力学函数的变化值 $\Delta_r G_m$、$\Delta_r H_m$、$\Delta_r S_m$ 和 Q_r 以及 $K^{\ominus}$（K_{sp}，$K_{分解}$）
      - 判断氧化还原反应方向
      - 求离子迁移数（通过测 E_J）
      - 测平均活度因子 $\gamma_\pm$
      - 测未知溶液的 pH
      - 测定未知 $E^{\ominus}(\mathrm{Ox}|\mathrm{Red})$

7.2.2 主要知识点

7.2.2.1 可逆电池

（1）为什么要研究可逆电池？满足可逆电池的条件是什么？（见概述）。可逆电池在任一不可逆条件下放电时，不可逆电功 W'（或实际放电电压 E'）、Q_p 和 $\Delta_r H_m$ 之间的关系式为：

$$Q_p = \Delta_r H_m - W' = \Delta_r H_m + zFE'$$

由上式可知，可逆时

$$Q_{p,r} = T\Delta_r S_m = \Delta_r H_m - \Delta_r G_m = \Delta_r H_m + zFE$$

（2）可逆电极类型及其电极反应　应熟知电极类型并能熟练写出常用几种类型电极在不同介质或不同反应条件下的电极反应。熟练写出电极反应（或电池反应）是解电化学题目的第一步。

7.2.2.2 原电池电动势测定

为什么不能用一般的万用表而要用对消法测定电池的电动势？测电池的电动势为什么要用到标准电池？标准电池的构造、组成、特点、电池反应及使用时的注意事项？如能准确回答上述三个问题，有关这一考点的题目你一般可应付自如了。

7.2.2.3 原电池热力学

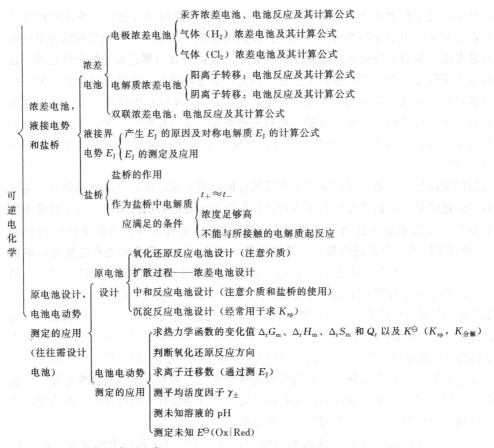

$\Delta_r G_m = -zFE$，$\Delta_r G_m$ 是一个与可逆电池作为化学电源对外做的最大非体积功相联系的热力学量，$Q_{p,r} = T\Delta_r S_m$ 是电池在可逆过程中的热效应，$\Delta_r S_m = zF(\partial E/\partial T)_p$。所以说 E 和（$\partial E/\partial T$）是电化学中以另一种形式给出的 $\Delta_r G_m$、$\Delta_r H_m$、$\Delta_r S_m$ 的信息或表达式。可逆电池热力学根本上还是过去所介绍的平衡态热力学，由此可解决一系列化学平衡、相平衡问题，如平衡常数 K_a、K_{sp}……及热力学函数 $\Delta_r G_m$、$\Delta_r H_m$、$\Delta_r S_m$ 和固体物质分解压、纯液

体饱和蒸气压等的计算问题。这一考点是电化学的重点和主要考点。

(1) 由 E 和 $(\partial E/\partial T)_p$ 或由 E-T 关系式求 $\Delta_r G_m$、$\Delta_r H_m$、$\Delta_r S_m$ 和 Q_r，或反过来通过已知条件先求出 $\Delta_r G_m$ 和 $\Delta_r S_m$，再求 E 和 $(\partial E/\partial T)_p$。值得注意的是，$\Delta_r G_m$、$\Delta_r S_m$ 等与电池反应方程式的书写有关，而方程式的书写又与电池输出的电量有关。

$\Delta_r G_m = -zFE(\Delta_r G_m^{\ominus} = -zFE^{\ominus})$

$\Delta_r S_m = zF(\partial E/\partial T)_p$，$Q_r = T\Delta_r S_m$，$\Delta_r H_m = -zFE + zFT(\partial E/\partial T)_p$

(2) Nernst 方程　Nernst 方程是电化学这一章的重点内容和基本计算公式。求 $E^{\ominus}$、$\gamma_{\pm}$、K_{sp} 等都要通过 Nernst 方程进行。对于任意给定的电池，正确写出其 Nernst 方程的前提是准确写出电极反应和电池反应。

电池反应　$0 = \sum \nu_B B$

Nernst 方程　$E = E^{\ominus} - \dfrac{RT}{zF}\ln \prod a_B^{\nu_B}$

(电极反应的 Nernst 方程：$E_{电极} = E_{电极}^{\ominus} - \dfrac{RT}{zF}\ln \dfrac{a_R}{a_O}$)

(3) 由 $E^{\ominus}$ 求 $K^{\ominus}(K_{sp})$ 或金属氧化物的分解压等

当电池反应（包括沉淀反应、分解反应等）达到平衡时，电池电动势为零：$E=0$。也即 $\Delta_r G_m = 0$，由此得 $E^{\ominus} = (RT/zF)\ln K^{\ominus}$。

7.2.2.4　电极电势

(1) 标准氢电极：$Pt|H_2(g, 100kPa)|H^+(a(H^+)=1)$

其标准电势规定为零，$E_{电极}^{\ominus}(H^+|H_2(g)) = 0$（任意温度 T）

(2) 任意电极的还原电极电势的物理意义是由下式定义的：

$Pt|H_2(g, 100kPa)|H^+(a(H^+)=1) \parallel$ 给定电极

即任意电极的电极电势是相对于氢标准电极作为负极（阳极）的电池的电动势。

7.2.2.5　浓差电池、液接界电势和盐桥

(1) 浓差电池　典型的浓差电池有两类，一类是由化学性质相同而活度不同的两个电极浸在同一溶液中组成的浓差电池，称之为电极浓差电池（有的书上也称为单液浓差电池）。在这一类浓差电池中，又有两种情况，一种是汞齐浓差电池；另一种是气体电极浓差电池。对于气体电极浓差电池，根据气体在电解质中是被氧化而以阳离子存在还是被还原而以阴离子存在的情况，其电极反应和电动势的计算公式是不同的，例

① 汞齐浓差电池 $K(Hg)(a_1)|KCl(b)|K(Hg)(a_2)$

$K(Hg)(a_1) \rightarrow K(Hg)(a_2)$，　$E_a = (RT/zF)\ln(a_1/a_2)$

② $H_2(g)$ 浓差电池 $Pt|H_2(p_1)|HCl(b)|H_2(p_2)|Pt$

$H_2(p_1) \rightarrow H_2(p_2)$，　$E_b = (RT/zF)\ln(p_1/p_2)$

③ $Pt|Cl_2(p_1)|HCl(b)|Cl_2(p_2)|Pt$

$Cl_2(p_2) \rightarrow Cl_2(p_1)$，　$E_c = (RT/zF)\ln(p_2/p_1)$

浓差电池的另一类是由两个相同的电极浸在两个电解质溶液相同而活度不同的溶液中组成的，称之为电解质浓差电池（有的书上叫做双液浓差电池）。电解质浓差电池根据其电极反应式，又分为阳离子转移和阴离子的转移两种情况，其计算公式是不同的。例

④ $Ag(s)|AgNO_3(a_1)\parallel AgNO_3(a_2)|Ag(s)$

$Ag^+(a_{Ag^+})_2 \longrightarrow Ag^+(a_{Ag^+})_1$，$E_d=(RT/zF)\ln[(a_{Ag^+})_2/(a_{Ag^+})_1]$

⑤ $Ag(s)+AgCl(s)|HCl(a_1)\parallel HCl(a_2)|AgCl(s)+Ag(s)$

$Cl^-(a_{Cl^-})_1 \longrightarrow Cl^-(a_{Cl^-})_2$，　$E_e=(RT/zF)\ln[(a_{Cl^-})_1/(a_{Cl^-})_2]$

浓差电池的特点之一是其标准电动势 $E^{\ominus}=0$。

(2) 液接界电势　产生液接界电势的原因是因为电解质溶液中正、负离子的迁移速率不同所致。对于对称电解质（$\nu_+=\nu_-$），其计算公式为：$E_J=(2t_+-1)\ln[a_+(L)/a_+(R)]$。有液接的浓差电池的电动势：$E=2t_-(RT/zF)\ln[a_+(R)/a_+(L)]$。

在一个有液接界电势存在的浓差电池中，电池电动势 E、浓差电动势 E_C 与液接界电势 E_J 之间的关系为：$E_J=E-E_C$。

(3) 盐桥　盐桥的作用是用来消除液接界电势，值得注意的是，盐桥只能用来最大限度地减小液接界电势，它不可能完全消除液接界电势。

作为盐桥中的电解质应满足：①$t_+\approx t_-$；②浓度足够高，比电解质溶液的浓度高得多（例如用饱和 KCl 溶液配制）；③不能与被接触的电解质起反应。

7.2.2.6　原电池设计和电池电动势测定的应用

(1) 原电池设计　这一部分是物理化学考研（试）的又一重点和难点。物理化学考试中难度稍微大一点题目往往要涉及到电池的设计。例如求难溶盐的 K_{sp} 或水的 K_w，求某金属氧化物的分解压，求某物质的 $\Delta_r G_m^{\ominus}$ 或某纯液体的饱和蒸气压等。至于设计电池的方法和技巧，要根据具体的化学反应和过程，有关这一方面的更详细的内容，请在后面典型例题精解中进一步体会。

(2) 电池电动势测定的应用　有一些应用前面已提到，除此之外还有：

① 通过测定 E_J，求离子的迁移数 t_i；

② 通过电动势的测定，利用 Nernst 方程求 $E^{\ominus}$ 或平均活度系数 $\gamma_\pm$；

③ 测未知溶液的 pH：$pH_x=pH_s+F(E_x-E_s)/(2.303RT)$。

7.3　电解与极化

7.3.1　概述

可逆电化学（电化学热力学）是解决化学能转化为电能的方向和限度问题。电化学平衡的条件是 $E=0$ 或 $I=0$。但在实际过程中，无论是电池放电还是被充电，$I\neq 0$。电化学反应以一定的速度进行，电池处在一非平衡态，过程为不可逆过程，此时电池的电动势不再等于可逆电动势 $E_{平}$，即产生了极化。根据极化产生的原因，分为浓差极化和电化学极化。极化导致阳极上正电荷积累（增加）、阴极上负电荷积累（增加），反映在电极电势上则是阴极电极电势较可逆电极电势低，而阳极电极电势则较可逆电极电势高。由于极化，对原电池，$E_{放}<E_{平}$；而对于电解池，$E_{析}<E_{平}$。

为了定量描述电极在不同电流密度下的极化程度，引入超电势概念，超电势的大小反映了电极的极化程度，超电势越大，电极的极化程度越大。因此在讨论电解质溶液中的离子析出顺序时，不但要考虑电极的可逆电极电势，还要考虑极化产生的超电势，尤其是析出物质为气体时。本节知识点架构纲目图如下：

- 电解与极化
  - 分解电压
    - 理论分解电压：$E_{分,理}=E_{可逆}$
    - 实际分解电压：$E_{分,实}=E_{可逆}+\Delta E_{不可逆}+IR$
    - 实际分解电压的测定：（见教材）
  - 极　化
    - 极化的定义：电极电势偏离平衡电极电势的现象称为极化
    - 极化的分类
      - 浓差极化：产生的原因，极化结果，消除方法
      - 电化学极化：产生的原因，极化结果
    - 极化对阴极（正极）、阳极（负极）产生的后果
    - 极化曲线（对电解过程，对原电池）的形状
    - 超电势 η 定义（$E_{析}$ 与 η 关系）：
      - $E(阴,析)=E(阴,平)-\eta$
      - $E(阳,析)=E(阳,平)+\eta$
  - 电解时的电极反应
    - 阴极反应及阴极离子析出顺序（比较 $E_{阴,析}$），$E_{阴,析}$大者先析出
    - 阳极反应及阳极离子析出顺序（比较 $E_{阳,析}$），$E_{阴,析}$小者先析出
    - 金属离子分离 $E_{A,析}=E_{B,析}$
    - $E_A^{\ominus}-\frac{RT}{z_AF}\ln\frac{a_{A,R}}{a_{A,O}}-\eta_A=E_B^{\ominus}-\frac{RT}{z_BF}\ln\frac{a_{B,R}}{a_{B,O}}-\eta_B$

7.3.2 主要知识点

7.3.2.1 极化

无论是电解池，还是原电池，超电势总是随着电流密度的增加而增大。极化的结果是：阴极极化程度越大，其电极电势越低；阳极极化程度越大，其电极电势越高。所以，对原电池，随着电流密度增加，其电动势 $E=E_{正(阴)}-E_{负(阳)}$ 减小；而对电解池，随着电流密度增加，其析出电势 $E_{析}=E_{阳}-E_{阴}$ 增加。

7.3.2.2 超电势定义（阴、阳析出电势 $E_{析}$ 与超电势 η 的关系）

$$E_{阴,析}=E_{阴,平}-\eta_{阴} \text{ 或 } \eta_{阴}=E_{阴,平}-E_{阴,析}$$

$$E_{阳,析}=E_{阳,平}+\eta_{阳} \text{ 或 } \eta_{阳}=E_{阳,析}-E_{阳,平}$$

式中，$E_{阴,平}$和 $E_{阳,平}$分别为相应可逆电池阴极和阳极的可逆电极电势。根据上述定义，$\eta>0$。

7.3.2.3 Tafel 公式

超电势 η 与电流密度的关系为

$$\eta=a+b\lg j$$

式中，a 是一与电极材料、电极表面状态、溶液组成以及温度等有关的常数；b 对大多数的金属近似为一常数，常温下约为 0.116V。

当电流密度很小时，η 与 j 存在线性关系：$\eta=\varphi j$，φ 值与金属电极的性质有关。

7.3.2.4 电解时的电极反应

(1) 电解时离子析出顺序根据其析出电势判断　对于阴极，$E_{析}$ 越大越先析出；对于阳极，$E_{阳}$ 越小越先析出。

(2) 金属离子分离　当溶液中 A、B 两种物质的离子同时析出时，应有 $E_{A,析}=E_{B,析}$，用上式可以计算当第二种 B 刚开始析出时，溶液中 A 离子的浓度 a_A^{y+} 的值。

$$E_A^{\ominus}-\frac{RT}{z_yF}\ln\frac{a_A}{a_A^{y+}}-\eta_A=E_B^{\ominus}-\frac{RT}{z_xF}\ln\frac{a_B}{a_B^{x+}}-\eta_B$$

[式中，a_A^{y+}，a_A分别是物质 A 的氧化态活（浓）度和还原态活（浓）度；a_B^{x+}和 a_B分别是 B 物质的氧化态活（浓）度和还原态活（浓）度]

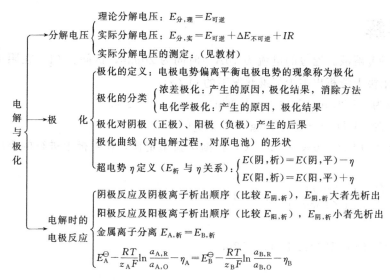

7.4 习题详解

1. 用铂电极电解 $CuSO_4$ 溶液。通过的电流为 10A、时间为 20min，试问：(1) 在阴极上析出多少 Cu？(2) 在阳极上能析出多少标准状况下的 $O_2(g)$。

解：电解时阴极反应为：$1/2Cu^{2+}+e^{-}\longrightarrow 1/2Cu \quad z=1$

阳极反应为：$OH^{-}\longrightarrow 1/4O_2(g)+1/2H_2O+e^{-} \quad z=1$

电解池通过的电量 $Q=It=10\times20\times60C=12000C$，根据法拉第定律，在阴极上进行的反应进度 ξ

$$\xi=\frac{Q}{zF}=\frac{It}{zF}=\left(\frac{12000}{1\times96500}\right)mol=0.1244mol$$

析出铜的物质的量 Δn_{Cu}

$$\Delta n_{Cu}=\nu_{Cu}\xi=1/2\times0.1244mol=0.0622mol$$

即析出铜的质量为

$$m_{Cu}=(0.0622\times63.54)g=3.952g$$

在阳极上进行的反应进度 ξ

$$\xi=\frac{Q}{zF}=\frac{It}{zF}=\frac{12000}{1\times96500}mol=0.1244mol$$

析出氧气的物质的量 Δn_{O_2}

$$\Delta n_{O_2}=\nu_{O_2}\xi=(1/4\times0.1244)mol=0.0311mol$$

$$V_{O_2}=(22.41\times10^{-3}\times0.0311)m^3=0.697\times10^{-3}m^3=0.697dm^3$$

2. 在电池中，1g 电极活性物质放出的电量称为电极的比容量，常用单位为 $mA\cdot h\cdot g^{-1}$，其中：$1C=1A\cdot s=1000mA\cdot s=(1/3.6)mA\cdot h$。试估算下列电极反应的放电比容量 [已知 $M(Li)=6.94$，$M(Ni)=58.69$]。

(1) $Li^{+}+e^{-}\longrightarrow Li$ (活性物质为 Li^{+})

(2) $NiOOH+e^{-}+H_2O\longrightarrow Ni(OH)_2+OH^{-}$ (活性物质为 $Ni(OH)_2$)

(3) $2CH_3OH(l)+12OH^{-}\longrightarrow 10H_2O(l)+2CO_2(g)+12e^{-}$ (活性物质为 $CH_3OH(l)$)

解：1g 活性物质放出的电量：

(1) $Q=z\xi F=z(\Delta n_B/\nu_B)F=[1\times1/(1\times6.94)\times96500]C=13.903\times10^3C=3862mA\cdot h$

(2) $Q=z\xi F=z(\Delta n_B/\nu_B)F=[1\times1/(1\times92.7)\times96500]C=1040.99C=289.2mA\cdot h$

(3) $Q=z\xi F=z(\Delta n_B/\nu_B)F=[12\times1/(2\times32)\times96500]C=18093.8C=5026mA\cdot h$

3. 在希托夫迁移管中用两个铂电极电解 HCl 溶液，在阴极部测得一定量的溶液中含 Cl^{-} 的质量在通电前后分别为 0.354g 和 0.326g。在串联的银库仑计上有 0.532g 银析出，求 H^{+} 和 Cl^{-} 的迁移数 [已知摩尔质量 $M(Ag)=107.868g\cdot mol^{-1}$，$M(Cl^{-})=35.5g\cdot mol^{-1}$]。

解：$n_{电}=0.532/107.868mol^{-1}=4.932\times10^{-3}mol$

对 Cl^{-}，在阴极上不反应，在阴极区，对 Cl^{-} 进行物料衡算：

$$n(迁移)=n(前)-n(后)=(0.354-0.326)/35.5mol^{-1}=7.89\times10^{-4}mol$$

$$t(Cl^{-})=n(迁移)/n_{电}=7.89\times10^{-4}/4.932\times10^{-3}=0.16$$

$$t(H^{+})=1-0.16=0.84$$

4. 25℃ 时用 Ag-AgCl 电极电解 KCl 水溶液，通电前溶液中 100g 溶液中含 KCl 0.1494g，通电一定时间后，在质量为 120.99g 的阴极区溶液中含 KCl 0.2348g，同时测得

Ag 电量计中沉积了 0.1602g 的 Ag，求 K^+ 和 Cl^- 的迁移数。

解：用 Ag-AgCl 电极电解 KCl 水溶液时的电极反应为

阳极反应：$Ag+Cl^- \longrightarrow AgCl(s)+e^-$

阴极反应：$AgCl(s)+e^- \longrightarrow Ag+Cl^-$

对阴极区而言，引起 Cl^- 浓度变化的因素有：电解反应，使 Cl^- 浓度增加；往阳极迁移，使 Cl^- 浓度下降，据此对 Cl^- 进行物料衡算，得

$$n_{电解后}=n_{电解前}+n_{反应}-n_{迁移}$$

根据题给数据 $n_{电解后(Cl^-)}=\dfrac{0.2348g}{74.55g\cdot mol^{-1}}=0.00315mol$

假设通电前后阴极区的水量不变，则阴极水量为：120.99－0.2348＝120.7552g，电解前阴极区有 KCl 物质的量为

$$n_{电解前(KCl)}=\left(\frac{0.1494}{100-0.1494}\times\frac{120.7552}{74.55}\right)mol=0.002424mol$$

在 Ag 电量计中沉积了 0.1602g 的 Ag，说明阴极进行了一定数量的 AgCl(s) 还原反应，生成 Ag 和 Cl^-，Cl^- 进入溶液，即

$$n_{电解反应(Cl^-)}=\frac{0.1602g}{107.87g\cdot mol^{-1}}=0.001485mol$$

由此得

$$n_{迁移}=n_{反应}+n_{电解前}-n_{电解后}=(0.001485+0.002424-0.00315)mol$$
$$=0.000759mol$$

所以

$$t(Cl^-)=\frac{n_{电解前}+n_{反应}-n_{电解后}}{n_{反应}}=\frac{0.000759}{0.001485}=0.511$$

$$t(K^+)=1-t(Cl^-)=1-0.511=0.489$$

5. 25℃时用一电导池测得 $0.01mol\cdot dm^{-3}$ KCl 溶液的电导为 $1.277\times10^{-3}S$，$0.01mol\cdot dm^{-3}$ $CuSO_4$ 溶液的电导为 $7.231\times10^{-4}S$。已知该温度下 $0.01mol\cdot dm^{-3}$ KCl 溶液的电导率为 $0.1413S\cdot m^{-1}$，试求：(1) 电导池常数；(2) $CuSO_4$ 溶液的电导率；(3) $CuSO_4$ 溶液的摩尔电导率。

解：(1) $K_{cell}=\dfrac{\kappa}{G}=\dfrac{0.1413S\cdot m^{-1}}{1.277\times10^{-3}S}=110.65m^{-1}$

(2) $\kappa(CuSO_4)=K_{cell}G=110.65m^{-1}\times7.231\times10^{-4}S=0.0800S\cdot m^{-1}$

(3) $\Lambda_m(CuSO_4)=\dfrac{\kappa(CuSO_4)}{c(CuSO_4)}=\left(\dfrac{0.0800}{10}\right)S\cdot m^{-2}\cdot mol^{-1}=0.0080S\cdot m^2\cdot mol^{-1}$

6. 在一电导池内（电导池常数为 $4.565cm^{-1}$）盛有浓度为 $5\times10^{-4}mol\cdot dm^{-3}$ 的 KCl 溶液。在 25℃时测得电阻为 $6.13\times10^4\Omega$。KCl 水溶液中水的电阻是 $8.0\times10^6\Omega$。试计算 25℃时此水溶液 KCl 的摩尔电导率。

解：

$$G=\kappa(A/l)$$
$$\kappa=(l/A)\cdot R^{-1}$$

$$\kappa(KCl 水溶液)=456.5/(6.13\times10^4)S\cdot m^{-1}=7.447\times10^{-3}S\cdot m^{-1}$$
$$\kappa(水)=456.5/(8\times10^6)S\cdot m^{-1}=5.706\times10^{-5}S\cdot m^{-1}$$
$$\kappa(KCl)=\kappa(KCl 水溶液)-\kappa(水)=(7.447\times10^{-3}-5.706\times10^{-5})S\cdot m^{-1}$$
$$=7.39\times10^{-3}S\cdot m^{-1}$$
$$\Lambda_m=\kappa/c=[7.39\times10^{-3}\times10^{-3}/(5\times10^{-4})]S\cdot m^2\cdot mol^{-1}$$

$=147.8\times10^{-4}\,S\cdot m^2\cdot mol^{-1}$

7. 三种盐 NaCl、KCl 与 KNO_3 分别溶于水，其极稀溶液的摩尔电导率 $\Lambda_m/(10^{-4}\,S\cdot m^2\cdot mol^{-1})$ 分别为：126、150 和 145。且 NaCl 溶液中 Na^+ 迁移数为 0.39。求 $NaNO_3$ 极稀溶液的摩尔电导率及 Na^+ 在 $NaNO_3$ 极稀溶液中的迁移数。

解：$\Lambda_m^\infty(NaNO_3)=\Lambda_m^\infty(KNO_3)+\Lambda_m^\infty(NaCl)-\Lambda_m^\infty(KCl)$

$=(145+126-150)\times10^{-4}\,S\cdot m^2\cdot mol^{-1}=121\times10^{-4}\,S\cdot m^2\cdot mol^{-1}$

因为在极稀溶液 NaCl 中 $t(Na^+)=0.39$，所以

$$\Lambda_m(Na^+)=\Lambda_m(NaCl)\times0.39=49.14\times10^{-4}\,S\cdot m^2\cdot mol^{-1}$$

在 $NaNO_3$ 中

$$t(Na^+)=\Lambda_m(Na^+)/\Lambda_m(NaNO_3)=49.14/121=0.406$$

8. 含有 $0.01mol\cdot dm^{-3}$ KCl 及 $0.02mol\cdot dm^{-3}$ ACl（ACl 为强电解质）的水溶液的电导率是 $0.382S\cdot m^{-1}$，如果 K^+ 及 Cl^- 的摩尔电导率分别为 $0.0074S\cdot m^2\cdot mol^{-1}$ 和 $0.0076S\cdot m^2\cdot mol^{-1}$，试求 A^+ 的摩尔电导率（因浓度很小，假定离子独立运动定律适用）。

解：因为 $\kappa(\text{水溶液})=\kappa(KCl)+\kappa(ACl)=\Lambda_m(KCl)c(KCl)+\Lambda_m(ACl)c(ACl)$

即 $$\Lambda_m(ACl)=\frac{\kappa(\text{水溶液})-\Lambda_m(KCl)c(KCl)}{c(ACl)}$$

$$\Lambda_m(ACl)=\left(\frac{0.382-(0.0074+0.0076)\times10}{20}\right)S\cdot m^2\cdot mol^{-1}=0.0116S\cdot m^2\cdot mol^{-1}$$

所以 $\Lambda_m(A^+)=\Lambda_m(ACl)-\Lambda_m(Cl^-)=(0.0116-0.0076)S\cdot m^2\cdot mol^{-1}$

$=0.004S\cdot m^2\cdot mol^{-1}$

9. 已知 298K 时，HCl、NaAc 及 NaCl 的 $\Lambda_m^\infty/(10^{-4}\,S\cdot m^2\cdot mol^{-1})$ 分别为 426.15、91.01 及 126.46。计算 HAc 在 398K 时的 $\Lambda_m^\infty(HAc)$。已知 $\Lambda_m^\infty(t℃)=\Lambda_m^\infty(25℃)[1+0.02(t-25)]$。

解：$\Lambda_m^\infty(298K,HAc)=\Lambda_m^\infty(HCl)+\Lambda_m^\infty(NaAc)-\Lambda_m^\infty(NaCl)$

$=(426.15+91.01-126.46)\times10^{-4}\,S\cdot m^2\cdot mol^{-1}$

$=390.7\times10^{-4}\,S\cdot m^2\cdot mol^{-1}$

$\Lambda_m^\infty(398K,HCl)=\Lambda_m^\infty(25℃)[1+0.02(125-25)]$

$=390.7\times10^{-4}\,S\cdot m^2\cdot mol^{-1}\times[1+0.02(125-25)]$

$=1172.10\times10^{-4}\,S\cdot m^2\cdot mol^{-1}$

10. 已知 298K 时 $0.05mol\cdot dm^{-3}$ CH_3COOH 溶液的电导率为 $3.68\times10^{-2}\,S\cdot m^{-1}$，计算 CH_3COOH 的解离度 α 及解离常数 $K^\ominus$ [已知：$\Lambda_m^\infty(H^+)=349.82\times10^{-4}\,S\cdot m^2\cdot mol^{-1}$，$\Lambda_m^\infty(CH_3COO^-)=40.9\times10^{-4}\,S\cdot m^2\cdot mol^{-1}$]。

解：$\Lambda_m^\infty(CH_3COOH)=(349.82+40.9)\times10^{-4}\,S\cdot m^2\cdot mol^{-1}$

$=390.72\times10^{-4}\,S\cdot m^2\cdot mol^{-1}$

$$\Lambda_m(CH_3COOH)=\frac{\kappa}{c}=\frac{0.0368}{50}S\cdot m^2\cdot mol^{-1}=7.36\times10^{-4}\,S\cdot m^2\cdot mol^{-1}$$

$$\alpha=\frac{\Lambda_m}{\Lambda_m^\infty}=\frac{7.36\times10^{-4}\,S\cdot m^2\cdot mol^{-1}}{390.72\times10^{-4}\,S\cdot m^2\cdot mol^{-1}}=0.01884$$

$$K^\ominus=\frac{\alpha^2}{(1-\alpha)}\left(\frac{c}{c^\ominus}\right)=\frac{0.01884^2}{1-0.01884}\left(\frac{0.05}{1}\right)=1.809\times10^{-5}$$

11. 25℃时测得 $SrSO_4$ 饱和水溶液的电导率为 $1.482\times10^{-2}S\cdot m^{-1}$，该温度下水的电导率为 $1.5\times10^{-4}S\cdot m^{-1}$，试计算 $SrSO_4$ 在水中的饱和溶液的浓度［已知：$\Lambda_m^\infty(Sr^{2+})=118.92\times10^{-4}S\cdot m^2\cdot mol^{-1}$，$\Lambda_m^\infty(SO_4^{2-})=159.6\times10^{-4}S\cdot m^2\cdot mol^{-1}$］。

解： $\Lambda_m^\infty(SrSO_4)=\Lambda_m^\infty(Sr^{2+})+\Lambda_m^\infty(SO_4^{2-})=(118.92+159.6)\times10^{-4}S\cdot m^2\cdot mol^{-1}$

$=2.785\times10^{-2}S\cdot m^2\cdot mol^{-1}$

$\kappa(SrSO_4)=\kappa(\text{溶液})-\kappa(\text{水})=(1.482\times10^{-2}-1.5\times10^{-4})S\cdot m^{-1}$

$=1.467\times10^{-2}S\cdot m^{-1}$

所以
$$c=\frac{\kappa}{\Lambda_m^\infty}=\frac{1.467\times10^{-2}S\cdot m^{-1}}{2.785\times10^{-2}S\cdot m^2\cdot mol^{-1}}=0.5267mol\cdot m^{-3}$$

12. 已知298K时，测得AgCl饱和溶液及所用纯水的电导率κ分别为 $3.41\times10^{-4}S\cdot m^{-1}$ 和 $1.60\times10^{-4}S\cdot m^{-1}$，又知 $\Lambda_m^\infty(AgCl)=1.383\times10^{-2}S\cdot m^2\cdot mol^{-1}$，计算AgCl在此温度下的活度积。

解： $\kappa(AgCl)=\kappa(AgCl\text{饱和溶液})-\kappa(\text{水})=(3.41-1.60)\times10^{-4}S\cdot m^{-1}$

$=1.81\times10^{-4}S\cdot m^{-1}$

所以
$$c\approx\frac{\kappa}{\Lambda_m^\infty}=\frac{1.81\times10^{-4}S\cdot m^{-1}}{1.383\times10^{-2}S\cdot m^2\cdot mol^{-1}}=1.3087\times10^{-2}mol\cdot m^{-3}$$

$$K_{ap}=a_{Ag^+}\cdot a_{Cl^-}\approx\left(\frac{c}{c^\ominus}\right)^2=\left(\frac{1.3087\times10^{-5}}{1}\right)^2=1.71\times10^{-10}$$

13. 在298K时 $BaSO_4$ 饱和水溶液的电导率是 $4.58\times10^{-4}S\cdot m^{-1}$，所用水的电导率是 $1.52\times10^{-4}S\cdot m^{-1}$。求 $BaSO_4$ 在水中的饱和活液的浓度（单位：$mol\cdot dm^{-3}$）和活度积。已知298K无限稀释时 $1/2Ba^{2+}$ 和 $1/2SO_4^{2-}$ 的离子摩尔电导率分别为 $63.6\times10^{-4}S\cdot m^2\cdot mol^{-1}$ 和 $79.8\times10^{-4}S\cdot m^2\cdot mol^{-1}$。

解： $\kappa(BaSO_4)=\kappa(BaSO_4\text{饱和溶液})-\kappa(\text{水})$

$=(4.58-1.52)\times10^{-4}S\cdot m^{-1}=3.06\times10^{-4}S\cdot m^{-1}$

$\Lambda_m^\infty(1/2BaSO_4)=\Lambda_m^\infty(1/2Ba^{2+})+\Lambda_m^\infty(1/2SO_4^{2-})$

$=(63.6+79.8)\times10^{-4}S\cdot m^2\cdot mol^{-1}$

$=143.4\times10^{-4}S\cdot m^2\cdot mol^{-1}$

所以 $\Lambda_m^\infty(BaSO_4)=286.8\times10^{-4}S\cdot m^2\cdot mol^{-1}$

$$c\approx\frac{\kappa}{\Lambda_m^\infty}=\frac{3.06\times10^{-4}}{286.8\times10^{-4}}mol\cdot m^{-3}=1.07\times10^{-2}mol\cdot m^{-3}$$

$$K_{ap}=a_{Ba^{2+}}\cdot a_{SO_4^{2-}}\approx\left(\frac{c}{c^\ominus}\right)^2=\left(\frac{1.07\times10^{-5}}{1}\right)^2=1.14\times10^{-10}$$

14. 分别计算下列两个溶液的平均质量摩尔浓度 $b_\pm$、离子的平均活度 $a_\pm$ 以及电解质的活度 a_B。

电 解 质	$b/mol\cdot kg^{-1}$	$\gamma_\pm$
$K_3Fe(CN)_6$	0.01	0.571
$CdCl_2$	0.1	0.219

解： 对于电解质 $K_3Fe(CN)_6$，当 $b=0.01(mol\cdot kg^{-1})$ 时，

则 $b_+=0.03(mol\cdot kg^{-1})$，$b_-=0.01(mol\cdot kg^{-1})$

$$b_{\pm}=(b_{+}^{\nu_+}\times b_{-}^{\nu_-})^{1/\nu}=(0.03^3\times 0.01)^{1/4}\,\mathrm{mol\cdot kg^{-1}}=2.280\times 10^{-2}\,\mathrm{mol\cdot kg^{-1}}$$

$$a_{\pm}=\gamma_{\pm}\frac{b_{\pm}}{b^{\ominus}}=0.571\times\frac{2.280\times 10^{-2}\,\mathrm{mol\cdot kg^{-1}}}{1\,\mathrm{mol\cdot kg^{-1}}}=1.30\times 10^{-2}$$

$$a=a_{\pm}^{\nu}=(1.30\times 10^{-2})^4=2.86\times 10^{-8}$$

对于电解质 $CdCl_2$，当 $b=0.1(\mathrm{mol\cdot kg^{-1}})$ 时，则 $b_{+}=0.1(\mathrm{mol\cdot kg^{-1}})$，$b_{-}=0.2(\mathrm{mol\cdot kg^{-1}})$

$$b_{\pm}=b_{\pm}=(b_{+}^{\nu_+}\times b_{-}^{\nu_-})^{1/\nu}=(0.1\times 0.2^2)^{1/3}\,\mathrm{mol\cdot kg^{-1}}=0.159\,\mathrm{mol\cdot kg^{-1}}$$

$$a_{\pm}=\gamma_{\pm}\frac{b_{\pm}}{b^{\ominus}}=0.219\times\frac{0.159\,\mathrm{mol\cdot kg^{-1}}}{1\,\mathrm{mol\cdot kg^{-1}}}=0.0348$$

$$a=a_{\pm}^{\nu}=(0.0348)^3=4.21\times 10^{-5}$$

15. 用德拜-休克尔极限公式计算 25℃时 $0.05\,\mathrm{mol\cdot kg^{-1}}$ $CaCl_2$ 溶液中各离子的活度因子和离子平均活度因子，并将计算的离子平均活度因子与数据 $\gamma_{\pm}=0.574$ 比较。

解：$b_{-}=2b_{+}=0.1\,\mathrm{mol\cdot kg^{-1}}$

$$I=(1/2)\sum b_{\mathrm{B}}z_{\mathrm{B}}^2=(1/2)(b_{+}z_{+}^2+b_{-}z_{-}^2)=3b=0.15\,\mathrm{mol\cdot kg^{-1}}$$

$$\lg\gamma_{+}=-Az_{+}^2\sqrt{I}=-0.509\times 4\times\sqrt{0.15}=-0.7885,\ \gamma_{+}=0.1627$$

$$\lg\gamma_{-}=-Az_{-}^2\sqrt{I}=-0.509\times 1\times\sqrt{0.15}=-0.1971,\ \gamma_{-}=0.6351$$

$$\lg\gamma_{\pm}=-Az_{+}|z_{-}|\sqrt{I}=-0.509\times 2\times\sqrt{0.15}=-0.3943,\ \gamma_{\pm}=0.4034$$

16. 298K 时，某溶液含 $CaCl_2$ 的浓度为 $0.002\,\mathrm{mol\cdot kg^{-1}}$，含 $ZnSO_4$ 的浓度亦为 $0.002\,\mathrm{mol\cdot kg^{-1}}$，试用德拜-休克尔极限公式求 $ZnSO_4$ 的离子平均活度系数。已知：$A=0.509(\mathrm{mol\cdot kg^{-1}})^{-1/2}$。

解：
$$\begin{aligned}I&=(1/2)\sum b_{\mathrm{B}}z_{\mathrm{B}}^2\\&=(1/2)\times[0.002\times 2^2+0.004\times(-1)^2+0.002\times 2^2+0.002\times(-2)^2]\,\mathrm{mol\cdot kg^{-1}}\\&=0.014\,\mathrm{mol\cdot kg^{-1}}\end{aligned}$$

$$\lg\gamma_{\pm}=-Az_{+}|z_{-}|\sqrt{I}=-0.509\times 2\times|-2|\times\sqrt{0.014}=-0.2409,\ \gamma_{\pm}=0.5742$$

17. 在 298K 时电池 $Ag|AgCl(s)|KCl(aq)|Hg_2Cl_2(s)|Hg(l)$ 的电动势为 0.455V，电动势的温度系数为 $3.38\times 10^{-4}\,\mathrm{V\cdot K^{-1}}$。

(1) 写出电池的电极反应和电池反应；(2) 求出 $\Delta_r G_m$、$\Delta_r H_m$、$\Delta_r S_m$ 及可逆放电时的热电效应 $Q_{r,m}$，并计算化学能转化为电能的效率 η_e。

解：(1) 阴极反应：$Hg_2Cl_2(s)+2e^-\longrightarrow 2Hg(l)+2Cl^-$；

阳极反应：$2Ag+2Cl^-\longrightarrow 2AgCl(s)+2e^-$；

电池反应：$Hg_2Cl_2(s)+2Ag\longrightarrow 2AgCl(s)+2Hg(l)$

(2) $\Delta_r G_m=-zEF=-(2\times 0.455\times 96500)\,\mathrm{J\cdot mol^{-1}}=-87.82\,\mathrm{kJ\cdot mol^{-1}}$

$$\begin{aligned}\Delta_r H_m&=-zF\left[E-T\left(\frac{\partial E}{\partial T}\right)_p\right]\\&=-2\times 96500\times[(0.455-298\times 3.38\times 10^{-4})]\,\mathrm{J\cdot mol^{-1}}\\&=-68.38\,\mathrm{kJ\cdot mol^{-1}}\end{aligned}$$

$$\begin{aligned}\Delta_r S_m&=zF(\partial E/\partial T)_p=(2\times 96500\times 3.38\times 10^{-4})\,\mathrm{J\cdot K^{-1}\cdot mol^{-1}}\\&=65.23\,\mathrm{J\cdot K^{-1}\cdot mol^{-1}}\end{aligned}$$

$$Q_{r,m}=T\Delta_r S_m=298\times 65.23\,\mathrm{kJ\cdot mol^{-1}}=19.44\,\mathrm{kJ\cdot mol^{-1}}$$

$$\eta_e=\frac{\Delta G}{\Delta H}=\frac{87.82}{68.38}=1.284$$

18. 电池 $Pt|H_2(100kPa)|HCl(0.1mol\cdot kg^{-1})|Hg_2Cl_2(s)|Hg$ 电动势与温度的关系为 $E=\left[0.0694+1.811\times10^{-3}\left(\frac{T}{K}\right)-2.9\times10^{-6}\left(\frac{T}{K}\right)^2\right]V$。

(1) 写出正极、负极及电池的反应式；

(2) 计算 293K 时该反应的 $\Delta_r G_m$、$\Delta_r H_m$、$\Delta_r S_m$ 以及电池恒温放电时的可逆热 $Q_{r,m}$ 和最大电功 W。

解：(1) 正极反应：$Hg_2Cl_2(s)+2e^-\longrightarrow 2Hg(l)+2Cl^-$

负极反应：$H_2(g)\longrightarrow 2H^++2e^-$

电池反应：$Hg_2Cl_2(s)+H_2(g)\longrightarrow 2Hg(l)+2Cl^-+2H^+$

(2) 293K 时电池的电动势

$$E=[0.0694+1.881\times10^{-3}\times293/K-2.9\times10^{-6}\times(293/K)^2]V=0.3716V$$

$$\Delta_r G_m=-zFE=-2\times96500\times0.3716J=-71718.8J\cdot mol^{-1}=-71.72kJ\cdot mol^{-1}$$

$$\Delta_r S_m=-(\partial\Delta_r G_m/\partial T)_p=zF(\partial E/\partial T)_p$$

$$=zF(1.881\times10^{-3}-5.8\times10^{-6}T/K)V\cdot K^{-1}$$

$$=2\times96500\times(1.881\times10^{-3}-5.8\times10^{-6}\times293)J\cdot K^{-1}\cdot mol^{-1}$$

$$=35.05J\cdot K^{-1}\cdot mol^{-1}$$

$$\Delta_r H_m=\Delta_r G_m+T\Delta_r S_m=-71720J\cdot mol^{-1}+293\times35.05J\cdot mol^{-1}$$

$$=-61450J\cdot mol^{-1}=-61.45kJ\cdot mol^{-1}$$

$$Q_{r,m}=T\Delta_r S_m=293\times35.05J\cdot mol^{-1}=10270J\cdot mol^{-1}$$

$$W_{电}=\Delta_r G_m=-71.72kJ\cdot mol^{-1}$$

19. 利用反应 $Zn(s)+1/2O_2(g)\longrightarrow ZnO(s)$ 制备锌氧电池，试计算 298K 时的标准电动势及其温度系数。已知上述反应 298K 时的：$\Delta_r H_m^\ominus=-347.980kJ\cdot mol^{-1}$，$\Delta_r S_m^\ominus=-100.20J\cdot mol^{-1}\cdot K^{-1}$。

解：$E^\ominus=-\frac{\Delta_r G_m^\ominus}{zF}=-\frac{\Delta_r H_m^\ominus-T\Delta_r S_m^\ominus}{zF}=\frac{347.980\times1000-298\times100.20}{2\times96500}V=1.65V$

$$\left(\frac{\partial E}{\partial T}\right)_p=\frac{\Delta_r S_m}{zF}=\frac{100.20}{-2\times96500}V\cdot K^{-1}=-5.2\times10^{-4}V\cdot K^{-1}$$

20. 氢-氧燃料电池 $Pt|H_2(p^\ominus)|OH^-(aq)|O_2(p^\ominus)|Pt$ 在 298K 时，$E^\ominus=1.229V$。其反应为 $H_2(p^\ominus)+1/2O_2(p^\ominus)\longrightarrow H_2O(l)$，已知氢的燃烧热 $\Delta_c H_m^\ominus$ 为 $-285.83kJ\cdot mol^{-1}$，计算在 283K 时上述电池的电动势。设在该温度区间内 $\Delta_c H_m^\ominus$ 与 T 无关。

解：在 298K 标准状况下，电池 $H_2(p^\ominus)+1/2O_2(p^\ominus)\longrightarrow H_2O(l)$ 的摩尔反应焓为：

$$\Delta_r H_m^\ominus=-\sum v_i\Delta_c H_m^\ominus=\Delta_c H_m^\ominus(H_2)=-285.83kJ\cdot mol^{-1}$$

$$\Delta_r G_m^\ominus=-zFE^\ominus=-2\times96500C\times1.229V=-237.2kJ\cdot mol^{-1}$$

$$\Delta_r S_m^\ominus=\frac{\Delta_r H_m^\ominus-\Delta_r G_m^\ominus}{T}=\frac{-285.83-(-237.2)}{298}kJ\cdot K\cdot mol^{-1}=-0.1632kJ\cdot K\cdot mol^{-1}$$

$$\left(\frac{\partial E}{\partial T}\right)_p=\frac{\Delta_r S_m^\ominus}{zF}=-\frac{163.2}{2\times96500}V\cdot K^{-1}=-8.456\times10^{-4}V\cdot K^{-1}$$

$$E(283K)=E(298K)-\left(\frac{\partial E}{\partial T}\right)_p\times\Delta T=1.229V-(-8.456\times10^{-4}V\cdot K^{-1})\times(298-283)K$$

$$=1.242V$$

21. 列出下列由相同元素的不同价态构成的电极反应的标准电极电势之间的关系：

(1) $Fe^{3+}+3e^{-}\longrightarrow Fe(s)$，$Fe^{3+}+e^{-}\longrightarrow Fe^{2+}$，$Fe^{2+}+2e^{-}\longrightarrow Fe(s)$

(2) $Pb^{4+}+4e^{-}\longrightarrow Pb(s)$，$Pb^{4+}+2e^{-}\longrightarrow Pb^{2+}$，$Pb^{2+}+2e^{-}\longrightarrow Pb(s)$

解： (1) $Fe^{3+}+e^{-}\longrightarrow Fe^{2+}$　　$\Delta_r G_{m,1}^{\ominus}$　　$E^{\ominus}(Fe^{3+}|Fe^{2+})$

(2) $Fe^{2+}+2e^{-}\longrightarrow Fe(s)$　　$\Delta_r G_{m,2}^{\ominus}$　　$E^{\ominus}(Fe^{2+}|Fe)$

(3) $Fe^{3+}+3e^{-}\longrightarrow Fe(s)$　　$\Delta_r G_{m,3}^{\ominus}$　　$E^{\ominus}(Fe^{3+}|Fe)$

因为 (3)=(1)+(2)，即：$\Delta_r G_{m,3}^{\ominus}=\Delta_r G_{m,1}^{\ominus}+\Delta_r G_{m,2}^{\ominus}$

所以　$$-3FE^{\ominus}(Fe^{3+}|Fe)=-FE^{\ominus}(Fe^{3+}|Fe^{2+})+[-2FE^{\ominus}(Fe^{2+}|Fe)]$$

即　$$E^{\ominus}(Fe^{3+}|Fe)=[E^{\ominus}(Fe^{3+}|Fe^{2+})+2E^{\ominus}(Fe^{2+}|Fe)]/3$$

同理　(1) $Pb^{4+}+2e^{-}\longrightarrow Pb^{2+}$　　$\Delta_r G_{m,1}^{\ominus}$　　$E^{\ominus}(Pb^{4+}|Pb^{2+})$

(2) $Pb^{2+}+2e^{-}\longrightarrow Pb(s)$　　$\Delta_r G_{m,2}^{\ominus}$　　$E^{\ominus}(Pb^{2+}|Pb)$

(3) $Pb^{4+}+4e^{-}\longrightarrow Pb(s)$　　$\Delta_r G_{m,3}^{\ominus}$　　$E^{\ominus}(Pb^{4+}|Pb)$

因为 (3)=(1)+(2)，即：$\Delta_r G_{m,3}^{\ominus}=\Delta_r G_{m,1}^{\ominus}+\Delta_r G_{m,2}^{\ominus}$

所以　$$-4FE^{\ominus}(Pb^{4+}|Pb)=-2FE^{\ominus}(Pb^{4+}|Pb^{2+})+[-2FE^{\ominus}(Pb^{2+}|Pb)]$$

即　$$E^{\ominus}(Pb^{4+}|Pb)=[E^{\ominus}(Pb^{4+}|Pb^{2+})+E^{\ominus}(Pb^{2+}|Pb)]/2$$

22. 在 298K、$p^{\ominus}$下，浓度为 0.100mol·dm^{-3}的 $CdCl_2$ 水溶液的离子平均活度系数为 0.228，求电池 Cu|Cd(s)|$CdCl_2$(aq,0.100mol·m^{-3})|AgCl(s)|Ag(s)|Cu 在 298K、$p^{\ominus}$时的 E 与 $E^{\ominus}$。已知 $E^{\ominus}[AgCl(s)|Ag(s)]=0.222V$，$E^{\ominus}(Cd^{2+}|Cd)=-0.403V$。

解： 电池 Cu|Cd(s)|$CdCl_2$(aq,0.100mol·m^{-3})|AgCl(s)|Ag(s)|Cu 的电池反应为

阳极反应：$Cd(s)-2e^{-}\longrightarrow Cd^{2+}$

阴极反应：$2AgCl(s)+2e^{-}\longrightarrow 2Ag+2Cl^{-}(b)$

电池反应：$Cd(s)+2AgCl(s)\longrightarrow 2Ag+CdCl_2(aq,0.100mol\cdot m^{-3})$

其标准电动势为

$$E^{\ominus}=E^{\ominus}[AgCl(s)/Ag]-E^{\ominus}(Cd^{2+}/Cd)=0.222V-(-0.403)V=0.625V$$

$$b_{\pm}=(b_{+}^{\nu_+}\times b_{-}^{\nu_-})^{1/\nu}=(0.1\times 0.2^2)^{1/3}mol\cdot kg^{-1}=0.159mol\cdot kg^{-1}$$

$$a_{CdCl_2}=a_{\pm}^3=(\gamma_{\pm}b_{\pm}/b^{\ominus})^3=(0.228\times 0.159)^3=4.764\times 10^{-5}$$

$$E=E^{\ominus}-\frac{RT}{zF}\ln\frac{a_{Ag}^2 a_{CdCl_2}}{a_{Cd}\times a_{AgCl(s)}^2}=E^{\ominus}-\frac{RT}{zF}\ln a_{CdCl_2}$$

$$=\left[0.625-\frac{8.314\times 298}{2\times 96500}\ln(4.764\times 10^{-5})\right]V=0.753V$$

23. 在 298K 时有下述电池：Ag(s)|AgBr(s)|Br^{-}(a=0.01)‖Cl^{-}(a=0.01)|AgCl(s)|Ag(s) 试计算电池的 E，并判断该电池反应能否自发进行？已知 $E^{\ominus}(AgCl,Cl^{-})=0.2223V$，$E^{\ominus}(AgBr,Br^{-})=0.0713V$。

解： 电池Ag(s)|AgBr(s)|Br^{-}(a=0.01)‖Cl^{-}(a=0.01)|AgCl(s)|Ag(s)

其电池反应为：$Br^{-}(a=0.01)+AgCl(s)\longrightarrow AgBr(s)+Cl^{-}(a=0.01)$

电池电动势为：

$$E=E^{\ominus}-\frac{RT}{zF}\ln\frac{a_{AgBr(s)}a_{Cl^-}}{a_{AgCl(s)}a_{Br^-}}=E^{\ominus}-\frac{RT}{zF}\ln\frac{a_{Cl^-}}{a_{Br^-}}$$

$$=(0.2223-0.0713)V-\frac{RT}{zF}\ln\frac{0.01}{0.01}=0.151V$$

因为 $E>0$，反应自发进行。

24. 25℃时电池 $Pt|H_2(g)|HCl(a)|AgCl(s)|Ag$ 的标准电动势为 0.222V，实验测得氢气压力为 $p^{\ominus}$时的电动势为 0.385V。

(1) 请写出正极、负极及电池的反应式；(2) 计算电池中 HCl 溶液的活度；(3) 计算电池反应的 $\Delta_r G_m$。

解：(1) 正极反应：$2AgCl(s)+2e^- \longrightarrow 2Ag+2Cl^-$

负极反应：$H_2(g) \longrightarrow 2H^+ +2e^-$

电池反应：$2AgCl(s)+H_2(g) \longrightarrow 2Ag+2HCl$

(2) 电池的电动势 E

$$E=E^{\ominus}-\frac{RT}{2F}\ln\frac{a^2(Ag)a^2(HCl)}{a^2[AgCl(s)]p_{H_2}/p^{\ominus}}=0.222V-\frac{8.314\times298}{2\times96500}\ln\frac{a^2(HCl)}{p_{H_2}/p^{\ominus}}$$

$$0.222V-\frac{8.314\times298}{96500}\ln a(HCl)=0.385V$$

$$a(HCl)=1.75\times10^{-3}$$

(3) 计算电池反应的 $\Delta_r G_m$

$$\Delta_r G_m=-zFE=-2\times96500\times0.385J\cdot mol^{-1}=-74.3kJ\cdot mol^{-1}$$

25. 铅酸蓄电池 $Pb|PbSO_4|H_2SO_4(1mol\cdot kg^{-1})|PbSO_4|PbO_2|Pb$ 在温度 0～60℃的范围内 $E=1.91737+56.1\times10^{-6}t/℃+1.08\times10^{-8}(t/℃)^2(V)$

(1) 写出电池反应；

(2) 计算 298K 时该电池反应的 $\Delta_r G_m$、$\Delta_r S_m$、$\Delta_r H_m$；

(3) 已知 298K 时上述电池的 $E^{\ominus}=2.041V$，设水的活度为 1，求 $1mol\cdot kg^{-1}$ H_2SO_4 的平均活度系数。

解：(1) 电池反应为：

$$Pb+PbO_2+4H^+ +2SO_4{}^{2-} \longrightarrow 2PbSO_4+2H_2O$$

在 298K 时，电池电动势为：

$$E=1.91737+56.1\times10^{-6}\times25℃/℃+1.08\times10^{-8}\times(25℃/℃)^2(V)$$

即 $$E=1.91878V$$

在 298K 时的温度系数为

$$\left(\frac{\partial E}{\partial T}\right)_p=56.1\times10^{-6}+2.16\times10^{-8}(25℃/℃)(V/K)=56.64\times10^{-6}(V/K)$$

(2) 298K 时该电池反应的 $\Delta_r G_m$、$\Delta_r S_m$、$\Delta_r H_m$

$$\Delta_r G_m=-zFE=-2\times96500\times1.91878J\cdot mol^{-1}=-370.32kJ\cdot mol^{-1}$$

$$\Delta_r S_m=zF(\partial E/\partial T)p=2\times96500\times56.64\times10^{-6}J\cdot mol^{-1}=10.93J\cdot mol^{-1}\cdot K^{-1}$$

$$\Delta_r H_m=\Delta_r G_m+T\Delta_r S_m=-370.32kJ\cdot mol^{-1}+298\times10.93J\cdot mol^{-1}\times10^{-3}$$

$$=-367.06kJ\cdot mol^{-1}$$

(3) 求 $1mol\cdot kg^{-1}$ H_2SO_4 的平均活度系数。

据能斯特方程 $$E=E^{\ominus}+\frac{RT}{2F}\ln a^2_{H_2SO_4}=2.041+\frac{8.314\times298}{96500}\ln a(H_2SO_4)$$

即 $$1.91878V=2.041+0.02567\ln a(H_2SO_4)$$

解得 $$a(H_2SO_4)=8.555\times10^{-3}$$

因为 $a(H_2SO_4)=a_{\pm}^3=(\gamma_{\pm}b_{\pm}/b^{\ominus})^3=(\gamma_{\pm}\times 4^{1/3}/1)^3=8.555\times 10^{-3}$

解得 $\gamma_{\pm}=0.129$

26. 已知 298K 时，$E^{\ominus}(Cd^{2+}|Cd)=-0.4028V$、$E^{\ominus}(Zn^{2+}|Zn)=-0.7630V$。计算反应 $Cd^{2+}+Zn(s)═Zn^{2+}+Cd(s)$ 的标准平衡常数 $K^{\ominus}$、标准摩尔反应吉布斯函数 $\Delta_r G_m^{\ominus}$，并将反应设计成原电池。

解： 阴极反应为：$Cd^{2+}+2e^-=Cd(s)$

阳极反应为：$Zn(s)-2e^-=Zn^{2+}$

电池反应为：$Cd^{2+}+Zn(s)═Zn^{2+}+Cd(s)$

原电池：$Zn(s)|Zn^{2+}[a(Zn^{2+})]\|Cd^{2+}[a(Cd^{2+})]|Cd(s)$

$E^{\ominus}=E^{\ominus}(Cd^{2+}|Cd)-E^{\ominus}(Zn^{2+}|Zn)=[-0.4028-(-0.7630)]V=0.3602V$

$\Delta_r G_m^{\ominus}=-zFE^{\ominus}=-2\times 96500\times 0.3602J\cdot mol^{-1}=-69.519kJ\cdot mol^{-1}$

$\ln K^{\ominus}=-\Delta_r G_m^{\ominus}/RT=69519/(8.314\times 298)=28.059$，$K^{\ominus}=1.534\times 10^{12}$

27. 试将反应 $AgBr(s)\rightleftharpoons Ag^+(a=0.1)+Br^-(a=0.2)$ 设计成电池，并求 25℃时的电动势。已知 25℃时 $E^{\ominus}(Ag^+|Ag)=0.7991V$，$E^{\ominus}(Br^-|AgBr|Ag)=0.0711V$。

解： 阴极反应为：$AgBr(s)+e^-\rightleftharpoons Ag(s)+Br^-(a=0.2)$

阳极反应为：$Ag(s)\longrightarrow Ag^+(a=0.1)+e^-$

电池反应为：$AgBr(s)\rightleftharpoons Ag^+(a=0.1)+Br^-(a=0.2)$

电池为：$Ag(s)|Ag^+(a=0.1)\|Br^-(a=0.2)|AgBr(s)|Ag(s)$

$$E=E^{\ominus}-\frac{RT}{F}\ln\frac{a(Ag^-)a(Br^-)}{a[AgBr(s)]}$$

$$=(0.0711V-0.7991V)-\frac{8.314\times 298}{96500}\ln\frac{0.1\times 0.2}{1}=-0.728V+0.1004V$$

$$=-0.6276V$$

28. 已知 298K 时，$E^{\ominus}(Fe^{3+},Fe^{2+})=0.771V$，$E^{\ominus}(Ag^+|Ag)=0.799V$。设计一电池，计算反应 $Ag+Fe^{3+}\rightleftharpoons Ag^++Fe^{2+}$ 在 298K 时的标准平衡常数。

解： 电池反应 $Ag+Fe^{3+}\rightleftharpoons Ag^++Fe^{2+}$

阴极反应：$Fe^{3+}+e^-\rightleftharpoons Fe^{2+}$

阳极反应：$Ag\rightleftharpoons Ag^++e^-$

电池：$Ag(s)|Ag^+(a=1)\|Fe^{2+}(a_{Fe^{2+}}=1)$，$Fe^{3+}(a_{Fe^{3+}}=1)|Pt(s)$

$E^{\ominus}=E^{\ominus}(Fe^{3+},Fe^{2+})-E^{\ominus}(Ag^+|Ag)=0.771V-0.799V=-0.028V$

$\ln K^{\ominus}=zFE^{\ominus}/RT=1\times 96500\times(-0.028)/8.314\times 298=-1.091$，$K^{\ominus}=0.336$

29. 正丁烷在 298.15K、100kPa 时完全氧化反应

$$C_4H_{10}(g)+13/2O_2(g)\longrightarrow 4CO_2(g)+5H_2O(l)$$

的 $\Delta_r H_m^{\ominus}=-2877kJ\cdot mol^{-1}$，$\Delta_r S_m^{\ominus}=-432.7J\cdot K^{-1}\cdot mol^{-1}$，将此反应设计成燃料电池：(1) 计算 298.15K 时最大的电功；(2) 计算 298.15K 时最大的总功；(3) 使用熔融氧化物将反应设计成电池，写出电极反应并计算电池的标准电动势（设气体可视为理想气体）。

解： (1) $\Delta_r G_m^{\ominus}=\Delta_r H_m^{\ominus}-T\Delta_r S_m^{\ominus}$

$=[-2877-298.15\times(-432.7\times 10^{-3})]kJ\cdot mol^{-1}=-2748kJ\cdot mol^{-1}$

最大电功 $W_{e,r}=\Delta G=-2748kJ\cdot mol^{-1}$

(2) 最大总功

$$W_{tol,r}=(\Delta A)_T=\Delta G-\Delta(pV)=\Delta G-\Delta\nu_g RT$$
$$=[-2748-(-3.5)\times 8.314\times 298.15\times 10^{-3}]\text{kJ}\cdot\text{mol}^{-1}$$
$$=-2739\text{kJ}\cdot\text{mol}^{-1}$$

(3) 反应设计成燃料电池时的电极过程

负极：$C_4H_{10}(g)+13O^{2-}\longrightarrow 4CO_2(g)+5H_2O(l)+26e^-$

正极：$(13/2)O_2(g)+26e^-\longrightarrow 13O^{2-}$

电池为：Pt|C_4H_{10}(g)|熔融氧化物|O_2(g)|Pt

其中电解质由熔融氧化物构成，$z=26$

$$E^\ominus=\frac{-\Delta_r G_m^\ominus}{zF}=\frac{2748\times 1000\text{J}\cdot\text{mol}^{-1}}{26\times 96500\text{C}\cdot\text{mol}^{-1}}=1.095\text{V}$$

30. 在酸性介质中，将 C 和 CH_4 的燃烧反应设计成电池，计算相应电池的电动势。已知 C 和 CH_4 燃烧反应的标准摩尔吉布斯函数分别为$-385.98\text{kJ}\cdot\text{mol}^{-1}$和$-890.3\text{kJ}\cdot\text{mol}^{-1}$。

解：选择酸性介质，将 C 的燃烧反应设计成如下电池：

阳极反应：$C(s)+2H_2O(l)\longrightarrow 4H^++CO_2(g,p_1)+4e^-$

阴极反应：$4H^++O_2(g,p_2)+4e^-\longrightarrow 2H_2O(l)$

电池反应：$C(s)+O_2(g)\longrightarrow CO_2(g)$

电池：$C(s)|CO_2(g,p_1)|H^+(a_{H^+})$，$H_2O|O_2(g,p_2)|Pt$

$$E^\ominus=-\frac{\Delta_r G_m^\ominus}{zF}=\frac{385980\text{J}\cdot\text{mol}^{-1}}{4\times 96500\text{C}\cdot\text{mol}^{-1}}=1.000\text{V}$$

选择酸性介质，将 CH_4 的燃烧反应设计成电池如下：

阳极反应：$CH_4(g,p_1)+2H_2O(l)\longrightarrow CO_2(g,p_2)+8H^++8e^-$

阴极反应：$2O_2(g,p_3)+8H^++8e^-\longrightarrow 4H_2O(l)$

电池反应：$CH_4(g,p_1)+2O_2(g,p_3)\longrightarrow CO_2(g,p_2)+2H_2O(l)$

电池：$Pt|CH_4(g,p_1)|H^+(a_{H^+})$，$H_2O|O_2(g,p_3)|Pt$

$$E^\ominus=-\frac{\Delta_r G_m^\ominus}{zF}=\frac{890300\text{J}\cdot\text{mol}^{-1}}{8\times 96500\text{C}\cdot\text{mol}^{-1}}=1.153\text{V}$$

31. 加过量铁粉于浓度为 $0.01\text{mol}\cdot\text{dm}^{-3}$ 的 $CdSO_4$ 溶液中，有一部分铁溶解为 Fe^{2+}，同时有金属镉析出，写出反应的电池表达式，求达平衡后溶液的组成。已知 298K 电极电势 $E^\ominus(Cd^{2+}/Cd)=-0.403\text{V}$，$E^\ominus(Fe^{2+}/Fe)=-0.440\text{V}$。

解：电池反应为：$Fe+Cd^{2+}\longrightarrow Cd+Fe^{2+}$

电池表达式：$Fe|Fe^{2+}(a_{Fe^{2+}})\parallel Cd^{2+}(a_{Cd^{2+}})|Cd$

	Fe + Cd^{2+} ⟶	Cd + Fe^{2+}
$t=0$	0.01	0
$t=t$	$0.01-x$	x

$$E=E^\ominus-\frac{RT}{zF}\ln\frac{a_{Fe^{2+}}}{a_{Cd^{2+}}}=[-0.403-(-0.440)]-\frac{8.314\times 298}{2\times 96500}\ln\frac{x}{0.01-x}$$

平衡时，$E=0$，即：

$$[-0.403-(-0.440)]-\frac{8.314\times 298}{2\times 96500}\ln\frac{x}{0.01-x}=0$$

解得 $x=9.469\times 10^{-3}\text{mol}\cdot\text{dm}^{-3}$

$c_{CdSO_4}=0.01-9.469\times10^{-3}=5.31\times10^{-4}mol\cdot dm^{-3}$

32. 醌氢醌电极与甘汞电极构成电池为

$Hg|Hg_2Cl_2(s)|KCl(0.1mol\cdot kg^{-1})\|$待测溶液$(pH)|C_6H_4O_2\cdot C_6H_4(OH)_2|Pt$

可用于测定溶液的 pH 值。当某溶液 pH=3.80 时测得电池电动势 $E_1=0.1410V$；当溶液换为未知 pH 的溶液时，测得电池电动势 $E_2=0.0576V$，试计算未知溶液的 pH。

解： 醌氢醌电极电势：$E(H^+,$醌$,$氢醌$|Pt)=E^{\ominus}(H^+,$醌$,$氢醌$|Pt)-0.0592pH$

甘汞电极的电极电势：$E[Hg_2Cl_2(s)|Hg]$

电池电动势为：

$$E=E^{\ominus}(H^+,醌,氢醌|Pt)-0.0592pH-E[Hg_2Cl_2(s)|Hg]$$
$$=E^{\ominus}(H^+,醌,氢醌|Pt)-E[Hg_2Cl_2(s)|Hg]-0.0592pH$$

当 pH=3.80 时测得电池电动势 $E_1=0.1410V$，

则 $E^{\ominus}(H^+,$醌$,$氢醌$|Pt)-E[Hg_2Cl_2(s)|Hg]=0.3658V$。

由此得电池电动势 E 与溶液 pH 的关系为：$E=0.3658-0.0592pH$

当电池电动势 $E_2=0.0576V$，则溶液 pH=5.21

33. 25℃时浓差电池 $Ag|AgCl(s)|KCl(b_1)|KCl(b_2)|AgCl(s)|Ag$ 的电动势为 0.0536V，其中 KCl 水溶液的浓度分别为 $b_1=0.5mol\cdot kg^{-1}$，$b_2=0.05mol\cdot kg^{-1}$，对应的 $\gamma_{\pm,1}=0.649$ 和 $\gamma_{\pm,2}=0.812$。

(1) 写出电极和电池反应；(2) 计算液体接界电池 E（液界）和 Cl^- 的迁移数。

解：(1) 写出电极和电池反应

正极反应：$AgCl(s)+e^-\longrightarrow Ag+Cl^-(a_{\pm,2})$

负极反应：$Ag+Cl^-(a_{\pm,1})\longrightarrow AgCl(s)+e^-$

电池反应：$Cl^-(a_{\pm,1})\longrightarrow Cl^-(a_{\pm,2})$

(2) 计算液体接界电池 E（液界）和 Cl^- 的迁移数。

$$E(浓差)=(RT/F)\ln(a_{\pm,1}/a_{\pm,2})=(RT/F)\ln(b_1\gamma_{\pm,1}/b_2\gamma_{\pm,2})$$
$$=(0.0592V)\times\lg\frac{0.5\times0.649}{0.05\times0.812}=0.0534V$$

$$E(液接)=E-E(浓差)=0.0536V-0.0534V=0.0002V$$

又 $E(液接)=(t_+-t_-)(RT/F)\ln(a_{\pm,1}/a_{\pm,2})=(1-2t_-)E(浓差)$

即 $0.0002V=(1-2t_-)\times0.0534V$，$t_-=0.498$

34. 25℃、$p^{\ominus}$时用 Pt 作阴极，石墨为阳极，电解 $ZnCl_2(0.01mol\cdot kg^{-1})$ 和 $CoCl_2(0.02mol\cdot kg^{-1})$ 的混合水溶液，析出金属时忽略超电势的影响。已知 $E^{\ominus}(Zn^{2+}|Zn)=-0.763V$，$E^{\ominus}(Co^{2+}|Co)=-0.28V$，$E^{\ominus}(Cl^-|Cl_2)=1.36V$，$E^{\ominus}(OH^-|H_2O|O_2)=0.401V$，并且活度近似等于浓度。

(1) 何种金属首先在阴极上析出？(2) 当第二种金属析出时，至少需加多少电压？(3) 当第二种金属开始析出时，第一种金属离子的活度是多少？(4) 若考虑到 $O_2(g)$ 在石墨上的超电势为 0.8V，则阳极上首先发生什么反应？已知 H_2 在 Pt 和 CO 上的析出超电势分别为 0.12V 和 0.43V。

解：(1) 何种金属首先在阴极上析出？

阴极反应：$M^{2+}+2e^-\longrightarrow M(s)$

$$E(Co^{2+}|Co)=E^{\ominus}(Co^{2+}|Co)-\frac{RT}{2F}\ln\left(\frac{1}{a_+}\right)=-0.28V+\left(\frac{0.0592V}{2}\right)\lg(0.02)$$
$$=-0.330V$$

$$E(Zn^{2+}|Zn)=E^{\ominus}(Zn^{2+}|Zn)-\frac{RT}{2F}\ln\left(\frac{1}{a_+}\right)=-0.763V+\left(\frac{0.0592V}{2}\right)\lg(0.01)$$
$$=-0.822V$$

H_2 在 Pt 上的析出电势

$$E_{H^+|H_2,析}=E^{\ominus}_{H^+|H_2}-\frac{RT}{2F}\ln\frac{p_{H_2}/p^{\ominus}}{c^2_{H^+}}-\eta=\left(0-\frac{8.314\times298.2}{2\times96500}\ln\frac{1}{(10^{-7})^2}-0.12\right)V$$
$$=(-0.41-0.12)V=-0.53V$$

比较 $E_{Co^{2+}|Co}$、$E_{Zn^{2+}|Zn}$和 $E_{H^+|H_2,析}$可知，Co 先在阴极上析出。因为 Co 的析出，接下来的电解过程相当于在 Co 作为阴极的条件下进行。此时 H_2 的析出电势为

$$E_{H^+|H_2,析}=E_{H^+|H_2}-\eta=(-0.41-0.43)V=-0.84V$$

比较 $E_{Zn^{2+}|Zn}$和 $E_{H^+|H_2,析}$可知，Zn 先析出。

(2) 当第二种金属析出时，至少需加多少电压？

阳极上有可能析出 $Cl_2(p^{\ominus})$ 或 $O_2(p^{\ominus})$，电极反应：

$$2Cl^-\longrightarrow Cl_2(p^{\ominus})+2e^-,$$
$$2OH^-\longrightarrow(1/2)O_2(p^{\ominus})+H_2O+2e^-$$

$a(Cl^-)=2(b_1+b_2)/b^{\ominus}=0.06$，$a(OH^-)=10^{-7}$

$$E(Cl^-|Cl_2)=E^{\ominus}(Cl^-|Cl_2)-\frac{RT}{2F}\ln[a(Cl^-)^2]=1.36V-(0.0592V)\lg(0.06)=1.43V$$

$$E(H_2O|O_2)=E^{\ominus}(H_2O|O_2)-\frac{RT}{2F}\ln[a(OH^-)^2]=0.401V-(0.0592V)\lg(10^{-7})$$
$$=0.815V$$

阳极电势越小，越易反应，故首先析出氧气，故分解电压为

$$V_{分解}=E(H_2O|O_2)-E(Zn^{2+}|Zn)=0.815V-(-0.822V)=1.637V$$

(3)当第二种金属开始析出时，第一种金属离子的活度是多少？

Zn 开始析出时，有

$$E(Co^{2+}|Co)=-0.28V+\frac{0.0592V}{2}\lg b=-0.822V$$
$$b(Co^{2+})=4.75\times10^{-19}mol\cdot kg^{-1}$$

(4) 若考虑到 $O_2(g)$ 在石墨上的超电势为 0.8V，则阳极上首先发生什么反应？

$$E_{析}(H_2O|O_2)=0.815V+0.8V=1.615V>E(Cl^-|Cl_2)$$

所以 Cl_2首先析出。

35. 25℃、$p^{\ominus}$时用 Cu 作阴极，石墨作阳极，电解 $ZnCl_2(0.01mol\cdot kg^{-1})$ 溶液，已知 H_2 在 Cu 电极上的超电势为 0.614V，O_2 在石墨电极上的超电势为 0.806V，Cl_2 在石墨电极上的超电势可忽略，并且浓度近似等于活度，试问阴极上首先析出什么物质？在阳极上又析出什么物质？已知 $E^{\ominus}(Cl^-|Cl_2)=1.36V$，$E^{\ominus}(OH^-|H_2O|O_2)=0.401V$，$E^{\ominus}(Zn^{2+}|Zn)=-0.763V$。

解：阴极反应： $Zn^{2+}+2e^-\longrightarrow Zn(s)$

$2H^++2e^-\longrightarrow H_2(g)$

中性水溶液 $a(H^+)=10^{-7}$，$a(Zn^{2+})=0.01$

$$E_{析}(H^+|H_2)=E^{\ominus}(H^+|H_2)-\frac{RT}{2F}\ln\left(\frac{1}{a_+^2}\right)-\eta(H_2)=(0.0592V)\lg(10^{-7})-0.614V$$
$$=-1.028V$$

$$E_{析}(Zn^{2+}|Zn)=E^{\ominus}(Zn^{2+}|Zn)-\frac{RT}{2F}\ln\left(\frac{1}{a_+}\right)=-0.763V+\left(\frac{0.0592V}{2}\right)\lg(0.01)$$
$$=-0.822V$$

阴极析出电势越正，越易在阴极上析出，故 Zn 优先析出。

阳极反应：$2Cl^-[a(Cl^-)]\longrightarrow Cl_2(p^{\ominus})+2e^-$

$2OH^-\longrightarrow(1/2)O_2(p^{\ominus})+H_2O+2e^-$

$a(Cl^-)=2b=0.02$，$a(OH^-)=10^{-7}$

$$E(Cl^-|Cl_2)=E^{\ominus}(Cl^-|Cl_2)-\frac{RT}{2F}\ln\{a(Cl^-)^2\}=1.36V-0.0592V\lg(0.02)=1.46V$$

$$E(H_2O|O_2)=E^{\ominus}(H_2O|O_2)-\frac{RT}{2F}\ln\{a(OH^-)^2\}=0.401V-0.0592V\lg(10^{-7})$$
$$=0.815V$$

$$E_{析}(H_2O|O_2)=E(H_2O|O_2)+\eta(O_2)=0.815V+0.806V=1.621V>E(Cl^-|Cl_2)$$

阳极析出电势越小，越易反应，故首先逸出 $Cl_2(g)$。

7.5 典型例题精解

7.5.1 电解质溶液理论部分

例 1 用两个银电极电解 $AgNO_3$ 水溶液，在电解前，溶液中每 1kg 水含 43.50mmol$AgNO_3$，实验后，银库仑计中有 0.723mmol 的 Ag 沉积。由分析得知，电解后，阳极还有 23.14g 水和 1.390mmol$AgNO_3$，试计算 $t(Ag^+)$ 及 $t(NO_3^-)$ [已知摩尔质量 $M(Ag)=107.868g\cdot mol^{-1}$]。

解： 引起阳极区电解质浓度变化的原因：

①电极反应产生的 Ag^+，使 Ag^+ 浓度增加，②Ag^+ 向负极运动迁出阳极区，使 Ag^+ 浓度降低，假设水不发生迁移，由此得电解前后阳极区变化量之间的关系：

$n_{迁}=n_{始}+n_{电}-n_{终}$

$n_{始}=\frac{43.5}{1000}\times23.14=1.007mmol$，$n_{电}=0.723mmol$，$n_{终}=1.390mmol$

$n_{迁}=1.007+0.723-1.390=0.340mmol$

$t_+=0.340/0.723=0.470$，$t_-=1-t_+=0.530$

讨论： 迁移数是联系电解质电迁移性质（实验可测的量）和离子电迁移性质（不能由实验直接测量的量）的重要媒介，见表 7.1。而迁移数本身又是实验可测量的量之一，因此，在电解质溶液理论中，迁移数的测定方法和计算是重要内容之一，也是研究生考试的考点之一。

例 2 测得 298K 时，$0.01mol\cdot dm^{-3}$ 的 $BaCl_2$ 水溶液的电阻为 15.25Ω，又用同一电导池测得 $0.01mol\cdot dm^{-3}$ KCl 标准溶液的电阻为 2573Ω。若此溶液中 Ba^{2+} 的迁移数为 0.4375，试求 Cl^- 的摩尔电导率 $\Lambda_m(Cl^-)$（已知 $0.01mol\cdot dm^{-3}$ KCl 溶液的电导率 $\kappa=0.001406S\cdot m^{-1}$）。

解： 题目要求的是 Cl^- 摩尔电导率 $\Lambda_m(Cl^-)$，现已知 $t_{Cl^-}=1-t_{Ba^{2+}}$ 和 $c(BaCl_2)$，若

知道了 $\Lambda_m(BaCl_2)$，对于 1-2 型强电解质稀溶液，近似有 $t_{Cl^-}=2\Lambda_m(Cl^-)/\Lambda_m(BaCl_2)$，而 $\Lambda_m(BaCl_2)=\kappa(BaCl_2)/c(BaCl_2)$。若能根据已知条件求出 $\kappa(BaCl_2)$，则可求得 $\Lambda_m(BaCl_2)$，进而求得 Λ_{m,Cl^-}。根据公式 $\kappa=K_{cell}/R$，先利用已知电导率和浓度的 KCl 溶液的电阻值求得电导池常数 K_{cell}，再求 $\kappa(BaCl_2)$。

电导池常数 $K_{cell}=l/A=\kappa\cdot R=2573\times0.001406=3.618\text{m}^{-1}$

故 $0.01\text{mol}\cdot\text{dm}^{-3}$ 的 $BaCl_2$ 水溶液的电导率：

$$\kappa=1/[R(A/l)]=3.618/15.25=0.237\text{S}\cdot\text{m}^{-1}$$

$BaCl_2$ 溶液的摩尔电导率：$\Lambda_m(BaCl_2)=\kappa/c=10^{-3}\times0.237/0.01=0.0237\text{S}\cdot\text{m}^2\cdot\text{mol}^{-1}$

由此得　$\Lambda_m(1/2BaCl_2)=0.0119\text{S}\cdot\text{m}^2\cdot\text{mol}^{-1}$

因　$t(Cl^-)=\Lambda_m(Cl^-)/\Lambda_m(1/2BaCl_2)$，　又 $t(Cl^-)=1-t(Ba^{2+})$ 故

$$\Lambda_m(Cl^-)=\Lambda_m(1/2BaCl_2)[1-t(Ba^{2+})]$$
$$=0.0119\times(1-0.4375)=6.6938\times10^{-3}\text{S}\cdot\text{m}^2\cdot\text{mol}^{-1}$$

讨论：学习过程中，只有对于 $K_{cell}=l/A$，$\kappa=K_{cell}/R$，$t_+\approx\nu_+\Lambda_{m,+}/\Lambda_m$，$K=\Lambda_m/c$ 等常用的简单公式熟记，才能在做这样稍有综合性题目时融会贯通。

例 3　已知 25℃，AgCl(s) 的溶度积 $K_{sp}=1.73\times10^{-10}$，$Ag^+$ 和 Cl^- 无限稀释的摩尔电导率分别为 $61.92\times10^{-4}\text{S}\cdot\text{m}^2\cdot\text{mol}^{-1}$ 和 $76.34\times10^{-4}\text{S}\cdot\text{m}^2\cdot\text{mol}^{-1}$。配制此溶液所用水的电导率为 $1.60\times10^{-4}\text{S}\cdot\text{m}^{-1}$。测定电导时电导池常数为 25m^{-1}。试求：

(1) 25℃ AgCl 饱和溶液的电导率；

(2) 所测溶液的电阻为若干。

解：这是一道综合性题目，融离子独立运动定律、溶度积 K_{sp} 的计算和电导率 κ 与摩尔电导率 Λ_m 关系等于一体。本题与通常题目的出题思路刚好相反，不是通常题目中由离子浓度 c_i 求 K_{sp}，而是由 K_{sp} 求离子浓度；不是由溶液电阻求电解质电导率 κ 进而求 Λ_m，而是相反，由 Λ_m 求 κ，进而求溶液的电阻 R。解题中，考虑到 AgCl 的溶解度很小，可以假设 $\Lambda_m(AgCl)\approx\Lambda_m^\infty(AgCl)$，活度系数 $\gamma(AgCl)\approx1$

(1) $\Lambda_m^\infty(AgCl)=\Lambda_m^\infty(Ag^+)+\Lambda_m^\infty(Cl^-)=(61.92+76.34)\times10^{-4}\text{S}\cdot\text{m}^2\cdot\text{mol}^{-1}$
$=138.2\times10^{-4}\text{S}\cdot\text{m}^2\cdot\text{mol}^{-1}$

由 $K_{sp}(AgCl)=c(Ag^+)c(Cl^-)/(c^\ominus)^2$ 可得 AgCl 的溶解度：

$$c=c(Ag^+)=c(Cl^-)=K_{sp}^{1/2}c^\ominus$$

AgCl 的电导率为：$\kappa(AgCl)=\Lambda_m^\infty c(AgCl)=\Lambda_m^\infty\times K_{sp}^{1/2}c^\ominus$

$$=138.2\times10^{-4}\times(1.73\times10^{-10})^{1/2}\times10^3\text{S}\cdot\text{m}^{-1}$$
$$=1.818\times10^{-4}\text{S}\cdot\text{m}^{-1}$$

所测 AgCl 饱和溶液的电导率：

$$\kappa(\text{溶液})=\kappa(AgCl)+\kappa(H_2O)=(1.818+1.60)\times10^{-4}\text{S}\cdot\text{m}^{-1}=3.418\times10^{-4}\text{S}\cdot\text{m}^{-1}$$

(2) 所测溶液的电阻，由 $K_{cell}=(R\kappa)_{\text{溶液}}$ 得 $R(\text{溶液})=7.314\times10^4\Omega$

讨论：从例 2、例 3 题不难看出公式 $K_{cell}=l/A=(R\kappa)_{\text{溶液}}$，$\Lambda_m=\kappa/c$，$t_+\approx\nu_+\Lambda_{m,+}/\Lambda_m$ 以及 K_{sp} 与溶解度关系式等应熟练掌握，此类试题是研究生考试的热点问题之一。

例 4　25℃时，AgCl 的溶度积 $K_{sp}=1.73\times10^{-10}$、试求 AgCl 饱和水溶液的离子平均活度因子（系数）$\gamma_\pm$、离子平均活度 $a_\pm$ 和电解质的活度。假设此浓度能应用德拜-休克尔极限公式（已知 25℃时，水溶液的 $A=0.509\text{mol}^{-1/2}\cdot\text{kg}^{1/2}$）。

解： $AgCl(s) = Ag^+ + Cl^-$

$$K_{sp} = c(Ag^+)c(Cl^-)/(c^{\ominus})^2 = c^2/(c^{\ominus})^2$$

AgCl 溶解度： $c = K_{sp}^{1/2} c^{\ominus} = (1.73\times10^{-10})^{1/2}\,mol\cdot dm^{-3} = 1.315\times10^{-5}\,mol\cdot dm^{-3}$

计算活度因子(系数)：$I = c = 1.315\times10^{-5}\,mol\cdot kg^{-1}$

$$\lg\gamma_\pm = -A|z_+z_-|(I/c^{\ominus})^{1/2}$$

$$= -0.509\times1\times|-1|\times(1.315\times10^{-5})^{1/2} = -0.001846$$

$$\gamma_\pm = 0.9958$$

$$a_\pm = \gamma_\pm c/c^{\ominus} = 1.315\times10^{-5}\times0.9958/1 = 1.310\times10^{-5}$$

$$a_B = a_\pm^2 = 1.7161\times10^{-10}$$

讨论：(1) 该题同时涉及浓度积 K_{sp}、溶解度的计算、离子强度的概念、D-H 极限公式的应用以及平均活度、平均活度系数和质量摩尔浓度之间的关系等诸多内容，解题时需要概念清楚，思路清晰。

(2) 注意溶度积 K_{sp} 的定义，$K_{sp} = \prod_i (c_i/c^{\ominus})^{\nu_i}$ 是一个无量纲的量，且 $c^{\ominus}$ 总是等于 $1mol\cdot dm^{-3}$。

(3) 试想该题若不是对称 1-1 型电解质，而是某 1-2 型电解质 MA_2，你会做吗？试一试。电解质活度 a、离子活度 a_i 和平均活度 $a_\pm$ 三者之间的关系；离子活度系数 γ_i、平均活度系数 $\gamma_\pm$ 以及离子质量摩尔浓度 b_i 和平均质量摩尔浓度 $b_\pm$ 之定义以及相互之间的关系是电解质溶液理论中的重要概念，是研究生考试必考或间接涉及的内容。

例 5 25℃时，AgCl 在水中饱和溶液的浓度为 $1.27\times10^{-5}\,mol\cdot kg^{-1}$，根据德拜-休格尔理论计算反应 $AgCl = Ag^+(aq) + Cl^-(aq)$ 的标准吉布斯函数 $\Delta_r G_m^{\ominus}$，并计算 AgCl 在 KNO_3 溶液中的饱和溶液的浓度［已知此混合溶液的离子强度为 $I = 0.010mol\cdot kg^{-1}$，且已知：$A = 0.509(mol\cdot kg^{-1})^{-1/2}$］。

解： $\lg\gamma_\pm(AgCl) = -A|z_+z_-|(I/b^{\ominus})^{1/2} = -0.0018139$，$\gamma_\pm(AgCl) = 0.996$

$$\Delta_r G_m^{\ominus} = -RT\ln K_{sp} = -RT\ln(\gamma_\pm\cdot b/b^{\ominus})^2 = 55.8kJ\cdot mol^{-1}$$

在 KNO_3 溶液中：

$$\lg\gamma'_\pm(AgCl) = -A|z_+z_-|(I/b^{\ominus})^{1/2} = -0.0509,\ \gamma'_\pm(AgCl) = 0.8894$$

$$K_{ap} = (\gamma_\pm\cdot b_1/b^{\ominus})^2 = (\gamma'_\pm\cdot b_2/b^{\ominus})^2,\ b_2 = 1.42\times10^{-5}\,mol\cdot kg^{-1}$$

讨论：(1) K_{ap} 本质上是电离平衡的标准平衡常数，既然是标准平衡常数，则它与 $\Delta_r G_m^{\ominus}$ 之间应满足关系式 $\Delta_r G_m^{\ominus} = -RT\ln K^{\ominus}$。又因为电解质溶液是非理想溶液，所以 K_{ap} 应为活度积（对稀溶液系统作近似计算时，K_{ap} 可视为溶度积）。所以解题时应首先根据 D-H 公式求出 $\gamma_\pm$，再求出 K_{ap}，进而求 $\Delta_r G_m^{\ominus}$。

(2) K_{ap} 仅为温度函数，当 T 不变时，K_{ap} 应为常数，所以可以用 AgCl 在纯水中的 K_{ap} 计算其在 KNO_3 溶液中的溶解度。

(3) AgCl 在 KNO_3 溶液中的饱和溶解度大于纯水中的饱和溶解度是由于盐效应的缘故。

例 6 298K 时，1.000kg 溶液中含有 $5.000\times10^{-4}\,mol\ LaCl_3$ 和 $5.000\times10^{-3}\,mol\ NaCl$，根据 D-H 极限公式计算 $LaCl_3$、NaCl 中各离子的平均活度系数。

解： 先计算离子强度

$$I=\frac{1}{2}\sum b_B z_B^2=\frac{1}{2}(b_{La^{3+}}z_{La^{3+}}^2+b_{Na^+}z_{Na^+}^2+b_{Cl^-}z_{Cl^-}^2)=7.500\times10^{-3}\,mol\cdot kg^{-1}$$

$$\lg\gamma_\pm(LaCl_3)=-0.5115\times3\times(7.500\times10^{-3})^{1/2}=-0.1329$$

$$\gamma_\pm(LaCl_3)=0.7364$$

$$\lg\gamma_\pm(NaCl)=-0.5115\times1^2\times(7.500\times10^{-3})^{1/2}=-0.04430$$

$$\gamma_\pm(NaCl)=0.9030$$

讨论：由上面的计算可知，同一个 Cl^- 存在于 $LaCl_3$ 及 NaCl 中，但 $\gamma_\pm(LaCl_3)\neq\gamma_\pm(NaCl)$，对于 Cl^-，γ_{Cl^-} 取哪一个？原则上应取对称电解质中 Cl^- 的平均活度系数。一般地，在 D-H 极限公式适用范围内，对于不对称电解质 $M_{\nu_+}A_{\nu_-}$ $(\nu_+\neq\nu_-)$，应用 $\nu_+z_+=\nu_-|z_-|$ 关系，离子 i 的活度系数 γ_i 与离子平均活度系数间，可以证明存在下述关系：

$$\gamma_-=[\gamma_\pm(M_{\nu_+}A_{\nu_-})]^{\nu_+/\nu_-},\ \gamma_+=[\gamma_\pm(M_{\nu_+}A_{\nu_-})]^{\nu_-/\nu_+}$$

如

$$\gamma_{Cl^-}=[\gamma_\pm(LaCl_3)]^{1/3}=(0.7364)^{1/3}=0.9030=\gamma_\pm(NaCl)$$

上述结果的原因在于 $\gamma_\pm^\nu=\gamma_+^{\nu_+}\gamma_-^{\nu_-}$ 是几何平均关系。因此，在电化学中，对于同时存在对称和不对称电解质系统，一般选用对称电解质的 $\gamma_\pm$ 表示 γ_+ 或 γ_- 的原因之一即在于此。

例 7　今有一 NaCl 溶液，$c=0.00319\,mol\cdot dm^{-3}$，$t_+=0.394$，$\Lambda_m^\infty(NaCl)=1.264\times10^{-2}\,m^2\cdot\Omega^{-1}\cdot mol^{-1}$。若该溶液遵守关系式，$\Lambda_m=\Lambda_m^\infty-b\sqrt{c}$，其中 $b=1.918\times10^{-4}\,m^{7/2}\cdot\Omega^{-1}\cdot mol^{-3/2}$，计算电解质 NaCl 在该浓度下之 Λ_m、κ；计算 Na^+、Cl^- 的摩尔电导 Λ_{m^+}、Λ_{m^-}，电导率 κ_+、κ_-，离子迁移率（离子淌度）U_+、U_-。

解：本题的主题是由电解质的电迁移性质求算离子的电迁移性质，因为后者不能由实验直接测量。但是，离子迁移数是可由实验测量的，为此可以以离子迁移数为媒介，建立浓度为 c 的电解质 $M_{\nu_+}A_{\nu_-}$ 的电迁移性质与离子 B（M^{z+} 或 A^{z-}）电迁移性质间关系。根据表 7.1 的相关公式，可计算如下：

$$\Lambda_m=\Lambda_m^\infty-b\sqrt{c}=1.230\times10^{-2}\,m^2\cdot\Omega^{-1}\cdot mol^{-1}$$

$$\kappa=\Lambda_m c=0.0392\,m^{-1}\cdot\Omega^{-1}$$

$$\Lambda_{m,+}=t_+\Lambda_m/\nu_+=4.846\times10^{-3}\,m^2\cdot\Omega^{-1}\cdot mol^{-1}$$

$$\Lambda_{m,-}=t_-\Lambda_m/\nu_-=7.45\times10^{-3}\,m^2\cdot\Omega^{-1}\cdot mol^{-1}$$

$$\kappa_+=(c/\nu_+)\Lambda_m t_+=1.546\times10^{-2}\,\Omega^{-1}\cdot m^{-1}$$

$$\kappa_-=(c/\nu_-)\Lambda_m t_-=2.377\times10^{-2}\,\Omega^{-1}\cdot m^{-1}$$

$$\kappa=\sum\kappa_i=\kappa_++\kappa_-=3.923\times10^{-2}\,\Omega^{-1}\cdot m^{-1}$$

$$U_+=\Lambda_{m,+}/F=\frac{4.846\times10^{-3}\,m^2\cdot\Omega^{-1}\cdot mol^{-1}}{96486\,C\cdot mol^{-1}\times(1\,A\cdot s/C)}=5.02\times10^{-8}\,m^2\cdot V^{-1}\cdot s^{-1}$$

$$U_-=\Lambda_{m,-}/F=8.29\times10^{-8}\,m^2\cdot V^{-1}\cdot s^{-1}$$

讨论：由于溶液保持电中性，离子的动力学及热力学性质不能单独直接测量，而电化学中又必须掌握离子的性质，设法用可测量的量（如电解质的电导率及摩尔电导）来计算不可测量的量是电化学中的重要方法，其重要性不言而喻。此题所用的公式和计算过程都很简单，但上述的研究问题的思路和方法却很重要。

不难看出，离子迁移数及电解质迁移性质的测定技术应熟练掌握，在研究生入学考试中多次出现此类试题。

例 8　今测定 $CH_2ClCOOH$ 在不同浓度下的摩尔电导数据如下：

$b/10^{-3}b^{\ominus}$	0.110	0.303	0.590
$\Lambda_m/(10^{-2}m^2\cdot\Omega^{-1}\cdot mol^{-1})$	3.6210	3.2892	2.9558

（1）当为理想溶液时，计算实验平衡常数 K_b。

（2）当为非理想溶液时，计算平衡常数 K_a。

已知由手册中查得 Λ_m^{∞}：

B	HCl	KCl	$K(CH_2ClCOO)$
$\Lambda_m^{\infty}/(10^{-2}m^2\cdot\Omega^{-1}\cdot mol^{-1})$	0.04261	0.014986	0.01132

解：（1）$CH_2ClCOOH = CH_2ClCOO^- + H^+$

$$(1-\alpha)b \qquad \alpha b \qquad \alpha b$$

$$K_b=\frac{\alpha b\cdot\alpha b}{(1-\alpha)b}=\frac{\alpha^2 b}{1-\alpha} \tag{1}$$

$$\alpha=\Lambda_m/\Lambda_m^{\infty} \tag{2}$$

$$\Lambda_m^{\infty}(CH_2ClCOOH)=\Lambda_m^{\infty}(HCl)+\Lambda_m^{\infty}[K(CH_2ClCOO)]-\Lambda_m^{\infty}(KCl)$$

$$=3.899\times10^{-2}\,m^2\cdot\Omega^{-1}\cdot mol^{-1}$$

代入式(1) 及式(2) 可得

$b/10^{-3}b^{\ominus}$	0.110	0.303	0.590	
α	0.9297	0.8445	0.7589	
$K_b/10^{-3}b^{\ominus}$	1.352	1.389	1.409	⟨1.383⟩

（2）当为非理想溶液时，离子的活度系数必须求出：

$$K_a=\frac{a_+(H^+)a_-(CH_3ClCOO^-)}{a(CH_2ClCOOH)}=\frac{(\alpha b/b^{\ominus})^2\gamma_{\pm}^2}{(1-\alpha)(b/b^{\ominus})}=(K_b/b^{\ominus})\gamma_{\pm}^2 \tag{3}$$

考虑到离子强度为 αb，符合 D-H 极限公式适用条件，可得

$$\lg\gamma_{\pm}=-0.5115z_+|z_-|\sqrt{I/b^{\ominus}}=-0.5115\sqrt{b\alpha/b^{\ominus}} \tag{4}$$

将式(4) 代入式(3)，得

$$\lg K_a=\lg(K_a/b^{\ominus})-2\times0.5115\sqrt{b\alpha/b^{\ominus}} \tag{5}$$

将数据代入式(4) 及式(5) 可得

$b/10^{-3}b^{\ominus}$	0.110	0.303	0.590
$K_b/10^{-3}b^{\ominus}$	1.352	1.389	1.409
$\gamma_{\pm}$	0.9933	0.9813	0.9754
$K_a\times10^3$	1.334	1.338	1.340

$$\langle K_a\rangle=1.337\times10^{-3}$$

讨论：（1）经活度系数校正后所求之平衡常数其精度提高约一个数量级，可见对电解质溶液的平衡性质一般要考虑进行活度系数校正。

（2）当分子与离子共存于一个系统或者在同一计算式中出现，则分子的活度系数可当作1，而离子活度系数根据浓度范围选用 D-H 公式或 D-H 极限公式计算。

例 9 试表述离子氛模型的要点。

解：离子氛模型的要点概括如下：

(1) 可以任意选定电解质溶液中的正离子或负离子作为中心离子；

(2) 中心离子周围按统计规律球形对称地分布着其他正负离子群（离子氛）；

(3) 离子氛的电性与中心离子的电性相反，而电量相等；且离开中心离子越远，异性电荷密度越小；

(4) 中心离子及组成离子氛的离子不是静止不变的，而是不断运动和变换的，每个中心离子同时又是另外一个中心离子离子氛的一员；

(5) 溶液中众多正、负离子间的静电相互作用可以归结为每个中心离子所带的电荷与包围它的离子氛的净电荷之间的静电相互作用。

7.5.2 电化学热力学部分

例 1 电池 $Hg|Hg_2Br_2(s)|Br^-|AgBr(s)|Ag$ 在 $p^\ominus$ 下 298K 附近时，该电池电动势与温度的关系为：$E/mV=68.04+0.312(T/K-298)$。写出通过 $1F$ 电量时的电极反应与电池反应，求算在 $p^\ominus$ 和 25℃时该电池反应的 $\Delta_r G_m$、$\Delta_r H_m$、$\Delta_r S_m$ 和 Q_r。若通过 $2F$ 电量，则电池作电功为多少？

解：求解可逆电池热力学类型的题目，首先应写出电极反应和电池反应。其好处是：(1) 有利于对题目进行进一步分析。有些题目只要正确地写出其电极反应和电池反应后，所需要解决的问题便一目了然。(2) 便于书写能斯特方程。

(－) $Hg(l)+Br^-(aq)\longrightarrow(1/2)Hg_2Br_2(s)+e^-$

(＋) $AgBr(s)+e^-\longrightarrow Ag(s)+Br^-(aq)$

电池反应 $Hg(l)+AgBr(s)\longrightarrow(1/2)Hg_2Br_2(s)+Ag(s)$

$$E=0.06804V$$

$$\Delta_r G_m=-zFE=-6.566kJ\cdot mol^{-1}$$

$$\Delta_r S_m=zF(\partial E/\partial T)_p=30.108J\cdot K^{-1}\cdot mol^{-1}$$

$$\Delta_r H_m=\Delta_r G_m+T\Delta_r S_m=2406J\cdot K^{-1}\cdot mol^{-1}$$

$$Q_r=T\Delta_r S_m=298\times30.108=8.972kJ\cdot mol^{-1}$$

通 $2F$ 电量 $W_f=-zFE=-13.13kJ\cdot mol^{-1}$

如果问你通过 $2F$ 电量，该电池反应的 $\Delta_r G_m$、$\Delta_r H_m$、$\Delta_r S_m$ 和 Q_r 为多少，你知道吗？

讨论：由上面的计算可知 $Q_r\neq\Delta_r H_m$。请回忆上册热力学第一定律中所讲的公式的 $Q_p=\Delta H$ 应用条件。

例 2 计算电池 $Ag|AgCl(s)|NaCl(aq)|Hg_2Cl_2(s)|Hg$ 在 25℃ 时的电动势和温度系数。已知标准生成焓和标准熵如下：

	Ag(s)	Hg(l)	AgCl(s)	$Hg_2Cl_2(s)$
$\Delta_f H_m^\ominus/kJ\cdot mol^{-1}$	0	0	－127.03	－264.93
$S_m^\ominus/J\cdot K^{-1}\cdot mol^{-1}$	42.70	77.40	96.11	195.8

解：电池反应：$Ag(s)+1/2Hg_2Cl_2(s)\longrightarrow AgCl(s)+Hg(l)$

$$\Delta_r H_m^\ominus=\Delta_f H_m^\ominus[AgCl(s)]+\Delta_f H_m^\ominus[Hg(l)]-\Delta_f H_m^\ominus[Ag(s)]-(1/2)\Delta_f H_m^\ominus[Hg_2Cl_2(s)]$$

$$=5.44kJ\cdot mol^{-1}$$

$$\Delta_r S_m^\ominus=S_m^\ominus[AgCl(s)]+S_m^\ominus[Hg(l)]-S_m^\ominus[Ag(s)]-(1/2)S_m^\ominus[Hg_2Cl_2(s)]$$

$$=32.9\mathrm{J\cdot K^{-1}\cdot mol^{-1}}$$

$$\Delta_r G_m^{\ominus}=\Delta_r H_m^{\ominus}-T\Delta_r S_m^{\ominus}=-4.37\mathrm{J\cdot K^{-1}\cdot mol^{-1}}$$

$$E=E^{\ominus}=-\Delta_r G_m^{\ominus}/zF=0.045\mathrm{V}$$

$$(\partial E/\partial T)_p=\Delta_r S_m^{\ominus}/zF=3.41\times10^{-4}\mathrm{V\cdot K^{-1}}$$

讨论： 由电化学实验测定出 E 和 $(\partial E/\partial T)_p$，即可求得电化学反应的 $\Delta_r G_m$、$\Delta_r H_m$、$\Delta_r S_m$ 等热力学函数；反过来也可以由热力学数据求解 E 和 $(\partial E/\partial T)_p$。如例 1 是知道 E 和 $(\partial E/\partial T)_p$ 求 $\Delta_r G_m$、$\Delta_r H_m$、$\Delta_r S_m$ 和 Q_r。而例 2 是间接告诉 $\Delta_r H_m$、$\Delta_r S_m$（和 $\Delta_r G_m$），求 E 和 $(\partial E/\partial T)_p$。这类计算是可逆电池热力学的基本内容，在研究生入学试题中经常出现。有时 $\Delta_r H_m$、$\Delta_r S_m$（和 $\Delta_r G_m$）或 E 和 $(\partial E/\partial T)_p$ 不是直接告知，需要间接求出。可逆电池热力学根本上还是过去所介绍的平衡态热力学，由此可解决一系列化学平衡、相平衡问题，如平衡常数 K_a、K_{sp} 及热力学函数 $\Delta_r G_m$、$\Delta_r H_m$、$\Delta_r S_m$ 计算等问题。这一考点是电化学的重点和主要考点。

例 3 在 25℃及 $p^{\ominus}$ 压力下，将一可逆电池短路，使 $1F$ 的电量通过电池，此时所放出的热量恰好为该电池可逆操作时所吸收热量的 43 倍。在 25℃及 $p^{\ominus}$ 压力下，该电池的电动势的温度系数为 $0.00014\mathrm{V\cdot K^{-1}}$，求电池在 25℃及 $p^{\ominus}$ 压力下的可逆电动势。

解： 通过电池短路的热效应可求出电池反应的 $\Delta_r H_m$，加上已知温度系数为 $(\partial E/\partial T)_p=0.00014\mathrm{V\cdot K^{-1}}$ 条件，则可求出电池反应的 $\Delta_r S_m$，由 $\Delta_r G_m=\Delta_r H_m-T\Delta_r S_m$ 不难求出 $\Delta_r G_m$，进而求得 E。

$$\Delta_r S_m=zF(\partial E/\partial T)_p=13.51\mathrm{J\cdot K^{-1}\cdot mol^{-1}}$$

$$Q_r=T\Delta_r S_m=4026\mathrm{J\cdot mol^{-1}}$$

$$\Delta_r H_m=Q_p=-43Q_r=-1.731\times10^5\mathrm{J\cdot mol^{-1}}$$

$$\Delta_r G_m=\Delta_r H_m-T\Delta_r S_m=-1.771\times10^5\mathrm{J\cdot mol^{-1}}$$

$$E=-\Delta_r G_m/zF=1.836\mathrm{V}$$

例 4 298K 时，可逆电池 $\mathrm{Pt}|H_2(p^{\ominus})|H_2SO_4$(极稀)$|O_2(p^{\ominus})|\mathrm{Pt}$ 的 $E=1.23\mathrm{V}$，并已知 $\Delta_f H_m^{\ominus}[H_2O(l)]=-285.90\mathrm{kJ\cdot mol^{-1}}$，求下述单位反应：

$$2H_2(g,p^{\ominus})+O_2(g,p^{\ominus})\longrightarrow 2H_2O(l,p^{\ominus})$$

按以下两种途径进行的 $\Delta_r U_m$、$\Delta_r H_m$、$\Delta_r S_m$、$\Delta_r G_m$ 值，并判断过程的自发方向及过程的性质。

(1) 将氢和氧直接接触在烧杯中进行；

(2) 组成电池进行反应，并已知该单位反应时对外做电功为 $374.78\mathrm{kJ\cdot mol^{-1}}$。

解： 电池反应：$2H_2(p^{\ominus})+O_2(p^{\ominus})\longrightarrow 2H_2O(l)$

正如例 1 解析中所讲的：写出电极反应和电池反应，有利于对题目进行进一步分析。在本题中，根据电池反应，已知 $\Delta_f H_m^{\ominus}[H_2O(l)]$，就等于知道了反应的 $\Delta_r H_m^{\ominus}$，且 $\Delta_r G_m=\Delta_r G_m^{\ominus}$。

(1) $\Delta_r G_m=\Delta_r G_m^{\ominus}=-zF^{\ominus}F=-474.8\mathrm{kJ\cdot mol^{-1}}$

$$\Delta_r H_m=2\Delta_f H_m^{\ominus}(298\mathrm{K})=-571.8\mathrm{kJ\cdot mol^{-1}}$$

$$\Delta_r U_m=Q-W=\Delta_r H_m-\sum\nu_g RT=-569.4\mathrm{kJ\cdot mol^{-1}}$$

$$\Delta_r S_m=(\Delta_r H_m-\Delta_r G_m)/T=-317.5\mathrm{J\cdot mol^{-1}}$$

因 $\Delta_r G_m<0$，过程 (1) 为自发过程，

又因 $W_f=0$，$\Delta_r G_m<W_f$ 过程为不可逆过程。

（2）始、终态与（1）相同，故 $\Delta_r G_m$、$\Delta_r H_m$、$\Delta_r U_m$、$\Delta_r S_m$ 与（1）相同。因 $W_f=-374.78\text{kJ}\cdot\text{mol}^{-1}$，则 $\Delta_r G_m - W_f = -100.0\text{kJ}\cdot\text{mol}^{-1}$，此过程仍为不可逆过程。

例 5　有人设计以 $Zn^{2+}|Zn$ 和 $H^+, O_2, H_2O|Pt$ 为电极系统的生物化学电池，把它埋在人体内作为患某种心脏病人心脏起搏器能源，它在人体体液中含有一定浓度的溶解氧时进行工作，在低功率下人体能适应电池工作时 Zn^{2+} 的增加和 H^+ 的迁移。你能写出电池的负极反应、正极反应、电池结构、电池反应和电池在标准状态下的可逆电动势吗？若让上述电池在 0.8V 和 40μW 条件下在人体内放电，试问 5g Zn 电极能用多长时间才需要进行第二次手术更换？

已知：$E^\ominus(Zn^{2+}|Zn)=-0.762\text{V}$；$E^\ominus(O_2, H^+|H_2O)=1.229\text{V}$；$M(Zn)=65.37$

解： 负极反应：$Zn-2e^- \longrightarrow Zn^{2+}$，$E^\ominus(Zn^{2+}|Zn)=-0.762\text{V}$

正极反应：$O_2+4H^++2e^- \longrightarrow 2H_2O$，$E^\ominus(O_2, H^+|H_2O)=1.229\text{V}$

电池反应：$Zn+O_2+4H^+ \longrightarrow Zn^{2+}+2H_2O$

电池结构：$Zn|Zn^{2+}, H^+, H_2O|O_2(g)|Pt$，　$E^\ominus=1.229+0.762=2.061\text{V}$

在 0.8V，$W=40\times10^{-6}\text{W}$ 条件下放电，$I=W/V=40\times10^{-6}/0.8=5\times10^{-5}\text{A}$

5g Zn 溶解的 $Q=5\times2\times96500/65.37=14762\text{C}$

工作时间 $t=Q/I=2.95\times10^8\text{s}\approx9.4$ 年

例 6　电池 $Zn(s)|ZnCl_2(0.555\text{mol}\cdot\text{kg}^{-1})|AgCl(s)|Ag(s)$ 在 298K 时，$E=1.015\text{V}$，已知 $(\partial E/\partial T)_p=-4.02\times10^{-4}\text{V}\cdot\text{K}^{-1}$，$E^\ominus(Zn^{2+}|Zn)=-0.763\text{V}$，$E^\ominus(AgCl|Ag)=0.222\text{V}$。

（1）写出电池反应（2mol 电子得失）。

（2）求反应的平衡常数。

（3）求 $ZnCl_2$ 的 $\gamma_\pm$。

（4）若该反应在恒压反应釜中进行，不作其他功，求热效应为多少？

（5）若反应在可逆电池中进行，热效应为多少？

解： 该题要求计算平衡常数 $K^\ominus$，要用到能斯特方程，所以最好是首先写出电池反应。在求 $ZnCl_2$ 的 $\gamma_\pm$ 时，要注意是 1-2 型电解质，$a_\pm=\gamma_\pm b_\pm$，$b_\pm=4^{1/3}b$。

（1）$Zn(s)+2AgCl(s) \longrightarrow Zn^{2+}(a_+)+2Cl^-(a_-)+2Ag(s)$

（2）$\ln K^\ominus=[2E^\ominus F/(RT)]$，$E^\ominus=0.985\text{V}$，$K^\ominus=2.1\times10^{33}$

（3）$E=E^\ominus-RT/(2F)\times\ln(a_+\cdot a_-^2)$

$1.015\text{V}=0.985\text{V}-RT/(2F)\times\ln[0.555(2\times0.555)^2\gamma_\pm^3]$

$\gamma_\pm=0.520$

（4）$Q_p=\Delta H=-zEF+zFT(\partial E/\partial T)_p=-219.0\text{kJ}\cdot\text{mol}^{-1}$

（5）$Q_R=zFT(\partial E/\partial T)_p=-23.12\text{kJ}\cdot\text{mol}^{-1}$

例 7　298K 时 $Ag^+|Ag$ 的 $E^\ominus=0.7991\text{V}$，$Cl^-|AgCl(s)|Ag$ 的 $E^\ominus=0.2224\text{V}$，计算：

（1）AgCl 在 $0.01\text{mol}\cdot\text{dm}^{-3}$ KNO_3 溶液中的溶解度（设此溶液 $\gamma_\pm=0.889$）。

（2）$AgCl(s) \rightleftharpoons Ag^+(aq)+Cl^-(aq)$ 的标准摩尔反应吉布斯函数 $\Delta_r G_m^\ominus$。

问：(a) 计算结果说明 $AgCl(s) \rightleftharpoons Ag^+(aq)+Cl^-(aq)$ 是自动向何方进行？为什么？

(b) 写出此两电极在 298K 标准情况下组成电池的正确写法。

解： 题目只给出了两个电极的标准电极电势，要想回答题目所给出的问题，必须设计电池反应为 $AgCl(s) \rightleftharpoons Ag^+(aq)+Cl^-(aq)$ 的电池，并写出电池反应。

设计电池 $Ag|Ag^+ \| Cl^- |AgCl(s)|Ag$

(1) 电池反应 $AgCl(s) \longrightarrow Ag^+ + Cl^-$

$E^\ominus = E^\ominus(Cl^- |AgCl(s)|Ag) - E^\ominus(Ag^+ |Ag) = -0.5767V$

$\ln K_{ap} = zFE^\ominus/(RT) = -9.75$，解得 $K_{ap} = 1.8\times10^{-10}$

$K_{ap} = a(Ag^+)a(Cl^-) = [\gamma_\pm b_\pm / b^\ominus]^2$

故 $b(K_{ap})^{1/2}/\gamma_\pm \times b^\ominus = 1.51\times10^{-5} mol\cdot kg^{-1}$

(2) $\Delta G^\ominus = -zE^\ominus F = 55.65 kJ\cdot mol^{-1}$

回答：(a) 计算结果 $\Delta G^\ominus > 0$，说明反应 $AgCl(s) = Ag^+(aq) + Cl^-(aq)$ 自动向左进行。

(b) $Ag\text{-}AgCl(s)|Cl^-(a) \| Ag^+(a)|Ag(s)$

讨论： 设计金属难溶盐（金属卤化物、金属氧化物、金属硫化物等）溶解平衡电池时，一般总是以金属-难溶盐及其相应的阴离子构成正极，以金属及其离子构成负极。

例 8 已知 298K 时，AgBr 在纯水中的活度积 $K_{ap} = 4.86\times10^{-13}$。$E^\ominus(Ag^+, Ag) = 0.7994V$，$E^\ominus(Br^-, Br_2, Pt) = 1.065V$，试求：(1) $E^\ominus(AgBr|Ag)$，(2) $\Delta_f G_m^\ominus(AgBr(s))$。

解： ①AgBr 的活度积 K_{ap} 和银电极的 $E^\ominus$，要想求得 $E^\ominus(AgBr|Ag)$，就必须设计电池，而且该电池的反应还必须是 AgBr 的溶解反应。②要求 $\Delta_f G_m^\ominus(AgBr(s))$，也必须设计电池。而且该电池的反应必须是 AgBr 的生成反应。设计电池是电化学方法解决热力学问题的关键，是基本功。一个电池由两个电极组成，电极反应为氧化还原反应，为此，必须根据两个氧化还原对来设计电池。关于设计金属难溶盐溶解平衡电池，参见例 7 的讨论。

(1) 设计电池 $Ag(s)|Ag^+ \| Br^- |AgBr|Ag$

电池反应 $AgBr(s) = Ag^+ + Br^-$，$E^\ominus = (RT/F)\ln K_{ap} = -0.7279V$

$E^\ominus(AgBr|Ag) = E^\ominus + E^\ominus(Ag^+, Ag) = 0.0714V$

(2) 设计成电池 $Ag|AgBr(s)|Br^- |Br_2(l)|Pt$

电池反应 $Ag(s) + \frac{1}{2}Br_2(l) = AgBr(s)$

$E^\ominus = E^\ominus(Pt|Br_2|Br^-) - E^\ominus(AgBr|Ag) = 0.9936V$

$\Delta_f G^\ominus = (AgBr) = -FE^\ominus = 95.88 kJ\cdot mol^{-1}$

（该题有多种解法，难点在于设计电池，也可不设计电池，用加减电极反应计算）

讨论： 设计电池除本题中所要设计的难溶盐溶解平衡电池外，还要对如下几类反应的电池设计要熟悉，如简单的氧化还原反应、酸碱中和反应以及一些电极如气体电极、金属电极、氧化还原电极等的设计。

例 9 已知 298K 时 $2H_2O(g) = 2H_2(g) + O_2(g)$ 反应的平衡常数为 9.7×10^{-81}，这时 H_2O 的饱和蒸气压为 3200Pa，试求 298K 时下述电池的电动势 E。

$$Pt|H_2(p^\ominus)|H_2SO_4(0.01 mol\cdot kg^{-1})|O_2(p^\ominus)|Pt$$

（298K 时的平衡常数是根据高温下的数据间接求出的。由于氧电极上的反应不易达到平衡，不能测出 E 的精确值，所以可通过上法来计算 E 值。）

解： 本题要求所给电池的 E，而题给条件是热力学平衡数据、平衡常数和 H_2O 的饱和蒸气压。寻找已知条件与所求电池电动势间的联系是本题的关键，由于电池的电动势可由电池反应的 $\Delta_r G_m$ 得到，故整个解题的方法完全是应用平衡态热力学原理。为此，应首先把问题由求 E 转化为通过热力学方法求给定电池反应的 $\Delta_r G_m$。给定电池的电池反应为：

$$O_2(p^{\ominus})+2H_2(p^{\ominus})\xrightarrow{\Delta_r G_m}2H_2O(l,3.2kPa)$$

$$\uparrow \Delta G_3 \qquad\qquad\qquad \downarrow \Delta G_1$$

$$2H_2O(g,p^{\ominus})\xleftarrow{\Delta G_2}2H_2O(g,3.2kPa)$$

$$-\Delta_r G_m=\Delta G_1+\Delta G_2+\Delta G_3$$

$$=0+zRT\ln(p_2/p_1)-RT\ln K^{\ominus}=473.6kJ\cdot mol^{-1}$$

$$E=-\Delta_r G_m/zF=1.227V$$

例 10 已知，298K 时 H_2O 的饱和蒸气压 p_s 为 3.16774kPa，其摩尔体积 $V_m=18.053\times 10^{-3}dm^3\cdot mol^{-1}$，摩尔生成吉布斯函数 $\Delta_f G_m(H_2O,g)=-228.57kJ\cdot mol^{-1}$。试求 298K 时电池 $Pt|H_2(p^{\ominus})|H^+(0.02mol\cdot kg^{-1})|O_2(p^{\ominus})|Pt$ 的电动势？

解：从电池反应的 $\Delta_r G_m$ 计算 E，在温度恒定条件下，设计如下可逆途径：

$$H_2(p^{\ominus})+1/2O_2(p^{\ominus})\xrightarrow{\Delta_r G_m}H_2O(l,p^{\ominus})$$

$$\downarrow (1) \qquad\qquad\qquad \uparrow (4)$$

$$H_2O(g,p^{\ominus})\xrightarrow{(2)}H_2O(g,p_s)\xrightarrow{(3)}H_2O(l,p_s)$$

$$\Delta G_1=\Delta_f G_m^{\ominus},\ \Delta G_2=RT\ln(p_s/p^{\ominus})=-8585.57J\cdot mol^{-1}$$

$$\Delta G_3=0,\ \Delta G_4=V_m(p^{\ominus}-p_s)=1.772J\cdot mol^{-1}$$

$$\Delta_r G_m=\Delta G_1+\Delta G_2+\Delta G_4=-237.154kJ\cdot mol^{-1}$$

$$E=E^{\ominus}=\Delta_r G_m/(2F)=1.229V$$ （ΔG_4 可以忽略不计）

例 11 已知 298K 时下述电池的电动势为 1.362V。

$$Pt|H_2(p^{\ominus})|H_2SO_4(aq)|Au_2O_3(s)|Au(s)$$

又已知 $\Delta_f G_m^{\ominus}(H_2O,g)=-228.6kJ\cdot mol^{-1}$，该温度下水的饱和蒸气压为 3167Pa，求 298K 时，使 Au_2O_3 与 Au 呈平衡时氧气的逸度。

解：求逸度 $f(O_2)$ 实际上是求 Au_2O_3 的分解平衡的分压，在解决热力学问题时，电化学热力学中常以 E 及 $(\partial E/\partial T)_p$ 提供热力学信息，为此应首先把问题转化为：

$$Au_2O_3(s)\rightleftharpoons 2Au(s)+3/2O_2(g) \tag{1}$$

$$\Delta_r G_{m(1)}^{\ominus}=-RT\ln K_p^{\ominus}=-RT\ln[f(O_2)/p^{\ominus}]^{3/2}=-\Delta_f G_m^{\ominus}(Au_2O_3) \tag{2}$$

由此将求 $f(O_2)$ 转化为求 $\Delta_f G_m^{\ominus}(Au_2O_3)$。再由题给的已知条件，结合电池反应的 $\Delta_r G_m^{\ominus}$ 求出 $\Delta_f G_m^{\ominus}(Au_2O_3)$ 即可。

电池反应：$Au_2O_3(s)+3H_2(p^{\ominus})\rightleftharpoons 2Au+3H_2O(l)$ (3)

反应式(3) 是纯物质间的反应，则 $\Delta_r G_m=\Delta_r G_m^{\ominus}$，故

$$\Delta_r G_m(3)=\Delta_r G_m^{\ominus}(3)=-zFE\xrightarrow{z=6}3\Delta_f G_m^{\ominus}(H_2O,l)-\Delta_f G_m^{\ominus}(Au_2O_3,s) \tag{4}$$

通过式(4) 将求 $\Delta_f G_m^{\ominus}(Au_2O_3,s)$ 转化为求 $\Delta_f G_m^{\ominus}(H_2O,l)$。

根据热力学状态函数性质，可设计如下过程：

$$298K,H_2O(l,p^{\ominus})\xrightarrow{\Delta G_1}H_2O(l,p_1)\xrightarrow{\Delta G_2}H_2O(g,p_1)\xrightarrow{\Delta G_3}H_2O(g,p^{\ominus})$$

$\Delta G_1\approx 0$（压力对凝聚相的 G 值影响在压力变化不大时，忽略不计）

$\Delta G_2=0$（平衡相变）， $\Delta G_3=nRT\ln(p^{\ominus}/p_1)$ (5)

$$\Delta_f G_m(H_2O,g,p^{\ominus})-\Delta_f G_m(H_2O,l,p^{\ominus})=\Delta G_1+\Delta G_2+\Delta G_3=\Delta G_3=nRT\ln\frac{p^{\ominus}}{p_1} \tag{6}$$

综合式(2)、式(4)、式(6)，可得

$$\begin{aligned}\Delta_f G_m^{\ominus}(Au_2O_3,s)&=3\Delta_f G_m^{\ominus}(H_2O,l)+zFE\\&=3\Delta_f G_m^{\ominus}(H_2O,g)-3RT\ln p^{\ominus}/p_1+zFE\\&=-3\times 228.6\times 10^3-3RT\ln(p^{\ominus}/3167)+6\times 96485\times 1.362\\&=76.9=RT\ln(f(O_2)/p^{\ominus})^{3/2}>0\end{aligned}$$

$$\ln(f(O_2)/p^{\ominus})=\frac{2}{3}\times\frac{76.9\times 10^3\,kJ\cdot mol^{-1}}{RT}=20.69$$

$$f(O_2)=9.70\times 10^8 p^{\ominus}=9.83\times 10^{10}\,kPa$$

计算结果表明，金在空气中十分稳定。$\Delta_r G_m>0$ 说明 $Au+O_2\longrightarrow Au_2O_3$ 反应在常温常压下不能自动进行。

讨论：本题需要求平衡时 Au_2O_3 的分解压，也即 O_2 逸度问题，而题给条件是电池电动势及相关热力学数据。整个解题的方法完全是应用平衡态热力学原理。

例 12 电池(Ⅰ)$Pt|H_2(p^{\ominus})|NaCl(0.0100mol\cdot kg^{-1})|AgCl|Ag$，已知 κ(AgCl 饱和溶液)$=2.68\times 10^{-4}\Omega^{-1}\cdot m^{-1}$，$\kappa(H_2O)=0.84\times 10^{-4}\Omega^{-1}\cdot m^{-1}$ $U_+^{\infty}(Ag^+)=6.42\times 10^{-8}m^2\cdot V^{-1}\cdot s^{-1}$，$U_-^{\infty}(Cl^-)=7.92\times 10^{-8}m^2\cdot V^{-1}\cdot s^{-1}$，$E^{\ominus}(Ag^+|Ag)=0.799V$。求 298K 时的电池电动势。

解：此题要求的是电池电动势，但给出的条件除了 $E^{\ominus}(Ag^+|Ag)$ 外，其余的都是描述电解质特性的数据。如何找到已知条件与所求电池电动势间的联系是本题的关键，为此采用逆向思维方式。

电池反应：$1/2H_2(p^{\ominus})+AgCl\rightleftharpoons Ag+H^++Cl^-$

Nernst 公式：$E_{\rm I}=E^{\ominus}(Cl^-|AgCl|Ag)-E^{\ominus}(H^+|H_2)-\frac{RT}{F}\ln a_{H^+}a_{Cl^-}$ (1)

在式(1) 中，目标是求 E，已知 $E^{\ominus}(H^+|H_2)=0$，中性溶液 $a_{H^+}=10^{-7}$，但 a_{Cl^-} 及 $E^{\ominus}(Cl^-|AgCl|Ag)$均为未知，其中 $a_{Cl^-}=\gamma_{Cl^-}\cdot b(NaCl)/b^{\ominus}$（注意：在 Nernst 公式对数符号后面总是活度商）。

根据 D-H 公式：$\lg\gamma_{Cl^-}=-0.5115(z^-)^2\sqrt{I_b/b^{\ominus}}=-0.5115\times(0.01)^{1/2}$

$$\gamma_{Cl^-}=0.8889$$

为求 $E^{\ominus}(Cl^-|AgCl|Ag)$ 需另辟蹊径，已知 $E^{\ominus}(Ag^+|Ag)$，不妨设计电池（Ⅱ）。

(Ⅱ) $Ag|Ag^+\|AgCl(aq)|AgCl|Ag$

$$E_{\rm II}=[E^{\ominus}(Cl^-|AgCl|Ag)-E^{\ominus}(Ag^+|Ag)]-\frac{RT}{F}\ln a_{Ag^+}a_{Cl^-} \quad (2)$$

当 $E_{\rm II}=0$，难溶盐溶解平衡，$a_{Ag^+}a_{Cl^-}=K_{ap}(AgCl)$

$$E^{\ominus}(Cl^-|AgCl|Ag)=E^{\ominus}(Ag^+|Ag)+\frac{RT}{F}\ln K_{ap}(AgCl) \quad (3)$$

将式(3) 代入式(1)，得

$$E_{\rm I}=E^{\ominus}(Ag^+|Ag)-\frac{RT}{F}\ln\frac{a_{H^+}a_{Cl^-}}{K_{ap}(AgCl)} \quad (4)$$

问题由求 E 归结为求 $K_{ap}(AgCl)$，根据定义：

$$K_{ap}(AgCl)=a_{Ag^+}\cdot a_{Cl^-}=(\gamma_{\pm}c_{Ag^+})^2=c_{Ag^+}^2\ \text{（难溶盐为极稀溶液，}\gamma_{\pm}\approx 1\text{）} \quad (5)$$

根据电导率之间关系求 c_{Ag^+}（难溶盐为极稀溶液，假设 $\Lambda_m=\Lambda_m^{\infty}$），即

$$c_{Ag^+}=\kappa/\Lambda_m(AgCl)=\frac{\kappa(AgCl\text{ 水溶液})-\kappa(H_2O)}{(U_+^\infty+U_-^\infty)F}(mol\cdot m^{-3}) \tag{6}$$

式(6) 中的物理量皆已知，将式(5) 代入式(6) 后再代入式(4)，得

$$E_{\mathrm{I}}=0.799-\frac{8.314\times298}{96485}\ln\left\{(10^{-7}\times0.01\times0.889)\times\left[\frac{(6.42+7.92)\times10^{-8}\times96485}{(2.68-0.84)\times10^{-4}}\times10^{-3}\right]\right\}$$

$$=0.785V$$

讨论：(1) 在解决问题的思路上，本题提出了逆向思维的方法，具体来说就是将需要解决的问题转化为另一种需要的信息，再从已知条件看可提供哪些信息，二者结合即能找到解决问题的方法，事实上以前的许多习题就是采用这种思维方法。

(2) 本题属于电解质溶液理论和电化学热力学的综合题，同时用到电解质溶液理论及热力学的公式和概念，基本思路如下：

$E\rightarrow K_{ap}=a_{Ag^+}a_{Cl^-}\longrightarrow c_{Cl^-}=c(AgCl)=\kappa/\Lambda_m(AgCl)\approx\kappa/\Lambda_m^\infty(AgCl)\longrightarrow\Lambda_m^\infty(AgCl)=(U_+^\infty+U_-^\infty)F$ 和极稀溶液 $\gamma_\pm\approx1$ 等，上述基本公式应熟记在心，且能灵活应用。

例 13 在 298K 时，浓差电池 $Tl(s)|TlClO_2(b=0.1mol\cdot kg^{-1})|Tl\text{-}Hg(w(Tl)=0.085)$ 的电动势 $E=0.071V$，$(\partial E/\partial T)_p=1.8\times10^{-4}V\cdot K^{-1}$。

(1) 计算铊溶解于汞齐中 $[x(Tl)=0.085]$ 的摩尔溶解焓 $\Delta_{sol}H_m$；

(2) 计算阴极中 Tl-Hg 的活度因子（系数）(Tl-Hg)。

解：这是一道电极浓差电池（汞齐浓差电池）的题目。第一问属于已知 E 和 $(\partial E/\partial T)_p$ 求热力学函数改变值的类型，第二问求活度因子，需用到能斯特方程。为此要先写出电池反应。

(1) 浓差电池反应：$Tl(s)$══Tl(汞齐)$[x(Tl)=0.085]$

由电池反应，可知该浓差电池的 $\Delta_r H_m^\ominus$ 即是铊溶解于汞齐中的溶解焓 $\Delta_{sol}H_m$。

$$\Delta_r S_m=zF(\partial E/\partial T)_p=96485\times1.8\times10^{-4}J\cdot K^{-1}\cdot mol^{-1}$$
$$=17.37J\cdot K^{-1}\cdot mol^{-1}$$
$$\Delta_r G_m=-zFE=-96485\times0.071J\cdot mol^{-1}=-6850J\cdot mol^{-1}$$
$$\Delta_r H_m=\Delta_r G_m+T\Delta_r S_m=-1673.7J\cdot mol^{-1}$$
$$\Delta_{sol}H_m=\Delta_r H_m=-1673.7J\cdot mol^{-1}$$

(2) $E=-0.0592\lg[a(Tl\text{-}Hg)/a(Tl(s))]=-0.0592\lg a(Tl\text{-}Hg)=0.071V$

$a(Tl\text{-}Hg)=0.06308$

$\gamma(Tl\text{-}Hg)=a(Tl\text{-}Hg)/x(Tl)=0.06308/0.085=0.7421$

例 14 电池 $Pb|PbSO_4(s)|CdSO_4(b_1)|CdSO_4(b_2)|PbSO_4(s)|Pb$ 在 298K 时，液体接界处 $t(Cd^{2+})=0.37$，已知 $b_1=0.2mol\cdot kg^{-1}$，$\gamma_{\pm,1}=0.1$，$b_2=0.02mol\cdot kg^{-1}$，$\gamma_{\pm,2}=0.32$。

(1) 写出电池反应；(2) 计算 298K 时的液接电势和电池总电动势。

解：这是一个既有浓差电势又有液接界电势存在的电池，解题时要首先写出单纯浓差电池的电池反应，然后再写出同时包括纯浓差电池反应和离子迁移过程的总的变化过程。最后用能斯特方程分别求得浓差电势 E_c 和电池的总电动势 E。再通过电池的总电动势和浓差电势的差值求得液接界电势 E_j。

(1) 单纯浓差电池反应：$SO_4^{2-}(a_{1,-})\longrightarrow SO_4^{2-}(a_{2,+})$

(2) 接界处离子迁移： $t_+Cd^{2+}(a_{1,-})\longrightarrow t_+Cd^{2+}(a_{2,+})$

$t_-SO_4^{2-}(a_{2,+})\longrightarrow t_-SO_4^{2-}(a_{1,-})$

有迁移时总反应：

$$SO_4^{2-}(a_{1,-})+t_+Cd^{2+}(a_{1,-})-t_-SO_4^{2-}(a_{1,-})\longrightarrow t_+Cd^{2+}(a_{2,+})+SO_4^{2-}(a_{2,+})-t_-SO_4^{2-}(a_{2,+})$$

应用 $t_++t_-=1$，可得电池反应为：$t_+CdSO_4(a_1)\longrightarrow t_+CdSO_4(a_2)$

$$a_{\pm,1}=0.1\times0.2=0.02,\quad a_{\pm,2}=0.32\times0.02=0.0064$$

$$E=-t_+\times[RT/(2F)\times\ln(a_2/a_1)]=-t_+\times[RT/(2F)\times\ln(a_{\pm,2}/a_{\pm,1})^2]$$

$$=-0.37\times0.0592\times\lg(0.0064/0.02)=0.01083\text{V}$$

$$E_c(1)=RT/(2F)\times\ln(a_{\pm,1}/a_{\pm,2})=(0.0592/2)\times\lg(0.02/0.0064)=0.01463\text{V}$$

$$E_j=E-E_c(1)=0.01083-0.01463=-0.00380\text{V}$$

说明：在计算浓差和液接界电动势时，尤其要写出电极反应和电池反应，否则很难确定 z 值，而且 Nernst 公式容易写错。

例 15 对下列有液接的浓差电池

$Pt|H_2(p^\ominus)|HCl(b_1=0.01mol\cdot kg^{-1})|HCl(b_2=0.02mol\cdot kg^{-1})|H_2(p^\ominus)|Pt$

298K 时，$0.01mol\cdot kg^{-1}$ 的 HCl 水溶液，$t_+=0.825$，$\gamma_\pm=0.904$，$0.02mol\cdot kg^{-1}$ 的 HCl 水溶液，$t_+=0.834$，$\gamma_\pm=0.875$。

(1) 推导电动势的计算式，并计算上述电池的电动势。

(2) 如果改用只允许负离子透过的半透膜代替溶液界面，求其电动势。

(3) 如果使用正离子半透膜，则其电动势又如何？

(4) 如改用盐桥，求电动势。

解：(1) 为了推导电动势的计算公式，必须正确写出 Nernst 方程，而要正确写出 Nernst 方程，必须写出总的电化学过程（包括电池反应和离子迁移）。总的电化学过程采用写出电极反应和膜两边离子迁移过程然后再相加的方法。

电极 L	$1/2H_2(p^\ominus)\longrightarrow H^+(a_1)+e^-$
电极 R	$H^+(a_2)+e^-\longrightarrow 1/2H_2(p^\ominus)$
接界	$t_+H^+(a_1)\longrightarrow t_+H^+(a_2)$
	$t_-Cl^-(a_2)\longrightarrow t_-Cl^-(a_1)$
总变化	$H^+(a_2)+t_-Cl(a_2)-t_+H^+(a_2)\longrightarrow H^+(a_1)+t_-Cl^-(a_1)-t_+H^+(a_1)$

应用 $t_++t_-=1$，可得 $t_-[H^+(a_2)+Cl^-(a_2)]\longrightarrow t_-[H^+(a_1)+Cl^-(a_1)]$ (1)

根据 Nernst 方程及式(1)，可写出：

$$E=-t_-\frac{RT}{F}\ln\frac{a_\pm^2(1)}{a_\pm^2(2)}=2t_-\frac{RT}{F}\ln\frac{a_\pm(2)}{a_\pm(1)}=2t_-\frac{RT}{F}\ln\frac{(\gamma_\pm\cdot b_\pm/b^\ominus)_2}{(\gamma_\pm\cdot b_\pm/b^\ominus)_1}\tag{2}$$

由于两个溶液离子迁移数不同，在浓度相差不大时常采用取平均值的方法，即 $\langle t_+\rangle=(0.825+0.834)/2=0.830$，故 $t_-=1-t_+=0.170$，代入式(2)，可计算 E 值为

$$E_1=2\times0.170\,\frac{8.314\times298}{96486}\ln\frac{0.875\times0.02}{0.904\times0.01}=0.00577\text{V}=5.77\text{mV}$$

(2) 只允许负离子透过半透膜，即 $t_-=1$，$t_+=0$

仿照 (1) 中之方法，可得 $H^+(a_2)+t_-Cl^-(a_2)\longrightarrow H^+(a_1)+t_-Cl^-(a_1)$

或写为 $H^+(a_2)+Cl^-(a_2)\longrightarrow H^+(a_1)+Cl^-(a_1)$ （因为 $t_-=1$）

根据 Nernst 公式： $E_2=\dfrac{2RT}{F}\ln\dfrac{(\gamma_\pm\cdot b/b^\ominus)_2}{(\gamma_\pm\cdot b/b^\ominus)_1}=0.0339\text{V}$

由于 t_- 由 0.170 提高到 1，使 E_1 提高了近 8 倍，或 $E_2/E_1=t_{-,2}/t_{-,1}=1/0.170$，$E_2$ 之求

法也可由 E_1 中 $t_-=1$ 计算而得。

(3) 只允许正离子透过半透膜

仿照 (1) 中之方法写出：

$$
\begin{array}{l}
H^+(a_2)+t_+H^+(a_1) \longrightarrow H^+(a_1)+t_+H^+(a_2) \\
H^+(a_2)-t_+H^+(a_2) \longrightarrow H^+(a_1)-t_+H^+(a_1) \\
\hline
t_-H^+(a_2) \longrightarrow t_-H^+(a_1)
\end{array}
$$

根据 Nernst 公式：
$$E_3=t_-\frac{RT}{F}\ln\frac{(\gamma_\pm\cdot b/b^\ominus)_2}{(\gamma_\pm\cdot b/b^\ominus)_1}$$

由于 $t_-=0$，所以 $E_3=0$。

(4) 改用盐桥，$E_j\approx 0$，$E_c=E_{CD}$ (浓差电势)

$$E=E_j+E_{CD}=\frac{RT}{F}\ln\frac{a_{\pm,2}}{a_{\pm,1}}=\frac{RT}{F}\ln\frac{0.875\times 0.02}{0.904\times 0.01}=0.0170\text{V}$$

讨论：(1) 本题反复用电化学中的一个基本方法，即把电池反应及离子迁移过程写出，从而得到电池的总过程，再应用 Nernst 公式计算电动势，这种方法尤其对复杂的系统更容易得到正确的解答，应熟练掌握。

(2) 浓差与液接同时存在的电池，不同情况下电动势的差别在于离子迁移数之差别引起，一旦 $E_j\approx 0$，则 $E=E_{CD}$ (浓差)，如 E_4。

(3) 由电池电动势 E_1，可以反求迁移数 t_-，这是离子迁移数的又一测定方法。

7.5.3 电解与极化部分

例 1 298K 时，用铂作两极，电解 $1\text{mol}\cdot\text{kg}^{-1}$ NaOH 溶液。

(1) 两极产物是什么？写出电极反应。

(2) 电解的理论分解电压是多少 [已知 298K 时，$E^\ominus(OH^-|O_2|Pt)=0.401\text{V}$]？

解：(1) 负极：$2H^+ + 2e^- \longrightarrow H_2$ (产物 H_2)

正极：$2OH^- \longrightarrow 1/2O_2 + H_2O + 2e^-$ (产物 O_2)

(2) 理论分解电压即为由 H_2 和 O_2 组成的化学电池的反电动势，即：

$$\text{Pt}|H_2(100\text{kPa})|\text{NaOH}(1\text{mol}\cdot\text{kg}^{-1})|O_2(100\text{kPa})|\text{Pt}$$

电池反应：$H_2(100\text{kPa})+1/2O_2(100\text{kPa}) = H^+ + OH^-$

$$E=E^\ominus-(RT/F)\ln[a(H^+)a(OH^-)]=0.401-0.0592\lg 10^{-14}=1.229\text{V}$$

$E(\text{分解})=E=1.229\text{V}$

例 2 在 25℃ 时用铜片作阴极、石墨作阳极，对中性 $0.1\text{mol}\cdot\text{dm}^{-3}$ 的 $CuCl_2$ 溶液进行电解。若电流密度为 $10\text{mA}\cdot\text{cm}^{-2}$，问在阴极上首先析出什么物质？已知在电流密度为 $10\text{mA}\cdot\text{cm}^{-2}$ 时，氢在铜电极上的超电势为 0.584V。又问在阳极上析出什么物质？已知氧气在石墨电极上的超电势为 0.896V。假定氯气在石墨电极上的超电势可忽略不计。$E^\ominus(Cu^{2+}|Cu)=0.337\text{V}$，$E^\ominus(Cl_2|Cl^-)=1.36\text{V}$，$E^\ominus(O_2|H_2O,OH^-)=0.401\text{V}$。

解：在一个多离子系统，欲判断阴、阳极何种物质先析出，首先应写出阴极和阳极上可能的电极反应，求出相应的 $E_{析}$ (在计算金属析出电势时，超电势往往忽略不计)。

阴极：
$$
\begin{aligned}
E(Cu^{2+}Cu) &= E^\ominus(Cu^{2+}|Cu)+(RT/2F)\ln a(Cu^{2+}) \\
&= 0.337+0.0592/2\lg 0.1=0.307\text{V}
\end{aligned}
$$

$$
\begin{aligned}
E(H^+|H_2) &= E^\ominus(H^+|H_2)+(RT/F)\ln a(H^+)-\eta(H_2) \\
&= 0.0592\lg 10^{-7}-0.584=-0.998\text{V}
\end{aligned}
$$

在阴极上首先析出 Cu。

阳极：$E(Cl_2|Cl^-)=E^{\ominus}(Cl_2|Cl^-)-(RT/F)\ln a(Cl^-)$

$=1.36-0.0592\lg 0.2=1.40V$

$E(O_2|H_2O,OH^-)=E^{\ominus}(O_2|H_2O,OH^-)-(RT/F)\ln a(OH^-)+\eta_{O_2}$

$=0.401-0.0592\lg 10^{-7}+0.896=1.71V$

在阳极上首先析出 Cl_2。

讨论：电解时离子析出顺序根据其析出电势判断：

对于阴极，$E_{析}$ 越大越先析出；对于阳极，$E_{阳}$ 越小越先析出

例 3 溶液中含有活度均为 1.00 的 Zn^{2+} 和 Fe^{2+}，已知 H_2 在 Fe 上的超电势为 0.40V。如果要使离子析出次序为 Fe、H^+、Zn，问 25℃时，溶液的 pH 值最大不得超过多少？在此最大 pH 的溶液中，H^+ 开始放电时，Fe^{2+} 的浓度为多少？已知 25℃时，$E^{\ominus}(Zn^{2+}|Zn)=-0.763V$，$E^{\ominus}(Fe^{2+}|Fe)=-0.440V$。

解：$E(Zn^{2+}|Zn)_{析}=-0.763V-(0.0592/2)\lg 1=-0.763V$

$E(Fe^{2+}|Fe)_{析}=-0.440V-(0.0592/2)\lg 1=-0.440V$

$E(H^+|H_2)_{析}=-0.0592\times 7-0.4V=-0.814V$

从结果看出，$E(Fe^{2+}|Fe)_{析}>E(Zn^{2+}|Zn)_{析}>E(H^+|H_2)_{析}$，所以离子析出次序为：Fe ⟶ Zn ⟶ H_2。若要使离子析出次序改变为 Fe ⟶ H_2 ⟶ Zn，即不使 Zn 析出，因此必须使 $E(H^+|H_2)_{析}\geqslant E(Zn^{2+}|Zn)_{析}$。即：$(-0.0592pH-0.4)V\geqslant -0.763V$

$pH\leqslant(-0.763+0.4)/0.0592=6.136$

在此 pH 的溶液中，第二种离子 H^+ 开始放电析出 H_2 时，第一种离子 Fe^{2+} 的浓度可通过两种物质同时析出时应满足的条件（$E_{A,析}=E_{B,析}$）求出：

$0.0592\times 6.136-0.4=-0.440+(0.0592/2)\lg a(Fe^{2+})$

$\lg a(Fe^{2+})=-0.323/0.02958=-10.9195$，$a(Fe^{2+})=1.2\times 10^{-11}$

讨论：在讨论金属离子分离时，当溶液中 A、B 两种物质的离子同时析出时，应有

$$E_{A,析}=E_{B,析}$$

用上式可以计算当 B 刚开始析出时，溶液中 A 离子的浓度 a_A 的值。

例 4 25℃时，用铂片为电极电解 $0.5mol\cdot kg^{-1}$ 的 $CuSO_4$ 溶液，该溶液中还有质量摩尔浓度为 $0.01mol\cdot kg^{-1}$ 的 H_2SO_4。

（1）试写出电解过程的电极反应与电池反应；

（2）若氢在铜上的超电势为 0.23V，活度可用质量摩尔浓度代替，问在阴极上析出氢气时，残留在溶液中的 Cu^{2+} 质量摩尔浓度是多少。已知 $E^{\ominus}(Cu^{2+}|Cu)=0.337V$。

解：（1）阳极：$H_2O\longrightarrow 2H^++O_2+2e^-$

阴极：$Cu^{2+}+2e^-\longrightarrow Cu$ 或 $2H^++2e^-\longrightarrow H_2$

电解反应：$Cu^{2+}+H_2O=Cu+1/2O_2+2H^+$ 或 $H_2O=H_2+1/2O_2$

（2）设阴极上析出氢气时，Cu^{2+} 的质量摩尔浓度为 $x mol\cdot kg^{-1}$，则 H^+ 的质量摩尔浓度应为：$0.01\times 2mol\cdot kg^{-1}+(0.5-x)\times 2mol\cdot kg^{-1}=(1.02-2x)mol\cdot kg^{-1}$

$$E(Cu^{2+}|Cu)_{析}=E^{\ominus}(Cu^{2+}|Cu)+(RT/2F)\ln a(Cu^{2+}) \quad (1)$$

$=0.337+(0.0592/2)\lg x$

$E(H^+|H_2)_{析}=E^{\ominus}(H^+|H_2)+(RT/F)\ln a(H^+)-\eta(H_2)$

$$=0+0.0592\lg(1.02-2x)-0.23 \qquad (2)$$

当两种物质同时析出时，应有：$E(Cu^{2+}|Cu)_{析}=E(H^+|H_2)_{析}$，将式(1)、式(2) 代入并解之得：

$$(1.02-2x)^2/x=1.5\times10^{19}$$

上式说明 x 是一个极小的数，与 1.02 相比，$2x$ 可以忽略，所以 $x=7\times10^{-20}$，

即
$$b(Cu^{2+})=7\times10^{-20}\,mol\cdot kg^{-1}$$

讨论：在电解反应过程中，当阳极涉及 O_2 析出或阴极涉及 H_2 析出时，往往会导致溶液的 pH 发生变化。电解过程中 H^+ 浓度 $[H^+]$ 的改变值可根据电极反应进行计算。

第8章 统计热力学基础

8.1 概述

统计热力学是宏观热力学与量子化学相关联的桥梁。通过系统粒子的微观性质（分子质量、分子几何构型、分子内及分子间作用力等），利用分子的配分函数计算系统的宏观性质。由于热力学是对大量粒子组成的宏观系统而言，这就决定了统计热力学也是研究大量粒子组成的宏观系统，对这种大样本系统，最合适的研究方法就是统计平均方法。

微观运动状态有多种描述方法：经典力学方法是用粒子的空间位置（三维坐标）和表示能量的动量（三维动量）描述；量子力学用代表能量的能级和波函数描述。

由于统计热力学研究的是热力学平衡系统，不考虑粒子在空间的速率分布，只考虑粒子的能量分布。这样，宏观状态和微观状态的关联就转化为一种能级分布（宏观状态）与多少微观状态相对应的问题，即概率问题。Boltzmann 给出了宏观性质——熵（S）与微观性质——热力学概率（Ω）之间的定量关系：$S=k\ln\Omega$。

热力学平衡系统熵值最大，但是通过概率理论计算一个平衡系统的 Ω 无法做到，也没有必要。因为在一个热力学平衡系统中，存在一个微观状态数最大的分布（最概然分布），摘取最大项法及其原理可以证明，最概然分布即是平衡分布，可以用最概然分布代替一切分布。因此，有了数学上完全容许的 $\ln\Omega\approx\ln W_{\mathrm{D,max}}$，所以，$S=k\ln W_{\mathrm{D,max}}$。这样，求所有分布的微观状态数——热力学概率的问题转化为求一种分布——最概然分布的微观状态数的问题。

玻尔兹曼分布就是一种最概然分布，该分布公式中包含重要概念——配分函数。用玻尔兹曼分布求任何宏观状态函数时，最后都转化为宏观状态函数与配分函数之间的定量关系。

配分函数与分子的能量有关，而分子的能量又与分子运动形式有关。因此，必须讨论分子运动形式及能量公式、各种运动形式的配分函数及分子的全配分函数的计算。

确定配分函数的计算方法后，最终建立各个宏观性质与配分函数之间的定量关系。本章知识点架构纲目图如下：

- 统计热力学
  - 分类
    - 按粒子相互作用分类
      - 独立子系统（经典统计）
      - 相依子系统（系综理论）
    - 按粒子运动情况分类
      - 离域子系统
      - 定域子系统
  - 基本假定
    - (1) 一定的宏观状态对应着巨大数目的微观状态
    - (2) 宏观量是相应微观量的统计平均值
    - (3) 任一微观状态出现的数学概率相同
  - 见下页

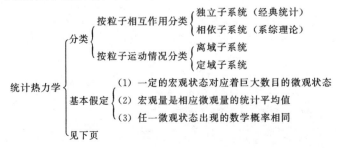

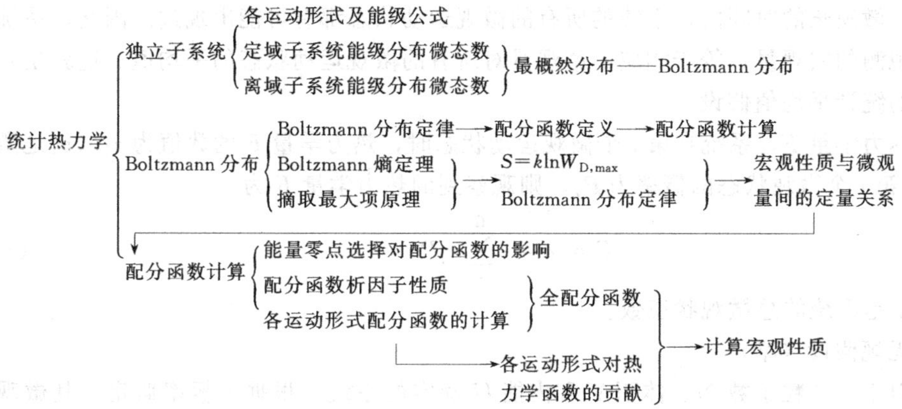

8.2　主要知识点

8.2.1　统计系统的分类

独立子系统与相依子系统：粒子间无相互作用或相互作用可忽略的系统，称为独立子系统，如理想气体；粒子间相互作用不可忽略的系统，称为相依子系统，如液体、固体、实际气体。

定域子系统与离域子系统：系统中粒子运动是定域化，粒子位置可编号而区别，称为定域子（或可辨粒子）系统，如晶体；系统中粒子运动是非定域化的，无固定位置而无法区别，称离域子（或不可辨粒子、或等同粒子）系统，如液体、气体。

说明：(1) 系统的微观性质和宏观性质是通过统计力学联系起来的；

(2) 统计热力学主要研究平衡系统。

8.2.2　统计热力学基本假定

(1) 等概率假设

处在热力学平衡条件下，孤立系统（U、V、N 一定的系统）的总微观状态数 Ω 有定值，其中每个微观运动状态出现的概率相同，即

$$P_1=P_2=P_3=\cdots=P_\Omega=\frac{1}{\Omega}$$

$$\sum_{i=1}^{\Omega}P_i=1$$

式 $P_1=P_2=P_3=\cdots=P_\Omega=\frac{1}{\Omega}$ 就是等概率假设，$P_i\,(i=1,2,3,\cdots,\Omega)$ 是每个微观运动状态出现的概率。等概率假设是统计热力学的一个基本假设，是统计热力学的基石，虽然不能直接证明它，但它推论出的一切结果都是正确的。

[注：若将等概率假设用于 N、V、T 一定的封闭系统，该假设可表述为：在恒温热浴中的系统，能量相同的微观状态（量子态）有相同的概率]

(2) 宏观量是微观量的统计平均值假设

对系统进行观测得到的某宏观热力学量，都是在一定的约束条件下、在观测的时间范围内微观运动状态的有关该热力学量的平均值。即使观测的时间宏观看来非常之短，由于系统的微观运动状态瞬息万变，这个宏观上非常短的观察时间，在微观上就显得足够长，即，在

这个宏观短、微观长的时间内，系统的所有的微观运动状态都有可能出现过。因此，系统在一段时间内观测的宏观量，等于相应的微观量对所有的微观运动状态的平均值。这就是宏观量是微观量的统计平均值假设。

设有一热力学量 F，系统在第 i 个微观运动状态时，热力学量 F 的数值为 a_i（这是微观量），同时设第 i 个微观状态的概率为 P_i，则观察到的热力学量 F 为

$$F=\bar{a}=\sum_{i=1}^{\Omega}a_iP_i \tag{8-1}$$

式中，Ω 是系统的总微观状态数。

（3）相无规假设（略）

说明： 对于一个粒子数 N、体积 V 和内能 U 确定的系统，根据等概率假定，其微观状态数最大的那套分布称为最概然分布。最概然分布又称为最可几分布。

8.2.3 粒子各运动形式的能级及能级的简并度

独粒子系统分子处于某能级 i 的总能量为该能级各独立运动能量之和

$$\varepsilon_i=\varepsilon_{t,i}+\varepsilon_{r,i}+\varepsilon_{v,i}+\varepsilon_{e,i}+\varepsilon_{n,i}$$

简并度：某一能级所对应的所有不同的量子态的数目称为该能级的简并度。

（1）三维平动子

$$\varepsilon_t=\frac{h^2}{8m}\left(\frac{n_x^2}{a^2}+\frac{n_y^2}{b^2}+\frac{n_z^2}{c^2}\right)=\frac{h^2}{8mV^{2/3}}(n_x^2+n_y^2+n_z^2)\quad(n_x,n_y,n_z=1,2,\cdots)$$

粒子的平动动能决定于粒子质量、势箱体积和三个平动量子数，适用条件：独立三维平动子。

（2）刚性转子

对双原子分子：

$$\varepsilon_r=\frac{h^2}{8\pi^2 I}J(J+1)\quad(J=0,1,2\cdots)\qquad 其中：I=\mu R_0^2，\ \mu=\frac{m_1m_2}{m_1+m_2}。$$

转动能级是量子化的，量子数为 J。能级 ε_r 简并度 $g_r=2J+1$。

转子的转动能只与转动量子数和转动惯量有关。适用条件：独立线性转子。

（3）一维谐振子

$$\varepsilon_v=\left(v+\frac{1}{2}\right)h\nu\quad(v=0,1,2\cdots)$$

谐振子的能量只与振动频率和振动量子数有关。适用条件：一维谐振子。一维谐振子的振动是非简并的，简并度 $g_v=1$。其中：$\nu=\frac{1}{2\pi}\sqrt{k/\mu}$，$k$ 为力常数。

一维谐振子能级特征：a. 一维谐振子的能级是量子化的、非简并的；b. 能级只取决于振动频率，零点能为 $\varepsilon=\frac{1}{2}h\nu$；c. 能级是等间距的，任意相邻两个能级之差为 $\Delta\varepsilon=h\nu$。

（4）电子及原子核

全部粒子的电子运动及核运动均处于基态。电子运动及核运动基态的简并度为常数。若电子运动的总角动量量子数为 J，电子基态简并度 $g_{e,0}=2J+1$；若核自旋量子数为 S_n，则原子核基态能级的简并度 $g_{n,0}=2S_n+1$，对多原子分子，$g_{n,0}=\Pi(2S_n+1)$。

说明： ① 分子的能级间隔的大小顺序是核能＞电子能＞振动能＞转动能＞平动能。

② 平动子相邻能级间的能级差非常小，因此，平动子的能级常可近似为连续变化，即

平动子的量子化效应不突出，可近似用经典力学方法处理。

③ 由 N 个原子组成的分子，平动运动自由度数为 $3N$，线性分子转动自由度数为 2，非线性分子转动自由度数为 3，线性分子与非线性分子振动自由度数分别为（$3N-5$）和（$3N-6$）。

8.2.4　微观状态、能级分布、分布数、状态分布

系统的微观状态是指某一瞬间的状态，宏观体系中的微观状态是用系统中各粒子的量子态来描述。在经典力学中系统的微观状态是用“相空间”即空间位置坐标和动量描述，在量子力学中用波函数 ψ、能级 ε 来描述。

（1）能级分布　在满足粒子数守恒（$N=\sum n_i$）和能量守恒（$U=\sum n_i\varepsilon_i$）条件下，独立子系统中总粒子数 N 分布在各能级 ε_i 上的一套分布数 n_1、n_2、…、n_i，称为一种能级分布。

定域子系统：某种能级分布的微观状态数 $W_D = N!\prod_i \dfrac{g_i^{n_i}}{n_i!}$

离域子系统：某种能级分布的微观状态数 $W_D = \prod_i \dfrac{(g_i+n_i-1)!}{n_i!(g_i-1)!}$

若离域子系统温度不太低（即 $g_i \gg n_i$）时，$W_D = \prod_i \dfrac{g_i^{n_i}}{n_i!}$

意义：某种分布的微观状态数决定于粒子数、能级的简并度和能级分布数。

适用条件：U、V、N 确定的独立子系统。

（2）分布数　任意能级 i 上粒子数 n_i 称为能级 i 上的分布数。对于粒子数为 N 的体系，各能级上的分布数可以是某一组值。同时，由于粒子间能量的交换，各能级上的分布数也可以为另外几组不同的值。

（3）状态分布　独立子系统中总粒子数 N 按照一定的约束条件分布在各量子态上，称状态分布。

同一能级分布可以对应多种不同的状态分布。或者说一种能级分布可用一定数目的几套状态分布来描述。

说明：要使一个宏观系统的微观状态数有确定的值，必须满足的条件是：N、U、V 不变。

8.2.5　热力学概率、数学概率、最概然分布、平衡分布

（1）热力学概率　某种能级分布的微观状态数 W_D 称为该分布的热力学概率；某宏观状态的总微观状态数称为系统总热力学概率 Ω，$\Omega=\sum W_D$（对所有能级分布求和）。

（2）数学概率　某种分布 D 的微观状态数 W_D 与系统总热力学概率 Ω 之比称为分布 D 的数学概率 P_D，$P_D=W_D/\Omega$。热力学概率总是大于或等于 1，数学概率总是小于或等于 1。

（3）最概然分布　对 U、V、N 确定的热力学系统，热力学概率最大的分布，称为最概然分布或最可几分布；而系统达平衡时，各粒子的分布方式几乎不随时间而变化，这种分布称为平衡分布。

当体系总粒子数 $N\to\infty$ 时，紧靠最可几分布的一个极小范围内系统各种分布微态数之和，已十分接近体系总微态数，所以最概然（可几）分布能代表平衡分布。

8.2.6　Boltzmann 分布、粒子配分函数、有效状态数、配分函数析因子性质

（1）Boltzmann 分布　符合 $n_i=\dfrac{N}{q}g_i e^{-\varepsilon_i/kT}$ 的分布。Boltzmann 分布即最概然分布，也

即是平衡分布。公式的适用条件：独立子系统、符合能量守恒和粒子数守恒。$e^{-\varepsilon_i/kT}$ 称为 Boltzmann 因子。

公式的其他形式：$\dfrac{n_i}{n_k}=\dfrac{g_i e^{-\varepsilon_i/kT}}{g_k e^{-\varepsilon_k/kT}}$，$\dfrac{n_i}{N}=\dfrac{g_i e^{-\varepsilon_i/kT}}{q}$

(2) 有效状态数　$g_i e^{-\varepsilon_i/kT}$ 称为能级 i 的有效状态数（或称有效容量）；即某一粒子处于该能级时的概率。

(3) 粒子配分函数：$q=\sum_i g_i e^{-\varepsilon_i/kT}$ 或 $q=\sum_j e^{-\varepsilon_j/kT}$，$q$ 称为配分函数。配分函数 q 的物理意义是对体系中一个粒子的所有可能状态的 Boltzmann 因子求和。也可以从另一角度来理解配分函数 q，即体系中一个粒子的所有可及能级的有效状态数之和。由于是独立粒子体系，任何粒子不受其他粒子存在的影响，所以 q 这个量是属于一个粒子的，与其余粒子无关，是一个无量纲的纯数。配分函数 q 的概念及其计算是本章的重要内容。

(4) 配分函数析因子性质　粒子（全）配分函数可分解为各独立运动配分函数之乘积。即 $q=q_t \cdot q_r \cdot q_v \cdot q_e \cdot q_n$ 称为配分函数析因子性质。析因子性质给出了求解配分函数的方法。定域子系统：$q=q_v \cdot q_e \cdot q_n$，若不考虑电子运动和核运动，定域子的全配分函数即等于振动配分函数。

不同能量零点的配分函数间的关系：$q=e^{-\varepsilon_0/kT}q^0$（$q^0$ 表示基态能级的能量为零时的配分函数，q 表示基态能级的能量为 ε_0 时的配分函数）。

8.2.7　各运动形式配分函数的计算

平动：$q_t=\left(\dfrac{2\pi mkT}{h^2}\right)^{3/2}V$，一个平动自由度的配分函数：$f_t=\left(\dfrac{2\pi mkT}{h^2}\right)^{1/2}V^{1/3}$

转动（对线性刚性转子）：$q_r=\dfrac{8\pi^2 IkT}{h^2\sigma}=\dfrac{T}{\sigma\Theta_r}$

振动（一维谐振子）：$q_v=\dfrac{1}{e^{\Theta_v/2T}-e^{-\Theta_v/2T}}$，$q_v^0=\dfrac{1}{1-e^{-\Theta_v/T}}$

电子运动：因为电子运动全部处于基态，电子运动能级完全没有开放，求和项中自第二项起均可被忽略，所以 $q_e=g_{e,0}e^{-\varepsilon_{e,0}/kT}$ 或 $q_e^0=g_{e,0}$。

核运动：$q_n=g_{n,0}e^{-\varepsilon_{n,0}/kT}$；或：$q_n^0=g_{n,0}$

8.2.8　对称数、转动特征温度、振动特征温度

对称数 σ：绕通过质心、垂直于分子的轴旋转一周出现的不可分辨的几何位置的次数，即分子对称数。同核双原子分子 $\sigma=2$，异核双原子分子 $\sigma=1$。

转动特征温度 $\Theta_r=\dfrac{h^2}{8\pi^2 Ik}$，单位：K；振动特征温度 Θ_v：$\Theta_v=\dfrac{h\nu}{k}$，单位：K。转动特征温度和振动特征温度都是物质的重要性质之一，Θ_r 或 Θ_v 越高表示分子处于相应运动激发态的百分数越小。

8.2.9　统计熵、量热熵、残余熵

统计熵：由统计热力学方法计算出系统的 S_t、S_r、S_v 之和称为统计熵，也称为光谱熵。量热熵：以热力学第三定律为基础，根据量热实验测得各有关热数据计算出的规定熵。

残余熵：统计熵与量热熵的差值称为残余熵。残余熵可通过残余熵的定义（$S^{\ominus}_{m,统计}-S^{\ominus}_{m,量热}$）计算，也可以通过 0K 时晶体的微观状态数 Ω，根据 $S=k\ln\Omega$ 求得。

8.2.10 能量零点的选择及不同系统的选择对系统性质的影响

	无关	有关
物理量数值与能量零点	n_i, S, C_V	q, U, H, A, G
物理量的表达式与定域子系统或离域子系统	$U, H, C_{V,p}$	S, A, G

8.2.11 热力学函数与配分函数的关系

(1) 热力学能与配分函数的关系

$$U = NkT^2(\partial \ln q/\partial T)_v$$

$U_t \approx U_t^0$，$U_r \approx U_r^0$，$U_e \approx U_e^0$，$U_n \approx U_n^0$，$U_v = U_v^0 - \dfrac{Nh\nu}{2}$

(2) 摩尔定容热容与配分函数关系

$$C_{V,m} = \frac{\partial}{\partial T}\left[RT^2\left(\frac{\partial \ln q}{\partial T}\right)_V\right]_v = \frac{\partial}{\partial T}\left[RT^2\left(\frac{\partial \ln q^0}{\partial T}\right)_V\right]_V$$

$$= 2RT\left(\frac{\partial \ln q}{\partial T}\right)_V + RT^2\left(\frac{\partial^2 \ln q}{\partial T^2}\right)_V$$

$$C_{V,m} = C_{V,m,t} + C_{V,m,r} + C_{V,m,v}$$

当 $\Theta_v \gg T$ 时，振动处于基态，激发态能级不开放，所以 $C_{V,m,v} \approx 0$。

(3) 熵与配分函数关系

离域子系统：$S = Nk\ln\dfrac{q}{N} + \dfrac{U}{T} + Nk$

定域子系统：$S = Nk\ln q + \dfrac{U}{T}$

$$S = S_t + S_r + S_v + S_e + S_n$$

(4) 统计熵的计算

一般物理化学过程，只涉及 S_t、S_r、S_v。

$$S_t = Nk\ln\frac{(2\pi mkT)^{3/2}V}{Nh^3} + \frac{5}{2}Nk;\quad S_r = Nk\ln\frac{T}{\sigma\Theta_r} + Nk$$

$$S_v = Nk\ln\frac{1}{(1 - e^{-\Theta_v/T})} + \frac{Nk\Theta_v}{T}\cdot\frac{1}{e^{\Theta_v/T} - 1}$$

1mol 理想气体，萨克尔-泰特洛德方程：

$$S_{m,t} = R\left(\frac{3}{2}\ln M + \frac{5}{2}\ln T - \ln p + 20.723\right)$$

(5) 亥姆霍兹函数与配分函数关系

离域子系统：$A = -kT\ln\dfrac{q^N}{N!}$；定域子系统：$A = -NkT\ln q$

(6) 焓与配分函数关系

$$H = NkT^2\left(\frac{\partial \ln q}{\partial \ln T}\right)_V + NkTV\left(\frac{\partial \ln q}{\partial \ln V}\right)_{T,N}$$

(7) 吉布斯函数与配分函数关系

离域子系统：$G = -kT\ln\left(\dfrac{q^N}{N!}\right) + NkTV\left(\dfrac{\partial \ln q}{\partial \ln V}\right)_{T,N}$

定域子系统：$G=-kT\ln q^N+NkTV\left(\dfrac{\partial \ln q}{\partial \ln V}\right)_{T,N}$

（8）压力与配分函数关系

$$p=NkT\left(\frac{\partial \ln q}{\partial V}\right)_{T,N}$$

（9）理想气体的标准摩尔吉布斯自由能函数

$$\frac{G_{\mathrm{m},T}^{\ominus}-U_{0,\mathrm{m}}}{T}=-R\ln\frac{q^0}{N}$$

（10）理想气体的标准摩尔焓函数

$$\frac{H_{\mathrm{m},T}^{\ominus}-U_{0,\mathrm{m}}}{T}=RT\left(\frac{\partial \ln q^0}{\partial T}\right)_{\mathrm{v}}+R$$

说明：（1）上述公式中，只要记住定域子系统、离域子系统的亥姆霍兹函数、内能与配分函数关系，即可通过下列关系求出其他热力学函数与配分函数的关系：由 $S=-(\partial A/\partial T)_{\mathrm{v}}$ 可求出熵与配分函数的关系；由 $p=(\partial A/\partial V)_T$ 求出压力与配分函数的关系；由 $G=A+pV$、$H=U+pV$、$C_{\mathrm{v}}=(\partial U/\partial T)_{\mathrm{v}}$ 可得吉布斯函数、焓、热容与配分函数的关系。

（2）统计热力学的任务是找出宏观性质与微观性质之间的定量关系，因此，统计热力学的应用主要集中在两方面：一是通过微观性质计算热力学宏观性质；二是从微观角度证明和解释热力学宏观规律。

8.3 习题详解

1. 某平动能级的 $(n_x^2+n_y^2+n_z^2)=14$，试求该能级的统计权重。

解：根据题意，n_x、n_y 和 n_z 的可能取值为 1、2、3，取值方式有

n_x	n_y	n_z	$n_x^2+n_y^2+n_z^2$
1	2	3	14
2	3	1	14
3	1	2	14
3	2	1	14
2	1	3	14
1	3	2	14

由此得该能级的统计权重即简并度 $g=6$。

2. 某系统由 3 个一维谐振子组成，分别在 a、b、c 三个定点做简谐振动，总能量为 $11h\nu/2$。试列出该系统可能的能级分布。

解：因为 $\sum\limits_i n_i=3$，所以具有能级 i 的振子数应 $n_i\leqslant 3$；另一方面，由于 $U=\sum n_i\varepsilon_i=11h\nu/2$，所以 $i\leqslant 4$，即只可能存在 ε_0、ε_1，ε_2、ε_3，ε_4 5 个能级。因此只存在如下四种能级分布类型：

能级分布类型	能级分布数 n_0,n_1,n_2,n_3,n_4	$N=\sum\limits_i n_i$	$U=\sum\limits_i n_i\varepsilon_i$
Ⅰ	2 0 0 0 1	3	$2\times h\nu/2+9h\nu/2=11h\nu/2$
Ⅱ	1 0 2 0 0	3	$h\nu/2+2\times 5h\nu/2=11h\nu/2$
Ⅲ	1 1 0 1 0	3	$h\nu/2+3h\nu/2+7h\nu/2=11h\nu/2$
Ⅳ	0 2 1 0 0	3	$2\times 3h\nu/2+5h\nu/2=11h\nu/2$

3. 计算上题中各种能级分布类型的微态数及系统的总微态数。

解：根据定域子某一能级微观状态数的计算公式 $W_D = N!\prod_i(g_i^{n_i}/n_i!)$，以第三种分布为例计算，其他类似（注意，振动能级为非简并）。

$$W_{\mathrm{III}} = N!\prod_i(g_i^{n_i}/n_i!) = N!/\prod_i(1/n_i!) = 3!/1!1!1! = 6$$

$$\Omega = W_{\mathrm{I}} + W_{\mathrm{II}} + W_{\mathrm{III}} + W_{\mathrm{IV}} = 3+3+6+3 = 15$$

4. 设有一极大数目三维平动子组成的粒子系统，运动于边长为 a 的立方体容器中，系统的体积、粒子质量 m 和温度 T 有如下关系：$h^2/(8ma^2) = 0.1kT$，试计算平动量子数 $n_1=1$、$n_2=2$、$n_3=3$ 的状态和 $n_1=n_2=n_3=1$ 的状态粒子分布数的比值。

解：第 i 能级，$n_1=1$，$n_2=2$，$n_3=3$，$g_i=6$

$$\varepsilon_i = (h^2/8ma^2)(n_1^2+n_2^2+n_3^2) = 0.1kT(n_1^2+n_2^2+n_3^2)$$
$$= 0.1kT(1+4+9) = 1.4kT$$

第 j 能级，$n_1=1$，$n_2=1$，$n_3=1$，$g_j=1$

$$\varepsilon_j = (h^2/8ma^2)(1^2+1^2+1^2) = 0.1kT(1^2+1^2+1^2) = 0.3kT$$

$$(n_i/n_j) = g_i\times\exp(-\varepsilon_i/kT)/[g_j\times\exp(-\varepsilon_j/kT)]$$
$$= 6\times\exp(-1.4)/[1\times\exp(-0.3)] = 1.997$$

5. 求算 H_2、N_2 和 NO 分子在 300K 时的转动配分函数 q_r。这些数值的物理意义是什么？q_r 有没有量纲？已知 H_2、N_2 和 NO 的转动特征温度分别为：85.4K、2.86K 和 2.42K。

解：$\sigma(H_2)=\sigma(N_2)=2$，根据 $q_r = T/(\sigma\Theta_r)$，得

$q_r(H_2) = 300/(85.4\times2) = 1.76$，$q_r(N_2) = 300/(2.86\times2) = 52.45$，$q_r(NO) = 300/2.42 = 124$

q_r 表示所有转动能级的有效状态之和，无量纲。

6. 从 HCl 分子光谱中的转动谱线，测出两相邻谱线间波数差为 $20.83\mathrm{cm^{-1}}$，求 HCl 分子中原子间距离 r。已知：$h=6.626\times10^{-34}\,\mathrm{J\cdot s}$，$c=3\times10^8\,\mathrm{m\cdot s^{-1}}$，$M(\mathrm{H})=1.008\times1.66\times10^{-27}\mathrm{kg}$，$M(\mathrm{Cl})=35.5\times1.66\times10^{-27}\mathrm{kg}$（波数 $\tilde{\nu}=\nu/c$）。

解：以基态和第一激发态为例。

基态时能量　$\varepsilon_{0,r} = \dfrac{h^2}{8\pi^2 I}J(J+1)$

第一激发态能量　$\varepsilon_{r,1} = \dfrac{h^2}{8\pi^2 I}(J+1)(J+2)$

两相邻谱线间能级差为 $\Delta\varepsilon = h\Delta\nu = hc\Delta\tilde{\nu}$

$$\Delta\varepsilon = \varepsilon_{r,1} - \varepsilon_{r,0} = \frac{h^2(J+1)}{4\pi^2 I}$$

$$I = \frac{h}{4\pi^2 c\Delta\tilde{\nu}} = \frac{m_1m_2}{(m_1+m_2)}r^2$$

$$\frac{1.008\times1.66\times10^{-27}\times35.5\times1.66\times10^{-27}}{1.008\times1.66\times10^{-27}+35.5\times1.66\times10^{-27}}r^2 = \frac{6.626\times10^{-34}}{4\pi^2\times3\times10^8\times2083}$$

$$r^2 = 1.65\times10^{-16}\,\mathrm{cm^2}$$
$$r = 1.28\times10^{-8}\,\mathrm{cm}$$

7. 我们能否断言：粒子按能级分布时，能级愈高，则分布数愈小。试计算 300K 时 HF

分子按转动能级分布时各能级有效状态数，以验证上述结论之正误。已知 HF 的转动特征温度 $\Theta_r = 30.3\text{K}$。

解：已知分子按转动能级分布的有效状态数为

$$
\begin{aligned}
q_{r,j} &= g_i \times \exp(-\varepsilon_i/kT) = (2J+1)\exp[-J(J+1)\Theta_r/T] \\
&= (2J+1)\exp[-J(J+1)30.3/300] \\
&= (2J+1)\exp[-0.101J(J+1)]
\end{aligned}
$$

转动量子数 J 为不同数值时计算结果如下：

J	0	1	2	3	4	5	6
$g_i\exp(-\varepsilon_i/kT)$	1	2.4513	2.7276	2.0832	1.1939	0.5315	0.1869

可见，$J=2$ 时，能级分布数出现极值（2.7276）。

根据玻尔兹曼分布，$n_i = \dfrac{N}{q} \cdot g_i e^{-\varepsilon_i/kT} = \dfrac{N}{q} \cdot g_i e^{-[-J(J+1)\Theta_r/T]} = \dfrac{N}{q} q_{r,i}$

由 $q_2/q_1 > 1$ 可知，$n_2/n_1 > 1$，上述计算结果表明，不能断言粒子按能级分布时，能级愈高则分布数愈小。

8. 1mol 纯物质的理想气体，设分子的内部运动形式只有三个可及的能级，它们的能量和简并度分别为 $\varepsilon_0=0$，$g_0=1$；$\varepsilon_1/k=100\text{K}$，$g_1=3$；$\varepsilon_2/k=300\text{K}$，$g_2=5$；其中 k 为 Boltzmann 常数，$k=1.38\times10^{-23}\text{J}\cdot\text{K}^{-1}$，$L=6.02\times10^{23}\text{mol}^{-1}$。

(1) 计算 200K 时的分子配分函数；

(2) 计算 200K 时能级 ε_1 上的最概然分子数；

(3) 当 $T\to\infty$时，求上述三个能级上的最概然分子数的比。

解：(1) $q = g_0\exp(-\varepsilon_0/kT) + g_1\exp(-\varepsilon_1/kT) + g_2\exp(-\varepsilon_2/kT)$

$= 1 + 3\exp(-100/200) + 5\exp(-300/200) = 3.9352$

(2) $n_1 = (N_A/q)g_1\exp(-\varepsilon_1/kT)$

$= [(6.02\times10^{23}/3.9352)\times3\exp(-100/200)]\text{mol}^{-1}$

$= 2.784\times10^{23}\text{mol}^{-1}$

(3) $n_1 : n_2 : n_3 = g_1 : g_2 : g_3 = 1:3:5$ ($T\to\infty$)

9. HCN 气体的转动光谱呈现在远红外区，其中一部分如下：

2.96cm^{-1}　　5.92cm^{-1}　　8.87cm^{-1}　　11.83cm^{-1}

试求 298.15K 时，转动光谱波数 $\tilde{\nu}=2.96\text{cm}^{-1}$的该分子的转动配分函数？已知 $h=6.626\times10^{-34}\text{J}\cdot\text{s}$，$k=1.38\times10^{-23}\text{J}\cdot\text{K}^{-1}$，$c=3\times10^8\text{m}\cdot\text{s}^{-1}$。

解：对 HCN，$\sigma=1$，$q_r = \dfrac{8\pi^2 IkT}{h^2\sigma} = 8\pi^2 IkT/h^2$

转动能级为　　$\varepsilon_r = J(J+1)h^2/(8\pi^2 I)$

根据光谱选择规则：$\Delta J = \pm1$

$$\varepsilon(J+1)-\varepsilon(J) = [(J+1)(J+2)h^2/(8\pi^2 I)] - J(J+1)h^2/(8\pi^2 I) = hc\tilde{\nu}$$

$$[h^2/(8\pi^2 I)]\times2(J+1) = hc\tilde{\nu}$$

$$\varepsilon_1-\varepsilon_0 = 2h^2/8\pi^2 I = hc\tilde{\nu}$$

$$
\begin{aligned}
h^2/(8\pi^2 I) &= hc\tilde{\nu}/2 = \left(\frac{6.626\times10^{-34}\times3\times10^8\times296}{2}\right)\text{J} \\
&= 2.94\times10^{-23}\text{J}
\end{aligned}
$$

$$q_r=(8\pi^2 I/h^2)\times kT=\frac{1.38\times10^{-23}\times298.15}{2.94\times10^{-23}}=140$$

10. 已知 O_2(g) 的振动频率用波数表示为 1589.36cm^{-1}。求 O_2 的振动特征温度和 3000K 时振动配分函数 q_v 和 q_v^0（以振动基态为能量零点）。$h=6.626\times10^{-34}$ J·s，$k=1.38\times10^{-23}$ J·K^{-1}，$c=3\times10^8$ m·s^{-1}。

解： (1) $\Theta_v=h\nu/k=hc\tilde{\nu}/k$

$$=\left(\frac{6.626\times10^{-34}\times3\times10^8\times1589.36\times100}{1.38\times10^{-23}}\right)\text{K}=2289.4\text{K}$$

(2) $q_v=\exp(-\Theta_v/2T)/[1-\exp(-\Theta_v/T)]$

$=\exp[-2289.4/(2\times3000)]/[1-\exp(-2289.4/3000)]$

$=1.279$

(3) $q_v^0=q_v\exp(\Theta_v/2T)=1/[1-\exp(-\Theta_v/T)]$

$=1/[1-\exp(-2289.4/3000)]=1.873$

11. 系统中若有 2%的 Cl_2 分子由振动基态跃迁到第一振动激发态，Cl_2 分子的振动波数 $\tilde{\nu}_1=5569$cm^{-1}，试估算系统的温度。已知 $k=1.38\times10^{-23}$ J·K^{-1}，$h=6.626\times10^{-34}$ J·s，$c=3\times10^8$ m·s^{-1}。

解： 由基态到第一振动激发态的能级间隔为 $h\nu$，振动能级为非简并能级，根据 Boltzmann 分布定律

$n_1/n_0=0.02/0.98=\exp(-\varepsilon_1/kT)/\exp(-\varepsilon_0/kT)$

$=\exp[-(\varepsilon_1-\varepsilon_0)/kT]$

$=\exp(-h\nu/kT)=\exp(-c\tilde{\nu}_1 h/kT)$

$-c\tilde{\nu}_1 h/kT=\ln(0.02/0.98)=-3.892$

解得　　$T=2061$K

12. 在铅和金刚石中，Pb 原子和金刚石原子的基态振动频率分别为 2×10^{12} s^{-1} 和 4×10^{13} s^{-1}，试计算它们的振动特征温度 $\Theta_v=h\nu/k$ 和振动配分函数在 300K 下的数值（选取振动基态为能量零点）($k=1.3805\times10^{-23}$ J·K^{-1}，$h=6.626\times10^{-34}$ J·s)。

解： 对铅　$\Theta_v=\frac{h\nu}{k}=\left(\frac{6.626\times10^{-34}\times2\times10^{12}}{1.3805\times10^{-23}}\right)\text{K}=96\text{K}$

$$q_v=[1-\exp(-\Theta_v/T)]^{-1}=\frac{1}{1-e^{-96/300}}=3.65$$

对金刚石　$\Theta_v=\frac{h\nu}{k}=\left(\frac{6.626\times10^{-34}\times4\times10^{13}}{1.3805\times10^{-23}}\right)\text{K}=1919.9\text{K}$

$$q_v=[1-\exp(-\Theta_v/T)]^{-1}=\frac{1}{1-e^{-1919.9/300}}=1$$

13. I_2(g) 样品光谱的振动能级上分子的分布为 $n_{v=2}/n_{v=0}=0.5414$，$n_{v=3}/n_{v=0}=0.3984$，问系统是否已达平衡？系统温度为多少？已知振动频率 $\nu=6.39\times10^{12}$ s^{-1}，$h=6.626\times10^{-34}$ J·s，$k=1.38\times10^{-23}$ J·K^{-1}。

解： 若已达平衡必有 Boltzmann 分布：

$n_{v=1}/n_{v=0}=\exp[-h\nu/(kT)]$

$n_{v=2}/n_{v=0}=\exp[-2h\nu/(kT)]=\{\exp[-h\nu/(kT)]\}^2$

$n_{v=3}/n_{v=0}=\exp[-3h\nu/(kT)]=\{\exp[-h\nu/(kT)]\}^3$

即必有 $(n_{v=2}/n_{v=0})^{1/2}=(n_{v=3}/n_{v=0})^{1/3}$

根据实验数据：$(0.5414)^{1/2}=0.7358$，$(0.3984)^{1/3}=0.7358$

上述结果表明系统已达平衡。

$$\exp[-h\nu/(kT)]=0.7358$$

$$T=-h\nu/(k\ln 0.7358)$$

$$=\{-(6.626\times10^{-34})\times(6.39\times10^{12})/[(1.38\times10^{-23})\times\ln 0.7358]\}\text{K}=1000\text{K}$$

14. 298K 时，氩在某固体表面 A 上吸附，如看作是二维气体，试导出其摩尔平动能公式，并计算其数值。

解：已知离域独立粒子在线度为 a 的长度上作一维运动时，其平动配分函数 $q_{\text{t,1d}}=\dfrac{(2\pi mkT)^{1/2}}{h}a$，由此得离域独立粒子在面积为 $A=a\times b$ 的二维平面上运动时，其平动配分函数为 $q_{\text{t,2d}}=\dfrac{2\pi mkT}{h^2}A$

$$U_{\text{m,t}}=RT^2\left(\frac{\partial \ln q_t}{\partial T}\right)_{V,N}=RT=(8.314\times298)\text{J}\cdot\text{mol}^{-1}=2478\text{J}\cdot\text{mol}^{-1}$$

15. 在 298.15K 和 100kPa 压力下，1mol O_2(g) 放在体积为 V 的容器中，试计算

(1) 氧分子的平动配分函数。

(2) 氧分子的转动配分函数（已知转动惯量 I 为 $1.935\times10^{-46}\text{kg}\cdot\text{m}^2$）。

(3) 氧分子的振动配分函数 q_v^0（已知其振动频率为 $4.648\times10^{13}\text{s}^{-1}$）。

(4) 氧分子的电子配分函数（已知电子基态的简并度为 3，电子激发态可忽略）。

(5) 忽略振动和电子的影响，估算氧分子的恒容摩尔热容。

已知阿伏加德罗常数 $L=6.022\times10^{23}\text{mol}^{-1}$，普朗克常数 $h=6.626\times10^{-34}\text{J}\cdot\text{s}$，$k=1.381\times10^{-23}\text{J}\cdot\text{K}^{-1}$。

解：(1) $V=nRT/p=(1\times8.3145\times298.15/100000)\text{m}^3=0.02479\text{m}^3$

$$q_\text{t}=\left(\frac{2\pi mkT}{h^2}\right)^{3/2}V$$

$$=\left[\frac{2\times3.142\times32\times10^{-3}/(6.022\times10^{23})\times1.381\times10^{-23}\times298.15}{(6.626\times10^{-34})^2}\right]^{3/2}\times0.02479$$

$$=4.344\times10^{30}$$

(2) $$q_\text{r}=\frac{8\pi^2 IkT}{\sigma h^2}$$

$$=\frac{8\times3.142^2\times1.935\times10^{-46}\times1.381\times10^{-23}\times298.15}{2\times(6.626\times10^{-34})^2}=71.66$$

(3) 振动特征温度

$$\Theta_\text{v}=h\nu/k=(6.626\times10^{-34}\times4.648\times10^{13}/1.381\times10^{-23})\text{K}=2230\text{K}$$

$$q_\text{v}^0=[1-\exp(-\Theta_\text{v}/T)]^{-1}=[1-\exp(-2230/298.15)]^{-1}=1.0006$$

(4) $$q_\text{e}=g_\text{e}^0=3$$

(5) $$C_{\text{v,m}}=C_{\text{v,m,t}}+C_{\text{v,m,r}}+C_{\text{v,m,v}}=(3R)/2+R+0=20.79\text{J}\cdot\text{K}^{-1}\cdot\text{mol}^{-1}$$

16. 设某物质分子只有 2 个能级 0 和 ε，且为独立定域子系统，请计算当 $T\to\infty$ 时 1mol 该物质的平均能量和熵值。

解：$q^0=\exp(-\varepsilon_0/kT)+\exp(-\varepsilon/kT)=1+\exp(-\varepsilon/kT)$

$$U^0=LkT^2(\partial \ln q^0/\partial T)_v=LkT^2\times[\partial \ln(1+\exp(-\varepsilon/kT))/\partial T]_v$$

$$=LkT^2\{[\exp(-\varepsilon/kT)\times\varepsilon/kT^2]/[1+\exp(-\varepsilon/kT)]\}$$

当 $T\to\infty$ 时，$U_m^0=L\varepsilon/2=6.02\times10^{23}\times\varepsilon/2=3.01\times10^{23}\varepsilon$

$$S=N_Ak\ln q^0+U^0/T=Lk\ln[1+\exp(-\varepsilon/kT)]+L\varepsilon/2T$$

当 $T\to\infty$ 时，$\varepsilon/kT\to0$，$\exp(-\varepsilon/kT)\to1$

$$S_m=Lk\ln2=R\ln2$$

17. 已知 Cl_2 的振动特征温度为 801K。试计算 100kPa，298.15K 时 Cl_2(g) 的 $C_{p,m}$（选振动基态为能量零点）。

解： $C_{p,m}=C_{V,m}+R$

$$C_{V,m}=(\partial U_m/\partial T)_V$$

$$U_m=U_{t,m}+U_{r,m}+U_{v,m}=\frac{3}{2}RT+RT+R\Theta_v/[\exp(\Theta_v/T)-1]$$

$$C_{V,m}=\frac{5}{2}R+R(\Theta_v/T)^2\exp(\Theta_v/T)/[\exp(\Theta_v/T)-1]^2$$

$$C_{p,m}=R\times\left\{\frac{7}{2}+(\Theta_v/T)^2\exp(\Theta_v/T)/[\exp(\Theta_v/T)-1]^2\right\}$$

$$=8.314\times\left\{\frac{7}{2}+(801/298.15)^2\exp(801/298.15)/[\exp(801/298.15)-1]^2\right\}\mathrm{J\cdot K^{-1}\cdot mol^{-1}}$$

$$=33.81\mathrm{J\cdot K^{-1}\cdot mol^{-1}}$$

18. 对于 N、U、V 一定的定域子系统，根据其玻耳兹曼分布 B 的微态数公式 $W_B=N!\prod_i\frac{g_i^{n_i}}{n_i!}$，并应用斯特林方程 $\ln N!=N\ln N-N$、玻耳兹曼分布式 $n_i=\frac{N}{q}g_i\mathrm{e}^{-\varepsilon_i/(kT)}$ 和热力学基本方程 $dU=TdS-pdV$，导出玻耳兹曼熵定律方程 $S=k\ln W_B$。

解： 将斯特林方程用于玻耳兹曼分布 B 的微态数公式，得

$$\ln W_B=N\ln N-N+\sum_i(n_i\ln g_i-n_i\ln n_i+n_i)$$

将玻耳兹曼分布式 $n_i=\frac{N}{q}g_i\mathrm{e}^{-\varepsilon_i/(kT)}$ 代入上式，得

$$\ln W_B=N\ln N-N+\sum_i\left(n_i\ln g_i-n_i\ln\frac{Ng_i\mathrm{e}^{-\varepsilon_i/(kT)}}{q}+n_i\right)=N\ln q+\frac{U}{kT}$$

对 $\ln W_B$ 微分

$$d\ln W_B=Nd\ln q-\frac{U}{kT^2}dT+\frac{1}{kT}dU \tag{1}$$

对于种类一定的粒子，配分函数 q 为温度 T 和体积 V 的函数，因此

$$d\ln q=\left(\frac{\partial\ln q}{\partial T}\right)_V dT+\left(\frac{\partial\ln q}{\partial V}\right)_T dV$$

在恒容条件下，有

$$d\ln q=\left(\frac{\partial\ln q}{\partial T}\right)_V dT$$

将 $U=NkT^2\left(\frac{\partial\ln q}{\partial T}\right)_V$，即 $\left(\frac{\partial\ln q}{\partial T}\right)_V=U/(NkT^2)$ 代入上式中，得

$$Nd\ln q=\frac{U}{kT^2}dT$$

将上式代入上面式(1) 中，得

$$dU=kT\mathrm{d}\ln W_B \qquad (2)$$

另一方面，根据热力学基本方程 $dU=TdS-pdV$，恒容条件下，$dU=TdS$。与上述式(2)对比，得

$$S=k\ln W_B$$

19. O_2的分子量 $M=0.032\mathrm{kg\cdot mol^{-1}}$，$O_2$分子的核间距 $r=1.2074\times10^{-10}\mathrm{m}$，振动特征温度 $\Theta_v=2273\mathrm{K}$。

求：(1) O_2分子的转动特征温度。

(2) 理想气体 O_2在 298K 的标准摩尔转动熵。

(3) 设 O_2的振动为简谐振动，选振动基态为振动能量零点，写出 O_2分子的振动配分函数。

(4) 理想气体 O_2占据第一振动激发态的最大比例时的温度。已知 $h=6.626\times10^{-34}\mathrm{J\cdot s}$，$k=1.38\times10^{-23}\mathrm{J\cdot K^{-1}}$。

解：(1) $I=\mu r^2=\dfrac{m(\mathrm{O})}{2}r^2=\dfrac{m(\mathrm{O_2})}{4}r^2$

$$=\left[\frac{0.032}{4\times6.02\times10^{23}}\times(1.2074\times10^{-10})^2\right]\mathrm{kg\cdot m^2}$$

$$=1.9373\times10^{-46}\mathrm{kg\cdot m^2}$$

$$\Theta_r=\frac{h^2}{8\pi^2Ik}=\frac{(6.626\times10^{-34})^2}{8\times3.14^2\times1.38\times10^{-23}\times1.9373\times10^{-46}}\mathrm{K}=2.082\mathrm{K}$$

(2) $q_r=T/(\sigma\Theta_r)$，$\ln q_r=\ln(1/\sigma\Theta_r)+\ln T$

$$S_{m,r}=R(\ln(T/(\sigma\Theta_r))+1)=8.314\left(\ln\frac{298}{2\times2.082}+1\right)\mathrm{J\cdot mol^{-1}\cdot K^{-1}}$$

$$=43.82\mathrm{J\cdot mol^{-1}\cdot K^{-1}}$$

(3) $q_v^0=1/(1-\mathrm{e}^{-\Theta_v/T})$

(4) $P(1)=\dfrac{\mathrm{e}^{-\Theta_v/T}}{q_v^0}=\dfrac{\mathrm{e}^{-\Theta_v/T}}{(1-\mathrm{e}^{-\Theta_v/T})^{-1}}=\mathrm{e}^{-\Theta_v/T}-\mathrm{e}^{-2\Theta_v/T}$

令 $$\frac{dP(1)}{dT}=\mathrm{e}^{-\Theta_v/T}\frac{\Theta_v}{T^2}(1-2\mathrm{e}^{-\Theta_v/T})=0$$

得 $$(1-2\mathrm{e}^{-\Theta_v/T})=0$$

$$1=2\mathrm{e}^{-\Theta_v/T}$$

等式两边取对数，得

$$\frac{\Theta_v}{T}=\ln2,\quad T=\frac{\Theta_v}{\ln2}=\frac{2273}{\ln2}\mathrm{K}=3279\mathrm{K}$$

20. 有一单原子理想气体物质处在气液平衡态，气相分子可视为独立的离域子，其熵值可由萨古-泰洛德方程计算，若液相的熵与气相的熵相比可忽略，试导出饱和蒸气压与温度的关系式，并与克-克方程比较。

解：对液→气过程

$$\Delta S=S(\mathrm{g})-S(\mathrm{l})\approx S_t(\mathrm{g})=\frac{5}{2}Nk+Nk\ln\left[\frac{(2\pi mkT)^{3/2}}{h^3N}V\right]$$

$$=\frac{5}{2}Nk+Nk\ln\left[\frac{(2\pi mkT)^{3/2}}{h^3N}\cdot\frac{NkT}{p^*}\right]$$

$$=\frac{5}{2}Nk+Nk\left[\ln\frac{(2\pi mk)^{3/2}k}{h^3}+\frac{5}{2}\ln T-\ln p^*\right]$$

因为 $\Delta S=\Delta_{vap}H/T$

所以 $$\frac{\Delta_{vap}H}{T}=\frac{5}{2}Nk+Nk\left[\ln\frac{(2\pi mk)^{3/2}k}{h^3}+\frac{5}{2}\ln T-\ln p^*\right]$$

当 $N=L$ 时 $$\frac{\Delta_{vap}H}{RT}=\frac{5}{2}+\ln\frac{(2\pi mk)^{3/2}k}{h^3}+\frac{5}{2}\ln T-\ln p^*$$

$$\ln p^*=-\frac{\Delta_{vap}H}{RT}+\frac{5}{2}+\ln\frac{(2\pi mk)^{3/2}k}{h^3}+\frac{5}{2}\ln T \tag{1}$$

若汽化热不随温度变化，克-克方程不定积分式为

$$\ln p^*=-\frac{\Delta_{vap}H}{RT}+c \tag{2}$$

若 $$\Delta_{vap}H_m=a+bT$$

$$\ln p^*=-\frac{a}{RT}+\frac{b}{R}\ln T+d \tag{3}$$

可以看出，由统计热力学导出的蒸气压与温度的关系方程（1）与克-克方程（2）相似，与克-克方程（3）形式上完全一致。

21. 已知 H_2、CO、CO_2、$H_2O(g)$ 在 1000K 时的标准摩尔吉布斯自由能 $(G^{\ominus}_{m,T}-U_{0,m})/T$ 分别为 $-137.00J\cdot K^{-1}\cdot mol^{-1}$、$-226.40J\cdot K^{-1}\cdot mol^{-1}$、$-204.43J\cdot K^{-1}\cdot mol^{-1}$、$-197.00J\cdot K^{-1}\cdot mol^{-1}$，0K 时下列反应 $H_2+CO_2 \longrightarrow CO+H_2O(g)$ 的 $\Delta U_{0,m}=40.43kJ\cdot mol^{-1}$，求该反应 1000K 的 $K^{\ominus}$。

解： $$-R\ln K^{\ominus}=\frac{\Delta_r G^{\ominus}_m}{T}=\Delta_r\left(\frac{G^{\ominus}_{m,T}-U_{0,m}}{T}\right)+\frac{\Delta U_{0,m}}{T}$$

$$\Delta_r\left(\frac{G^{\ominus}_{m,T}-U_{0,m}}{T}\right)=\Delta_r\left(\frac{G^{\ominus}_{m,T}-U_{0,m}}{T}\right)_{CO}+\Delta_r\left(\frac{G^{\ominus}_{m,T}-U_{0,m}}{T}\right)_{H_2O}-\Delta_r\left(\frac{G^{\ominus}_{m,T}-U_{0,m}}{T}\right)_{H_2}-\Delta_r\left(\frac{G^{\ominus}_{m,T}-U_{0,m}}{T}\right)_{CO_2}$$

$$=(-204.43-197+137+226.4)J\cdot K^{-1}\cdot mol^{-1}$$

$$=-38.03J\cdot K^{-1}\cdot mol^{-1}$$

$-8.314\ln K^{\ominus}=-38.04+40430/1000$，$K^{\ominus}=0.75$

8.4 典型例题精解

例 1 Cl_2 的平衡核间距为 $r=2.00\times10^{-10}m$，Cl 的相对原子质量为 35.5。

(1) 求 Cl_2 的转动惯量；

(2) 某温度下 Cl_2 的振动第一激发能级的能量为 kT，振动特征温度为 $\Theta_v=800K$，求此时 Cl_2 的温度。

解： 本题需掌握转动惯量、振动特征温度的定义、振动特征温度与振动能级的关系。

(1) $I=[m_1m_2/(m_1+m_2)]r^2=[M(Cl)/2L]r^2$

$$=\left[\frac{35.5\times10^{-3}}{2\times6.02\times10^{23}}\times(2.00\times10^{-10})^2\right]kg\cdot m^2=1.18\times10^{-45}kg\cdot m^2$$

（2）$v=1$，$\varepsilon_v=\left(v+\dfrac{1}{2}\right)h\nu=\dfrac{3}{2}h\nu=kT$，$h\nu/k=(2/3)T$

$\Theta_v=h\nu/k=(2/3)T$，$T=(3/2)\Theta_v=[3\times800/2]\mathrm{K}=1200\mathrm{K}$

讨论：（1）只有平动能级受系统体积的影响；当系统的 U、V、N 确定后，各能级的能量及能级的简并度确定。

（2）注意各运动形式相邻能级间的能量差：$\Delta\varepsilon_t<\Delta\varepsilon_r<\Delta\varepsilon_v<\Delta\varepsilon_e<\Delta\varepsilon_n$，相邻平动能级间的能级差很小，能级可看成连续的；在通常温度下，转动能级也可看成连续的；而其他运动形式能级的能差相差较大，只能看成是量子化的。

（3）转动特征温度、振动特征温度的公式及灵活运用是考研试题的热点。

例 2 设有由 N 个独立定域子构成的系统，总能量为 3ε，各能级为 0、ε、2ε 和 3ε，简并度皆为 1。

（1）试举出不同的分布方式，求每一分布所拥有的微观状态数；

（2）当 $N=10$、1000、6.02×10^{23} 时，求各分布的微观状态数 W_D 以及最概然分布的微观状态数 $W_{D,\max}$ 与总微观状态数 Ω 之比；

（3）当 $N\to\infty$ 时，$W_{D,\max}/\Omega$ 趋于什么数值？

解：（1）符合 $\sum\limits_i N_i=N,\sum\limits_i N_i\varepsilon_i=3\varepsilon$ 的分布有以下三种

	0	ε	2ε	3ε
分布 1	$N-3$	3	0	0
分布 2	$N-2$	1	1	0
分布 3	$N-1$	0	0	1

$$W_D=N!\prod_i(g_1^{n_i}/n_i!)$$

$W_{D,1}=N(N-1)(N-2)/6$，$W_{D,2}=N(N-1)$，$W_{D,3}=N$

（2）将 N 数代入求出数值

	$W_{D,1}$	$W_{D,2}$	$W_{D,3}$	$W_{D,\max}/\Omega$
$N=10$	120	90	10	0.5455
$N=1000$	166167000	999000	1000	0.9940
$N=6.02\times10^{23}$	3.636×10^{70}	3.624×10^{47}	6.02×10^{23}	1.0000

（3）$N\to\infty$，$(W_{D,\max}/\Omega)\to1$

讨论：（1）明确分布数、微观状态数、最概然分布的概念；当系统的 U、V、N 确定后，系统的分布方式数、每种分布中各能级上的分布数及分布的微观状态数、总微观状态数皆确定。

（2）通常分布是指能级分布，要说明一种能级分布就需要一套各能级上的粒子分布数。

（3）粒子数相同时，定域子系统的总微观状态数大于离域子系统的总微观状态数。

（4）热力学系统的任何分布应满足：$\sum\limits_i n_i=N$ 及 $\sum\limits_i n_i\varepsilon_i=U$

例 3 I_2(g) 样品光谱的振动能级上分子的分布为 $n_{v=2}/n_{v=0}=0.5414$，$n_{v=3}/n_{v=0}=0.3984$，问系统是否已达平衡？系统温度为多少？已知振动频率 $\nu=6.39\times10^{12}\,\mathrm{s}^{-1}$。

解：求系统是否达到平衡，也就是确定分布是否满足玻尔兹曼分布。若要求是否符合玻尔兹曼分布，则要把各分布代入玻尔兹曼分布公式中，所求得的某个物理量如温度应相等。

因此，解题的着手点就是 Boltzmann 分布定律，也是考研试题中的热点之一。

若已达平衡必满足 Boltzmann 分布：

$$n_{v=1}/n_{v=0}=\exp[-h\nu/(kT)];$$

$$n_{v=2}/n_{v=0}=\exp[-2h\nu/(kT)]=\{\exp[-h\nu/(kT)]\}^2;$$

$$n_{v=3}/n_{v=0}=\exp[-3h\nu/(kT)]=\{\exp[-h\nu/(kT)]\}^3;$$

根据实验数据：$(0.5414)^{1/2}=0.7358$；$(0.3984)^{1/3}=0.7358$

则　　$(n_{v=2}/n_{v=0})^{1/2}=(n_{v=3}/n_{v=0})^{1/3}$，对比两式，可得系统已达平衡。

$$\exp[-h\nu/(kT)]=0.7358,\ T=-h\nu/(k\ln 0.7358)=1000\text{K}$$

讨论：灵活运用 Boltzmann 分布定律，可进行以下计算：(1) 粒子在能级或量子态上的分布数或概率；(2) 粒子占据概率最大的能级或量子态；(3) 使某一能级或量子态上概率为特定值的温度，即本题的内容；(4) 两个能级上粒子数之比；(5) 超过某一定能量的粒子数；(6) 热力学的统计平均值。

例 4　N 个 AB 分子的理想气体，设分子可及的能级只有三个，它们依次相差的能量为 ε，各能级都是非简并的，AB 分子的离解能为 D_0。

(1) 写出以分子基态为能量零点的分子配分函数 q_0 和以 A、B 两原子相距无限远的基态为能量零点的分子配分函数 q，并写出 q 和 q_0 的关系式；

(2) 设 n_1、n_2、n_3 依次为分子由低到高能级上的最概然分布数，证明

$$n_1n_3=(N-n_1-n_3)^2$$

解：本题考察能量零点选择对配分函数的影响。AB 分子的离解能为 D_0，可看成把 AB 分子提高能量，使其位于能量为 D_0 的能级时，AB 分子可离解成 A 和 B，因此以 A、B 两原子相距无限远的基态为能量零点，也就是以能量为 D_0 的能级作为能量零点。

(1) $q_0=\sum\limits_{i=1}^{3}g_i e^{-(\varepsilon_i-\varepsilon_1)/kT}=1+e^{-\varepsilon/kT}+e^{-2\varepsilon/kT}$，$q=\sum\limits_{i=1}^{3}g_i e^{-(\varepsilon_i-D_0)/kT}=e^{D_0/kT}\times q_0$

(2) $n_i=\dfrac{N}{q}g_i e^{-\varepsilon_i/kT}$，$n_1n_3=\left(\dfrac{N}{q}\right)^2\times 1\times e^{-2\varepsilon/kT}=\left(\dfrac{N}{q}e^{-\varepsilon/kT}\right)^2=n_2^2$

$n_2=N-n_1-n_3$，所以，$n_1n_3=(N-n_1-n_3)^2$

讨论：配分函数是考试的热点，应熟记配分函数的定义式、物理意义，了解能量零点选择对配分函数的影响，理解配分函数的析因子性质。

例 5　当 $N(N=L)$ 个单原子理想气体趋于平衡时，试证明 $\dfrac{g_i}{n_i}=\dfrac{q_t}{N}\exp(\varepsilon_i/kT)$ 和 $\dfrac{q_t}{N}=\dfrac{(kT)^{5/2}}{p}\left(\dfrac{2\pi m}{h^2}\right)^{3/2}$，若 $\varepsilon_i=\dfrac{3}{2}kT$，$T=300\text{K}$，$p=10^3\text{Pa}$，$m=10^{-26}\text{kg}$，试计算 g_i/n_i。已知 $q_t=\dfrac{RT}{p}\left(\dfrac{2\pi mkT}{h^2}\right)^{3/2}$，$k=1.38\times10^{-23}\text{J}\cdot\text{K}^{-1}$。

解：因为单原子理想气体趋于平衡，并且在证明公式中涉及到粒子数和 Boltzmann 因子，所以首先要想到 Boltzmann 分布定律，由第二个证明式应联想到平动配分函数的计算式。

由 Boltzmann 分布公式 $\dfrac{n_i}{N}=\dfrac{g_i\exp(-\varepsilon_i/kT)}{q_t}$　　得 $\dfrac{g_i}{n_i}=\dfrac{q_t}{N}\exp(\varepsilon_i/kT)$

又　　$q_t=\dfrac{RT}{p}\left(\dfrac{2\pi mkT}{h^2}\right)^{3/2}$，所以 $\dfrac{q_t}{N}=\dfrac{kT}{p}\left(\dfrac{2\pi mkT}{h^2}\right)^{3/2}=\dfrac{(kT)^{5/2}}{p}\left(\dfrac{2\pi m}{h^2}\right)^{3/2}$

从而 $$\frac{g_i}{n_i}=\frac{(kT)^{5/2}}{p}\left(\frac{2\pi m}{h^2}\right)^{3/2}\exp(\varepsilon_i/kT)=2.69\times10^8$$

讨论：(1) 由计算可知，在常温（300K）下，$g_i/n_i=2.69\times10^8\gg1$，即对离域子体系 $g_i/n_i\gg1$ 是很容易满足的；(2) 配分函数一般计算方法是：计算各运动形式的配分函数，结合析因子性质，求出粒子的全配分函数；(3) 一般只考虑平动、转动、振动配分函数的计算，单原子理想气体只计算平动配分函数；在所有配分函数中，只有平动配分函数受系统体积的影响。

例 6 请证明：(1) 当气体的配分函数为 $q=f(T)V$ 的函数形式时，该气体一定遵守理想气体状态方程。(2) 用统计热力学方法导出混合理想气体的道尔顿分压定律。(3) 单原子理想气体在任何温度区间内，当温度变化相同、压力保持不变时的熵变为体积保持不变时熵变的 5/3 倍。

解：本题是通过统计热力学证明宏观热力学的关系式。应用宏观热力学关系式，把热力学函数与配分函数的关系式代入整理即可。

(1) $$p=NkT(\partial\ln q/\partial V)_{T,N}=[NkT/f(T)V]f(T)=NkT/V \tag{a}$$

(2) 因为 $dA=-SdT-pdV+\sum\mu_A dN_A+\sum\mu_B dN_B$

所以 $$-(\partial A/\partial V)_{T,N_A,N_B}=p \tag{b}$$

当 $N=N_A+N_B$ 时，根据式(a) 和式(b)

$$p=-(\partial A/\partial V)_{T,N_A,N_B}=N_AkT/V+N_BkT/V=p_A+p_B \tag{c}$$

比较式(b) 与式(c) 得 $p=p_A+p_B$，即道尔顿分压定律

$$p=(N_AkT/V)+(N_BkT/V)=(N_A+N_B)kT/V$$

(3) 无结构理想气体即单原子分子理想气体

$$q=q_t=[2\pi mkT/h^2]^{3/2}\times V=[2\pi mk/h^2]^{3/2}T^{3/2}\times V=[2\pi mk/h^2]^{3/2}T^{3/2}\times\frac{RT}{P}$$

$$=[2\pi mk/h^2]^{3/2}T^{5/2}\times\frac{R}{P}$$

由 $$S=S_t=Nk\ln\frac{q_t}{N}+\frac{U}{T}+Nk=Nk\ln\frac{q_t}{N}+\frac{(3/2)NkT}{T}+Nk=Nk\ln\frac{q_t}{N}+\frac{5}{2}Nk$$

$$\Delta S=Nk\ln\frac{q_t(T_2)}{q_t(T_1)}=Nk\ln\left(\frac{T_2}{T_1}\right)^{3/2}+Nk\ln\frac{V_2}{V_1}=Nk\ln\left(\frac{T_2}{T_1}\right)^{5/2}+Nk\ln\frac{p_1}{p_2}$$

当压力不变时：$\Delta S_p=\frac{5}{2}Nk\ln\left(\frac{T_2}{T_1}\right)$；当体积不变时：$\Delta S_v=\frac{3}{2}Nk\ln\left(\frac{T_2}{T_1}\right)$

所以 $$\Delta S_p/\Delta S_v=5/3$$

讨论：(1) 理想气体系统的多数宏观热力学关系都可通过统计热力学加以证明，读者可自己证明化学势表示式、理想气体绝热可逆过程方程、功和热的微观表示式等；(2) 注意：定域子系统和离域子系统的与 S 有关的热力学状态函数关系式不同。

例 7 一氧化氮晶体是由形成的二聚物 N_2O_2 分子组成，该分子在晶格中可以有两种随机取向，用统计力学方法求 298.15K 时，1mol NO 气体的标准量热熵数值。已知 NO 分子的转动特征温度 $\Theta_r=2.42K$，振动特征温度 $\Theta_v=2690K$，电子第一激发态与基态能级的波数差为 $121cm^{-1}$，$g_{e,0}=2$，$g_{e,1}=2$。

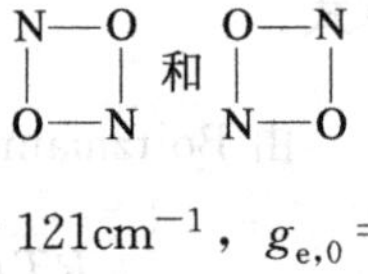

解：本题要明确残余熵的概念，涉及 $S=k\ln\Omega$、量热熵、统计熵和残余熵的关系，以及平动熵、转动熵和振动熵的计算。这是有关熵计算的综合性较强的题。

NO 晶体有残余熵

$S_m^\ominus$(残)$=k\ln 2^{L/2}=(0.5\times 8.314\times\ln 2)\text{J}\cdot\text{K}^{-1}\cdot\text{mol}^{-1}=2.88\text{J}\cdot\text{K}^{-1}\cdot\text{mol}^{-1}$

$S_m^\ominus(\text{cal})=S_m^\ominus(\text{stat})-S_m^\ominus$(残)

$S_m^\ominus(\text{stat})=S_{t,m}^\ominus+S_{r,m}^\ominus+S_{v,m}^\ominus+S_{e,m}^\ominus$

$S_{t,m}^\ominus=(12.47\ln M_r+194.822)\text{J}\cdot\text{K}^{-1}\cdot\text{mol}^{-1}=151.12\text{J}\cdot\text{K}^{-1}\cdot\text{mol}^{-1}$

$S_{r,m}^\ominus=R+R\ln(T/\sigma\Theta_r)=48.34\text{J}\cdot\text{K}^{-1}\cdot\text{mol}^{-1}$，$\Theta_v/T=2690/298.15=9.02$

$S_{v,m}^\ominus=(R\Theta_v/T)/[\exp(\Theta_v/T)-1]-R\ln[1-\exp(-\Theta_v/T)]$

$=0.0101\text{J}\cdot\text{K}^{-1}\cdot\text{mol}^{-1}$

$\Delta\varepsilon/k=hc\tilde{\nu}/\text{k}=6.626\times 10^{-34}\times 3\times 10^{8}\times 12100/1.38\times 10^{-23}K=174.29K$

$q_e=g_{e,0}+g_{e,1}\exp(-\Delta\varepsilon/kT)=2+2\exp(-174.29/T)=3.115$

$\text{dln}q_e/\text{d}T=(174.29/T^2)/[\exp(174.29/T)+1]=7.017\times 10^{-4}\text{K}^{-1}$

$S_{e,m}^\ominus=R\ln q_e+RT(\text{dln}q_e/\text{d}T)=11.19\text{J}\cdot\text{K}^{-1}\cdot\text{mol}^{-1}$

$S_m^\ominus(\text{stat})=S_{t,m}^\ominus+S_{r,m}^\ominus+S_{v,m}^\ominus+S_{e,m}^\ominus=210.66\text{J}\cdot\text{K}^{-1}\cdot\text{mol}^{-1}$

$S_m^\ominus(\text{cal})=S_m^\ominus(\text{stat})-S_m^\ominus$(残)$=207.78\text{J}\cdot\text{K}^{-1}\cdot\text{mol}^{-1}$

说明：(1) 由热力学第三定律，绝对零度时，$S=0$，即量热熵为零；但其热力学概率不为 1，所以，由统计热力学计算的熵不为零，残余熵就等于统计熵与量热熵的差值。残余熵计算方法有两种：一是用统计熵-量热熵；二是利用玻尔兹曼熵定理 $S=k\ln\Omega$。

(2) 注意本题计算基准是 1mol NO 气体，这时二聚物 N_2O_2 的物质的量为 0.5mol，因此，1mol NO 气体系统在 0K 时，二聚物 N_2O_2 的 $\Omega=2^{\frac{L}{2}}$。若基准是 1mol 二聚物 N_2O_2，则 $\Omega=2^L$。

(3) 一般的物理化学过程中电子运动和核运动处于基态，对熵的贡献不变，因此 ΔS 常只是由于 S_t、S_v、S_r 发生变化而产生，但对某些组分在一定条件下，电子运动对 ΔS 的贡献不能忽略。

第9章 界面现象

9.1 概述

表面化学是研究任意两相之间的界面上发生的物理化学现象的科学。表面分子受力的不对称性是所有界面性质产生的根源。而这种不对称性可通过宏观性质——界面张力来衡量。界面张力和表面吉布斯函数是界面相特有的两个可测量的强度性质，所有界面性质都可通过界面张力定性解释或与界面张力定量关联。当界面为弯曲界面时，界面会产生可用拉普拉斯方程定量计算的附加压力。由于附加压力的作用，弯曲界面的饱和蒸气压也与平面液体的不同，可用开尔文公式定量计算。弯曲液面附加压力是毛细管上升（下降）、毛细冷凝现象和亚稳态形成的根本原因。界面过程自发方向是通过降低界面张力或/和界面面积而使界面吉布斯函数降低的方向。通过气体在固体界面的吸附可降低固-气界面吉布斯函数，根据吸附质和吸附剂作用力的不同又分物理吸附和化学吸附，并形成了单分子层和多分子层吸附理论。液体在固体表面的吸附包括润湿、沾湿、浸湿和铺展等过程，并用接触角、铺展系数等量反映各过程进行的程度。

溶液表面的吸附表明溶质在溶液表面层中的浓度与在溶液本体中的浓度不同，其差值为表面过剩，可用吉布斯吸附等温式定量描述。表面浓度高于本体浓度为正吸附，否则为负吸附。正吸附最明显的物质为表面活性剂，表面活性剂的结构特征是分子中同时含有亲水的极性基团和憎水的非极性基团，这决定表面活性剂分子在溶液中的存在状态：在临界胶束浓度前，主要在界面上形成定向排列，临界胶束浓度后，主要以胶束形式存在。本章知识点架构纲目图如下：

界面分子受力不均匀⟶界面张力⟶
- 定义：见主要知识点 9.2.1
- 影响因素
  - 温度：T 升高，γ 下降
  - 物质本性：γ（金属键）$>\gamma$(离子键)$>\gamma$(极性键)$>\gamma$(共价键)
  - 压力：p 增大，γ 下降
  - 界面性质
- 表面张力测定方法——毛细升高法、脱环法、最大压差法、滴体积法、悬滴法等
- 界面热力学
  - 界面热力学公式⟶界面热力学计算
  - 表面吉布斯函数 γ —自发过程 / 降低 γ 方法→
    - 减少界面积
    - 降低界面张力 —采取措施→ 界面吸附
- 界面性质
  - 弯曲界面性质
    - 附加压力
      - 定义
      - 计算公式：拉普拉斯方程
      - 应用：毛细管上升或下降⟶计算公式
    - 小液滴蒸气压
      - 计算公式：开尔文公式
      - 平面、凹液面、凸液面蒸气压的关系
      - 应用
        - 毛细管凝结现象
        - 新相形成
          - 过饱和蒸气
          - 过热液体
          - 过冷液体
          - 过饱和溶液
  - 界面吸附（见下页）

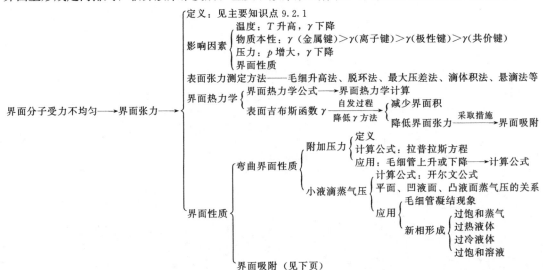

- 界面吸附
  - 固、气界面吸附
    - 物理吸附、化学吸附 —吸附模型→
      - Langmuir 吸附
      - BET 吸附
      - → 基本假定；吸附等温式；应用→求比表面积
  - 固液界面吸附 —润湿分类→
    - 沾湿润湿、浸湿润湿、铺展 —表征润湿程度→
      - 沾湿功、浸湿功、铺展系数 —简化计算→
        - 接触角 θ
        - 杨氏方程
        - θ 与沾湿功、浸湿功、铺展系数的关系
  - 溶液界面吸附
    - 负吸附、正吸附 —吸附表征→ 表面过剩 —计算→ 吉布斯吸附等温式
    - 表面活性剂→
      - 定义
      - 分类
        - 离子型
          - 阴离子型
          - 阳离子型
          - 两性型
        - 非离子型
      - 结构特点 —存在形态→
        - 界面定向排列
        - 溶液内部胶束
        - → 临界胶束浓度
      - 表面活性剂的选择→HLB 值
      - 表面活性剂的应用→增溶、去污、助磨、润湿等

9.2 主要知识点

9.2.1 表面吉布斯函数、表面功及表面张力

表面吉布斯函数：恒温、恒压及相组成不变条件下，系统增加单位表面积时所增加的吉布斯函数，即 $\gamma=(\partial G/\partial A_s)_{T,p,n_{B(\alpha)}}$，单位为 $J\cdot m^{-2}$。

表面功：在恒温、恒压、相组成恒定条件下，系统可逆增加单位表面积时环境所需做的可逆非体积功，即 $\gamma=\delta W'/dA_s$，单位为 $J\cdot m^{-2}$。

表面张力：与界面相切，垂直于边界并指向液体收缩方向的力，单位为 $N\cdot m^{-1}$。

说明：① 表面张力是从力的角度描述系统表面的强度性质，而表面吉布斯函数则是从能量角度描述系统表面同一性质；前者是矢量，后者为标量；二者虽为不同的物理量，但它们的数值及量纲相同。

② 表面张力大小主要与物性、温度、界面性质有关；物质分子间作用力越大，其表面张力越大；温度越高，表面张力越小，到达临界温度时，表面张力为零。

③ 表面吉布斯函数的其他定义：$\gamma=\left(\dfrac{\partial G}{\partial A_s}\right)_{T,p,n_{B(\alpha)}}=\left(\dfrac{\partial U}{\partial A_s}\right)_{S,V,n_{B(\alpha)}}=\left(\dfrac{\partial H}{\partial A_s}\right)_{S,p,n_{B(\alpha)}}$

④ 随着系统的分散度增加，系统的表面积亦增大，过程吸热，ΔS、ΔH、ΔG 增加。

9.2.2 热力学公式

在多组分体系热力学一章中我们曾得到敞开体系或组成发生变化的封闭体系热力学基本方程。当体系存在非体积功 W' 时，基本方程中还应该包括体系在变化过程中所做的非体积功。

$$dA=-SdT-pdV+\gamma dA_s+\sum_B \mu_B dn_B \tag{1}$$

$$dG=-SdT+Vdp+\gamma dA_s+\sum_B \mu_B dn_B \tag{2}$$

$$dU=TdS-pdV+\gamma dA_s+\sum_B \mu_B dn_B \tag{3}$$

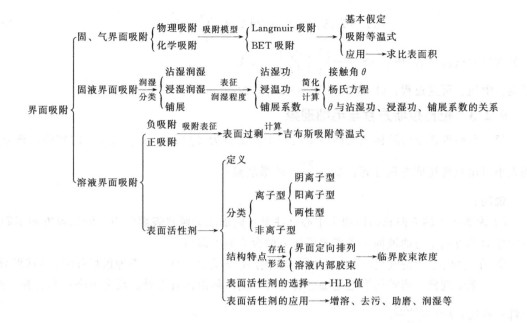

$$dH = TdS + Vdp + \gamma dA_s + \sum_B \mu_B dn_B \tag{4}$$

由公式(1)～公式(4) 得：$\Delta S = -\int_{A_1}^{A_2} \left(\frac{\partial \gamma}{\partial T}\right)_{A_s, p} dA_s$，

恒温、恒压、可逆过程：$Q = T\Delta S$，$W = \gamma \Delta A_s$，$\Delta G = -W'_r$。

9.2.3 拉普拉斯方程与毛细现象

(1) 弯曲液面下的液体或气体均受到一个附加压力 Δp（$\Delta p = p_{内} - p_{外}$）的作用，该 Δp 的大小可由拉普拉斯方程计算：$\Delta p = \frac{2\gamma}{r}$（球形液滴）。

说明：

① 附加压力的方向总指向曲率中心（注意：附加压力源自表面张力，但二者方向不同，附加压力的方向是弯曲液面上各点表面张力的合力的方向）；

② 在气相中悬浮的气泡，泡内气体所承受附加压力为 $\Delta p = 4\gamma/r$，其原因是有两个气液界面。

(2) 毛细现象　当液体润湿毛细管管壁时，则液体沿内管上升；反之下降；其上升（或下降）高度：$h = \frac{2\gamma\cos\theta}{\rho g r}$。

说明：若液体在毛细管中可上升 hm，而毛细管液面以上高度仅为 $h/2$m 时，液体不会从毛细管上方溢出，也不会由凹液面变为凸液面，只是在毛细管上端管口处，曲率半径增大1倍。

9.2.4 开尔文公式

凸液面：$RT\ln\frac{p_r}{p} = \frac{2\gamma M}{\rho r}$；凹液面：$RT\ln\frac{p}{p_r} = \frac{2\gamma M}{\rho r}$

说明：① 同温同液体条件下，$p_{凸} > p_{平} > p_{凹}$；

② 弯曲液面蒸气压可解释毛细管凝结现象；

③ 不同半径液滴的蒸气压关系：$RT\ln\frac{p_2}{p_1} = \frac{2\gamma M}{\rho}\left(\frac{1}{r_2} - \frac{1}{r_1}\right)$；

④ 不同大小颗粒的饱和溶液浓度关系：$RT\ln\frac{c_2}{c_1} = \frac{2\gamma M}{\rho}\left(\frac{1}{r_2} - \frac{1}{r_1}\right)$；

⑤ 开尔文公式适用于同组分两相平衡，因此不能用于水中分散有小油滴的系统。

9.2.5 物理吸附、化学吸附及 Langmuir 吸附等温式、BET 吸附等温式

吸附：在相界面上某种物质的浓度不同于体相浓度的现象；起吸附作用的物质称为吸附剂，被吸附的物质称为吸附质。

物理吸附：由范德华力作用产生的吸附现象。

化学吸附：由化学键力作用而产生的吸附现象。

说明：① 液化温度高的气体容易发生物理吸附；

② 气体在固体表面发生等温吸附时，一般 $\Delta S < 0$、$\Delta G < 0$、$\Delta H < 0$；

③ 主要吸附特征：物理吸附力为范德华力，吸附一般不具有选择性，单分子层或多分子层吸附；化学吸附力为化学键力，吸附具有选择性，单分子层吸附。

Langmuir 吸附等温式：$\theta = bp/(1 + bp)$

说明：① Langmuir 吸附基本假定：

a. 吸附是单分子层的；b. 吸附表面是均匀的（各处吸附能力相同）；c. 相邻被吸附分子间无作用力；d. 吸附平衡是动态平衡。

② Langmuir 吸附只适用于单分子层、吸附热与 θ（覆盖度）无关的吸附；对单分子层的物理吸附及化学吸附均适用。

③ Langmuir 单分子层吸附理论（包括理论的基本假设及方程的推导）是关于固体表面吸附作用的重要理论，实际应用价值较大，也是考研重点内容之一。

BET 吸附等温式：
$$V=\frac{V_mCp}{(p^*-p)[1+(C-1)p/p^*]}$$

说明： ① BET 吸附基本假定：

a. 吸附是多分子层的；b. 吸附表面是均匀的（各处吸附能力相同）；c. 相邻被吸附分子间无作用力；d. 吸附平衡是动态平衡。

② BET 公式另一种形式：$\frac{p}{V(p^*-p)}=\frac{1}{V_mC}+\frac{C-1}{V_mC}\frac{p}{p^*}$

$$V_m=1/(\text{斜率}+\text{截距})$$

③ 应用：求比表面积 $S=A_mLn=\frac{A_mLV_m}{22400\text{cm}^3\cdot\text{mol}^{-1}}$

式中，A_m 是每个分子截面积；L 是阿佛伽德罗常数。

④ BET 公式适用条件：$p/p^*=0.05\sim0.35$。

低压下，建立不起多层物理吸附平衡，甚至不能达到满层吸附，表面的不均匀性会引起误差；在高压下，分子间作用力和毛细凝结效应会引起误差。

9.2.6 润湿与杨氏方程

润湿：固体（或液体）的表面上的一种流体（如气体）被另一种流体（如液体）所替代的现象。包括沾湿润湿、浸湿润湿和铺展。

铺展：少量液体在固体表面上自动展开并形成一层薄膜的现象。用铺展系数 S 作为衡量液体在固体表面能否铺展的判据：$S=-\Delta G=\gamma_{s\text{-}g}-\gamma_{s\text{-}l}-\gamma_{l\text{-}g}$，$S\geqslant0$，则液体能在固体表面上发生铺展；若 $S<0$ 则不能铺展。

接触角 θ：气、液、固三相交界处，气-液界面与固-液界面之间的夹角。

杨氏方程：
$$\cos\theta=\frac{\gamma_{s\text{-}g}-\gamma_{s\text{-}l}}{\gamma_{l\text{-}g}}$$

说明： ① 杨氏方程只适用于光滑的表面；

② $\theta=0°$，$\cos\theta=1$，完全润湿（铺展），$0°<\theta<90°$，$0<\cos\theta<1$，润湿（浸湿润湿），$90°<\theta<180°$，$-1<\cos\theta<0$，不润湿（沾湿润湿），$\theta=180°$，$\cos\theta=-1$，完全不润湿。

③ 沾湿功　$W'_a=\gamma_{s\text{-}g}+\gamma_{l\text{-}g}-\gamma_{s\text{-}l}=\gamma_{l\text{-}g}(1+\cos\theta)$

浸湿功　$W'_i=\gamma_{s\text{-}g}-\gamma_{s\text{-}l}=\gamma_{l\text{-}g}\cos\theta$

铺展系数　$S=\gamma_{s\text{-}g}-\gamma_{s\text{-}l}-\gamma_{l\text{-}g}=\gamma_{l\text{-}g}(\cos\theta-1)$

9.2.7 溶液的表面吸附及吉布斯吸附等温式

溶液的表面吸附：溶质在溶液表面层（又称表面相）中的浓度与其在本体（又称体相）中的浓度不同的现象。

正吸附：溶质在表面层中的浓度大于其在本体中的浓度。

负吸附：溶质在表面层中的浓度小于其在本体中的浓度。

表面过剩（表面吸附量）Γ：单位表面层中所含溶质的物质的量与具有相同数量溶剂的本体溶液中所含溶质的物质的量之差值，单位为 $mol \cdot m^{-2}$。

吉布斯吸附等温式：

$\Gamma = -\dfrac{a}{RT}\dfrac{d\gamma}{da}$，其中 a 为溶质的活度

对理想稀溶液：$\Gamma = -\dfrac{c}{RT}\dfrac{d\gamma}{dc}$，其中 c 为溶质的浓度

说明：① 一般液体表面都存在界面吸附。无机物通常发生负吸附，有机物如有机酸、酮、醛等均发生正吸附；

② 吉布斯吸附等温式表明：一定温度下，当溶液的表面张力不随浓度变化时，浓度增大，表面吸附量不变；

③ 当溶液很稀时，表面吸附量可近似等于溶液表面浓度（忽略溶液本体中表面活性剂的浓度）；

④ $(d\gamma/dc)_T < 0$，发生正吸附；$(d\gamma/dc)_T > 0$，发生负吸附；

⑤ 溶液表面可产生负吸附，固体表面不存在负吸附。

9.2.8 表面活性物质定义、结构特点，临界胶束浓度（CMC）

表面活性剂：加入少量即能明显降低溶液表面张力的物质；分为离子型和非离子型两大类型，其中离子型表面活性剂又分阴离子型、阳离子型和两性型三种。

结构特点：表面活性剂分子由性质不同的亲油基（憎水基）、亲水基（憎油基）两部分组成；表面活性剂的亲水及亲油性强弱可以用表面活性剂的亲油亲水平衡值（HLB 值）表示，HLB 值越大，表面活性剂亲水性越强。

临界胶束浓度：形成一定形状的胶束所需要的表面活性物质的最低浓度。

说明：① CMC 不是一个特定的浓度，而是一个浓度范围。

② 表面活性剂在溶液中的存在形态：当表面活性剂的浓度大于 CMC 时，分子在界面定向排列、溶液中有胶束形成。

9.3 习题详解

1. 在 293K 下，将半径为 0.5cm 的汞珠分散成半径为 0.1μm 的小汞珠，小汞珠的个数是多少？需消耗的最小功是多少？表面吉布斯函数（自由能）增加多少？已知 293K 下汞的表面张力 $\gamma = 0.476 N \cdot m^{-1}$。

解：小汞珠个数：$N = \left(\dfrac{r_1}{r_2}\right)^3 = \left(\dfrac{0.5\times10^{-2}}{0.1\times10^{-6}}\right)^3 = 1.25\times10^{14}$ 个

$$\begin{aligned}\Delta A_s &= 4\pi r_2^2 \times N - 4\pi r_1^2 = 4\pi r_2^2\left(\frac{r_1}{r_2}\right)^3 - 4\pi r_1^2 \\ &= 4\pi\times[(1.0\times10^{-7})^2\times1.25\times10^{14} - (5.0\times10^{-3})^2]m^2 \\ &= 15.7m^2\end{aligned}$$

$$W'_r = \gamma\Delta A_s = 0.476\times15.7J = 7.47J = \Delta G$$

2. 由热力学基本关系式，证明下式成立：

$$\left(\frac{\partial S}{\partial A_s}\right)_{T,p,n} = -\left(\frac{\partial \gamma}{\partial T}\right)_{A_s,p,n}$$

证明：由 $dG=-SdT+Vdp+\gamma dA_s+\sum_B \mu_B dn_B$

应用全微分性质，可得 $\left(\frac{\partial S}{\partial A_s}\right)_{T,p,n}=-\left(\frac{\partial \gamma}{\partial T}\right)_{A_s,p,n}$

3. 证明单组分系统的表面焓为：$H^s=G^s+TS^s=\gamma-T(\partial\gamma/\partial T)_{p,A_s}$

证明：对于单组分系统，根据热力学方程 $dG=-SdT+Vdp+\gamma dA_s$ 有

$$S^s=\left(\frac{\partial S}{\partial A_s}\right)_{T,p}=-\left(\frac{\partial \gamma}{\partial T}\right)_{p,A_s}$$

$$H^s=G^s+TS^s=\gamma-T\left(\frac{\partial \gamma}{\partial T}\right)_{p,A_s}$$

4. 75K 时，液氮的表面张力为 $0.00971\text{N}\cdot\text{m}^{-1}$，其温度系数为 $-2.3\times10^{-3}\text{N}\cdot\text{m}^{-1}\cdot\text{K}^{-1}$。试求其表面焓。

解：$$\left(\frac{\partial H}{\partial A_s}\right)_{T,p,n_B}=\left(\frac{\partial G}{\partial A_s}\right)_{T,p,n_B}+T\left(\frac{\partial S}{\partial A_s}\right)_{T,p,n_B}$$

$$\left(\frac{\partial H}{\partial A_s}\right)_{T,p,n_B}=\gamma-T\left(\frac{\partial \gamma}{\partial T}\right)_{p,A_s,n_B}$$

$$=[0.00971-75\times(-2.3\times10^{-3})]\text{J}\cdot\text{m}^{-2}=0.182\text{J}\cdot\text{m}^{-2}$$

5. 已知水的表面张力 $\gamma=(75.64-0.00495T/\text{K})\times10^{-3}\text{N}\cdot\text{m}^{-1}$，试计算在 283K、$p^\ominus$ 压力下，可逆地使一定量的水的表面积增加 10^{-4}m^2（设体积不变）时，体系的 ΔU、ΔH、ΔS、ΔA、ΔG、Q 和 W。

解：根据题意，恒压且体积不变，所以有

$$\Delta G=\Delta A=\gamma\Delta A_s=(75.64-0.00495\times283)\times10^{-3}\times10^{-4}\text{J}$$

$$=74.24\times10^{-7}\text{J}=W_s$$

$$\Delta S=-\left(\frac{\partial \gamma}{\partial T}\right)_{p,A_s}\Delta A_s=4.95\times10^{-6}\times10^{-4}\text{J}\cdot\text{K}^{-1}=4.95\times10^{-10}\text{J}\cdot\text{K}^{-1}$$

$$Q=T\Delta S=283\times4.95\times10^{-10}J=1.4\times10^{-7}\text{J}$$

$$\Delta U=\Delta H=\Delta G+T\Delta S=\left[\gamma-T\left(\frac{\partial \gamma}{\partial T}\right)_{p,A_s}\right]\Delta A_s$$

$$=74.24\times10^{-7}\text{J}-283\times4.95\times10^{-10}\text{J}=75.64\times10^{-7}\text{J}$$

6. 用最大气泡法测定丁醇水溶液的表面张力。已知 20℃时实测丁醇水溶液最大泡的压差为 0.4217kPa，用同一毛细管测得水的最大泡的压差为 0.5472kPa。已知 20℃时水的表面张力为 $72.75\times10^{-3}\text{N}\cdot\text{m}^{-1}$，试计算该丁醇水溶液的表面张力。

解：由 Laplace 方程及最大气泡法的原理可知：

对丁醇水溶液　$\Delta p_1=\frac{2\gamma_1}{r}$　　对于水　$\Delta p_2=\frac{2\gamma_2}{r}$

则
$$\gamma_1=\gamma_2\frac{\Delta p_1}{\Delta p_2}=72.75\times10^{-3}\times\frac{0.4217}{0.5472}\text{N}\cdot\text{m}^{-1}=56.1\times10^{-3}\text{N}\cdot\text{m}^{-1}$$

7. 298K 时水的表面张力 $\gamma=72.75\times10^{-3}\text{N}\cdot\text{m}^{-1}$，在 $p^\ominus$ 下，水中氧的溶解度为 5×10^{-6}（对于平面液体）。今若水中有空气泡存在，其气泡的半径为 $1.0\mu\text{m}$，试问在与小气泡紧邻的水中氧的溶解度为多少（设氧在水中的溶解遵从亨利定律）？

解：
$$\Delta p=2\gamma/r=\left(\frac{2\times72.0\times10^{-3}}{1\times10^{-6}}\right)\text{Pa}=145.5\text{kPa}$$

气泡内压力　$p'=p^{\ominus}+\Delta p=(100+145.5)\text{kPa}=245.5\text{kPa}$

根据亨利定律，紧接气泡水中含氧为：

$$\frac{p'}{p^{\ominus}}\times 5\times 10^{-6}=12.3\times 10^{-6}$$

8. 20℃时，汞的表面张力为$483\times 10^{-3}\text{N}\cdot\text{m}^{-1}$，体积质量（密度）为$13.55\times 10^{3}\text{kg}\cdot\text{m}^{-3}$。把内直径为$10^{-3}$m的玻璃管垂直插入汞中，管内汞液面会降低多少？已知汞与玻璃的接触角为180°，重力加速度$g=9.81\text{m}\cdot\text{s}^{-2}$。

解： 由 $\Delta p=\dfrac{2\gamma\cos\theta}{r}=\rho gh$

则 $$h=\frac{2\gamma\cos\theta}{\rho gr}=\left[\frac{2\times 483\times 10^{-3}\times(-1)}{13.55\times 10^{3}\times 9.81\times 5\times 10^{-4}}\right]\text{m}=-0.0145\text{m}$$

9. 在密度为$1.0\times 10^{3}\text{kg}\cdot\text{m}^{-3}$的水上有一层密度为$0.8\times 10^{3}\text{kg}\cdot\text{m}^{-3}$的苯，将内径为1mm的毛细管垂直插入两相界面，发现水在毛细管中升高了4.0cm，接触角为40°，计算苯/水界面张力。

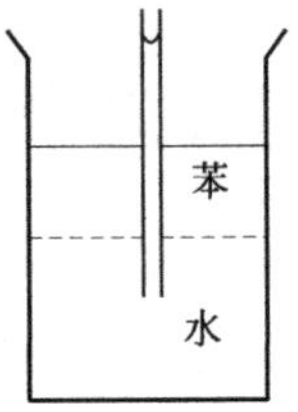

习题 9 附图

解： 题意如附图所示，

$$\Delta p=\frac{2\gamma_{苯\text{-}水}\cos\theta}{r}=(\rho_{水}-\rho_{苯})gh$$

$$\gamma_{苯\text{-}水}=\frac{(\rho_{水}-\rho_{苯})ghr}{2\cos\theta}$$

$$=\frac{(1-0.8)\times 10^{3}\times 9.81\times 4.0\times 10^{-2}\times 1/2\times 10^{-3}}{2\times\cos 40^{\circ}}\text{N}\cdot\text{m}^{-1}=0.0256\text{N}\cdot\text{m}^{-1}$$

10. 在298K时，在水中有一个半径为9×10^{-10}m的蒸气泡，求泡内水的蒸气压。已知298K时水的饱和蒸气压为3167Pa，密度$\rho=997\text{kg}\cdot\text{m}^{-3}$，表面张力$\gamma=71.97\times 10^{-3}\text{N}\cdot\text{m}^{-1}$。

解： 由开尔文（Kelvin）公式 $RT\ln\dfrac{p_r}{p^*}=\dfrac{2\gamma M}{\rho r}$

代入数据 $$8.314\times 298\ln\frac{p_r}{3167\text{Pa}}=\frac{2\times 7.197\times 10^{-2}\times 18\times 10^{-3}}{997\times(-9\times 10^{-10})}$$

解之 $$p_r=988\text{Pa}$$

11. 水蒸气迅速冷却至25℃时会发生过饱和现象。已知25℃时水的表面张力为$0.0715\text{N}\cdot\text{m}^{-1}$，当过饱和蒸气压为水的平衡蒸气压的4倍时，试求算最初形成的水滴半径为多少？此种水滴中含有多少个水分子？

解： 据开尔文公式可求出在此饱和蒸气压时液滴的半径：

$$\ln\frac{p_r}{p_0}=\frac{2\gamma M}{r\rho RT}=\ln 4$$

$$r=\frac{2\gamma M}{\rho RT\ln 4}=\left(\frac{2\times 0.0715\times 18\times 10^{-3}}{1000\times 8.314\times 298\times\ln 4}\right)\text{m}=7.49\times 10^{-10}\text{m}$$

每个小液滴的质量为：$m=V\rho$

$$=\frac{4}{3}\pi r^{3}\rho=\frac{4}{3}\times 3.14\times(7.49\times 10^{-10})^{3}\times 1000\text{kg}$$

$$=1.76\times 10^{-24}\text{kg}$$

每个小液滴所含分子数为：

$$N=nL=\frac{mL}{M}=\frac{1.76\times 10^{-24}\times 6.02\times 10^{23}}{18\times 10^{-3}}=59$$

12. 由于天气干旱，空气相对湿度仅56%（相对湿度即实际水蒸气压力与同温下水的饱和蒸气压之比）。设白天温度为35℃（饱和蒸气压为5.62×10^3Pa），夜间温度为25℃（饱和蒸气压为3.17×10^3Pa）。试求空气中的水分夜间时能否凝结成露珠？若在直径为0.1μm的土壤毛细管中是否会凝结？设水对土壤完全润湿，25℃时水的表面张力$0.0715\text{N}\cdot\text{m}^{-1}$，水的密度$\rho=1\text{g}\cdot\text{cm}^{-3}$。

解： 实际蒸气压 $p=5.62\times10^3\times0.56\text{Pa}=3.15\times10^3\text{Pa}<3.17\times10^3\text{Pa}$，实际蒸气压小于夜间饱和蒸气压，所以夜间不会凝结。

在土壤毛细管中，水形成凹液面。由于水对土壤完全润湿，故凹液面曲率半径$r=-0.5\times10^{-7}$m，由开尔文公式得

$$\ln\frac{p_r}{p}=\frac{2\gamma M}{RTr\rho}=\frac{2\times0.0715\times18\times10^{-3}}{-8.314\times298\times0.5\times10^{-7}\times1000}=-0.0208$$

$$p_r=(0.979\times3.17\times10^3)\text{Pa}=3.10\times10^3\text{Pa}<3.15\times10^3\text{Pa(实际)}$$

计算结果说明，水蒸气在夜间能在土壤毛细管中凝结。

13. 在373K时，水的饱和蒸气压为101.3kPa，表面张力$\gamma=0.0580\text{N}\cdot\text{m}^{-1}$，在373K条件下，水中有一个体积相当于50个水分子的蒸汽泡，试求泡内水的饱和蒸气压p_r（373K时水的密度$\rho=0.950\text{g}\cdot\text{cm}^{-3}$）。

解： 气泡体积 $V=\dfrac{50M}{6.02\times10^{23}\rho}=\dfrac{50\times18}{6.02\times10^{23}\times0.95\times10^6}=1.57\times10^{-27}\text{m}^3$

由 $V=4\pi r^3/3\xrightarrow{\text{求出汽泡半径}}r=7.21\times10^{-10}\text{m}$

由开尔文（Kelvin）公式 $\ln\dfrac{p_r}{p^*}=\dfrac{2\gamma M}{RT\rho r}=\dfrac{2\times0.058\times18}{-8.314\times373\times0.95\times7.21\times10^{-10}\times10^6}=-0.983$

求出泡内水的饱和蒸气压 $p_r=0.374\times101.325\times10^3\text{Pa}=37.9\times10^3\text{Pa}$

14. 已知水在293K时的表面张力$\gamma=0.07275\text{N}\cdot\text{m}^{-1}$，摩尔质量$M=0.018\text{kg}\cdot\text{mol}^{-1}$，密度$\rho=10^3\text{kg}\cdot\text{m}^{-3}$。273K时水的饱和蒸气压为610.5Pa，273～293K温度区间内水的摩尔汽化热$\Delta_{\text{Vap}}H_m=40.67\text{kJ}\cdot\text{mol}^{-1}$，求293K水滴半径$r=10^{-9}$m时，水的饱和蒸气压$p_r$。

解： 由克-克方程 $\ln(p_2/p_1)=\dfrac{\Delta_{\text{vap}}H_m}{R}\left(\dfrac{1}{T_1}-\dfrac{1}{T_2}\right)=\dfrac{40.67\times10^3}{8.314}\left(\dfrac{1}{273}-\dfrac{1}{293}\right)$

代入数据求出293K时 $p_2=2074\text{Pa}$

由kelvin公式 $\ln\dfrac{p_r}{p^*}=\dfrac{2\gamma M}{RT\rho r}=\dfrac{2\times0.07275\times18\times10^{-3}}{8.314\times293\times10^3\times10^{-9}}$ $(p^*=p_2=2074\text{Pa})$

求出293K小水滴 $p_r=6077\text{Pa}$

15. 高度分散的$CaSO_4$颗粒比表面为$3.38\times10^3\text{m}^2\cdot\text{kg}^{-1}$，它在298K水中的溶解度为$18.2\text{mmol}\cdot\text{dm}^{-3}$，假定其为均一的球体，试计算$CaSO_4$（密度$\rho=2.96\times10^3\text{kg}\cdot\text{m}^{-3}$）颗粒的半径$r$？从这个样品的溶解度行为计算$CaSO_4$-$H_2O$的界面张力。已知298K时大颗粒$CaSO_4$在水中的饱和溶液浓度为$15.33\text{mmol}\cdot\text{dm}^{-3}$，$CaSO_4$的摩尔质量为$136\times10^{-3}\text{kg}\cdot\text{mol}^{-1}$。

解： 依题意应有 $\dfrac{A_s}{4\pi r^2}=\dfrac{1}{\frac{4}{3}\pi r^3\rho}$

则 $r=\dfrac{3}{A_s\rho}=\left(\dfrac{3}{2.96\times10^3\times3.38\times10^3}\right)\text{m}=3.00\times10^{-7}\text{m}$

由开尔文（Kelvin）公式　　$RT\ln\frac{c_r}{c}=\frac{2\gamma M}{\rho r}$

代入数据求出　　$8.314\times298\ln\frac{18.2}{15.33}=\frac{2\gamma\times136\times10^{-3}}{2.96\times10^{3}\times3\times10^{-7}}$

得到　　$\gamma=1.39\mathrm{N\cdot m^{-1}}$

16. 25℃时，二硝基苯在水中溶解度为$1\times10^{-3}\mathrm{mol\cdot dm^{-3}}$，二硝基苯-水的界面张力$\gamma=0.0257\mathrm{N\cdot m^{-1}}$，求半径为$0.01\mu\mathrm{m}$的二硝基苯的溶解度。已知25℃时二硝基苯的密度为$\rho=1575\mathrm{kg\cdot m^{-3}}$（相对分子质量为168）。

解： $\ln\frac{c_r}{c}=\frac{2\gamma M}{RTr\rho}=\frac{2\times0.0257\times168\times10^{-3}}{8.314\times298.15\times1\times10^{-8}\times1575}=0.2212$

解之　　$c_r=1.2475\times10^{-3}\mathrm{mol\cdot dm^{-3}}$

17. 苯的正常沸点为354.5K，汽化热$\Delta_{vap}H_m=33.9\mathrm{kJ\cdot mol^{-1}}$，293.15K时，苯的表面张力$\gamma=0.0289\mathrm{N\cdot m^{-1}}$，密度$\rho=879\mathrm{kg\cdot m^{-3}}$。计算293.15K时，半径$r=10^{-6}\mathrm{m}$的苯雾滴的饱和蒸气压及苯中半径$r=10^{-6}\mathrm{m}$的气泡内苯的饱和蒸气压（设在293.15～354.5K区间，$\Delta_{vap}H$为常数）。

解： 根据Clapeyron-Clausius方程，293.15K时苯平面液体上的饱和蒸气压p：

$$\ln\frac{p}{101325\mathrm{Pa}}=-\frac{33900}{8.314}\left(\frac{1}{293.15\mathrm{K}}-\frac{1}{354.45\mathrm{K}}\right)$$

解之　　$p=9142\mathrm{Pa}$

由开尔文公式　　$\ln\frac{p_r}{p}=\frac{2\gamma M}{RT\rho r}$，则293.15K时，半径$r=10^{-6}\mathrm{m}$的雾滴表面的蒸气压：

$$\ln\frac{p_r}{9142\mathrm{Pa}}=\frac{2\times28.9\times10^{-3}\times78\times10^{-3}}{8.314\times293.15\times879\times10^{-6}}，解得\ p_{r,液滴}=9161.3\mathrm{Pa}$$

293.15K时，半径$r=10^{-6}\mathrm{m}$的气泡内苯的饱和蒸气压：

$$\ln\frac{p_r'}{9142\mathrm{Pa}}=\frac{2\times28.9\times10^{-3}\times78\times10^{-3}}{8.314\times293.15\times879\times(-10^{-6})}，解得\ p_{r,气泡}=9123\mathrm{Pa}$$

18. 已知300K和373K时水的饱和蒸气压分别为3.529kPa、101.325kPa；密度分别为$0.997\times10^{3}\mathrm{kg\cdot m^{3}}$、$0.958\times10^{3}\mathrm{kg\cdot m^{3}}$；表面张力分别为$7.18\times10^{-2}\mathrm{N\cdot m^{-1}}$、$5.589\times10^{-2}\mathrm{N\cdot m^{-1}}$；水在373K、101.325kPa时的摩尔汽化热为$40.656\mathrm{kJ\cdot mol^{-1}}$。试求：

(1) 若300K时水在半径$r=5\times10^{-4}\mathrm{m}$的某毛细管中上升的高度是$2.8\times10^{-2}\mathrm{m}$，求接触角为多少？

(2) 当毛细管半径为$2.0\times10^{-9}\mathrm{m}$时，求300K下水蒸气能在该毛细管内凝聚所具有的最低蒸气压是多少？

(3) 以$r=2\times10^{-6}\mathrm{m}$的毛细管作为水的助沸物质，在外压为101.325kPa时，使水沸腾将过热多少摄氏度（设在沸点附近，水和毛细管的接触角与300K时近似相等，$\Delta_{vap}H_m$为常数）？欲提高助沸效果，毛细管半径应增大还是减小？

解： (1) $\rho gh=\Delta p=\frac{2\gamma}{R'}=\frac{2\gamma\cos\theta}{r}$

$$\cos\theta=\frac{\rho ghr}{2\gamma}=\frac{0.997\times10^{3}\times9.8\times2.8\times10^{-2}\times5\times10^{-4}}{2\times7.18\times10^{-2}}=0.9526$$

解得　　$\theta=17.71°$

（2）毛细管半径为 2.0×10^{-9}m 时，凹液面曲率半径

$$R'=\frac{r}{\cos\theta}=\frac{2\times10^{-6}}{0.9526}m=2.1\times10^{-9}\text{m}$$

由开尔文公式　$RT\ln\frac{p_r}{p^*}=\frac{2\gamma M}{\rho R'}$

$$8.314\times300\times\ln\frac{p_r/\text{kPa}}{3.529}=\frac{2\times7.18\times10^{-2}\times18\times10^{-3}}{0.997\times10^{3}\times(-2.1\times10^{-9})}$$

解之得　$p_r=2.15\text{kPa}$

（3）

$$R'=\frac{r}{\cos\theta}=\frac{2.0\times10^{-6}}{0.9526}\text{m}=2.1\times10^{-6}\text{m}$$

若使液面下毛细管内的空气泡能从助沸毛细管中出来，则气泡内蒸气压 p 至少应达到外压和气泡所受附加压力之和（忽略水的静压力），即

$$p=p_{外}+\Delta p=\left(101.325\times10^{3}+\frac{2\times5.589\times10^{-2}}{2.1\times10^{-6}}\right)\text{Pa}=154.55\text{kPa}$$

根据 Clapeyron-Clausius 方程 $\ln\frac{p_2}{p_1}=\frac{\Delta_{\text{vap}}H_{\text{m}}}{R}\left(\frac{1}{T_1}-\frac{1}{T_2}\right)$

代入题给数据可求得蒸气压为 157.42kPa 时沸腾的温度：$T_2=386\text{K}$，过热温度约 12.4℃。欲提高助沸效果，应当增大半径。

19. 一个带毛细管颈的漏斗，其底部装有半透膜，内盛浓度为 $1.00\times10^{-3}\text{mol}\cdot\text{dm}^{-3}$ 的稀硬脂酸钠水溶液（设为理想稀溶液）。若溶液的表面张力 $\gamma=\gamma^*-bc$，其中 $\gamma^*=0.07288\text{N}\cdot\text{m}^{-1}$，$b=19.62\text{N}\cdot\text{m}^{-1}\cdot\text{dm}^{3}\cdot\text{mol}^{-1}$。298.2K 时将此漏斗缓慢地插入盛水的烧杯中，测得毛细管颈内液柱超出水面 30.71cm 时达成平衡，求毛细管的半径（见附图）。若将此毛细管插入水中，液面上升多少？

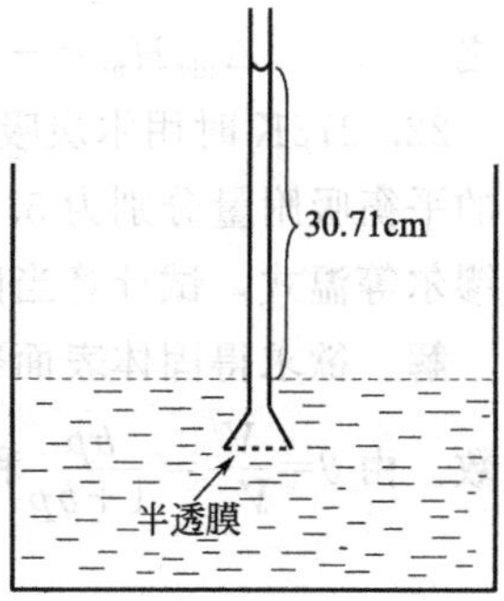

习题 19 附图

解：根据题意分析可知，毛细管内溶液受到三个力的作用，它们分别是向下的重力（ρgh）和向上的渗透压 $\Pi(=cRT)$ 及弯曲液面的附加压力 $\Delta p(=\gamma/r)$，平衡时应有

$$\rho gh=\Pi+2\gamma/r$$

$$r=2\gamma/(\rho gh-\Pi)$$

$$\Pi=cRT=1.0\times8.314\times298.2\text{Pa}=2.479\times10^{3}\text{Pa}$$

$$\gamma=0.07288-19.62\times1.0\times10^{-3}\text{N}\cdot\text{m}^{-1}=0.05326\text{N}\cdot\text{m}^{-1}$$

设溶液的密度近似等于纯水的密度，则

$$\rho gh=9.8\times1.0\times10^{3}\times30.71\times10^{-2}\text{Pa}=3009.58\text{Pa}$$

$$r=\frac{2\times0.05326}{(3.00958-2.479)\times10^{3}}\text{m}=2.008\times10^{-4}\text{m}$$

将 $r=2.008\times10^{-4}$m 的毛细管插入纯水中

$$h=2\gamma/\rho gr=\frac{2\times0.07288}{1.0\times10^{3}\times9.8\times2.008\times10^{-4}}\text{m}=7.4\text{cm}$$

20. 请导出一种液体在另一种不互溶的液体表面铺展的数学表达式。20℃时，水的表面张力 $\gamma_{水}=72.8\times10^{-3}\text{N}\cdot\text{m}^{-1}$，汞的表面张力为 $\gamma_{汞}=4.83\times10^{-1}\text{N}\cdot\text{m}^{-1}$，汞和水的界面张力为 $\gamma_{汞\text{-}水}=3.75\times10^{-1}\text{N}\cdot\text{m}^{-1}$，请判断水能否在汞的表面上铺展？

解：设液体 1 的表面张力为 γ_1，液体 2 的表面张力为 γ_2，液体 1 和液体 2 的界面张力为 $\gamma_{1\text{-}2}$，液体 1 在液体 2 表面的铺展过程是消失一定面积的液体 2 的表面、同时产生相同面积的液体 1 表面以及液体 1 与液体 2 界面的过程，如附图所示。

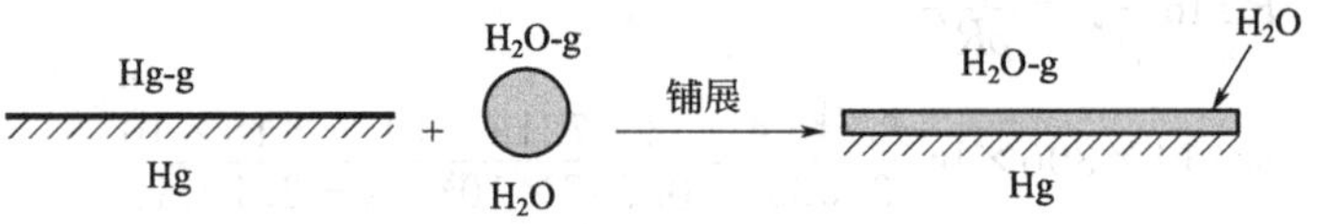

习题 20 附图

在定温定压下，Gibbs 自由能的变化为

$$dG=\gamma_1 dA_s+\gamma_{1,2} dA_s-\gamma_2 dA_s$$

因为 $dA_s>0$，$dG<0$，于是 $\gamma_1+\gamma_{1\text{-}2}-\gamma_2<0$，即 $\gamma_1+\gamma_{1\text{-}2}<\gamma_2$ 时，液体 1 能在液体 2 表面铺展开。

对于汞和水而言：

$\gamma_{水}+\gamma_{汞\text{-}水}=(72.8\times10^{-3}+3.75\times10^{-1})\text{N·m}^{-1}=4.48\times10^{-3}\text{N·m}^{-1}<\gamma_{汞}=4.83\times10^{-1}\text{N·m}^{-1}$

故 $\gamma_{汞}>\gamma_{水}+\gamma_{汞\text{-}水}$，所以水能在汞的表面上铺展。

21. 当压力为 $4.8p^{\ominus}$、温度为 190K 时，N_2 在木炭上的吸附量可达 $9.21\times10^{-4}\text{m}^3\cdot\text{g}^{-1}$，但在 250K 时，要达到相同的吸附量，则压力要增至 $32p^{\ominus}$，计算 N_2 在木炭上的摩尔吸附焓。

解：吸附量一定时，根据吸附克劳修斯-克拉贝龙方程 $\ln\dfrac{p_2}{p_1}=\dfrac{\Delta_{\text{ads}}H_m}{R}\left(\dfrac{1}{T_2}-\dfrac{1}{T_1}\right)$

代入数据　$\ln\dfrac{4.8p^{\ominus}}{32.0p^{\ominus}}=\dfrac{\Delta_{\text{ads}}H_m}{R}\left(\dfrac{1}{190}-\dfrac{1}{250}\right)$

解之　$\Delta_{\text{ads}}H_m=-12.518\text{kJ·mol}^{-1}$

22. 273K 时用木炭吸附 CO 气体，当 CO 平衡分压分别为 24.0kPa 和 41.2kPa 时，对应的平衡吸附量分别为 $5.567\times10^{-3}\text{dm}^3\cdot\text{kg}^{-1}$ 和 $8.668\times10^{-3}\text{dm}^3\cdot\text{kg}^{-1}$。设该吸附服从朗格缪尔等温式，试计算当固体表面覆盖率达 0.9 时，CO 的平衡分压是多少？

解：欲求得固体表面覆盖率达 0.9 时 CO 的平衡分压，必须求出朗格缪尔等温公式中的常数。由 $\theta=\dfrac{V}{V_m}=\dfrac{bp}{1+bp}$ 和题目给定的已知条件，联立下列 2 个方程可求得 b。

$$\frac{V}{5.567\times10^{-3}\text{dm}^3\cdot\text{kg}^{-1}}=\frac{b\times24.0\text{kPa}}{1+b\times24.0\text{kPa}}$$

$$\frac{V}{8.668\times10^{-3}\text{dm}^3\cdot\text{kg}^{-1}}=\frac{b\times41.2\text{kPa}}{1+b\times41.2\text{kPa}}$$

求解得 $b=6.92\times10^{-6}\text{Pa}^{-1}$

当覆盖率 $\theta=0.9$ 时，$0.9=\dfrac{6.92\times10^{-6}\text{Pa}^{-1}p}{1+6.92\times10^{-6}\text{Pa}^{-1}p}$ 求解得平衡分压 $p=1.3\times10^3\text{kPa}$

23. 0℃时，CO 在 2.964g 木炭上吸附的平衡压力 p 与吸附气体标准状况体积 V 如下：

$p/10^4$Pa	0.97	2.40	4.12	7.20	11.76
V/cm^3	7.5	16.5	25.1	38.1	52.3

(1) 试用图解法求朗格缪尔公式中常数 V_m 和 b；

（2）求CO压力为5.33×10^4 Pa时，1g木炭吸附的CO标准状况体积。

解：（1）朗格缪尔等温方程 $p/V=1/(bV_m)+p/V_m$。将题给数据整理后列表如下：

$p/10^4$ Pa	0.97	2.40	4.12	7.20	11.76
$(p/V)/10^3$ Pa·cm^{-3}	1.293	1.455	1.641	1.890	2.249

以p/V对p作图，得一直线（见附图）

斜率为：$1/V_m=8.78\times10^{-3}\,\text{cm}^{-3}$　(a)

截距为：$1/(bV_m)=1.24\times10^3\,\text{Pa}\cdot\text{cm}^3$（相关系数$R=0.997$）　(b)

联立式(a)和式(b)，求得$V_m=114\text{cm}^3$，$b=7.08\times10^{-6}\,\text{Pa}^{-1}$

（2）由附图查出，当$p=5.33\times10^4$ Pa时，

$p/V=1707\text{Pa}\cdot\text{cm}^{-3}$。

则 $$\frac{V}{m}=\left(\frac{5.33\times10^4}{1707\times2.964}\right)\text{cm}^3\cdot\text{g}^{-1}=10.5\text{cm}^3\cdot\text{g}^{-1}$$

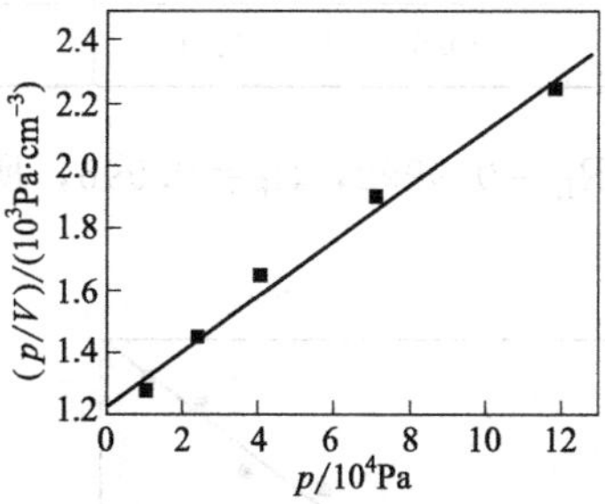

习题23附图

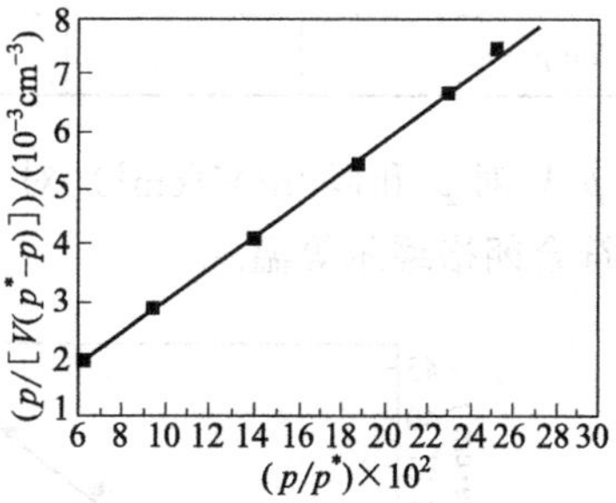

习题24附图

24. 在-192.4℃时，用硅胶吸附N_2气，不同平衡压力下每克硅胶吸附N_2的标准状况体积如下：

$p/10^4$ Pa	0.889	1.393	2.062	2.773	3.377	3.730
V/cm^3	33.55	36.56	39.80	42.61	44.66	45.92

已知在-192.4℃时N_2的饱和蒸气压为1.47×10^5 Pa，N_2分子截面积为$S(N_2)=0.1620\text{nm}^2$。求所用硅胶比表面。

解：N_2气在硅胶上的吸附是多分子层吸附，应用BET公式，以$p/[V(p^*-p)]$对p/p^*作图。有关数据如下：

$(p/[V(p^*-p)])/(10^{-3}\text{cm}^{-3})$	1.919	2.863	4.099	5.456	6.675	7.405
$(p/p^*)\times10^2$	6.048	9.476	14.03	18.86	22.97	25.37

由附图可得：

斜率　$k=2.848\times10^{-2}\,\text{cm}^{-3}$

截距　$b=1.45\times10^{-4}\,\text{cm}^{-3}$

$$V_m=1/(k+b)=1/[(2.848+0.0145)\times10^{-2}\,\text{cm}^{-3}]=34.9\text{cm}^3$$

硅胶的比表面

$$S = V_m L S(N_2)/(22400m)$$
$$= [34.9 \times 6.023 \times 10^{23} \times 0.162 \times 10^{-18}/(1 \times 22400)]\text{m}^2 \cdot \text{g}^{-1} = 151.9\text{m}^2 \cdot \text{g}^{-1}$$

25. 在 90K 时已云母吸附 CO，不同平衡分压力 p 下被吸附气体标准状况体积 V 如下：

$p/10^4$Pa	1.33	2.67	4.00	5.33	6.67	8.00
V/cm^3	0.130	0.150	0.162	0.166	0.175	0.180

(1) 判断对朗格缪尔等温式和弗罗因德利希等温式中的哪一个符合得更好些？

(2) 若符合朗格缪尔等温式，求常数 b 值。

(3) 样品总表面积为 $6.2 \times 10^3 \text{cm}^2$，试计算每个吸附质分子的截面积。

解：(1) 将题给数据整理如下表：

$p/10^4$Pa	1.33	2.67	4.00	5.33	6.67	8.00
$(p/V)/(10^4\text{Pa}\cdot\text{cm}^{-3})$	10.2	17.8	24.7	32.1	38.1	44.4
$\ln(V/\text{cm}^3)$	−2.04	−1.90	−1.82	−1.80	−1.74	−1.71
$\ln(p/\text{Pa})$	9.50	10.2	10.6	10.9	11.1	11.3

以 p/V 对 p 和以 $\ln(V/\text{cm}^3)$ 对 $\ln(p/\text{Pa})$ 作图，$R_L = 0.9992$，$R_F = 0.996$，所以实验数据更符合朗格缪尔等温式。

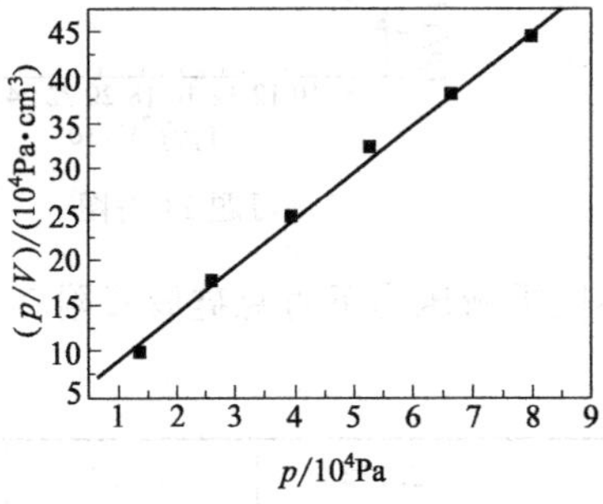

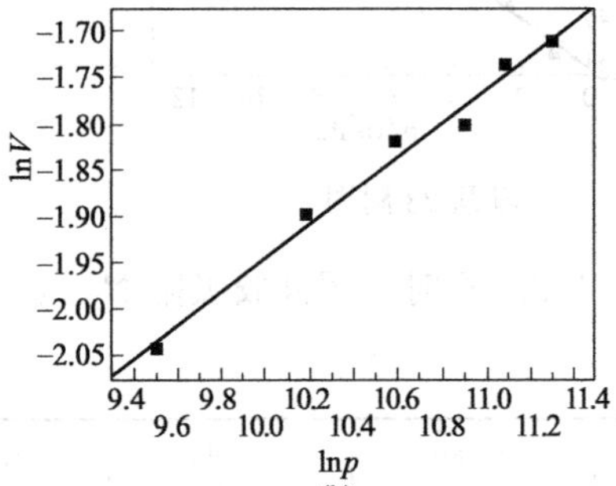

习题 25 附图

(2) 由 p/V 对 p 关系得，斜率为 $1/V_m = 5.11\text{cm}^{-3}$，截距为 $1/bV_m = 4.03 \times 10^4 \text{Pa}\cdot\text{cm}^{-3}$，

b=斜率/截距$= 1.27 \times 10^{-4} \text{Pa}^{-1}$

(3) $S(\text{CO}) = S \times 22400/(V_m L) = 6.2 \times 10^3 \times 22400 \times 5.11 \times 10^{-4}/(6.023 \times 10^{23}) \times 10^{18} \text{nm}^2$
$= 0.118\text{nm}^2$

26. 证明：当 $p \ll p^*$（p^* 是吸附温度下吸附质液体的饱和蒸气压）时 BET 吸附公式可还原为 Langmuir 等温式。

证明：BET 吸附公式 $\dfrac{p}{V(p^* - p)} = \dfrac{1}{V_m C} + \dfrac{C-1}{V_m C}\dfrac{p}{p^*}$

当 $p \ll p^*$，$p^* - p \approx p^*$，有 $\dfrac{p}{V} = \dfrac{p^*}{V_m C} + \dfrac{C-1}{V_m C}p$，设 $b = C/p^*$，$C \gg 1$，则 $C - 1 \approx C$

$$\frac{p}{V} = \frac{1}{bV_m} + \frac{p}{V_m}, \quad \frac{V}{V_m} = \theta = \frac{bp}{1+bp} \quad \text{证毕}$$

27. 为了证实 Gibbs 公式，有人做了下面的实验：在 25℃时配制一浓度为 4.00g/1000g 水的苯基丙酸溶液，然后用特制的刮片机在 $310cm^2$ 的溶液表面上刮下 2.3g 溶液，经分析知表面层与本体溶液浓度差为 1.30×10^{-5} g·(g 水)$^{-1}$。已知苯基丙酸的摩尔质量 $M=150g\cdot mol^{-1}$。(1) 根据此计算表面吸附量 Γ。(2) 已知不同浓度 c 下该溶液的表面张力 γ 为：

c/g·(g 水)$^{-1}$	0.0035	0.0040	0.0045
$\gamma/N\cdot m^{-1}$	0.056	0.054	0.052

试用 Gibbs 公式计算表面吸附量，并比较二者结果。

解： 苯基丙酸的摩尔质量 $M=150g\cdot mol^{-1}$

(1) $\Gamma=\Delta n/A=\dfrac{1.30\times10^{-5}\times2.3/150}{310\times10^{-4}}mol\cdot m^{-2}=6.4\times10^{-6}mol\cdot m^{-2}$

(2) $\dfrac{d\gamma}{dc}=\dfrac{\Delta\gamma}{\Delta c}=\left(\dfrac{0.052-0.056}{0.0045-0.0035}\right)N\cdot m^{-1}/g\cdot(g\ 水)^{-1}=-4.0N\cdot m^{-1}/g\cdot(g\ 水)^{-1}$

$$\Gamma=-\frac{c}{RT}\frac{d\gamma}{dc}=\left[-\frac{4.0\times10^{-3}}{8.314\times298}\times(-4.0)\right]mol\cdot m^{-2}=6.5\times10^{-6}mol\cdot m^{-2}$$

Gibbs 公式计算结果与实验结果吻合。

28. 某表面活性剂水溶液的表面张力与表面活性剂浓度间的关系在 292K 下由下式表示（式中 c 的单位是 $mol\cdot dm^{-3}$）：

$$\gamma/(N\cdot m^{-1})=\gamma_0-13.1\times10^{-3}\ln(1+19.62c)$$

(1) γ_0 的物理意义是什么？

(2) 求 $c=0.200mol\cdot dm^{-3}$时的表面过剩量 Γ。

(3) c 足够大时，$19.62c\gg1$ 时的表面过剩量 Γ_∞ 是多少？

解： (1) γ_0 是纯液体的表面张力；

(2) 由 $\gamma/(N\cdot m^{-1})=\gamma_0-13.1\times10^{-3}\ln(1+19.62c)$

得
$$\frac{d\gamma}{dc}=-\frac{13.1\times10^{-3}}{1+19.62c}\times19.62$$

$$\Gamma=-\frac{c}{RT}\frac{d\gamma}{dc}$$

$$=\frac{0.200}{8.314\times292}\times\frac{13.1\times10^{-3}\times19.62}{1+19.62\times0.200}mol\cdot m^{-2}=4.3\times10^{-6}mol\cdot m^{-2}$$

(3) c 足够大时，$19.62c\gg1$ 则

$$\Gamma_\infty=\frac{13.1\times10^{-3}}{8.314\times292}mol\cdot m^{-2}=5.39\times10^{-6}mol\cdot m^{-2}$$

9.4 典型例题精解

例 1 已知水的表面张力在 20℃时为 $0.07275N\cdot m^{-1}$，30℃时为 $0.07118N\cdot m^{-1}$。在 20℃、101.325kPa 下，将总面积为 $1m^2$ 的雾滴捕集起来得到 $1cm^3$ 的水，试求该过程的 ΔG、ΔH、Q、W。

解： 该题是与界面化学有关的热力学函数变化值的计算，切入点是热力学方程：

$$dG=-SdT+Vdp+\gamma dA_s+\sum_B\mu_B dn_B$$

题给过程是纯物质的恒温、恒压、面积减少的过程，则：

$$dG=\gamma dA_s<0 \qquad \Delta G=\gamma\Delta A_s$$

可逆减少表面积时，系统对环境所做的功 $W=\Delta G$

纯物质恒压下，热力学方程改写为：$dG=-SdT+\gamma dA_s$

因此有 $(\partial S/\partial A_s)_{T,p}=-(\partial\gamma/\partial T)_{A_s,p}$（参照麦克斯韦关系式的推出过程），得

$$\Delta S=\int_{A_1}^{A_2}(\partial S/\partial A_s)_{T,p}dA_s$$

$$\Delta G=\gamma\Delta A_s=-0.07275\text{J} \quad W=W'_r=\Delta G=-0.07275\text{J}$$

$$\left(\frac{\partial S}{\partial A_s}\right)_{T,p}=-\left(\frac{\partial\gamma}{\partial T}\right)_{A_s,p}=-\frac{0.07118-0.07275}{303.15-293.15}=0.000157$$

$$\Delta S=\int_{A_1}^{A_2}(\partial S/\partial A_s)_{T,p}dA_s=-1.57\times10^{-4}\text{J}\cdot\text{K}^{-1}$$

$$\Delta H=\Delta G+T\Delta S=-0.1188\text{J},\ Q_r=T\Delta S=-0.046\text{J}$$

讨论： ① $\Delta G=W$ 成立的条件：等温、等压、组成不变、热力学可逆过程。

② $dG=-SdT+Vdp+\gamma dA_s$，适用的条件：单组分封闭系统，除表面功外无其他非体积功。

③ 由 $(\partial S/\partial A_s)_{T,p}=-(\partial\gamma/\partial T)_{A_s,p}$ 知，面积增大的过程是熵增、吸热过程。

④ 当液体面积增大时，$\Delta G>0$、$\Delta H=\Delta U$、$Q_r>0$。

例 2 298K 时水的表面张力 $\gamma=72.0\times10^{-3}\text{N}\cdot\text{m}^{-1}$，在空气压力为 $p^\ominus$ 时，水中氧的溶解度为 5×10^{-6}（对于平面液体）。今若水中有空气气泡存在（忽略水静压差的影响），其气泡的半径为 1.0μm，试问在与小气泡紧邻的水中氧的溶解度为多少（设氧在水中的溶解遵从亨利定律）？

解： 氧在水中的溶解遵从亨利定律，即溶解的氧与溶液上方的空气压力成正比。与气泡紧邻的水为凹液面，凹液面上方的空气压力为小气泡内空气的压力，因此，该题的关键是计算小气泡内的压力，气泡稳定存在时，气泡内压力等于大气压力与附加压力之和。

$$\Delta p=2\gamma/r=(2\times72.0\times10^{-3}/1\times10^{-6})\text{Pa}=144\text{kPa}$$

气泡内压力 $\quad p'=p^\ominus+\Delta p=(101.325+144)\text{kPa}=245.325\text{kPa}$

紧接气泡水中含氧：$(p'/p^\ominus)\times5\times10^{-6}=12.3\times10^{-6}$（假设气泡内只有空气）

例 3 25℃时水中有一半径为 2×10^{-6} m 的空气泡，已知 25℃水的表面张力 $\gamma=0.07197\text{N}\cdot\text{m}^{-1}$，水的饱和蒸气压 $p^*=3168\text{Pa}$，求空气泡中水蒸气的含量。

解： 气泡内含有空气和水蒸气，水蒸气的量分数＝气泡中水蒸气分压/气泡内总压，而气泡内总压应为大气压和附加压力之和，气泡内蒸气压应是凹液面的蒸气压，通过开尔文公式计算。

$$\Delta p=2\gamma/r=(2\times0.07197/2\times10^{-6})\text{Pa}=71.97\text{kPa}$$

气泡内气体的总压力为，$p'=p_{大气}+\Delta p=(101.325+71.97)\text{kPa}=173.29\text{kPa}$

气泡内水蒸气压力 p_r：

$$\ln\frac{p_r}{p^*}=\frac{2\gamma M}{RT\rho r}=\frac{2\times0.07197\times18.02\times10^{-3}}{8.314\times298.15\times1\times10^3\times(-2\times10^{-6})}=-0.0005232$$

解之 $\quad p_r=3166\text{Pa}$；空气泡中水蒸气的含量：$y_{H_2O}=\dfrac{p_r}{p'}=\dfrac{3166}{173290}=1.83\%$

讨论： ① 凸液面蒸气压＞平液面蒸气压＞凹液面蒸气压；

② 凹液面上的蒸气压随曲率半径的减小而减小。

例 4　在玻璃杯底部放入一滴水，并加入苯，测得水与玻璃之间的接触角 $\theta=40.5°$。在另一烧杯中盛入足量水和苯，将半径为 1.00×10^{-4}m 的玻璃毛细管插入杯中，问毛细管内的苯-水界面是上升还是下降？上升或下降的高度为多少？已知苯的密度为 $8.8\times10^{2}kg\cdot m^{-3}$，苯-水界面张力为 $1.56\times10^{-3}N\cdot m^{-1}$。

解：判断毛细管内的苯-水界面是上升还是下降，要看水在苯中能否润湿玻璃。接触角小于 90℃，能润湿，则液面上升。所需注意的是，液面上升时，水液柱取代了原来的苯液柱，所以液柱静压差为 $(\rho_{水}-\rho_{苯})gh$ 而不是通常的 $\rho_{水}gh$。

由题可知 $\theta=40.5°<90°$，所以在苯中水能润湿玻璃管，在玻璃毛细管中苯-水界面为凹面，毛细管半径为 r，则凹面的附加压力为：$\Delta p=2\gamma\cos\theta/r$，式中，$\gamma$ 是苯-水界面张力。附加压力方向向上指向苯相，界面上升。

界面上升的高度为 h，则毛细管内上升液柱的静压力为 $\Delta\rho gh$，$\Delta\rho$ 是水与苯的密度差，g 为重力加速度，于是 $\Delta\rho gh=2\gamma\cos\theta/r$，

$$h=\frac{2\gamma\cos\theta}{\Delta\rho gr}=\frac{2\times1.56\times10^{-3}\times0.76}{(1-0.88)\times10^{3}\times9.81\times10^{-4}}=2.01\times10^{-2}\text{m}$$

例 5　在 298K 时，将少量的某表面活性物质溶解在水中，当溶液的表面吸附达平衡后，实验测得该溶液的浓度为 $0.2mol\cdot m^{-3}$，表面层中表面活性剂的吸附量为 $3\times10^{-6}mol\cdot m^{-2}$。已知在此稀溶液范围内，溶液的表面张力与溶液的浓度成线性关系：$\gamma=\gamma_0-ba$。γ_0 为纯水表面张力，在 298K 时为 $72\times10^{-3}N\cdot m^{-1}$。在 298K、$p^{\ominus}$ 压力下，若纯水体系的表面积和上面溶液为体系的表面积都为 $10^{5}m^{2}$。试分别求出这两个体系的表面吉布斯函数的值为多少？说明了什么？

解：由热力学方程，在恒温、恒压、组成不变的条件下，得 $\Delta G=\gamma\Delta A_s$，因此，需先求出溶液的界面张力。题中给出了表面层中表面活性剂的吸附量，因此，应联想到吉布斯吸附等温式。

$10^{5}m^{2}$ 纯水的表面能：$\Delta G_{纯水}=\gamma_0\times\Delta A_s=(72\times10^{-3}\times10^{5})\text{J}=72\times10^{2}\text{J}$

由　$\gamma=\gamma_0-ba$，得 $\frac{d\gamma}{da}=-b$；则 $\Gamma=-\frac{a}{RT}\frac{d\gamma}{da}=\frac{ba}{RT}$　　得 $ba=\Gamma RT$

则　$\gamma=\gamma_0-ba=\gamma_0-RT\Gamma=0.0646N\cdot m^{-1}$

溶液的表面能：　　$\Delta G_{溶液}=\gamma\Delta A_s=(0.0646\times10^{5})\text{J}=6460\text{J}$

计算结果表明：表面积相同条件下，溶液的表面能比纯水的低，说明表面活性物质降低了体系的表面能。

讨论：由吉布斯吸附等温式可计算溶液的表面过剩，判断体系发生正吸附还是负吸附，计算分子的截面积。

例 6　已知 $H_2O(l)$ 在 298K 时的表面张力 $\gamma=0.07275N\cdot m^{-1}$，摩尔质量 M 为 $0.018kg\cdot mol^{-1}$，体积质量 ρ 为 $10^{3}kg\cdot m^{-3}$，273K 时水的饱和蒸气压为 610.5Pa。在 273～293K 温度区间，水的平均摩尔蒸发焓为 $40.67kJ\cdot mol^{-1}$。求 293K，半径为 10^{-9}m 的水滴的饱和蒸气压。

解：本题是把克-克方程与 Kelvin 方程结合在一起的具有一定综合性的考题，Kelvin 方程也是考研的重点内容之一。本题先根据克-克方程求出 293K 时平面液体的饱和蒸气压，再根据 Kelvin 方程计算相同温度下小液滴的饱和蒸气压。

先由克-克方程求出293K水的饱和蒸气压 $p^*(H_2O, l, 293K)$。

$$\ln\frac{p^*(H_2O,l,293K)}{610.5}=-\frac{40670}{8.3143}\left(\frac{1}{293}-\frac{1}{273}\right),\ p^*(H_2O,l,293K)=2074.2Pa$$

再由Kelvin方程，求得10^{-9}m小水滴在293K的饱和蒸气压 $p_r^*(293K)$：

$$\ln\frac{p_r^*}{p}=\frac{2\gamma M}{RT\rho r}，代入数据，\ln\frac{p_r^*}{2074.2}=\frac{2\times0.07252\times0.018}{8.3143\times293\times10^3\times10^{-9}},$$

解得 $p_r^*(293K)=6057.2Pa$。

讨论：克-克方程只反映平面液体的饱和蒸气压与温度的关系。对于微小液滴和气泡，克-克方程不再适用。虽然本题使用了克-克方程，但应注意其使用条件。自己可以练习下题，进一步熟悉克-克方程与Kelvin方程联合使用。例：当水滴半径为10^{-8}m时，其25℃饱和蒸气压的增加相当于升高多少温度所产生的效果。已知水的密度为$998kg\cdot m^{-3}$，摩尔蒸发焓为$40.01kJ\cdot mol^{-1}$［答案：1.77K。本题先用Kelvin方程求出 $\ln\frac{p_r}{p}$，再把 $\ln\frac{p_r}{p}$代入克-克方程求温度（即把 p_r看成平面液体蒸气压时的平衡温度）］。

第10章 胶体化学

10.1 概述

胶体化学是研究粒子线度为1～100nm（也有的书上认为1～1000nm）的分散系统的物理、化学及动力学性质的科学。由胶体系统的定义、胶体研究的对象以及胶体与粗分散系统、真溶液的区别，归纳出胶体的三大基本特征：**高分散性、多相性和热力学不稳定性**。胶体系统的定义决定了胶体系统的制备方法：分散法和凝聚法。胶体粒子对光的散射使胶体系统具有光学性质——丁铎尔现象，散射光的强度可用瑞利公式定量描述。分散介质对胶体粒子的碰撞使胶体系统具有布朗运动、扩散、沉降平衡等动力学性质，使胶体具有动力学稳定性。由于胶体粒子表面电离、离子吸附和晶格取代等作用使胶粒带电，因此具有电泳、电渗、流动电势和沉降电势等电动性质。对胶体粒子电动性质的解释有赖于对胶体粒子结构的理解。为此，人们提出双电层理论和胶团结构模型，对电泳、电渗等电动性质进行定性解释，并通过电泳、电渗速率对电泳、电渗进行定量描述，通过电动电势把胶体的电学性质与稳定性关联起来。为了研究胶体系统的稳定性，提出了DLVO理论，该理论根据范德华引力和静电斥力的相对大小，定量地讨论了胶体的稳定性。胶体的不稳定性表现为聚沉、絮凝。通过研究胶体的聚沉现象，总结出胶体的聚沉规律，并通过聚沉能力和聚沉值等物理量定量描述电解质聚沉能力的大小。本章中对具有一定胶体性质的乳状液等粗分散系统的性质也进行了讨论，给出了乳状液的定义、分类及不同类型乳状液的鉴别方法，讨论了乳化剂稳定乳状液的机理及破乳剂的破乳机理；大分子溶液虽与憎液溶胶在热力学上存在本质区别，但因与胶体具有许多相同之处而被纳入本章，讨论了大分子溶液对胶体系统的稳定和破坏机理以及唐南平衡。本章知识点架构纲目图如下：

胶体系统
- 按粒子线度定义：1～100nm
- 分类方法：按胶体溶液稳定性（亲液、憎液溶胶）；按分散相、分散介质聚集状态
- 基本特征：高分散性、多相性和热力学不稳定性
- 制备方法 {分散法, 凝聚法} ⟶ 纯化 {渗析, 超滤} ⟶ 稳定的胶体系统
- 光学性质：丁铎尔效应⟶产生原因：光散射 $\xrightarrow{\text{定量}}$ 瑞利公式
  - 散射强度影响因素分析
  - 应用
    - 浊度计
    - 超显微镜⟶观察散射光点，非真实粒子大小
- 动力性质⟶产生原因：热运动⟶
  - 布朗运动 $\xrightarrow{\text{定量}}$ Einstein-Brown 运动方程
  - 扩散 $\xrightarrow{\text{定量}}$ Einstein 扩散系数公式
  - 沉降平衡 $\xrightarrow{\text{定量}}$ 粒子数浓度分布定律
- 见下页

- 胶体系统
  - 电动性质
    - 电泳：电泳的定义；产生电泳的原因；电泳的应用
    - 电渗：电渗的定义；产生电渗的原因；电渗的应用；电渗与电泳的区别
    - 沉降电势流动电势 —结论→ 胶粒、分散介质带电 —带电原因→ {表面电离、晶格取代、离子吸附} —吸附规则→ 法扬斯-帕尼斯规则
    - 扩散双电层理论
      - 基本观点
      - 电动电势 →
        - 电解质对电动电势影响
        - 电动电势对稳定性影响
        - 电动电势计算公式 → 电动电势与电泳速率的定量关系
      - 胶团结构 → 获得对胶体粒子的微观认识
  - 稳定性分析
    - 胶体稳定的原因
      - 带电稳定性（主要原因）
      - 动力稳定性
      - 溶剂化稳定性
    - DLVO 理论 →
      - 基本要点
      - 势能曲线分析
    - 聚沉
      - 电解质聚沉能力定量分析
        - 聚沉能力
        - 聚沉值
      - 聚沉规律
        - 电解质聚沉规律
          - Schulze-Hardy 规则
          - 感胶离子序
        - 高分子聚沉机理
  - 乳状液
    - 定义
    - 分类
    - 类型鉴别
    - 乳液稳定原因
    - 破乳方法

10.2 主要知识点

10.2.1 胶体定义

分散相粒子在某维上的线度为 1～100nm 时的高分散系统称为胶体。按分散相粒子线度分类：分子分散系统（真溶液，如乙醇水溶液）、胶体分散系统（如碘化银溶胶）以及粗分散系统（如牛奶）。

10.2.2 按胶体系统稳定性分类

憎液溶胶：分散相不能溶于分散介质中所形成的胶体系统。对于由金属及难溶于水的卤化物、硫化物或氢氧化物等在水中形成的胶体称憎液溶胶（简称为胶体）。憎液溶胶的粒子均是由数目众多的分子构成，存在着很大的相界面，因此憎液溶胶具有高分散性、多相性以及热力学不稳定性的特点。如氢氧化铁溶胶、碘化银溶胶等。

形成憎液溶胶的必要条件是：(1) 分散相的溶解度要小；(2) 必须有稳定剂存在，否则胶粒易聚结而聚沉。

憎液溶胶的制备：分散法包括研磨法、胶溶法［如 $Fe(OH)_3$ 溶胶的制备］、超声分散法和电弧法；凝聚法包括化学凝聚法（如水解反应制氢氧化铁溶胶）和物理凝聚法（如更换溶剂法、蒸气骤冷法等）。

憎液溶胶的净化：目的是除去对新制备的溶胶稳定性不利的过多电解质或其他杂质。净

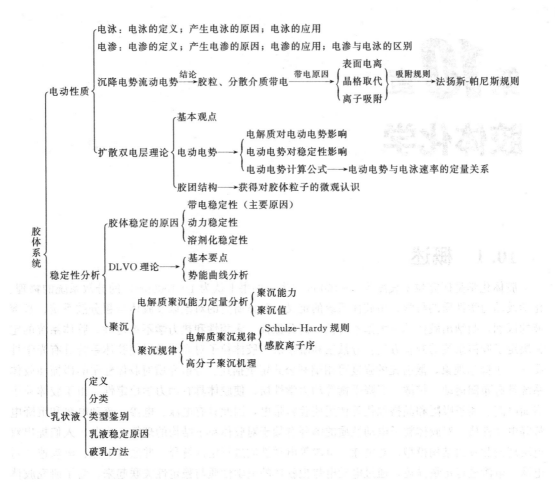

化的方法主要有渗析法和超过滤法。

亲液溶胶：半径落在胶体粒子范围内的大分子溶解在合适的溶剂中所形成的系统。高分子溶液为亲液溶胶。将溶剂蒸发，大分子化合物凝聚，再加入溶剂，又可形成溶胶。因此，亲液溶胶是热力学上稳定且可逆的系统。

缔合胶体：分散相是表面活性剂缔合形成的胶束。与亲液溶胶一样，也是热力学稳定系统。

10.2.3 胶体系统的动力学性质

(1) 布朗运动

胶体粒子由于受到分散介质分子的不平衡撞击而不断地作不规则的运动。胶体粒子的布朗运动的实质是分散介质分子的热运动结果。布朗运动使溶胶具有动力学稳定性。在 t 时间间隔内布朗运动的平均位移 $\bar{x}$ 可由 Einstein-Brown（爱因斯坦-布朗）位移公式计算

$$\bar{x}=\left(\frac{RTt}{3L\pi r\eta}\right)^{1/2}$$

式中，t 为时间；r 为粒子半径；η 为介质的黏度。

说明： ① 布朗运动不是胶粒的真实运动。

② 悬浮液的粒径比溶胶分散相粒子大得多，所以，悬浮液粒子不存在布朗运动，不可能产生扩散及渗透现象，而易于沉降析出。

③ 从位移公式可以看出，温度的升高和粒子的变小都会使平均位移增大，即布朗运动加剧；而介质的黏度增大使布朗运动减弱，平均位移减小。

④ 布朗运动是溶胶动力稳定的因素。

(2) 扩散、沉降及沉降平衡

扩散是指存在浓度梯度时，物质粒子（包括胶体粒子）因热运动而发生宏观上的定向移动现象。

扩散能力大小可通过扩散系数表征，扩散系数与温度成正比、与分散介质黏度和粒径成反比。对球形粒子，扩散系数 D 可由爱因斯坦-斯托克斯方程计算：

$$D=\frac{\bar{x}^2}{2t}=RT/(6\pi\eta rL)$$

沉降是指胶体粒子因重力作用而发生下沉的现象。

沉降平衡：当胶体粒子的沉降速率与其扩散速率相等时，胶体粒子在介质中的浓度随高度形成一定分布并且不随时间而变，这一状态称为胶体粒子处于沉降平衡。溶胶的沉降平衡是指粒子分布的平衡，沉降平衡时，胶粒在介质中的粒径愈大、粒子质量越大，则平衡浓度随高度的降低程度愈大，其数密度 C 与高度 h 的关系为

$$\ln\frac{C_2}{C_1}=-\frac{Mg}{RT}\left[\left(1-\frac{\rho_0}{\rho}\right)(h_2-h_1)\right]$$

式中，ρ 及 ρ_0 分别为粒子及介质的密度；M 为粒子的摩尔质量；g 为重力加速度。此式适用于单级分散粒子在重力场中的沉降平衡。

说明： 溶胶中胶粒沉降的动力来自重力；溶胶扩散的主要原因是分散介质分子热运动，可用扩散系数 D 表征扩散速率的快慢，扩散系数与温度成正比，与粒径、介质黏度成反比；沉降平衡是在沉降速率与扩散速率相等时的粒子分布平衡。

10.2.4 光学性质

丁铎尔现象：当将点光源发出的一束可见光照射到胶体系统时，在垂直于入射光的方向

上可以观察到一个发亮的光锥。丁铎尔现象产生的原因是由于胶体粒子的线度小于可见光的波长而对光产生的散射作用。散射光的强度 I 可由瑞利公式计算：

$$I=\frac{9\pi^2V^2C}{2\lambda^4l^2}\left(\frac{n^2-n_0^2}{n^2+2n_0^2}\right)^2(1+\cos^2\alpha)I_0$$

式中，I_0 及 λ 表示入射光的强度与波长；n 及 n_0 分别为分散相及分散介质的折射率；α 为散射角，为观测方向与入射光之间的夹角；V 为单个分散相粒子的体积；C 为分散相的数密度；l 为观测者与散射中心的距离。此式适用粒子尺寸小于入射光波长（看成点光源），而且不导电，还有不考虑粒子的散射光相互发生干涉。从瑞利公式可知：

① 散射光强度与粒子大小平方成正比。

② 分散相与分散介质的折射率相差愈小，散射愈弱。

③ 散射强度与入射光波长的四次方成反比。

丁铎尔效应可用来鉴别真溶液、大分子溶液和溶胶。憎液溶胶的丁铎尔现象十分明显，大分子溶液则较弱，而真溶液则弱到难以觉察。

说明：① 超显微镜是根据丁铎尔效应设计的，它在与入射光垂直的方向上及黑暗视野条件下观察，所看到的是粒子的散射光，而不是粒子的真实尺寸。

② 浊度计是根据丁铎尔效应的散射光强度与分散系统的浓度成正比的原理设计的。

③ 相对真溶液、粗分散体系、亲液溶胶而言，憎液溶胶的丁铎尔效应最明显，因此，可根据丁铎尔效应鉴别小分子溶液、大分子溶液和憎液溶胶。

10.2.5 电学性质

在外加直流电场或外力作用下，表面带电的胶粒与周围介质作相对运动时产生的现象称为电动现象，它包括电泳、电渗、沉降电势和流动电势。电泳与电渗是指在外电场作用下，胶体中分散相与分散介质发生相对运动；流动电势与沉降电势则是当外力场作用于胶体时，使得分散相与分散介质发生相对移动而产生的电势差。电泳和电渗分别证明胶粒和分散介质是带电体，带电的原因分为以下几种情况：(1) 表面离子的优先溶解；(2) 表面基团的直接电离；(3) 表面离子的取代；(4) 特殊离子的吸附（符合法扬斯-帕尼思规则：离子晶体表面对溶液中能与晶格上电荷符号相反的离子生成难溶或电离度很小的化合物的那些离子，具有优先吸附作用）。

10.2.6 斯特恩双电层模型

斯特恩双电层结构模型如下：图 10.1(b) 中，φ_0 为热力学电势，表示固体表面与溶液本体的电势差。φ_δ 为斯特恩电势，是斯特恩面与溶液本体的电势差。ζ 电势称为电动电势，是分散相与分散介质发生相对移动时，滑动面与溶液本体的电势差。利用**斯莫鲁科夫斯基**公式从电泳速率或电渗速率可以计算 ζ 电势：

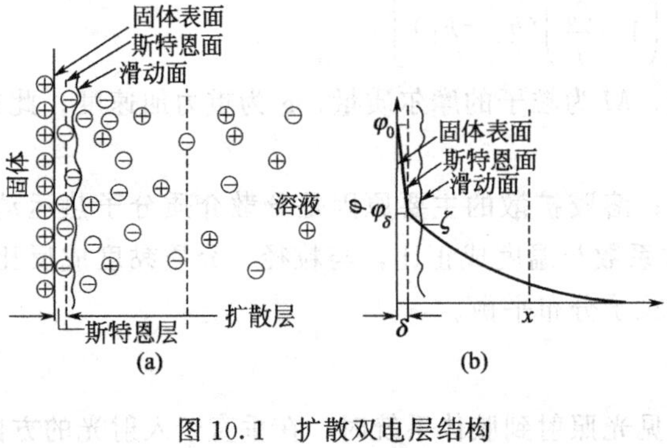

图 10.1 扩散双电层结构

$$\zeta=\frac{u\eta}{\varepsilon E}$$

式中，ε 为介质的介电常数；u 为电泳速率，$m\cdot s^{-1}$；E 为电势梯度，$V\cdot m^{-1}$；η 为介质的黏度，$Pa\cdot s$。

说明： 热力学电势 φ_0 的值取决于溶液中与固体成平衡的离子浓度，而与其他离子无关；ζ 电势的值小于热力学电势且受外加电解质的影响很大；决定胶粒电泳速度的物理量是 ζ 电势，而不是热力学电势；向溶胶中加入电解质，可改变 ζ 电势，但对热力学电势无影响；ζ 电势等于零的状态称为等电态，在等电态，扩散层厚度为零，胶粒不带电，在电场作用下，无电泳现象。

10.2.7　胶团结构

溶胶的胶团结构分为胶核、胶粒及胶团三个层次。以 AgCl 溶胶为例，当用 KCl 与 $AgNO_3$ 制备 AgCl 溶胶时，胶粒和胶团的组成、结构与 KCl 和 $AgNO_3$ 相对用量有关。若 $AgNO_3$ 过量，则胶粒与胶团结构如图 10.2 所示，即胶粒带正电荷。

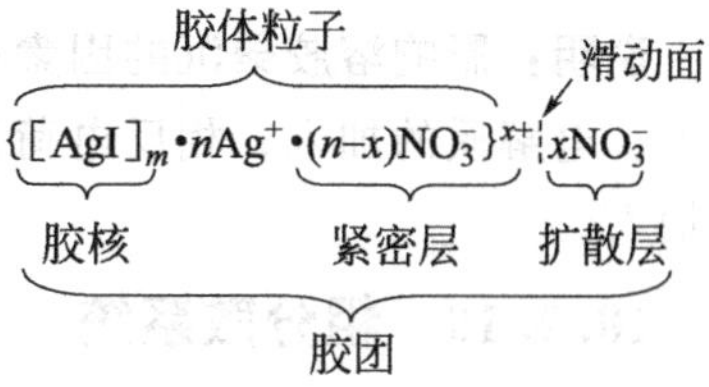

图 10.2　胶团结构

若制备 AgCl 时是采用 KCl 稍微过量，则其胶团结构为

$$\{[AgI]_m \cdot nI^- \cdot (n-x)K^+\}^{x-} \cdot xK^+$$

胶粒带负电荷。

说明： ① 胶团结构是考研的重点内容之一，明确胶核、胶粒、胶团的概念。

② 对胶团结构为 $[(Au)_m \cdot nAuO_2^- \cdot (n-x)Na^+]^{x-} \cdot xNa^+$ 的金溶胶，除稳定剂以外，无其他电解质存在时，其电动电势取决于 x 的大小，而与 m、n 无关。

10.2.8　溶胶的稳定与聚沉

溶胶稳定的原因有三：胶体粒子带电、溶剂化作用以及布朗运动。

溶胶聚沉是指溶胶中胶粒互相聚结变成大颗粒，直到发生沉淀的现象。少量电解质对溶胶起稳定作用，但过量电解质导致溶胶聚沉。不同电解质对导致溶胶聚沉的用量不同，用聚沉值来表示。聚沉值是指令溶胶发生明显聚沉时所需电解质的最小浓度。聚沉值的倒数称为聚沉能力。通常包含电解质聚沉、高聚物聚沉及胶体的相互聚沉。电解质聚沉规则：

① 起聚沉作用的主要是与胶粒带相反电荷的离子（即反离子）。

② 反离子价数越高则聚沉能力越强。

③ 感胶离子序：同符号、同价离子，其聚沉能力亦不相同，按聚沉能力排成的顺序称为感胶离子序。如

$$H^+ > Cs^+ > Rb^+ > NH_4^+ > K^+ > Na^+ > Li^+$$

$$F^- > Cl^- > Br^- > NO_3^- > I^- > SCN^- > OH^-$$

④ 当电解质所含聚沉离子价数及种类都相同，但个数不同时，离子个数多的聚沉能力强。

⑤ 若外加电解质中反离子个数、价数、种类都相同时，则取决于另一种离子。此离子对异号电荷的胶体聚沉能力越强，对同号电荷胶体聚沉能力越弱。

高聚物对胶体的稳定和聚沉作用：大量高聚物对胶体起稳定作用（保护作用），少量起聚沉作用（敏化作用）。高聚物使胶体聚沉的原因有：

① 搭桥效应：高聚物分子通过“搭桥”把胶粒拉在一起，引起聚沉；

② 脱水效应：亲水的高聚物夺取胶粒溶剂化层中的水而使胶粒失去溶剂化保护作用；

③ 电中和效应：聚电解质所带电荷与胶粒所带电荷发生电中和作用，使胶粒失去带电稳定性。

10.2.9　DLVO 理论的基本观点

胶粒间存在着斥力势能和吸力势能。斥力势能是带电胶粒接近时扩散层交叠所产生的，

与扩散层厚度和电动电势有关；吸力势能是长程范德华力作用的结果。

系统总势能 E_T 是斥力势能 E_R 和吸力势能 E_A（<0）的加和，即 $E_T=E_R+E_A$，E_R 和 E_A 的相对大小决定了胶体的稳定性。当 $E_R>E_A$，$E_T>0$，胶体处于稳定状态；相反，$E_T<0$，胶体相吸而聚集。

E_T、E_R、E_A 均随胶粒间距离而改变。E_T 曲线存在一峰值 E_b（势垒），胶粒聚沉必须克服这一势垒。峰值 E_b 随着电解质浓度增大而下降，当该势垒能量降为零时，所对应的电解质的浓度称为临界聚沉浓度（CCC）。

说明：影响溶胶聚沉的因素很多，如温度的变化、溶胶浓度的变化、大量大分子物质的加入、电解质的加入、相反电荷溶胶的混合等。各因素中最易引起憎液溶胶聚沉的是电解质的加入。

10.2.10　粗分散系统

乳状液：一种或几种液体以液珠形式分散在另一种与其互不相溶液体中所形成的分散系统。

分类：通常分为水包油型（O/W）和油包水型（W/O）。

乳状液的稳定机理：①降低界面张力；②形成定向楔界面；③形成扩散双电层；④其他因素对稳定的影响，如界面膜的稳定作用、固体粉末稳定作用（固体粉末作为稳定剂要注意三点：粒子尺寸必须小于乳液液滴尺寸；稳定剂粒子分散的状态；乳液中每个液相组分对粒子的相对润湿度）以及分散介质黏度等。

乳状液的去乳化（破乳）：通过消除或削弱乳化剂的保护作用，达到破乳的目的。如通过反应消除乳化剂、加入类型相反的乳化剂、加入表面活性大而形成弱界面强度的表面活性剂、加热等。

说明：乳状液的转型是指在外界某种因素作用下，乳状液由 O/W 变成 W/O 型，或者相反的过程，又称为转相。作为乳化剂的表面活性剂分子若大的一端亲水，小的一端亲油，则此乳化剂有利于形成 O/W 的乳状液；乳状液独有的特性之一是变形。

10.2.11　唐南平衡

由于聚电解质电离出的聚离子不能通过半透膜，使小离子在膜两边浓度不同，该渗透平衡称为唐南平衡。

说明：① 唐南膜平衡时，电解质在膜两侧的化学势相等，由此得到膜两侧的电解质离子浓度乘积相等，如 $[Na^+]_{内}\times[Cl^-]_{内}=[Na^+]_{外}\times[Cl^-]_{外}$。

② 有电解质存在时，大分子溶液的渗透压一般低于无电解质时的渗透压。

③ 半透膜一边放入聚电解质溶液，另一侧放小分子电解质溶液，唐南平衡时，渗透压只与聚电解质溶液浓度有关的说法是错误的。不过，当盐浓度远大于聚电解质浓度时，上述说法正确。

10.3　习题详解

1. 实验室中，用相同方法做成两份硫溶胶。测得两份硫溶胶的散射光强度之比 $I_1/I_2=10$。已知入射光的频率与强度都相同，第一份溶胶的浓度为 $0.10\text{mol}\cdot\text{dm}^{-3}$，试求第二份溶胶的浓度。

解：由瑞利公式，得 $I_1/I_2=c_1/c_2$

$$c_2=\frac{c_1}{I_1/I_2}=\frac{0.10}{10}\text{mol·dm}^{-3}=0.01\text{mol·dm}^{-3}$$

2. 实验室中，用相同方法做成两份浓度相同的硫溶胶。用同一个仪器在相同波长下测得两溶胶的散射光强度之比 $I_1/I_2=30$。求两溶胶的粒径之比。

解：由瑞利公式，得 $I_1/I_2=r_1^6/r_2^6$

$$r_1/r_2=(I_1/I_2)^{1/6}=30^{1/6}=1.76$$

3. 在 290K 时，通过藤黄溶胶的布朗运动实验，测得半径 $r=3.22\times10^{-7}$m 的藤黄粒子经 30s 时间在 x 轴方向的平均位移 $\overline{x}=6.0\times10^{-6}$m。已知该溶胶的黏度 $\eta=1.10\times10^{-3}\text{kg·m}^{-1}\text{·s}^{-1}$，试计算扩散系数 D 和阿伏加德罗常数 L。

解：　$D=\frac{\overline{x}^2}{2t}=\frac{(6.0\times10^{-6})^2}{2\times30}m^2\cdot s^{-1}=6.0\times10^{-13}\text{m}^2\text{·s}^{-1}$

根据公式　$D=RT/(6\pi\eta rL)$

故　$L=RT/(6\pi\eta rD)=\frac{8.3143\times290}{6\pi\times1.1\times10^{-3}\times3.22\times10^{-7}\times6.0\times10^{-13}}\text{mol}^{-1}$

$=6.02\times10^{23}\text{mol}^{-1}$

4. 在 298K 时，粒子半径为 2.0×10^{-8}m 的金溶胶，在地心力场中达到沉降平衡后，在高度相距 1.0×10^{-4}m 的某指定体积内粒子数分别为 280 和 140。试计算金溶胶粒子与分散介质的密度差。若介质的密度为 $1\times10^3\text{kg·m}^{-3}$，金的密度为多少？

解：$\rho(\text{粒})-\rho(\text{介})=RT\ln(N_2/N_1)/[-4/3\pi r^3 gL(y_2-y_1)]=8.314\times298\times$

$$\frac{\ln\frac{280}{140}}{\left[\frac{4}{3}\pi\times(2\times10^{-8})^3\times9.81\times6.02\times10^{23}\times(1.0\times10^{-4})\right]}\text{kg·m}^{-3}$$

$=8.6715\times10^4\text{kg·m}^{-3}$

$\rho(\text{粒})=(8.6715\times10^4\text{kg/m}^3)+\rho(\text{介})$

$=(1.00\times10^3+8.6715\times10^4)\text{kg·m}^{-3}=8.78\times10^4\text{kg·m}^{-3}$

5. 密度为 $2.152\times10^3\text{kg·m}^{-3}$ 的球形 $CaCl_2$ 粒子，在密度为 $1.595\times10^3\text{kg·m}^{-3}$，黏度为 $9.80\times10^{-4}\text{kg·m}^{-1}\text{·s}^{-1}$ 的 CCl_4 中沉降，100s 下落 0.0500m，计算此球形粒子的半径。

解：由沉降速度公式得

$r=[9\eta v/2(\rho-\rho_0)g]^{1/2}$

$=\sqrt{9\times9.80\times10^{-4}\times(0.0500/100)/[2\times(2152-1595)\times9.81]}\text{m}=2\times10^{-5}\text{m}$

6. 某聚合物摩尔质量 50kg·mol^{-1}，比容 $v=0.8\text{dm}^3\text{·kg}^{-1}$（即 $1/\rho_{\text{粒子}}$），溶解于某一溶剂中，形成溶液的密度是 1.011kg·dm^{-3}，将溶液置于超离心池中并转动，转速 15000r·min^{-1}。计算在 6.75cm 处的浓度与在 7.50cm 处浓度比值，温度为 310K。

解：在重力场中有公式 $\ln\frac{c_2}{c_1}=-\frac{Mg}{RT}\left(1-\frac{\rho_0}{\rho}\right)(y_2-y_1)$，在离心力场中该式要改写为

$$RT\ln\frac{c_2}{c_1}=\frac{4}{3}\pi r^3(\rho_{\text{粒子}}-\rho_{\text{介质}})\omega^2 L\,\frac{1}{2}(y_2^2-y_1^2)$$

$\ln(c_2/c_1)=M(1-v\rho_{\text{介质}})\omega^2(y_2^2-y_1^2)/(2RT)$　［式中 $M=(4/3)\pi r^3\rho_{\text{粒子}}\cdot L$］

$=50\times(1-0.8\times1.011)(15000\times2\pi/60)^2(0.075^2-0.0675^2)/(2\times8.314\times310)=4.89$

解得 $c_2/c_1=132$

7. 某一胶态铋，在20℃时的ζ电势为0.016V，求它在电势梯度等于$1V\cdot m^{-1}$时的电泳速度，已知水的相对介电常数$\varepsilon_r=81$，真空介电常数$\varepsilon_0=8.854\times10^{-12}F\cdot m^{-1}$，$\eta=0.0011Pa\cdot s$。

解：根据公式 $v=\dfrac{\varepsilon E\zeta}{4\pi\eta}=\dfrac{\varepsilon_0\varepsilon_r E\zeta}{4\pi\eta}$

$$=\frac{0.016\times81\times8.854\times10^{-12}\times1}{4\times3.14\times0.0011}m\cdot s^{-1}=8.3\times10^{-10}m\cdot s^{-1}$$

（注：如果分别按公式$v=\zeta\varepsilon_r\varepsilon_0 E/(1.5\eta)$和$v=\zeta\varepsilon_r\varepsilon_0 E/\eta$计算，得

$$v=\zeta\varepsilon_r\varepsilon_0 E/(1.5\eta)=\frac{0.016\times81\times8.854\times10^{-12}\times1}{1.5\times0.0011}m\cdot s^{-1}=6.95\times10^{-9}m\cdot s^{-1}$$

$$v=\zeta\varepsilon_r\varepsilon_0 E/\eta=\frac{0.016\times81\times8.854\times10^{-12}\times1}{0.0011}m\cdot s^{-1}=1.043\times10^{-8}m\cdot s^{-1}）$$

8. 水中直径为$1\mu m$的石英粒子在电场强度$E=200V\cdot m^{-1}$的电场中运动，其运动速度$v=6.0\times10^{-5}m\cdot s^{-1}$，试计算石英/水界面上$\zeta$电势的数值。设溶液黏度$\eta=1.0\times10^{-3}kg\cdot m^{-1}\cdot s^{-1}$，介电常数$\varepsilon=8.89\times10^{-9}C\cdot V^{-1}\cdot m^{-1}$。

解：由于粒径为$1\mu m$，比较大，即$r/k^{-1}\gg100$，可以用公式

$$v=\frac{\varepsilon E\zeta}{4\pi\eta}=\frac{\varepsilon_0\varepsilon_r E\zeta}{4\pi\eta}，即\ \zeta=\frac{4\pi v\eta}{\varepsilon E}$$

$$\zeta=\frac{4\pi v\eta}{\varepsilon E}=\frac{4\times3.14\times1.0\times10^{-3}\times6.0\times10^{-5}}{8.89\times10^{-9}\times200}V=0.424V\ （太大）$$

［注：按公式$\zeta=1.5\eta v/(\varepsilon E)$计算，得

$\zeta=1.5\eta v/(\varepsilon E)=1.5\times1.0\times10^{-3}\times6.0\times10^{-5}/(8.89\times10^{-9}\times200)V=0.051V$］

9. 水与玻璃界面的ζ电势约为$-50mV$，计算当电容器两端的电势梯度为$400V\cdot m^{-1}$时每小时流过直径为1.0mm的玻璃毛细管的水量。设水的黏度为$1.0\times10^{-3}kg\cdot m^{-1}\cdot s^{-1}$，介电常数为$\varepsilon=8.89\times10^{-9}C\cdot V^{-1}\cdot m^{-1}$。

解：由ζ电势与电渗速度的关系可得

$$v=\zeta\varepsilon E/\eta=\frac{0.05\times8.89\times10^{-9}\times400}{10^{-3}}m\cdot s^{-1}=1.778\times10^{-4}m\cdot s^{-1}$$

因此，每小时流过毛细管的水量为：

$$\Phi=\pi r^2\cdot v=[\pi\times(0.5\times10^{-3})^2\times1.778\times10^{-4}]m^3\cdot s^{-1}$$
$$=1.396\times10^{-9}m^3\cdot s^{-1}=5.025\times10^{-6}m^3\cdot h^{-1}$$

*10. 今有介电常数$\varepsilon=8$，黏度为$3\times10^{-3}Pa\cdot s$的燃料油，在$30p^{\ominus}$的压力下于管道中泵送。管与油之间的ζ电位为125mV，油中离子浓度很低，相当于$10^{-8}mol\cdot dm^{-3}$ NaCl。试求管路两端产生的流动电势的大小。对其结果进行适当讨论，设燃料油的电导率$10^{-6}\Omega^{-1}\cdot m^{-1}$。［溶胶的流动电势$E_s$可用公式$E_s=(\varepsilon\zeta p)/(\eta K)$计算（式中，$\kappa$为溶胶的电导率）］。

解：溶胶的流动电势可用公式$E_s=(\varepsilon\zeta p)/(\eta K)$计算（式中，$\kappa$为溶胶的电导率），

$$E_s=[(8\times8.854\times10^{-12}\times0.125\times30\times10^5)/(3\times10^{-3}\times10^{-6})]V=8854V$$

E_s与管径无关，为减小E_s较大带来易燃的危险，应在油中加入油溶性电解质，增加介质的电导率。

11. 欲制备AgI负电性溶胶，应在$20cm^3$的$2.0\times10^{-2}mol\cdot dm^{-3}$ KI溶液中加入多少体积的$5.0\times10^{-3}mol\cdot dm^{-3}$ $AgNO_3$溶液？并写出该溶胶系统胶团的结构式。

解：由于KI和$AgNO_3$的反应为1∶1反应，因此，要使KI刚好完全反应所需$AgNO_3$

的体积为：$20\times2.0\times10^{-2}/5\times10^{-3}cm^3=80cm^3$，制备 AgI 负电性溶胶，KI 应过量，所以 $AgNO_3$ 的体积应小于 $80cm^3$。

胶团结构：$\{[AgI]_m nI^- \cdot (n-x)K^+\}^{x-} \cdot xK^+$

12. 对带负电的 AgI 溶胶，KCl 的聚沉值为 $0.14mol \cdot dm^{-3}$，则 K_2SO_4、$MgCl_2$、$LaCl_3$ 的聚沉值分别为多少？

解：由 Schulze-Hardy 规则，不同价数离子聚沉值之比约为

$$K^+ : Mg^{2+} : La^{3+}=1:1/2^6:1/3^6=1:1/64:1/729$$

对 K_2SO_4、$MgSO_4$、$LaCl_3$ 而言，聚沉值分别为 $0.07mol \cdot dm^{-3}$，$0.0022mol \cdot dm^{-3}$，$0.0002mol \cdot dm^{-3}$

13. 在三个烧瓶中皆盛有 $0.02dm^3$ 的 $Fe(OH)_3$ 溶胶，分别加入 NaCl、Na_2SO_4 和 Na_3PO_4 使其聚沉，至少需要加入电解质的数量为：(1) $1mol \cdot dm^{-3}$ 的 NaCl $0.021dm^3$，(2) $0.005mol \cdot dm^{-3}$ 的 Na_2SO_4 $0.125dm^3$，(3) $0.0033mol \cdot dm^{-3}$ 的 Na_3PO_4 $7.4\times10^{-3}dm^3$。试计算各电解质的聚沉值和它们的聚沉能力之比，从而可判断胶粒带什么电荷。

解：$c(NaCl)=\dfrac{1\times0.021}{0.02+0.021}mol \cdot dm^{-3}=0.512mol \cdot dm^{-3}$

$$c(Na_2SO_4)=\frac{0.005\times0.125}{0.02+0.125}mol \cdot dm^{-3}=4.31\times10^{-3}mol \cdot dm^{-3}$$

$$c(Na_3PO_4)=\frac{0.0033\times7.4\times10^{-3}}{0.02+7.4\times10^{-3}}mol \cdot dm^{-3}=8.91\times10^{-4}mol \cdot dm^{-3}$$

聚沉能力之比为：$\dfrac{1}{0.512}:\dfrac{1}{4.31\times10^{-3}}:\dfrac{1}{8.91\times10^{-4}}=1:119:575$

所以判断胶粒带正电

14. 浓度为 $0.01mol \cdot dm^{-3}$ 的胶体电解质（可表示为 $Na_{15}X$）水溶液，被置于渗析膜的一边，而膜的另一边是等体积的浓度为 $0.05mol \cdot dm^{-3}$ 的 NaCl 水溶液，达到 Donnan 平衡时，扩散进入含胶体电解质水溶液中氯化钠的净分数是多少？

解：Donnan 平衡时，有 $[Na^+]_{内}\times[Cl^-]_{内}=[Na^+]_{外}\times[Cl^-]_{外}$

即
$$(15\times0.01+y) \cdot y=(0.05-y)(0.05-y)$$

式中，y 为渗析平衡时，电解质离子进入（含有胶体电解质）膜内的浓度值，解得

$$y=0.01mol \cdot dm^{-3}$$

扩散进入膜内 NaCl 占 NaCl 浓度的分数为 $0.01/0.05=0.2$

15. 298K 时，膜的一侧是 $0.1dm^{-3}$ 水溶液，其中含 0.5g 某大分子 Na_6P 化合物，膜的另一侧是 $1.0\times10^{-7}mol \cdot dm^{-3}$ 的稀 NaCl 溶液，测得渗透压为 6881Pa。求该大分子的数均相对分子质量。

解：当一侧电解质浓度极低时，由唐南平衡：

$$\Pi\approx(z+1)c_2RT$$

$$6881=7\times5/M\times8.314\times298$$

$$M=12.6kg \cdot mol^{-1}$$

16. 298K 时，在半透膜两边，一边放浓度为 $0.100mol \cdot dm^{-3}$ 的大分子有机物 RCl，RCl 能全部解离，但 R^+ 不能透过半透膜；另一边放浓度为 $0.500mol \cdot dm^{-3}$ 的 NaCl，计算膜两边达平衡后，各种离子的浓度和渗透压。

解：设达到渗透平衡时，各物质浓度表示如下（单位 $mol \cdot dm^{-3}$）

膜左	膜右
$[R^+]=0.1$	
$[Na^+]_{左}=x$	$[Na^+]_{右}=0.5-x$
$[Cl^-]_{左}=0.1+x$	$[Cl^-]_{右}=0.5-x$

由膜平衡条件：$[Cl^-]_{左}[Na^+]_{左}=[Cl^-]_{右}[Na^+]_{右}$ 得

$$(0.1+x)x=(0.5-x)(0.5-x)$$

$$x=0.227\text{mol}\cdot\text{dm}^{-3}$$

所以平衡时左边　$[Cl^-]_{左}=(0.1+x)\text{mol}\cdot\text{dm}^{-3}=0.327\text{mol}\cdot\text{dm}^{-3}$

$[Na^+]_{左}=0.227\text{mol}\cdot\text{dm}^{-3}$

右边　$[Cl^-]_{右}=(0.5-x)\text{mol}\cdot\text{dm}^{-3}=0.273\text{mol}\cdot\text{dm}^{-3}$

$[Na^+]_{右}=(0.5-x)\text{mol}\cdot\text{dm}^{-3}=0.273\text{mol}\cdot\text{dm}^{-3}$

$$\Pi=\Delta cRT=[(0.1+0.1+2x)-2(0.5-x)]RT=2.676\times10^5\text{Pa}$$

答案：$[Cl^-]_{左}=0.327\text{mol}\cdot\text{dm}^{-3}$，$[Na^+]_{左}=0.227\text{mol}\cdot\text{dm}^{-3}$，

$[Cl^-]_{右}=0.273\text{mol}\cdot\text{dm}^{-3}$，$[Na^+]_{右}=0.273\text{mol}\cdot\text{dm}^{-3}$；$\Pi=2.676\times10^5\text{Pa}$

17. 血清蛋白质溶解在缓冲溶液中，改变 pH 值并通以一定电压，测定电泳距离为：

	向阴极移动		向阳极移动	
pH	3.76	4.20	4.82	5.58
Δx/cm	0.936	0.238	0.234	0.700

试确定蛋白质分子的等电点，并说明蛋白质分子带电性质与 pH 值关系

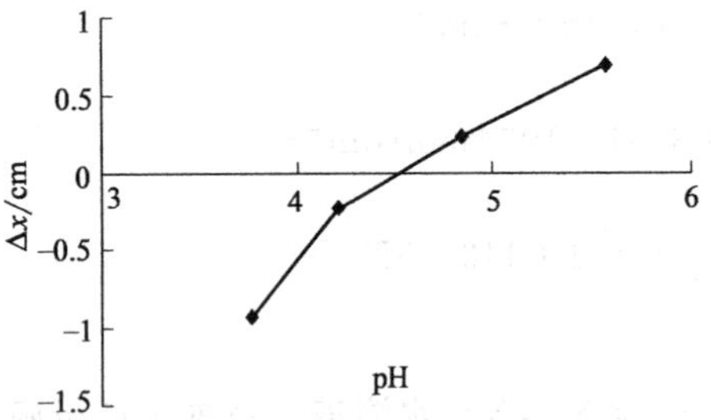

习题 17 附图

解： 作 Δx-pH 如附图，$\Delta x=0$ 即为等电点，可得等电点 pH=4.50

当 pH>4.5 时，蛋白质分子带负电，向阳极移动；

当 pH<4.5 时，蛋白质分子带正电，向阴极移动。

18. 298K 下，将 20g 甲苯的乙醇溶液［含甲苯 85%（质量分数）］加入到 20g 水中形成液滴平均半径为 10^{-6}m 的 O/W 乳状液，已知 298K 下甲苯与此乙醇水溶液的界面张力为 $38\text{mN}\cdot\text{m}^{-1}$，甲苯的密度为 $870\text{kg}\cdot\text{m}^{-3}$。试计算该乳状液形成过程的 ΔG，并判断该乳状液能否自发形成。

解： 由 $\Delta G=\gamma\Delta A$

甲苯的乙醇溶液含甲苯：$(20\times85\%)\text{g}=17\times10^{-3}\text{kg}$

甲苯的体积：$17\times10^{-3}/870\text{m}^3=1.95\times10^{-5}\text{m}^3$

甲苯的粒子数：$\dfrac{1.95\times10^{-5}}{4\pi\times(10^{-6})^3/3}=4.66\times10^{12}$

甲苯的总表面积变化：$\Delta A=4.66\times10^{12}\times4\pi\times(10^{-6})^2=58.53\text{m}^2$

已知　$\gamma=38\text{mN}\cdot\text{m}^{-1}$

$$\Delta G=\gamma\Delta A=38\times10^{-3}\times58.53\text{J}=2.224\text{J}>0$$

该乳状液的形成过程不自发。

19. Reinders 指出，以固体（s）粉末作乳化剂时，有三种情况

(1) 若 $\gamma_{so}>\gamma_{ow}>\gamma_{sw}$，固体处于水中；

(2) 若 $\gamma_{sw}>\gamma_{ow}>\gamma_{so}$，固体处于油中；

(3) 若 $\gamma_{ow}>\gamma_{sw}>\gamma_{so}$，或三个张力中没有一个大于其他二者之和，则固体处于水/油界

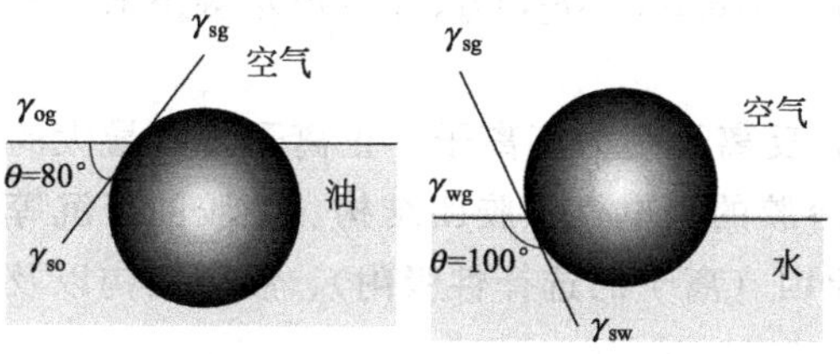

习题 19 附图

面。只有在第三种情况下，固体粉末才能起到稳定作用。20℃时在空气中测得水（表面张力为 72.8mN·m^{-1}）对某固体的接触角为 100°，油（表面张力为 30mN·m^{-1}）对固体的接触角为 80°，水/油间的界面张力为 40mN·m^{-1}，试估计此固体的粉末能否对油水乳化起稳定作用（γ_{sg} 通常较大）？

解： 同教材 9.3（139 页）中确定接触角的原则一样，当固体颗粒处在空气和液体（水或油）界面时，仍定义空气/液体界面张力 γ_{og}（或 γ_{wg}）与固体/液体界面张长 γ_{so}（或 γ_{sw}）之间的夹角为接触角，如附图所示。由 Young（杨氏）方程得

$$\gamma_{sg}=\gamma_{sw}+72.8\cos100° \tag{1}$$

$$\gamma_{sg}=\gamma_{so}+30\cos80° \tag{2}$$

(1)−(2) 得 $\gamma_{sw}-\gamma_{so}=17.9\text{mN}\cdot\text{m}^{-1}$

故 $\gamma_{sw}-\gamma_{so}<\gamma_{ow}=40\text{mN}\cdot\text{m}^{-1}$，即 $\gamma_{sw}<\gamma_{ow}+\gamma_{so}$

(2)−(1) 得 $\gamma_{so}-\gamma_{sw}=-17.9\text{mN}\cdot\text{m}^{-1}$ 故 $\gamma_{so}-\gamma_{sw}<\gamma_{ow}$，即 $\gamma_{so}<\gamma_{ow}+\gamma_{sw}$

(1)+(2) 得 $\gamma_{sw}+\gamma_{so}=2\gamma_{sg}+7.4$

由于 γ_{sg} 通常较大，故估计 $\gamma_{ow}<2\gamma_{sg}+7.4$，即 $\gamma_{ow}<\gamma_{sw}+\gamma_{so}$

可见，三个界面张力中没有一个大于其他二者之和，故此固体粉末能对油水乳化起稳定作用。

10.4 典型例题精解

例 1 证明当蛋白质水溶液中含有两种蛋白质分子时，两者的扩散系数之比为

$$D_1/D_2=(M_1/M_2)^{-1/3}$$

式中，D_1、D_2 分别为两种分子的扩散系数；M_1、M_2 分别为两分子的摩尔质量。

解： 该题应记住爱因斯坦-斯托克斯方程以及胶体粒子分子量的定义：1mol 胶体粒子所具有的质量，而不是构成胶体粒子的 1mol 分子或原子的质量。应掌握扩散系数与温度、粒径、分子量的关系。

证明： 由爱因斯坦-斯托克斯方程得

$$D=RT/(6\pi\eta rL)\text{，又 }M=\frac{4}{3}\pi r^3\rho L\text{，所以 }r=\left(\frac{3M}{4\pi\rho L}\right)^{1/3}$$

$$D=\frac{RT}{6\pi\eta L\times\left(\dfrac{3M}{4\pi\rho L}\right)^{1/3}}=\frac{a}{M^{1/3}}\text{，所以，}D_1/D_2=(M_1/M_2)^{-1/3}$$

讨论： ① 对多分散的胶体系统，胶体粒子的分子量是平均值。

② 扩散系数与温度、分散介质黏度、胶粒大小（体现在分子量大小）有关，与粒径、介质黏度成反比。

③ 胶体粒子布朗运动的本质是分散介质的热运动，沉降平衡则是布朗运动（扩散）和重力共同作用的结果。布朗运动、扩散使溶胶具有动力学稳定性。

例 2 欲制备出在电泳实验中朝正极运动的 AgBr 溶胶，那么在浓度为 0.016mol·dm^{-3}，体积为 0.025dm^3 的 $AgNO_3$ 溶液中加入浓度为 0.05mol·dm^{-3} 的 KBr 溶液____cm^3（填入具体数据），所制得的 AgBr 溶液的胶团结构表示式为：____（写出胶核、胶粒与胶团）。

浓度（物质的量浓度）相同的 NaCl、$CuCl_2$、$AlCl_3$、Na_2SO_3、Na_3PO_4 等溶液，其中聚沉能力最大的为____溶液。

解：在电泳实验中朝正极运动的为负溶胶，反离子则为正离子，正离子价数最大的是 Al^{3+}，故 $AlCl_3$ 溶液的聚沉能力最大。此题把溶胶的带电性、胶团结构、溶胶的聚沉等问题结合在一起，具有较好的综合性。胶粒带电原因（离子的选择性吸附）、胶团结构以及聚沉规则是考研重点。

在电泳实验中朝正极运动的 AgBr 溶胶应为负溶胶，为此粒子 $[AgBr]_m$ 应吸附 Br^- 形成胶核，即 KBr 需要比 $AgNO_3$ 过量，则 $V>0.016\times0.025/0.05=0.008\text{dm}^3$，即所加 KBr ($0.05\text{mol}\cdot\text{dm}^{-3}$) 要大于 8cm^3。

胶团结构为：

$$\underbrace{\underbrace{[\underbrace{(AgBr)_m}_{\text{胶核}}\cdot nBr^-\cdot(n-x)K^+]^{x-}}_{\text{胶粒}}\cdot xK^+}_{\text{胶团}}$$

由于胶粒带负电，起聚沉作用的离子主要是正离子，正离子价数越高，聚沉能力越强，所加各电解质溶液中，聚沉能力最大的为 $AlCl_3$ 溶液。

讨论：①电动电势的大小取决于 x 的大小；②电动电势越小，聚沉愈快。

例 3 血清蛋白质溶解在缓冲溶液中，改变 pH 值并通以一定电压，测定电泳距离为：

pH	3.76	4.20	4.82	5.58
Δx/cm	0.936	0.238	0.234	0.700
	向阴极移动		向阳极移动	

试确定蛋白质分子的等电点，并说明蛋白质分子带电性质与 pH 值关系。

解：本题考察等电点的概念。改变 pH 值，电泳方向不同；等电点时，胶粒不带电，在电场作用下无电泳现象，即电泳距离为零。

作 Δx-pH 图 10.3，$\Delta x=0$ 即为等电点，可得等电点 pH=4.50。当 pH>4.5 时，蛋白质分子带负电；当 pH<4.5 时，蛋白质分子带正电。

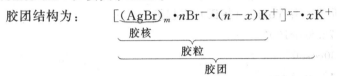

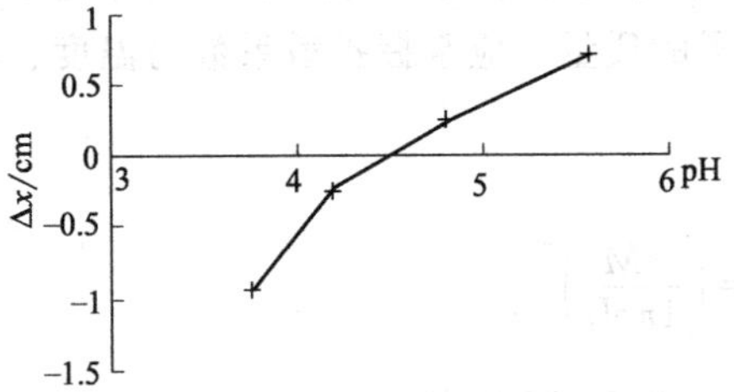

图 10.3

例 4 将 10^{-5}m^3 的油酸在水中乳化为半径为 10^{-7}m 的小液滴，构成乳状液，系统增加界面面积 300m^2，处于不稳定状态。若此时再加入一定体积的 2% 皂液就可使乳状液变为相对稳定的状态，试分析皂液所起的作用（已知油酸与水的界面张力为 $2.29\times10^{-2}\text{N}\cdot\text{m}^{-1}$，加入皂液后可使油酸与水的界面张力降低到 $3\times10^{-3}\text{N}\cdot\text{m}^{-1}$）。

解：解答本题应清楚乳化剂使乳状液稳定的原因。只有稳定剂存在时，乳状液才能稳定存在，稳定剂稳定乳状液的原因包括：使液滴表面带电，液滴间产生静电排斥力；形成牢固的定向楔界面；降低界面张力等。

在油酸与水形成的乳状液中加入皂液，由于皂液为表面活性剂，它将乳化后的油酸液滴包围起来，皂分子憎水基团与油酸分子接触，亲水基团朝向水分子，产生静电和空间排斥力（极性基团的溶剂化层产生的斥力），这样，阻止了高度分散的小油酸液滴重新聚集成大液滴，因此起到了稳定作用。肥皂即为乳化剂（稳定剂），只有稳定剂存在时，乳状液才能稳定存在。加入皂液后，油酸与水的界面张力从 $2.29\times10^{-2}\text{N}\cdot\text{m}^{-1}$ 降低到 $3\times10^{-3}\text{N}\cdot\text{m}^{-1}$，系统的界面自由能降低，系统变得更加稳定。

讨论：乳状液的类型、类型鉴别方法、乳状液的稳定原因以及破乳是需要掌握的有关乳状液的内容。

例 5　有一大分子电解质 $Na_{20}P$，摩尔质量 $M=100\text{kg}\cdot\text{mol}^{-1}$。有一半透膜，膜左边为 $1.00\text{g}/100\text{cm}^3$ 的 $Na_{20}P$ 溶液，膜右边为 $0.001\text{mol}\cdot\text{dm}^{-3}$ 的 NaCl(aq)，求平衡后膜左边 $[Na^+]$ 及 Donnan 电势。

解：Donnan 平衡是考研的重点之一，涉及 Donnan 平衡概念和相关计算。

开始，膜左边：$[P^-]=10^{-4}\text{mol}\cdot\text{dm}^{-3}$，$[Na^+]=20\times10^{-4}\text{mol}\cdot\text{dm}^{-3}$

膜右边：$[Na^+]=[Cl^-]=10^{-3}\text{mol}\cdot\text{dm}^{-3}$

膜平衡时，假设 Na^+、Cl^- 从膜右边迁移到膜的左边的物质的量为 a，因此，膜平衡时，

膜左边：$[P^-]=10^{-4}\text{mol}\cdot\text{dm}^{-3}$，$[Na^+]=(20\times10^{-4}\text{mol}\cdot\text{dm}^{-3}+a)$，$[Cl^-]=a$

膜右边：$[Na^+]=[Cl^-]=(10^{-3}\text{mol}\cdot\text{dm}^{-3}-a)$

根据膜平衡条件：　$[Na^+]_L\times[Cl^-]_L=[Na^+]_R\times[Cl^-]_R$

$$(20\times10^{-4}\text{mol}\cdot\text{dm}^{-3}+a)\times a=(10^{-3}\text{mol}\cdot\text{dm}^{-3}-a)^2$$

所以，　$a=2.5\times10^{-4}\text{mol}\cdot\text{dm}^{-3}$

膜平衡时，膜左边 Na^+ 的浓度：$[Na^+]=20\times10^{-4}+2.5\times10^{-4}=2.25\times10^{-3}\text{mol}\cdot\text{dm}^{-3}$

膜平衡时，膜右边 Na^+ 的浓度为：$[Na^+]=10^{-3}-2.5\times10^{-4}=0.75\times10^{-3}\text{mol}\cdot\text{dm}^{-3}$

$$E=\frac{RT}{F}\ln\frac{[Na^+]_L}{[Na^+]_R}=\left[\frac{8.314\times298}{96500}\ln\frac{2.25\times10^{-3}}{0.75\times10^{-3}}\right]\text{V}=0.028\text{V}$$

讨论：① Donnan 平衡涉及左右具有相同离子、不同离子等情况，计算公式不同，所以不应死记公式，而应掌握方法。

② Donnan 平衡产生的本质原因是大离子不能透过半透膜且因静电作用使小离子在膜两边浓度不同。

③ 当达到 Donnan 平衡时，对系统任一电解质（如 NaCl）来说，膜内部电解质的化学势等于膜外部的化学势，其组成离子在膜内部的浓度乘积等于膜外部的浓度乘积，即 $[Na^+]_{内}\times[Cl^-]_{内}=[Na^+]_{外}\times[Cl^-]_{外}$；对任一离子而言，膜两边的离子的化学势不等，但膜两边的同一离子的电化学势相等，即对 i 离子，

$$\mu_i^{\ominus\alpha}+RT\ln a_i^\alpha+z_iF\varphi^\alpha=\mu_i^{\ominus\beta}+RT\ln a_i^\beta+z_iF\varphi^\beta$$

在当膜两侧不具有相同的离子时，如聚电解质 NaR 与 KCl 溶液的唐南平衡条件是：$[K^+]_{左}/[K^+]_{右}=[Na^+]_{左}/[Na^+]_{右}=[Cl^-]_{右}/[Cl^-]_{左}$。

④ 当唐南平衡建立后，由于电解质对高分子溶液渗透压的影响，溶液两侧的浓度差低于纯高分子溶液的浓度，因此有电解质时大分子溶液的渗透压一般低于无电解质的情况，且渗透压与电解质浓度有关。对于电解质溶液的渗透压，不能直接用公式 $\Pi=cRT$，实际渗透压 $\Pi=$(膜内离子总浓度－膜外离子总浓度)RT。

⑤ 消除 Donnan 平衡的主要方法：在无大分子的溶剂一侧，加入过量的中性盐。

⑥ 膜电位（Donnan 电势）可用 $E=\frac{RT}{F}\ln\frac{[Na^+]_L}{[Na^+]_R}$ 计算，也可用 $E=-\frac{RT}{F}\ln\frac{[Cl^-]_L}{[Cl^-]_R}$ 计算，数值相等，符号也相等。但对膜电势的符号，根据不同书上的讨论，所得到的符号可能不同。膜电势的正、负不是原则问题，只要计算结果的数值正确即可。

第11章 化学动力学

11.1 概述

通过化学热力学的计算我们知道一个化学反应变化的方向、能达到的最大限度以及外界条件对化学平衡的影响，但化学热力学只能预测反应的可能性，无法预测反应能否真的发生？也不知道反应是如何发生（反应机理）和以什么样的反应速率进行。故想了解这些具体过程和影响因素，就必须对化学反应动力学进行研究。

化学动力学是研究反应速率及机理的科学。其内容涉及宏观反应动力学及其规律，微观反应机理及特点，反应速率理论及一些特殊过程的动力学规律等。化学动力学以反应速率为切入点，在宏观上提出反应速率的表示方法和测定方法，讨论各种因素（反应物浓度、温度、溶剂性质、催化剂、光等）对反应速率的影响。在微观上以基元反应为切入点，依据质量作用定律直接得到浓度与反应速率的定量关系——反应速率方程。而对于具有简单级数的非基元反应，则需通过宏观上测定动力学（*c*-*t*）曲线，再根据动力学曲线，通过微分法、积分法和半衰期法等方法或根据简单零级、一级和二级反应的特征确定反应速率方程。对速率方程微分式（*r*-*c* 关系）进行积分，可得到动力学方程的积分式（*c*-*t* 关系）及相关动力学特征（重点内容）。对于一些同时包含有对峙、平行和连串步骤的复杂反应和包含有自由基的链反应，常需要采用近似处理方法——稳态法和平衡态法求出动力学方程。

在各种影响反应速率的因素中，温度是最重要的影响因素之一。Arrhenius 公式给出了温度对反应速率影响的定量关系，提出了活化能和指前因子两个经验参数。活化能是反应动力学中的重要概念，其物理意义是每摩尔反应物分子平均能量与每摩尔活化分子平均能量之差，即反应物欲变为产物所必须获得的最低能量，是求动力学方程时必须测定的物理量之一。

此外，溶剂、催化剂和光也是影响反应速率和机理的常见因素。动力学研究认为，溶液中的反应与气相反应的不同在于溶剂通过笼效应和溶剂性质影响反应速率。对于催化反应，动力学从催化剂及其特性出发，结合反应物与催化剂之间的相互作用，总结并指出催化剂加速化学反应的根本原因是催化剂改变了反应历程、降低了活化能。对于光化学反应，从光化学反应的特性、光化学反应定律、反应机理入手，讨论光强度与光化学反应速率的关系，对光化学反应作了一初步、入门的介绍。

从反应的微观内在本质出发，利用碰撞理论和过渡状态理论，对反应产生的原因进行定性分析，并在一些基本假设的基础上，推导出基元反应的速率方程，并给出了活化能和指前因子等的物理意义。根据过渡态理论和势能面，给出了过渡态概念物理意义和反应坐标，导出了艾林方程，通过活化熵给出了碰撞理论中方位因子的物理意义，导出了活化能与反应焓的关系。本章知识点架构纲目图如下：

- 反应速率
  - 测定方法
    - 物理方法
      - 优点：方便迅速、可连续测定，易实现自动控制
      - 缺点：实验仪器相对昂贵
    - 化学方法
      - 优点：直接测量浓度，仪器相对简单
      - 缺点：需终止反应，操作费时
  - 影响因素
    - 温度
      - 范特霍夫规则
      - 阿累尼乌斯方程
        - 定量关系式
        - 活化能定义及物理意义
        - 频率因子(指前因子)
    - 浓度 → 转下图
    - 光 → 光化学反应
      - 光化学反应特征
      - 光化学反应定律
      - 量子效率和量子产率
      - 光化学反应速率方程及光化学平衡
    - 催化剂
      - 催化剂定义及催化剂加速反应的机理
      - 催化反应特征及常见的催化反应
    - 溶剂
      - 笼效应
      - 溶剂及离子强度对反应速率的影响
  - 表示方法
    - 消耗速率
    - 生成速率
    - 反应速率：单位时间、单位体积内的反应进度的变化

- 浓度 → 速率方程
  - 基元反应
    - 质量作用定律
    - 反应分子数
    - 反应级数
  - 非基元反应
    - 实验确定速率方程
    - 机理推导速率方程
  - （以上 → 反应速率方程）
    - 简单级数反应
      - 零级反应
      - 一级反应
      - 二级反应
      - n级反应
      - → 速率方程积分式；速率方程微分式；动力学特征；半衰期概念
    - 典型复合反应
      - 平行反应
      - 对行反应
      - 连串反应
      - → 速率方程积分式；速率方程微分式；动力学特征
    - 链反应
      - 链反应特征
      - 直链反应
      - 支链反应
      - 由机理推导速率方程 → 稳态近似法；平衡态近似法
  - 速率方程理论
    - 碰撞理论
      - 基本假定
      - 阈能定义
      - 总碰撞数
      - 有效碰撞分数
      - → 速率方程；解释活化能；解释指前因子；引出方位因子
        - → 优点；缺点
    - 过渡状态理论
      - 基本假定
      - 反应途径
      - 势能面
      - 活化络合物
      - 统计热力学方法；热力学方法
        - → 速率方程；速率系数；解释指前因子；解释活化能；解释方位因子；零点能定义
          - → 优点；缺点

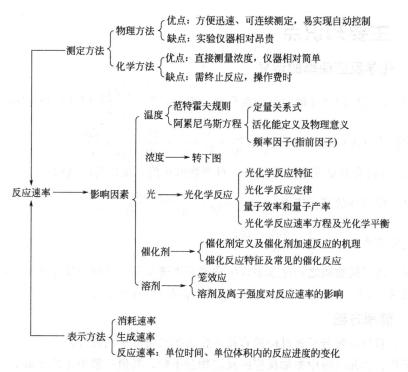

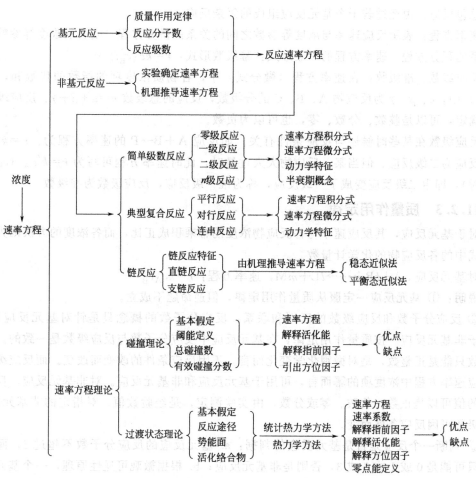

11.2 主要知识点

11.2.1 化学反应速率的定义

规范化定义：指反应进度随时间的变化率，即$\dot{\xi}=\frac{d\xi}{dt}=\frac{1}{\nu_B}\frac{dn_B}{dt}$（单位为 $mol\cdot s^{-1}$）

若反应在恒容下进行时，则$r=\frac{1}{V}\times\frac{d\xi}{dt}=\frac{1}{V}\times\frac{1}{\nu_B}\times\frac{dn_B}{dt}=\frac{1}{\nu_B}\times\frac{dc_B}{dt}$

（式中，ν_B 为物质 B 的化学计量系数，对产物取正值，反应物取负值）

习惯定义：反应物的消耗速率：$r_{反}=-\frac{1}{V}\times\frac{dn_{反}}{dt}=-\frac{dc_{反}}{dt}$

产物的生成速率：$r_{产}=\frac{1}{V}\times\frac{dn_{产}}{dt}=\frac{dc_{产}}{dt}$

用参加反应的不同物质之消耗速率或生成速率来表示某一反应的反应速率时，其数值是不同的，对反应：$aA+bB\rightarrow fF+eE$，$r=r_A/a=r_B/b=r_E/e=r_F/f$

11.2.2 速率方程

基元反应：指反应物分子通过碰撞直接转化为生成物分子的反应。

反应分子数：基元反应中参加反应的反应物分子数，其值一般为 1 或 2 或 3。

总包反应：由经过若干个基元反应组成的复杂反应。

速率方程：表示反应速率与浓度等参数之间的关系的微分方程，或表示浓度等参数与时间关系的积分方程。速率方程的一般形式：幂级数形式：$r=kc_A^{\alpha}c_B^{\beta}c_C^{\gamma}\cdots$ (11.1)

反应级数、准级数：在速率方程（微分式）中，各物质浓度项的指数的代数和，如式(11.1）中，α、β、γ 为反应物 A、B、C 的分级数，反应的总级数 $n=\alpha+\beta+\gamma$。反应级数由实验确定，可以是整数、分数、零，也可以为负数。

反应级数在某些时候还与反应条件有关。如反应 $A+B\rightarrow P$ 的速率方程为：$r=kc_Ac_B$，则该反应为二级反应。但当某一反应物大大过量时，此时速率方程可写为 $r=k'c_A$（c_B大大过量时），即由二级反应变成了一级反应，称为准一级反应，反应级数为准级数。

11.2.3 质量作用定律

对于基元反应，其反应速率与各反应物浓度的幂乘积成正比，而各浓度的方次则为反应方程式中的各反应物的化学计量数。

对基元反应 $aA+bB+\cdots\rightarrow lL+mM$，速率方程：$r=kc_A^{\alpha}c_B^{\beta}\cdots$

说明：① 基元反应一定服从质量作用定律，但逆命题不成立。

② 反应分子数和反应级数的区别和联系：反应分子数的概念只是针对基元反应而言，不用于非基元反应。按质量作用定律，在基元反应中反应分子数与反应级数是一致的。反应分子数只能是正整数，是对微观化学变化而言，不因反应条件的改变而改变。而反应级数是对反应速率方程中浓度项的幂而言，可用于基元反应和非基元反应。对非基元反应，反应级数 n 的值可以是正数、负数、零或分数，由实验测定，是经验数值。对指定的非基元反应，反应级数可因反应条件而变。

③ 判断一个反应是否是基元反应的判据：a. 基元反应的反应分子数不超过 3，而反应级数只可能是 0 或 1 或 2 或 3，否则是非基元反应；b. 根据微观可逆性原理，一个基元反应

的逆反应也是基元反应，因此，上述判别是否是基元反应的原则“a”既可用于反应物，又可用于产物。

11.2.4 简单级数反应的动力学特征

(1) 半衰期 指反应物消耗一半时所需的时间，一般用 $t_{1/2}$ 表示。

(2) 分数寿期 反应物消耗某一分数所需的时间。半衰期就是1/2寿期。

具体见表11.1。

表11.1 简单级数反应的动力学方程及动力学特征

级数	微分式	积分式	半衰期	k 量纲	线性关系
0	$r=k$	$c_{A0}-c_A=kt$ $c_{A0}x=kt$	$t_{1/2}=\dfrac{c_{A0}}{2k}$	[浓度]×[时间]$^{-1}$	c_A-t
1	$r=kc_A$	$\ln(c_{A0}/c_A)=kt$ $\ln[1/(1-x_A)]=kt$	$t_{1/2}=\dfrac{\ln 2}{k}$	[时间]$^{-1}$	$\ln c_A$-t
2	$r=kc_A^2$	$1/c_A-1/c_{A0}=kt$ $\dfrac{x_A}{c_{A0}(1-x_A)}=kt$	$t_{1/2}=\dfrac{1}{kc_{A0}}$	[浓度]$^{-1}$×[时间]$^{-1}$	c_A^{-1}-t
n	$r=kc_A^n(n\neq1)$	$\dfrac{1}{n-1}\left(\dfrac{1}{c_A^{n-1}}-\dfrac{1}{c_{A0}^{n-1}}\right)=kt$	$t_{1/2}=\dfrac{2^{n-1}-1}{(n-1)kc_{A0}^{n-1}}$	[浓度]$^{1-n}$×[时间]$^{-1}$	c_A^{n-1}-t

说明：① 简单级数反应速率方程及动力学特征是动力学的重点，也是考研重点，应熟练掌握。

② 掌握如何把被测量的体系的性质（如压力、吸光度、电导率、旋光度等）转化为反应物的浓度或分压，这是解动力学题的重点、难点。

③ $r=kc_Ac_B$ 类型的二级反应，若A、B两组分的初始浓度之比等于其化学计量系数之比，可简化成 $r=k'c_A^2$（或 $r=k''c_B^2$）；若某组分远远过量，如 $c_B\gg c_A$，则 $r=k'''c_A$（如蔗糖水解反应）。

11.2.5 反应速率方程的确定

反应速率方程一般采用幂级数形式，反应速率方程的确定就是确定反应级数和反应速率系数，对于定温下进行的反应，速率系数 k 不变化，故确定速率方程的关键是确定反应级数 n。

(1) 积分法（尝试法或试差法） 设反应为某级反应，把实验数据 c_A-t 关系代入该级数的反应积分式中求出 k，若 k 为常数，则假设正确；实验数据较多时，一般作其线性关系图，若呈直线，则假设正确。此法适用于整数级反应。

(2) 微分法 作 c_A-t 关系曲线，求出各反应时间（浓度）下的反应速率 r，对 $r=-\dfrac{dc_A}{dt}=kc_A^n$ 形式的反应速率方程，取对数 $\ln r/[r]=\ln k/[k]+n\ln c_A/[c_A]$，作 $\ln r/[r]$-$\ln c_A/[c_A]$ 直线图，根据直线的斜率、截距分别求出 n、k。此法适用于整数、分数级数。用初始浓度法可避免产物的干扰。

(3) 半衰期法 分两点法和作图法。两点法：$n=1+\dfrac{\lg(t'_{1/2}/t''_{1/2})}{\lg(c''_{A0}/c'_{A0})}$；作图法：$\ln\dfrac{t_{1/2}}{[t]}=(1-n)\ln\dfrac{c_{A0}}{[c]}+a$，根据斜率求 n。

(4) 隔离法 对于有两种或两种以上反应物的反应，如 $r=kc_A^\alpha c_B^\beta$，若 c_B 恒定不变（如B

为催化剂时）或 $c_B \gg c_A$时，$r=kc_A^{\alpha}c_B^{\beta}\approx k'c_A^{\alpha}$，可通过上述方法求出 α；同样，若 c_A恒定不变（如 A 为催化剂时）或 $c_A \gg c_B$时，$r=kc_A^{\alpha}c_B^{\beta}\approx k'c_A^{\beta}$，可通过上述方法求出 β。

11.2.6 温度对反应速率的影响

（1）范特霍夫（Van't Hoff）规则 $\beta=k_{T+10K}/k_T\approx 2\sim 4$，$\beta$称为温度系数。

（2）阿累尼乌斯（Arrhenius）方程 $\dfrac{d\ln k}{dT}=\dfrac{E_a}{RT^2}$（微分式），$k=Ae^{-E_a/RT}$（指数式）

$\ln\dfrac{k}{[k]}=-\dfrac{E_a}{RT}+C$（不定积分式），$\ln\dfrac{k_2}{k_1}=-\dfrac{E_a}{R}\left(\dfrac{1}{T_2}-\dfrac{1}{T_1}\right)$（定积分式）

说明：① E_a为活化能。定义式：$E_a=RT^2\times\dfrac{d\ln k}{dT}$；$A$ 为频率因子（指前因子）；E_a的物理意义是活化分子的平均能量与反应物分子平均能量之差。

② 阿仑尼乌斯经验式适用于基元反应和大部分非基元反应。

③ 同一反应，反应温度越高，反应速率受温度的影响越小；不同反应，活化能越大，反应受温度影响越大，温度越高，对活化能大的反应有利。

④ 活化能只对基元反应才有明确的物理意义，对复合反应，活化能只是一个表观量，称为表观活化能。有些表观活化能等于各基元反应活化能的代数和。

11.2.7 典型复合反应

对峙反应：在正、逆两个方向上都能进行的反应，对峙反应也叫可逆反应。

平行反应：指反应物同时平行地进行不同的反应。

连续反应：反应经过连续几步才能完成，前一步生成物中的一部分或全部为下一步反应的部分或全部反应物，反应依次连续进行。

（1）一级对行反应 $A \underset{k_{-1}}{\overset{k_1}{\rightleftharpoons}} B$

① 微分式：$dc_A/dt=k_1c_A-k_{-1}c_B$。

② 积分式：$\ln\dfrac{c_{A0}-c_{Ae}}{c_A-c_{Ae}}=(k_1+k_{-1})t$。

③ 半衰期：完成距平衡浓度一半的时间，$t_{1/2}=\dfrac{\ln 2}{k_1+k_{-1}}$。

④ 对正、逆向反应级数分别等于反应物、产物计量系数的对行反应，实验平衡常数等于正、逆向速率系数之比，$K=k_1/k_{-1}$。

⑤ 反应热等于正、逆反应活化能之差，$Q=E_{a,1}-E_{a,-1}$。

（2）一级平行反应 $A\begin{cases}\xrightarrow{k_1} B\\ \xrightarrow{k_2} C\end{cases}$

① 微分式 $-dc_A/dt=(k_1+k_2)c_A$；② 积分式：$\ln(c_{A0}/c_A)=(k_1+k_2)t$；

③ 半衰期：$t_{1/2}=\dfrac{\ln 2}{k_1+k_2}$；　　④ 产物分布：$c_B/c_C=k_1/k_2$。

说明：平行反应的反应级数相同，B、C 初始浓度为零时，才有 $c_B/c_C=k_1/k_2$。

（3）连串反应：$A\xrightarrow{k_1}B\xrightarrow{k_2}C$

① 微分式：$-dc_A/dt=k_1c_A$，$dc_B/dt=k_1c_A-k_2c_B$，$dc_C/dt=k_2c_B$。

② 积分式：$c_A=c_{A0}e^{-k_1t}$；$c_B=\frac{k_1c_{A0}}{k_2-k_1}(e^{-k_1t}-e^{-k_2t})$，

$$c_C=c_{A0}\left[1-\frac{1}{k_2-k_1}(k_2e^{-k_1t}-k_1e^{-k_2t})\right]。$$

③ 中间产物极大时的时间与浓度：$t_m=\frac{\ln k_1/k_2}{k_1-k_2}$，

$$c_{B,m}=c_{A0}(k_1/k_2)^{k_2/(k_2-k_1)}。$$

11.2.8　复杂反应速率的近似处理方法

(1) 速率控制步骤法　多个反应步骤中存在控制步骤。如连串反应中速率最慢的一步为速率控制步骤，

(2) 稳态近似法　对反应过程中不存在明显的速率控制步骤且基本上处于稳态的反应，利用公式 $(\partial c_{中}/\partial t)\approx 0$（即近似认为中间产物的浓度不随时间变化）处理复杂反应速率进而推导其反应动力学方程的方法称为稳态近似法，一般活泼的中间产物可以采用稳态近似法。

(3) 平衡态近似法　利用可逆反应能迅速达到化学平衡的假定处理复合反应速率方程的方法。

说明：① 稳态近似法中的“稳态”是指反应体系中活泼中间体（如含单电子的原子、自由基等）的生成速率等于其销毁速率，活性中间体的浓度不随时间的变化而变化（活性中间体的浓度随时间的变化率等于零）的状态。

② 稳态近似法常用于处理连串反应（如链反应）。

③ 连串反应 $A\xrightarrow{k_1}B\xrightarrow{k_2}C$，对 B 可做稳态处理的条件是 $k_2\gg k_1$。

④ 平衡态近似法常用于同时存在对峙反应和连串反应体系，例如 $A\underset{k_{-1}}{\overset{k_1}{\rightleftharpoons}}B\xrightarrow{k_2}C$，条件是 $k_{-1}\gg k_2$，$k_{-1}\gg k_1$。

11.2.9　链反应

链反应：由大量的反复循环的连续反应（也包含一些对行和平行反应）组成的反应；一般特征：链引发、传递、终止。

建立其速率方程常用的近似方法：稳态近似法。

链反应分类：直链反应和支链反应。

直链反应是指在链的传递过程中，一个活性粒子参加反应后，只产生一个新的活性粒子的链反应；支链反应是指一个活性粒子参加反应后，产生两个以上新的活性粒子的链反应。

说明：① 若链反应的表观速率系数与反应机理中各基元反应的速率系数存在以下关系：$k=\prod_i k_i^{\alpha_i}$，则链反应的表观活化能与各基元反应的活化能的关系为：$E_a=\sum_i \alpha_i E_{ai}$。

② 链反应的表观活化能总小于链引发反应的活化能。

11.2.10　碰撞理论

(1) 气相双分子基元反应的碰撞理论基本要点　①分子为硬球（无内部结构和内部运动自由度）；②反应物分子必须碰撞才能发生反应；③不是所有的碰撞都能发生反应，而是只有当沿碰撞分子中心线方向的相对平动能超过一个临界值 ε_c，才能发生反应；④反应速率等于单位时间、单位体积内发生的有效碰撞数。

(2) 阈能　阈能 E_c 是指发生有效碰撞的反应分子沿碰撞分子中心线方向的相对平动能必须达到的临界能，其值是与温度无关的量。

(3) 有效碰撞和有效碰撞分数 q　①有效碰撞：互撞分子连心线上的相对平动能超过 E_c 的分子间的碰撞。②有效碰撞分数：有效碰撞数占总碰撞数的分数，$q=\exp(-E_c/RT)$。

(4) 碰撞理论的贡献：①简单碰撞理论直观、易理解，从理论上解释了基元反应的质量作用定律和指数定律；②指出阿累尼乌斯公式中 E_a 与 T 有关：$E_a=E_c+\frac{1}{2}RT$ 比阿累尼乌斯公式更准确；③解释了阿累尼乌斯公式中 A、$e^{-E_a/RT}$ 的物理意义，$A=Z_{AB}/L$，表明阿累尼乌斯公式中 A 是与碰撞频率有关的物理量，故又称为频率因子；$e^{-E_a/RT}\approx e^{-E_c/RT}=Z_{AB}(\varepsilon_c)/Z_{AB}=q$。

11.2.11　过渡态理论

(1) 过渡态理论基本观点　①具有足够能量的反应物分子先经过碰撞形成活化络合物（中间络合物）；②反应物分子与活化络合物分子间能迅速达到化学平衡；③活化络合物分解为产物的速率很慢，是反应的速控步，反应速率为单位时间、单位体积内分解的活化络合物分子数。

(2) 零点能 E_0　指活化络合物的零点能与反应物零点能的差值。

(3) 根据过渡状态理论计算动力学参数

$$k=\frac{k_B T}{h}(c^{\ominus})^{1-n}\exp\left(\frac{\Delta_r^{\neq} S_m^{\ominus}}{R}\right)\exp\left(-\frac{\Delta_r^{\neq} H_m^{\ominus}}{RT}\right)$$

$$A=\frac{k_B T}{h}e^n(c^{\ominus})^{1-n}\exp\left(\frac{\Delta_r^{\neq} S_m^{\ominus}}{R}\right)$$

$$E_a=\Delta_r^{\neq} H_m^{\ominus}+nRT,\ P\approx\exp\left(\frac{\Delta_r^{\neq} S_m^{\ominus}}{R}\right)$$

11.2.12　光化学反应特点与基本定律

有光参加的化学反应称为光化学反应。

(1) 光化学反应特点　①光化学反应中，反应物分子的活化是通过吸收光量子而实现的；②光化学反应的速率及平衡组成与吸收光强度有关，而与反应物浓度无关；③温度对光化学反应几乎无影响；④光化学反应能进行 $\Delta_r G_m>0$ 的反应。

(2) 光化学定律　①光化学第一定律：只有被系统吸收的光，才能有效地引起光化反应；②光化学第二定律：在初级过程中，系统每吸收一个光子活化一个分子或原子。

1mol 光子能量 E_m（即 1 爱因斯坦）：$E_m=Lh\nu=Lhc/\lambda$

式中，c 为光速；h 为普朗克常数；L 为阿佛伽德罗常数；λ 为波长。

$$\text{量子效率}\ \Phi=\frac{\text{反应物分子消失数目}}{\text{吸收光子数目}}=\frac{\text{反应物消失的物质的量}}{\text{吸收的爱因斯坦数}}$$

$$\text{量子产率}\ \Phi'=\frac{\text{产物 B 分子生成数目}}{\text{吸收光子数目}}=\frac{\text{产物 B 生成的物质的量}}{\text{吸收的爱因斯坦数}}$$

(3) 光化学平衡　由光化学反应参与的可逆反应所达到的平衡。光化学平衡与热化学平衡态（在暗室中进行的同一可逆反应平衡）不同。当光源移去后，光化学反应平衡将转化为热化学平衡。

说明：①光化平衡常数与热力学平衡常数不同；②光化学反应初级过程 $M+h\nu\rightarrow A+B$ 的反应速率只与光强度有关；③大多数光化学反应的温度系数较小，对温度不敏感；④光化学反应中的量子效率大于零，但可大于 1、也可小于 1，若某光化学反应的量子效率很大，则次级反应可能是连串反应。

11.2.13　催化作用

(1) 催化剂　存在少量就能显著改变化学反应的速率而本身在反应前后并无损耗的物质。

(2) 催化剂的基本特征　①催化剂参与催化反应，开辟一条活化能更低的反应途径，改变反应的速率，但反应前后催化剂的化学性质和数量不变（物理性质可能有所改变，例如结焦，结构破坏、表面烧结等）；②催化剂不能改变反应系统的始、末状态，故不能改变反应的状态函数改变值如 ΔG、ΔH 等，不可能通过催化剂来实现热力学上不能进行的反应；③催化剂不能改变反应的平衡状态，只能加速平衡的到达，即不能改变平衡或平衡常数。因 $K=k_1/k_{-1}$，故催化剂同时催化正向和逆向反应；④催化剂对反应的加速作用具有选择性。上述内容既是催化剂的基本特征，也是催化反应的特点。

(3) 催化剂加速反应原因　主要是改变反应途径，降低活化能，进而提高反应速率；少数情况是增大活化熵，从而增大指前因子，使反应速率增加。

11.2.14　溶液中的反应

(1) 笼效应　在溶液反应中，溶剂是大量的，溶剂分子环绕在反应物分子周围，好像一个笼把反应物围在中间，使得同一笼中的反应物分子可以进行多次碰撞，这种现象称为笼效应。尽管在溶液中由于溶剂分子的阻隔，使得反应物分子碰在一起的概率减少了，但一旦碰在一起，由于存在笼效应，反应物分子之间总的碰撞频率并不低于气相反应中的碰撞频率，因而发生反应的机会也较多。

说明：对有效碰撞分数较小的反应，相对于气相反应速率，笼效应对液相反应速率影响不大；对自由基等活化能很小的，一次碰撞就有可能进行的反应，即扩散过程为控制步骤的反应，则笼效应会使这种反应速率变慢，分子的扩散速度起了速度决定步骤的作用。

(2) 遭遇　反应物分子处在某一个溶剂笼中，发生连续重复的碰撞，称为一次遭遇，直至反应物分子挤出溶剂笼，扩散到另一个溶剂笼中。

(3) 溶剂介电常数对反应速率的影响　介电常数大的溶剂会降低离子间的引力，不利于离子间的化合反应。

(4) 溶剂极性对反应速率的影响　若生成物的极性比反应物大，极性溶剂能加快反应速率，反之亦然。

(5) 溶剂化对反应速率的影响　反应物分子与溶剂分子形成的化合物较稳定，会降低反应速率；若溶剂能使活化络合物的能量降低，从而降低了活化能，能加快反应。

(6) 离子强度对反应速率的影响　稀溶液中，离子强度对反应速率的影响称为原盐效应。一般，电荷符号相同的离子间的反应，其反应速率随离子强度增加而增大；电荷符号相反的离子间的反应，其反应速率随离子强度增加而减小；反应物中若一个反应物不带电荷，则离子强度对反应速率无影响。

11.3　习题详解

1. 当有碱存在时，硝基氨分解为 $N_2O(g)$ 和 H_2O 是一级反应。在 288K 时，将 0.806mmol NH_2NO_2 放入溶液中，70min 后，有 6.19cm^3 气体放出（已换算成 288K，1.013×10^5Pa 的干燥气体体积），求 288K 时该反应的半衰期。

解： $NH_2NO_2 \longrightarrow N_2O(g)+H_2O$

$$n(g)=\frac{pV}{RT}=\frac{101300\times 6.19\times 10^{-6}}{8.314\times 288}\text{mol}=2.619\times 10^{-4}\text{mol}$$

$$n(NH_2NO_2)=n_0-n(g)=5.441\times 10^{-4}\text{mol}$$

$$k=\frac{1}{t}\ln\frac{c_0}{c}=\frac{1}{t}\ln\frac{n_0}{n}=\left(\frac{1}{70}\ln\frac{0.806\times 10^{-3}}{5.441\times 10^{-4}}\right)\text{min}^{-1}=5.61\times 10^{-3}\text{min}^{-1}$$

$$t_{1/2}=\frac{\ln 2}{k}=\frac{0.693}{5.61\times 10^{-3}}\text{min}=123.6\text{min}$$

2. 若一级反应：A ⟶ 产物，其初速率 $r_0=1\times 10^{-3}\text{mol}\cdot\text{dm}^{-3}\cdot\text{min}^{-1}$，反应进行 1h 后，反应速率 $r=0.25\times 10^{-3}\text{mol}\cdot\text{dm}^{-3}\cdot\text{min}^{-1}$。求速率系数 k、半衰期 $t_{1/2}$ 及初始浓度 $c_{A,0}$。

解： 因为 $r_0=kc_{A,0}$，$r=kc_A$，所以 $r_0/r=c_{A,0}/c_A$

$$k=\frac{1}{t}\times\ln\frac{c_{A,0}}{c_A}=\frac{1}{t}\times\ln\frac{r_0}{r_A}=\frac{1}{60}\times\ln\frac{1\times 10^{-3}}{0.25\times 10^{-3}}\text{min}^{-1}=0.0231\text{min}^{-1}$$

$$t_{1/2}=\frac{\ln 2}{k}=\frac{\ln 2}{0.0231}\text{min}=30.0\text{min}$$

$$c_{A,0}=\frac{r_0}{k}=\frac{1.0\times 10^{-3}}{0.0231}\text{mol}\cdot\text{dm}^{-3}=0.0433\text{mol}\cdot\text{dm}^{-3}$$

3. 已知二甲醚气相分解反应 $CH_3OCH_3 \longrightarrow CH_4+CO+H_2$ 为一级反应。今设该反应在恒容反应器中进行，t 时刻体系的总压力为 p，$t=\infty$ 时体系的总压力为 p_∞，试写出用 t、p、p_∞ 数据计算速率系数 k 的公式。

解：

	$CH_3OCH_3 \longrightarrow$	CH_4 +	CO +	H_2	$p_{总}$
$t=0$	$p_{A,0}$	0	0	0	$p_{A,0}$
$t=t$	p_A	$p_{A,0}-p_A$	$p_{A,0}-p_A$	$p_{A,0}-p_A$	$3p_{A,0}-2p_A$
$t=\infty$	0	$p_{A,0}$	$p_{A,0}$	$p_{A,0}$	$p_\infty=3p_{A,0}$

由反应方程可知，对于反应物二甲醚 A

$$p_{A,0}=p_\infty/3 \qquad p_A=(p_\infty-p)/2$$

对于一级反应，有 $k=\dfrac{1}{t}\ln\dfrac{p_{A,0}}{p_A}=\dfrac{1}{t}\ln\dfrac{2p_\infty}{3(p_\infty-p)}$

4. $N_2O_5 \longrightarrow 2NO_2+1/2O_2$ 为一级反应，其反应速率系数 $k_1=4.8\times 10^{-4}\text{s}^{-1}$，试求：(1) 该分解反应的半衰期；(2) 若初始压力为 66661Pa，问 10min 后，压力为多少？

解：(1) 一级反应：$t_{1/2}=\ln 2/k_1=0.693/(4.8\times 10^{-4})\text{s}=1.444\times 10^3\text{s}$

(2)

	$N_2O_5 \longrightarrow$	$2NO_2$ +	$1/2O_2$	$p_{总}$
$t=0$	p_0	0	0	
$t=10\text{min}$	$p(N_2O_5)$	$p(NO)$	$p(O_2)$	$5p_0/2-3p(N_2O_5))/2$

$p_{总}=5p_0/2-3p(N_2O_5)/2$，$p(N_2O_5)=(2p_{总}-5p_0)/3$

$$\ln\frac{p_0}{p_{N_2O_5}}=kt=4.8\times 10^{-4}\text{s}^{-1}\times 600\text{s}=0.288\text{，得}\frac{p_0}{p_{N_2O_5}}=1.3338$$

$p(N_2O_5)=p_0/1.3338=66661/1.3338=49978\text{Pa}$，$p_{总}=91686\text{Pa}$

5. 纯 BHF_2 被引入 292K 恒容的容器中，发生下列反应：$6BHF_2(g) \longrightarrow B_2H_6(g)+$

$4BF_3(g)$不论起始压力如何，发现 1h 后，反应物分解 8%，求

(1) 反应级数；

(2) 计算速率系数；

(3) 当起始压力是 101325Pa 时，求 2h 后容器中的总压力。

解：(1) 因反应物分解 8%与初始浓度无关，该反应是一级反应。

(2) $k=\frac{1}{t}\ln\frac{1}{1-y}=\left(\frac{1}{1}\ln\frac{1}{1-0.08}\right)d^{-1}=0.083h^{-1}$

(3)

	$6\,BHF_2(g) \longrightarrow$	$B_2H_6(g)$ +	$4BF_3(g)$	$p_{总}$
$t=0$	p_0	0	0	p_0
$t=t$	p	$(p_0-p)/6$	$4(p_0-p)/6$	$5p_0/6+p/6$

$p_{总}=5p_0/6+p/6$，已知 $p_0=101325Pa$，$p=?$

根据一级反应动力学方程

$$\ln\frac{p_0}{p}=\ln\frac{101325}{p}=2\times0.083=0.166，得\ p=85.8kPa$$

$$p_{总}=p+(p_0-p)/6+4(p_0-p)/6=(85.8+2.59+10.36)kPa=98.75kPa$$

6. N-氯代乙酰苯胺 $C_6H_5N(Cl)COCH_3$（A）异构化为乙酰对氯苯胺 $ClC_6H_4NHCOCH_3$（B）为一级反应。反应进程由加 KI 溶液，并用标准硫代硫酸钠溶液滴定游离碘来测定。KI 只与 A 反应。数据如下：

t/h	0	1	2	3	4	6	8
$V(Na_2S_2O_3,aq)/cm^3$	49.3	35.6	25.75	18.5	14.0	7.3	4.6

计算速率常数，以 s^{-1}表示。$c(S_2O_3^{2-})=0.1mol\cdot dm^{-3}$。

解：已知反应为一级反应（$n=1$），同时已知反应进行到不同时刻 t 时，用来确定反应进程的 $Na_2S_2O_3(aq)$ 的用量。在解该题之前，首先要弄清题目中最后一句话的意义。此话的意思是：反应到一定时间，停止反应，加 KI 于体系中生成 I_2，然后用 $Na_2S_2O_3$ 滴定生成的 I_2 的量，从而确定 c_A 的数值。此后，再用同样起始浓度的样品 A，反应到另一时刻，停止反应，加 KI，用 $Na_2S_2O_3$ 水溶液滴定反应，以确定另一时刻 c_A 的数值，以此类推。

为此，我们首先要找到 $c_A \sim V(Na_2S_2O_3(aq))$ 的关系，才能应用一级反应的积分方程求 k。

由反应 $A+KI\longrightarrow I_2$，$Na_2S_2O_3+I_2\longrightarrow I_3^-$ 可知

$c_A \propto c_{I_2} \propto V(Na_2S_2O_3(aq))$，$c_{A,0} \propto c_{I_2,0} \propto V_0(Na_2S_2O_3(aq))$

由此得
$$\frac{c_{A,0}}{c_A}=\frac{V_0(Na_2S_2O_3(aq))}{V_t(Na_2S_2O_3(aq))}$$

$$k=\frac{1}{t}\ln\frac{c_{A,0}}{c_A}=\frac{1}{t}\ln\frac{V_0(Na_2S_2O_3(aq))}{V_t(Na_2S_2O_3(aq))}$$

将表中的数据分别代入上式，求出 k_0，k_1，…，k_6

得
$$k_{平均}=\frac{\sum_i k_i}{6}=8.7\times10^{-5}s^{-1}$$

7. 950K 时，反应 $4PH_3(g)\longrightarrow P_4(g)+6H_2$ 的动力学数据如下：

t/min	0	40	80
$p_{总}$/mmHg	100	150	166.7

反应开始时，只有 PH_3，求反应级数和速率常数

解：首先要确定反应级数

	$4PH_3(g) \longrightarrow$	$P_4(g)$	$+\ 6H_2$	$p_{总}$
$t=0$	p_0	0	0	p_0
$t=t$	p	$(1/4)(p_0-p)$	$(6/4)(p_0-p)$	$(7/4)p_0-(3/4)p$
$t=\infty$	0	$(1/4)p_0$	$(6/4)p_0$	$(7/4)p_0$

由此得　$p_{总}=\dfrac{7}{4}p_0-\dfrac{3}{4}p$，$p=\dfrac{7p_0-4p_{总}}{3}$

根据上式算出不同反应时刻的 p 值列入下表中

t/min	0	40	80
p/mmHg	100	$\frac{100}{3}$	$\frac{33.3}{3}$

从上表中数据可以看出，$t_{2/3}$ 与 $c_{A,0}$ 无关，为一级反应。

$$k=\frac{1}{t}\ln\frac{p_0}{p}=\left(\frac{1}{40}\ln\frac{100}{100/3}\right)\text{min}^{-1}=\left(\frac{1}{4}\ln 3\right)\text{min}^{-1}=0.2747\text{min}^{-1}$$

8. 气相反应 $A(g) \longrightarrow 2B(g)+1/2C(g)$ 为一级反应，其半衰期为 1.44×10^2s，试求

(1) 反应速率系数 k；

(2) 若反应经 10min 后体系总压为 91.7kPa，则 A(g) 的初始压力是多少？

解：(1) 一级反应　$k=\ln2/t_{1/2}=\dfrac{0.693}{1.44\times10^2}\text{s}^{-1}=4.8\times10^{-4}\text{s}^{-1}$

(2)

	$A(g) \longrightarrow$	$2B(g)+$	$1/2C(g)$	$p_{总}$
$t=0$	p_0	0	0	p_0
$t=t$	p	$2(p_0-p)$	$(p_0-p)/2$	$5p_0/2-3p/2$

由此得　$\ln\dfrac{p_0}{p}=\ln\dfrac{3p_0}{5p_0-2\times91.7\times10^3}=4.8\times10^{-4}\times600$

解得　$p_0=66.66$kPa

9. 实验中测定蔗糖转化反应，不是测定其浓度而是测定其旋光度。已知蔗糖转化的产物为葡萄糖和果糖，且蔗糖、葡萄糖和果糖的旋光度 α 与其浓度有线性关系。设 α_0 为开始时蔗糖旋光度，α_∞ 为反应完毕后葡萄糖和果糖的旋光度之和，α_t 为 t 时刻时体系旋光度，请推导 k 的表达式。

解：　$C_{12}H_{22}H_{11}+H_2O \longrightarrow C_6H_{12}O_6+C_6H_{12}O_6$

蔗糖　　　　葡萄糖　　果糖

蔗糖转化为一级反应，则 $k=\dfrac{1}{t}\ln\dfrac{c_0}{c}$　(1)

依题意　$\alpha_0=k_{蔗}c_0$，$\alpha_\infty=k_{果}c_0+k_{葡}c_0=(k_{果}+k_{葡})c_0$，$\alpha_t=k_{蔗}c+(k_{果}+k_{葡})(c_0-c)$

则　$\alpha_0-\alpha_\infty=k_{蔗}c_0-(k_{果}+k_{葡})c_0=(k_{蔗}-k_{果}-k_{葡})c_0$

$\alpha_t-\alpha_\infty=k_{蔗}c+(k_{果}+k_{葡})(c_0-c)-(k_{果}+k_{葡})c_0=(k_{蔗}-k_{果}-k_{葡})c$

则　$c_0=\dfrac{\alpha_0-\alpha_\infty}{(k_{蔗}-k_{果}-k_{葡})}$，$c=\dfrac{\alpha_t-\alpha_\infty}{(k_{蔗}-k_{果}-k_{葡})}$　(2)

式(2) 代入式(1) 得 $k=\frac{1}{t}\ln\frac{\alpha_0-\alpha_\infty}{\alpha_t-\alpha_\infty}$

10. 放射性物质所产生的热量与核裂变的物质的量成正比，为了给在北极的自动气象站提供电源，设计了一种人造放射性物质^{210}Pa 的核电池。已知^{210}Pa 的半衰期 $t_{1/2}=138.4\text{d}$，如果燃料电池提供的功率不允许下降到它初值的 85%以下，那么经多长时间就应更换电池？(注：因放射性物质单位时间所产生的热量与放射性物质的量成正比，因此，由核电池的工作原理可知，核电池的功率与放射性物质的量也成正比)

解：放射性物质衰变是一级反应，核电池的功率与放射性物质的量成正比。根据题目的要求，就是要求多长时间后^{210}Pa 物质的量衰变了 15%。为此，首先要求出 k，然后根据一级反应动力学方程求 t。

$$k=\ln2/t_{1/2}=0.693/138.4\text{d}^{-1}=5.01\times10^{-3}\text{d}^{-1}$$

$$t=\frac{1}{k}\ln\frac{1}{1-0.15}=\left(\frac{1}{5.01\times10^{-3}}\ln\frac{1}{1-0.15}\right)\text{d},\ t=32.5\text{d}$$

11. 一次核爆炸产生的^{20}Sr 可代换骨中的钙，此同位素半衰期为 281a（年），假设 1μg^{20}Sr 被一新生儿吸收，问 70 年之后，人体中还剩多少？

解：同位素衰变反应为一级，$\ln c_0/c=kt$

则 $[^{20}\text{Sr}]=[^{20}\text{Sr}]_0\exp(-kt)$，而 $k=\ln2/t_{1/2}=0.693/281=2.466\times10^{-3}\text{a}^{-1}$

故 $m(^{20}\text{Sr})=m_0(^{20}\text{Sr})\exp(-t\ln2/t_{1/2})=(1\mu\text{g})\exp(-70\times2.466\times10^{-3})=0.84\mu\text{g}$

12. 碳的放射性同位素^{14}C 在自然界树木中的分布基本保持为总碳量的 $1.10\times10^{-13}\%$。某考古队在一山洞中，发现一些古代木头燃烧的灰烬，经分析^{14}C 的含量为总碳量的 $9.57\times10^{-14}\%$，已知^{14}C 的半衰期为 5700a（年），试计算这灰距今约有多少年？

解：若设木头燃烧时树木刚枯死，则其中含有近 $1.10\times10^{-13}\%$的^{14}C 放射性同位素，衰变反应为一级，则

$$k=\ln2/t_{1/2}=0.693/5700=1.216\times10^{-4}\text{a}^{-1},\ y=\frac{c_0-c_t}{c_0}=\frac{9.57\times10^{-14}\%}{1.10\times10^{-13}\%}=0.87$$

$$t=\frac{1}{k}\ln\frac{1}{1-y}=\left(\frac{1}{1.216\times10^{-4}}\ln\frac{1}{0.87}\right)\text{d}^{-1}=1145\ 年$$

13. 298K 时，反应 $N_2O_5(g)+NO(g)\longrightarrow3NO_2(g)$ 的速率方程可表示为 $r=kp^x(N_2O_5)p^y(NO)$。当 $N_2O_5(g)$ 初始压力为 101.0Pa 而 NO(g) 压力是 101.0×10^2Pa 时，$\ln[p(N_2O_5(g))]$ 对 t 作图为一直线，而当二者初始压力均为 101.0×10^2Pa 时，$\ln[(p_\infty-p_t)/\text{Pa}]$ 对 t 作图也为一直线，求该反应的级数。p_∞是体系经极长反应时间后体系的总压，p_t 是 t 时刻体系的总压，设反应可进行完全。

解：第一次实验，NO(g) 大大过量

则 $r=kp^x(N_2O_5)p^y(NO)=k'p^x(N_2O_5)$

由 $\ln[p(N_2O_5(g))]$ 对 t 作图为一直线的条件，得 $x=1$

第二次实验，反应物初始压力均为 101.0×10^2Pa，$r=kp^x(N_2O_5)p^y(NO)$

由于起始 $p(N_2O_5)=p(NO)$，且二反应物的化学计量系数相等，故速率方程可写为

$$r=kp^{(x+y)}(N_2O_5)$$

$$N_2O_5(g)+NO(g)\longrightarrow3NO_2(g)\qquad p_t$$

$t=0$	p_0	p_0	0	$2p_0$
$t=t$	p_a	p_a	$3(p_0-p_a)$	$3p_0-p_a$
$t=\infty$	0	0	$3p_0$	$p_\infty=3p_0$

$p_t=3p_0-p_t=p_\infty-p_a$，$p_a=p_\infty-p_t$

由 $\ln[(p_\infty-p_t)/\text{Pa}]$ 对 t 作图也为一直线，也即 $\ln[p(N_2O_5)/\text{Pa}]$ 为一直线，即 $x+y=1$，则 $y=0$

解之　　$n=x+y=1+0=1$

14. 已知反应 $mA \longrightarrow nB$ 是基元反应，其动力学方程表示为 $-\frac{1}{m}\times\frac{dc_A}{dt}=kc_A^m$，$c_A$ 单位是 $mol\cdot dm^{-3}$，试求：

(1) k 的单位是什么？

(2) 写出 B 的生成速率方程 dc_B/dt。

(3) 分别写出当 $m=1$ 和 $m\neq1$ 时 k 的积分表达式。

解：(1) 根据 $[k]=[浓度]^{1-n}\cdot[时间]^{-1}$，若时间以 s 表示，则

$[k]=[mol\cdot dm^{-3}]^{1-n}\cdot s^{-1}$，根据题意，将 $n=m$ 代入，得

$[k]=dm^{3(m-1)}\cdot mol^{1-m}\cdot s^{-1}$

(2) $$\frac{dc_B}{dt}=-\frac{n}{m}\times\frac{dc_A}{dt}=nkc_A^m$$

(3) $m=1$ 时，$k=\frac{1}{t}\ln\frac{c_{A,0}}{c_A}$，$m\neq1$ 时，$k=\frac{1}{t(m-1)}(c_{A,0}^{1-m}-c_A^{1-m})$

15. 反应 $C_3H_7Br+S_2O_3^{2-}=C_3H_7S_2O_3^-+Br^-$ 是双分子反应，其 310K 时的速率系数是 $1.64\times10^{-3}dm^3\cdot mol^{-1}\cdot s^{-1}$，在某次实验中，反应物 C_3H_7Br、$S_2O_3^{2-}$ 的起始浓度均为 $0.1mol\cdot dm^{-3}$，求反应速率 $d[C_3H_7Br]/dt$ 降到起始速率的 1/4 时所需的时间。

解：速率系数为 $1.64\times10^{-3}dm^3\cdot mol^{-1}\cdot s^{-1}$，可知该反应为二级反应。

初速率 $r_0=kc_{A,0}c_{B,0}=kc_0^2=k\times0.1^2$

反应速率降至起始速率的 1/4 时

$$r=r_0/4=kc_0^2/4=k(c_0/2)^2=k(0.1/2)^2$$

故所求 $r=r_0/4$ 所需的时间，就是该二级反应的半衰期 $t_{1/2}$，

即　　$t_{1/2}=1/kc_0=1/(1.64\times10^{-3}\times0.1)s^{-1}=6098s^{-1}$

16. 通过测量体系的电导率可以跟踪反应：

$$CH_3CONH_2+HCl+H_2O=CH_3COOH+NH_4Cl$$

在 63℃时，混合等体积的 $2mol\cdot dm^{-3}$ 乙酰胺和 HCl 的溶液后，观测到下列电导率数据：

t/min	0	13	34	50
$\kappa_t/\Omega^{-1}\cdot m^{-1}$	40.9	37.4	33.3	31.0

63℃时，实验（浓度）条件下，H^+、Cl^- 和 NH_4^+ 的离子摩尔电导率分别是 $0.0515m^2\cdot\Omega^{-1}\cdot mol^{-1}$、$0.0133m^2\cdot\Omega^{-1}\cdot mol^{-1}$ 和 $0.0137m^2\cdot\Omega^{-1}\cdot mol^{-1}$，不考虑非理想性的影响，确定反应级数并计算反应速率系数的值。

解：根据实验数据确定反应级数有微分法、半衰期法和尝试法等，所有这些方法，都必须找到反应物浓度与被测量的物理量之间的关系。本题实验测量的物理量是实验（浓度）条件下不同离子的 Λ_m 和系统 κ 随时间的变化，为此，首先要找到 κ 与反应物浓度的关系。对

于强电解质，在稀溶液条件下，每种强电解质的电导率 κ 与浓度 c 成正比，溶液总电导率就等于组成溶液电解质的电导率之和。在本题中，对系统电导率的贡献主要来自于 H^+、Cl^- 和 NH_4^+，反应开始时，主要是 H^+ 和 Cl^- 电导率（弱电解质 CH_3COOH 对总电导率的贡献忽略不计），随着反应进行，H^+ 不断被 NH_4^+ 取代。假设反应能进行到底，且设 $t=0$ 和 $t=\infty$ 系统的电导率分别为 κ_0 和 κ_∞，则

$\kappa_0=A_1c_0(\mathrm{HCl})$

$\kappa_\infty=A_2c_\infty(\mathrm{NH_4Cl})$[根据反应方程式，应有 $c_0(\mathrm{HCl})=c_\infty(\mathrm{NH_4Cl})$]

$\kappa_t=A_1(c_0(\mathrm{HCl})-x)+A_2x$（$x$ 为时刻 t 时被反应的 HCl 的浓度，也是产物 NH_4Cl 的浓度）

上式中，A_1 和 A_2 是与温度、溶剂、电解质 HCl 和 NH_4Cl 性质相关的比例常数。根据上述三式可得

$$x=\frac{\kappa_0-\kappa_t}{\kappa_0-\kappa_\infty}c_0 \quad 或 \quad \frac{x}{c_0}=\frac{\kappa_0-\kappa_t}{\kappa_0-\kappa_\infty}$$

根据公式 $\kappa=\Lambda_m c$，在浓度相等的条件下，有

$$\frac{\kappa_0}{\kappa_\infty}=\frac{\Lambda_0}{\Lambda_\infty}=\frac{\Lambda(\mathrm{H^+})+\Lambda(\mathrm{Cl^-})}{\Lambda(\mathrm{NH_4^+})+\Lambda(\mathrm{Cl^-})}=\frac{0.0515+0.0133}{0.0137+0.0133}=2.4$$

由此得 $$\kappa_\infty=\frac{\kappa_0}{2.4}=\frac{40.9}{2.4}=17.0$$

根据公式(1)，可以计算不同反应时间 x/c_0 值为

t/min	0	13	34	50
$\kappa_t/\Omega^{-1}\cdot m^{-1}$	40.9	37.4	33.3	31.0
$x/c_0=(\kappa_0-\kappa_t)/(\kappa_0-\kappa_\infty)$	0	0.146	0.318	0.414
c_0-x	c_0	$c_0(1-0.146)$	$c_0(1-0.318)$	$c_0(1-0.414)$

用尝试法将上面表中的第 3 行数据分别代入 0 级、1 级、2 级反应动力学方程中，例如代入 2 级反应方程中得（注意：因为混合等体积的 $2\mathrm{mol\cdot dm^{-3}}$ 乙酰胺和 HCl 的溶液，所以 $c_0=1\mathrm{mol\cdot dm^{-3}}$）$k=\frac{1}{t}\left(\frac{1}{c_0-x}-\frac{1}{c_0}\right)/\mathrm{mol^{-1}\cdot dm^3\cdot s^{-1}}$：0.0132、0.0137、0.0141，基本为一常数。

$$k_{平均}=0.0137\mathrm{mol^{-1}\cdot dm^3\cdot s^{-1}}$$

17. 恒温、恒容气相反应 $A+B\longrightarrow C$，其速率方程为 $r=-\mathrm{d}p_A/\mathrm{d}t=kp_Ap_B$，在抽空容器中，放入 5gA(g) 和 8gB(g)，最初总压为 $0.2p^\ominus$，经 500s 后，A(g) 有 20% 反应掉，已知 A 和 B 的相对分子质量为 50 和 80。试求：(1) 反应的速率系数；(2) 反应的半衰期。

解：(1) $n_{A,0}=5/50=0.1\mathrm{mol}$，$n_{B,0}=8/80=0.1\mathrm{mol}$

$$p_{A,0}=p_{总}\,y_A=0.2p^\ominus\times0.5=0.1p^\ominus,\quad p_{B,0}=p_{总}\,y_B=0.2p^\ominus\times0.5=0.1p^\ominus$$

反应的初浓度相等，则在反应过程中 $p_A=p_B$

$$-\frac{\mathrm{d}p_A}{\mathrm{d}t}=kp_Ap_B=kp_A^2$$

$$k=\frac{1}{t}\cdot\frac{p_{A0}-p_A}{p_{A0}p_A}=\frac{1}{500\mathrm{s}}\times\frac{0.1-0.08}{0.1\times0.08}=0.005(p^\ominus)^{-1}\cdot\mathrm{s}^{-1}$$

(2) $t_{1/2}=1/(k_2p_{A,0})=1/[0.1p^\ominus\times0.005(p^\ominus)^{-1}\cdot\mathrm{s}^{-1}]=2000\mathrm{s}$

18. 某物质 A 的分解反应为二级反应，当反应进行到 A 消耗了 1/3 时，所需时间为 2min，若继续反应掉同样数量的 A，应需多长时间？

解：二级反应积分式 $1/c_A-1/c_{A0}=kt$

则 $t_{1/3}=\frac{1}{k}\left(\frac{1}{2c_{A0}/3}-\frac{1}{c_{A0}}\right)=\frac{1}{k}\frac{1}{2c_{A0}}$，$t_{2/3}=\frac{1}{k}\left(\frac{1}{c_{A0}/3}-\frac{1}{c_{A0}}\right)=\frac{1}{k}\frac{2}{c_{A0}}$

因此 $t_{2/3}=4t_{1/3}=4\times2\text{min}=8\text{min}$

19. 反应 $A+B\longrightarrow C+D$ 的速率方程为 $r=kc_Ac_B$，初始时 A 与 B 浓度均为 $0.02\text{mol}\cdot\text{dm}^{-3}$，在 294K，25min 时取出样品并立即中止反应进行定量分析，测得溶液中 B 为 0.529×10^{-2} $\text{mol}\cdot\text{dm}^{-3}$，试求反应转化率达 90%时，所需时间为多少？

解：由于初始时 A 与 B 浓度相等，根据反应方程可得 $r=kc_Ac_B=kc_B^2$

其积分方程为
$$\frac{1}{c}-\frac{1}{c_0}=kt$$

将数据 $c_{B,0}=0.02\text{mol}\cdot\text{dm}^{-3}$，$c_B=0.529\times10^{-2}\text{mol}\cdot\text{dm}^{-3}$ 及 $t=25\text{min}$ 代入求解

得
$$k=5.57\text{mol}^{-1}\cdot\text{dm}^3\cdot\text{min}^{-1}$$

当转化率达 90%时，$t=\frac{1}{k}\left(\frac{1}{c_0\times0.1}-\frac{1}{c_0}\right)=\frac{1}{5.57}\left(\frac{1}{c_0\times0.1}-\frac{1}{c_0}\right)=80.8\text{min}$

20. 400K 时，在一恒容的抽空容器中，按化学计量比引入反应物 A(g) 和 B(g)，进行如下气相反应：

$$A(g)+2B(g)\longrightarrow Z(g)$$

测得反应开始时，容器内总压为 3.36kPa，反应进行 1000s 后总压降至 2.12kPa。已知 A(g)、B(g) 的反应级数分别为 0.5 和 1.5，求速率常数 $k_{p,A}$，k_A 及半衰期 $t_{1/2}$。

解：以反应物 A 表示的速率方程为：

$$-dc_A/dt=k_Ac_A^{0.5}c_B^{1.5}$$

现实验测量的是压力，基于 A 的分压的速率方程为：

$$-dp_A/dt=k_{p,A}p_A^{0.5}p_B^{1.5}$$

已知初始时 A、B 的物质的量 $n_{B,0}=2n_{A,0}$，故初始分压 $p_{B,0}=2p_{A,0}$，并且任一时刻两者的分压 $p_B=2p_A$，于是有

$$-dp_A/dt=k_{p,A}p_A^{0.5}(2p_A)^{1.5}=2^{1.5}k_{p,A}p_A^2=k'_{p,A}p_A^2$$

上式的积分式为

$$\frac{1}{p_A}-\frac{1}{p_{A,0}}=k'_{p,A}t$$

上式是有关反应物 A 的动力学方程，而题目给的条件是不同时间的体系总压，为此，以 p_0 代表 $t=0$ 时的总压，p_t 代表 $t=t$ 时的总压，则不同时刻各组分的分压及总压如下：

	A(g)	+2B(g)	⟶Z(g)	
$t=0$	$p_{A,0}$	$2p_{A,0}$	0	$p_0=3p_{A,0}$
$t=t$	p_A	$2p_A$	$p_{A,0}-p_A$	$p_t=2p_A+p_{A,0}$

已知
$$p_{A,0}=p_0/3=3.36\text{kPa}/3=1.12\text{kPa}$$

由此得 $t=1000\text{s}$ 时，$p_A=(p_t-p_{A,0})/2=(2.12\text{kPa}-1.12\text{kPa})/2=0.5\text{kPa}$

因此

$$k'_{p,A}=\frac{1}{t}\left(\frac{1}{p_A}-\frac{1}{p_{A,0}}\right)=\frac{1}{1000\text{s}}\left(\frac{1}{0.5\text{kPa}}-\frac{1}{1.12\text{kPa}}\right)=1.107\times10^{-6}\text{Pa}^{-1}\cdot\text{s}^{-1}$$

$$k_{p,A}=k'_{p,A}/2^{1.5}=1.107\times10^{-6}\text{Pa}^{-1}\cdot\text{s}^{-1}/2^{1.5}=3.914\times10^{-7}\text{Pa}^{-1}\cdot\text{s}^{-1}$$

根据方程 $k=k_p(RT)^{n-1}$，故基于浓度表示的速率常数为

$$k_A=k_{p,A}(RT)^{n-1}$$

$$=(3.914\times10^{-7}\times8.314\times400)\mathrm{dm^3\cdot mol^{-1}\cdot s^{-1}}$$
$$=1.302\mathrm{dm^3\cdot mol^{-1}\cdot s^{-1}}$$

半衰期为

$$t_{1/2}=\frac{1}{k'_{p,\mathrm{A}}p_{\mathrm{A},0}}=\frac{1}{1.107\times10^{-6}\times1.12\times10^{3}}\mathrm{s}=806\mathrm{s}$$

21. 在 910K 时反应 $C_2H_6 \longrightarrow C_2H_4+H_2$ 的速率系数为 $1.13\mathrm{mol^{-1/2}\cdot dm^{1/2}\cdot s^{-1}}$，试求乙烷压力为 39947Pa 时的初速度。

解： 乙烷的初始浓度：$c_0=p/RT=5.28\times10^{-3}\mathrm{mol\cdot dm^{-3}}$

由 k 单位可知，该反应为 3/2 级反应，则反应的初速度

$$r_0=kc_0^{3/2}=1.13\times(5.28\times10^{-3})^{3/2}\mathrm{mol\cdot dm^{-3}\cdot s^{-1}}=4.34\times10^{-4}\mathrm{mol\cdot dm^{-3}\cdot s^{-1}}$$

22. 反应 $2A+B\longrightarrow P$，其速率方程为 $-\mathrm{d}p_\mathrm{B}/\mathrm{d}t=kp_\mathrm{A}^a p_\mathrm{B}^b$。经实验发现，当 $p_{\mathrm{A},0}:p_{\mathrm{B},0}=100:1$，在 1093.2K 时，反应的半衰期与 $p_{\mathrm{B},0}$ 无关。当 $p_{\mathrm{B},0}:p_{\mathrm{A},0}=100:1$ 时，在 1093.2K 时，反应的半衰期与 $p_{\mathrm{A},0}$ 成反比。请确定 a、b 值。

解： 当 $p_{\mathrm{A},0}:p_{\mathrm{B},0}=100:1$ 时，即 $p_\mathrm{A}\gg p_\mathrm{B}$，因此有 $\dfrac{-\mathrm{d}p_\mathrm{B}}{\mathrm{d}t}=kp_\mathrm{A}^a p_\mathrm{B}^\mathrm{b}=k'p_\mathrm{B}^b$

反应的半衰期与 $p_{\mathrm{B},0}$ 无关，则 $b=1$

当 $p_{\mathrm{B},0}:p_{\mathrm{A},0}=100:1$ 时，即 $p_\mathrm{B}\gg p_\mathrm{A}$，因此有 $\dfrac{-\mathrm{d}p_\mathrm{B}}{\mathrm{d}t}=kp_\mathrm{A}^a p_\mathrm{B}^b=k''p_\mathrm{A}^a$

反应的半衰期与 $p_{\mathrm{A},0}$ 成反比，则 $a=2$

23. 对于反应 $NH_4CNO\longrightarrow CO(NH_2)_2$　已知实验数据如下表所示：

$[NH_4CNO]_0/\mathrm{mol\cdot dm^{-3}}$	半衰期/h
0.05	37.03
0.10	19.15
0.20	9.45

试求反应的级数。

解： 由题给数据可知，$t_{1/2}$ 与 c_0 有关，故该反应不是一级反应

则
$$n=1+\frac{\ln\left(\dfrac{t'_{1/2}}{t_{1/2}}\right)}{\ln\left(\dfrac{a}{a'}\right)}$$

将已知数据代入上式：(1)、(2) 组 $n=1.95$，(1)、(3) 组 $n=1.98$，(2)、(3) 组 $n=2.02$

取平均值 $n=1.98\approx2$，故为二级反应。

24. 二氧化氮热分解反应 $2NO_2 = 2NO+O_2$ 经测定有如下数据：

初始浓度	初速率
$0.0225\mathrm{mol\cdot dm^{-3}}$	$0.0033\mathrm{mol\cdot dm^{-3}\cdot s^{-1}}$
$0.0162\mathrm{mol\cdot dm^{-3}}$	$0.0016\mathrm{mol\cdot dm^{-3}\cdot s^{-1}}$

假设该反应有 $r_0=kc_0^n$ 形式的动力学方程，请据此确定此反应级数。

解： 速率方程 $r_0=kc_0^n$，$\ln r_0=\ln k+n\ln c_0$

代入题给实验数据，得

$$n=\frac{\ln r_{0,1}-\ln r_{0,2}}{\ln c_{0,1}-\ln c_{0,2}}=\frac{\ln 0.0033-\ln 0.0016}{\ln 0.0225-\ln 0.0162}=2.2$$ 可认为此反应为二级。

25. 某反应物 A 消耗掉 α 衰期（α 可等于 1/2、3/4、3/5 等）所需时间用 t 表示，若 $t_{1/2}/t_{3/4}=1/5$，问该反应对反应物 A 是几级。

解：根据公式 $t_\alpha=\dfrac{(1-\alpha)^{1-n}-1}{(n-1)kc_{A,0}^{n-1}}\left[(n\neq 1)，式中，\alpha=\dfrac{c_{A,0}-c_A}{c_{A,0}}\right]$有

$$t_{1/2}=\frac{2^{n-1}-1}{(n-1)kc_0^{n-1}} \qquad t_{3/4}=\frac{4^{n-1}-1}{(n-1)kc_0^{n-1}}$$

$$\frac{t_{1/2}}{t_{3/4}}=\frac{2^{n-1}-1}{4^{n-1}-1}=\frac{1}{5}$$，解得 $n=3$

26. 某化合物的分解是一级反应，该反应活化能 $E_a=140430\text{J}\cdot\text{mol}^{-1}$，已知 557K 时该反应速率系数 $k_1=3.3\times10^{-2}\text{s}^{-1}$，现在要控制此反应在 10min 内，转化率达到 90%，试问反应温度应控制在多少摄氏度？

解：一级反应 $$k_2=\frac{1}{t}\times\ln\frac{c_0}{0.1c_0}=3.8\times10^{-3}\text{s}^{-1}$$

由 $$\ln\frac{k_1}{k_2}=\frac{E_a}{R}\left(\frac{1}{T_2}-\frac{1}{T_1}\right)$$

$$\frac{1}{T_2}=\frac{R}{E_a}\ln\frac{k_1}{k_2}+\frac{1}{T_1}=\left(\frac{8.314}{140430}\ln\frac{3.3\times10^{-2}}{3.8\times10^{-3}}+\frac{1}{557}\right)\frac{1}{\text{K}}$$

代入数据求得 $T_2=520\text{K}$

27. 乙烯热分解反应 $C_2H_4 \longrightarrow C_2H_2+H_2$ 为一级反应，在 1073K 时，反应经过 10h 有 50%的乙烯分解，已知该反应的活化能 $E_a=250.8\text{kJ}\cdot\text{mol}^{-1}$，求此反应在 1573K 时，乙烯分解 50%需时多少？

解：一级反应：$t_{1/2}=\dfrac{\ln 2}{k}$，$k=A\exp\left(-\dfrac{E_a}{RT}\right)$

则 $$\frac{t_{1/2}}{t'_{1/2}}=\exp\left[\frac{E_a}{R}\left(\frac{1}{T}-\frac{1}{T'}\right)\right]$$

代入数据求得 $$t'_{1/2}=t_{1/2}\exp\left[-\frac{E_a}{R}\left(\frac{1}{T}-\frac{1}{T'}\right)\right]=4.8\text{s}$$

28. 药物阿司匹林水解为一级反应，在 100℃时的速率常数为 7.92d^{-1}，活化能为 $E_a=56.43\text{kJ}\cdot\text{mol}^{-1}$。求 17℃时，阿司匹林水解 30%需多少时间？

解：$$\ln\frac{k_1}{7.92\text{d}^{-1}}=\frac{56430}{8.314}\left(\frac{1}{373.2}-\frac{1}{290.2}\right)$$

$$k_1=0.0436\text{d}^{-1}$$

$$\ln\frac{1}{0.7}=(0.0436\text{d}^{-1})t$$，解得 $t=8.2\text{d}$

29. 一位旅行家到达海拔 2213m 的山顶野营，想煮一个鸡蛋作午餐。一个鸡蛋在 $p^\ominus$ 下煮沸水 10min 即可熟，假定蛋白质的加热变性为一级反应，那么在山顶要煮熟一个鸡蛋需要多长时间？

已知蛋白质热变反应的活化能为 $85\text{kJ}\cdot\text{mol}^{-1}$。若山顶气压为 p，它服从公式

$$\lg(p/p^\ominus)=-Mgh/(2.303RT)$$

式中，M 为空气平均分子量；g 为重力加速度；h 为山的高度。设温度为 20℃不变，水

的汽化焓：$\Delta_{vap}H_m = 41\text{kJ}\cdot\text{mol}^{-1}$。

解： 设空气由 80%N_2 和 20%O_2 组成

$$M = (0.8\times0.028 + 0.2\times0.032)\text{kg}\cdot\text{mol}^{-1} = 0.029\text{kg}\cdot\text{mol}^{-1}$$

$$\lg\frac{p}{p^{\ominus}} = -\frac{0.029\times9.81\times2213}{2.303\times8.31\times293} = -0.112$$

由克-克方程算出山顶沸点 T

$$\lg\frac{p}{p^{\ominus}} = \frac{\Delta H_{V,m}}{2.303R}\left(\frac{1}{373\text{K}} - \frac{1}{T}\right)$$

373K 和 T 温度下热变速率的变化可由阿仑尼乌斯方程得

$$\lg\frac{k(T)}{k(373\text{K})} = \frac{E_a}{2.303R}\left(\frac{1}{373\text{K}} - \frac{1}{T}\right)$$

式中，k 为速率常数，将上三式合并，

$$\lg\frac{k(T)}{k(373\text{K})} = \frac{85000}{41000}\times(-0.112) = -0.232$$

对一级反应：
$$\frac{t_{顶}}{10\text{min}} = \frac{k(373\text{K})}{k(T)} = 1.71$$

则
$$t_{山顶} = 17.1\text{min}$$

30. 已知对峙反应 $A \underset{k'}{\overset{k}{\rightleftharpoons}} B$，正、逆方向均为一级反应，速率系数分别为 k 和 k'，若反应开始时，A 和 B 的浓度分别为 $c_{A,0}$ 和 $c_{B,0}$，试将 A 的浓度表示成时间的函数，并写出此体系最后的组成。

解： $A \underset{k'}{\overset{k}{\rightleftharpoons}} B$

$t=0$　$c_{A,0}$　　$c_{B,0}$

$t=t$　c_A　　$c_B = c_{A,0} + c_{B,0} - c_A$

$$-\frac{dc_A}{dt} = kc_A - k'c_B = (k+k')c_A - k'(c_{A,0} + c_{B,0})$$

$$c_A = \frac{k'(c_{A,0} + c_{B,0}) + (kc_{A,0} - k'c_{B,0})\exp\{-(k+k')t\}}{(k+k')}$$

当 $t=\infty$ 时，
$$c_{A,\infty} = \frac{k'(c_{A,0} + c_{B,0})}{(k+k')},\quad c_{B,\infty} = c_{A,0} + c_{B,0} - c_{A,\infty} = \frac{k(c_{A,0} + c_{B,0})}{(k+k')}$$

体系最后的组成：
$$\frac{c_{A,\infty}}{c_{B,\infty}} = \frac{k'}{k}$$

31. 某一级平行反应

$$A \xrightarrow{k_1} B \quad (1)$$
$$A \xrightarrow{k_2} C \quad (2)$$

反应开始时 $c_{A,0} = 0.5\text{mol}\cdot\text{dm}^{-3}$，已知反应进行到 30min 时，分析可知 $c_B = 0.08\text{mol}\cdot\text{dm}^{-3}$，$c_C = 0.22\text{mol}\cdot\text{dm}^{-3}$，试求：

(1) 该时间反应物 A 的转化率（用%表示）；

(2) 反应的速率系数 $k_1 + k_2 = ?$ 及 $k_1/k_2 = ?$

解： (1) 转化率 $x = \dfrac{c_{A0} - c_A}{c_{A0}} = \dfrac{c_B + c_C}{c_{A0}} = \dfrac{0.08 + 0.22}{0.50} = 60\%$

（2）对于平行一级反应

$$-\frac{dc_A}{dt}=k_1c_A+k_2c_A=(k_1+k_2)c_A$$

$$\ln\frac{c_{A0}}{c_A}=(k_1+k_2)t$$

$$\ln\frac{0.50}{0.5-0.08-0.22}=(k_1+k_2)\times 30\text{min}$$

$$k_1+k_2=0.031\text{min}^{-1}$$

$$\frac{c_B}{c_C}=\frac{0.08\text{mol}\cdot\text{dm}^{-3}}{0.22\text{mol}\cdot\text{dm}^{-3}}=\frac{k_1}{k_2}\quad 解之\frac{k_1}{k_2}=0.36$$

32. 已知下列二级平行分解反应：

$$2A(g)\xrightarrow{k_1}B(g)+C(g)$$

$$2A(g)\xrightarrow{k_2}D(g)+1/2C(g)$$

300K 时，反应初始浓度 $c_{A,0}=4.0\text{mol}\cdot\text{dm}^{-3}$，反应进行到 0.1s 时，$c_A=0.11\text{mol}\cdot\text{dm}^{-3}$，$c_B=1.138\text{mol}\cdot\text{dm}^{-3}$，求 k_1 及 k_2 的值。

解： $-\frac{1}{2}\frac{dc_A}{dt}=(k_1+k_2)c_A^2 \qquad \frac{1}{c_A}-\frac{1}{c_{A,0}}=2(k_1+k_2)t$ (1)

$$k_1+k_2=\frac{1}{2t}\times\left(\frac{1}{c_A}-\frac{1}{c_{A,0}}\right)=\frac{1}{2\times 0.1}\times\left(\frac{1}{0.11}-\frac{1}{4}\right)\text{dm}^3\cdot\text{mol}^{-1}\cdot\text{s}^{-1}$$

$$=44.205\text{dm}^3\cdot\text{mol}^{-1}\cdot\text{s}^{-1}$$

$$\frac{c_{A,0}-c_A}{2}=c_B+c_D=\frac{3.89}{2}\text{mol}\cdot\text{dm}^{-3}=1.945\text{mol}\cdot\text{dm}^{-3}$$

则

$$c_D=1.945\text{mol}\cdot\text{dm}^{-3}-c_B=(1.945-1.138)\text{mol}\cdot\text{dm}^{-3}=0.807\text{mol}\cdot\text{dm}^{-3}$$

$$\frac{c_B}{c_D}=\frac{k_1}{k_2} \qquad (2)$$

联立（1）、（2）求得：$k_1=25.863\text{dm}^3\cdot\text{mol}^{-1}\cdot\text{s}^{-1}$，$k_2=18.342\text{dm}^3\cdot\text{mol}^{-1}\cdot\text{s}^{-1}$

33. 某物质气相分解反应为平行一级反应：

$$A\xrightarrow{k_1}R \qquad A\xrightarrow{k_2}S$$

298K 时，测得 $k_1/k_2=24$，试估算 573K 时 k_1/k_2 的数值（设指前因了 $A_1=A_2$）。

解：

$$k_i=A_i\exp\left(-\frac{E_i}{RT}\right),\ A_1=A_2$$

$$\frac{k_1}{k_2}=\exp\left(-\frac{E_1-E_2}{RT}\right) \quad （设 E_1、E_2 不随温度而变）$$

$$\ln\frac{k_1(573\text{K})}{k_2(573\text{K})}=\frac{298\text{K}}{573\text{K}}\ln\frac{k_1(298\text{K})}{k_2(298\text{K})}=\frac{298}{573}\ln 24$$

$$\frac{k_1(573\text{K})}{k_2(573\text{K})}=5.22$$

34. 已知平行反应

$A\longrightarrow B$ （1）$k_1=10^{15}\exp\left(\frac{-125.52\text{kJ}}{RT}\right)$

$A\longrightarrow C$ （2）$k_2=10^{13}\exp\left(\frac{-83.68\text{kJ}}{RT}\right)$

问：(1) 在什么温度下，生成两种产物的速率相同?

(2) 在什么温度下，生成 B 等于生成 C 的 10 倍?

(3) 在什么温度下，生成 C 等于生成 B 的 10 倍?

(4) 通过以上分析，可以对平行反应总结出什么规律?

解：(1) $\frac{r_B}{r_C}=\frac{k_1}{k_2}=1$，$T=1093K$；(2) $\frac{k_1}{k_2}=10$，$T=2186K$；

(3) $\frac{k_1}{k_2}=0.1$，$T=729K$；　(4) 升高温度对生成 B (E_a 大) 的反应有利。

35. 已知对峙反应 $2NO(g)+O_2(g)\underset{k_{-1}}{\overset{k_1}{\rightleftharpoons}}2NO_2(g)$

在不同温度下的 k 值为：

T/K	$k_1/mol^{-2}\cdot dm^6\cdot min^{-1}$	$k_{-1}/mol^{-1}\cdot dm^3\cdot min^{-1}$
600	6.63×10^5	8.39
645	6.52×10^5	40.4

试计算：

(1) 不同温度下反应的平衡常数值；

(2) 该反应的 $\Delta_r U_m$ (设该值与温度无关) 和 600K 时的 $\Delta_r H_m$ 值。

解：(1)　$K_C(600K)=\frac{k_1(600K)}{k_{-1}(600K)}=\frac{6.63\times10^5}{8.39}mol^{-1}\cdot dm^3=7.902\times10^4 mol^{-1}\cdot dm^3$

同理　$K'_C(645K)=1.614\times10^4 mol^{-1}\cdot dm^3$

(2) $\ln\frac{K'_C(645K)}{K_C\ (600K)}=\frac{\Delta_r U_m\times(645-600)}{R\times645\times600}$

$$\ln\frac{1.614}{7.902}=\frac{\Delta_r U_m\times(645-600)}{R\times645\times600}$$

$$\Delta_r U_m=-113.6kJ\cdot mol^{-1}$$

$$\Delta_r H_m=\Delta_r U_m+\sum\nu_i RT$$

$$=[-113.6-(8.314\times600\times10^{-3})]kJ\cdot mol^{-1}=-118.6kJ\cdot mol^{-1}$$

36. 已知对峙反应 $A\underset{k_{-1}}{\overset{k_1}{\rightleftharpoons}}B$，由实验数据作出的 $t\sim\lg(x_e-x)$ 图为一直线，其斜率为 -243，其中 t 为反应时间 (单位：min)，x 为 t 时刻 B 的浓度，x_e 为 B 的平衡浓度 (注：$t=0$，时 $x=0$)。又知该反应在 298K 时的平衡常数为 2.68，试求 k_1、k_{-1} 各为多少?

解：由 $t\sim\lg(x_e-x)$ 作图为一直线的实验结果可知，题目给定的反应为一级对峙反应。一级对峙反应动力学方程为 $\ln\frac{c_A-c_{A,e}}{c_{A,0}-c_{A,e}}=-(k_1+k_{-1})t$，而已知条件是 t 与 B 的浓度 x 的关系，因此，首先要找出以 B 的浓度表示的一级对峙反应的积分方程。

	A $\underset{k_{-1}}{\overset{k_1}{\rightleftharpoons}}$	B
$t=0$	$c_{A,0}$	0
$t=t$	$c_{A,0}-x$	x
$t=t_e$	$c_{A,0}-x_e$	x_e

$$\frac{dx}{dt}=k_1(c_{A,0}-x)-k_{-1}x=k_1c_{A,0}-(k_1+k_{-1})x \quad (1)$$

$$\frac{\mathrm{d}x_e}{\mathrm{d}t}=k_1(c_{A,0}-x_e)-k_{-1}x_e=k_1c_{A,0}-(k_1+k_{-1})x_e=0 \tag{2}$$

由式(2) 得 $k_1c_{A,0}=(k_1+k_{-1})x_e$ (3)

将式(3) 代入式(1) 中得

$$\frac{\mathrm{d}x}{\mathrm{d}t}=k_1(c_{A,0}-x)-k_{-1}x=(k_1+k_{-1})x_e-(k_1+k_{-1})x=(k_1+k_{-1})(x_e-x) \tag{4}$$

对式(4) 积分得 $\dfrac{1}{k_1+k_{-1}}\ln\dfrac{x_e}{x_e-x}=t$

即

$$t=\frac{\ln x_e}{k_1+k_{-1}}-\frac{\ln(x_e-x)}{k_1+k_{-1}}$$

$$-243=-\frac{2.303}{k_1+k_{-1}} \tag{5}$$

又知 $K=\dfrac{k_1}{k_{-1}}=2.68$ (6)

联立方程式(5) 和式(6) 得 $k_1=6.91\times10^{-3}\mathrm{min}^{-1}$，$k_{-1}=2.57\times10^{-3}\mathrm{min}^{-1}$

37. 已知一级对峙反应 $A\underset{k_{-1}}{\overset{k_1}{\rightleftharpoons}}B$，$k_1=k_{-1}$，反应开始时只有 A，且 $c_{A,0}=1.00\mathrm{mol\cdot dm^{-3}}$，10min，后 $c_B=0.375\mathrm{mol\cdot dm^{-3}}$，求 k_1、k_{-1}各为多少？

解： $A\underset{k_{-1}}{\overset{k_1}{\rightleftharpoons}}B$

$1.00-x$ x

$\mathrm{d}x/\mathrm{d}t=k_1(1.00-x)-k_{-1}x=k_1(1.00-2x)$

$$\frac{1}{2k}\ln\left(\frac{1.00}{1.00-2x}\right)=t$$

$$k_1=k_{-1}=\frac{\ln\left(\dfrac{1.00}{1.00-2\times0.375}\right)}{2\times10\mathrm{min}}=6.93\times10^{-2}\mathrm{min}^{-1}$$

38. 溶液中某光学活性卤化物的消旋作用如下：

$$R_1R_2R_3CX(右旋)(A)\rightleftharpoons R_1R_2R_3CX(左旋)(B)$$

在正、逆方向上皆为一级反应，且两速率常数相等。若原始反应物为纯的右旋物质，速率常数为 $1.9\times10^{-6}\mathrm{s}^{-1}$，试求：(1) 转化 10%所需要的时间；(2) 24h 后的转化率。

解：(1) (A) $\rightleftharpoons$ (B)

	(A)	(B)
$t=0$	$c_{A,0}$	0
$t=t$	$c_{A,0}-x$	x
$t=t_e$	$c_{A,0}-x_e$	x_e

根据一级可逆动力学方程 $\ln\dfrac{c_A-c_{A,e}}{c_{A,0}-c_{A,e}}=-(k_1+k_{-1})t$，但 x_e 不知道。

$$r=\frac{\mathrm{d}x}{\mathrm{d}t}=r_+-r_-=k_1(c_{A,0}-x)-k_{-1}x$$

$$\int_0^x\frac{\mathrm{d}x}{k_1(c_{A,0}-x)-k_{-1}x}=\int_0^t\mathrm{d}t$$

$$\int_0^x\frac{\mathrm{d}x}{k_1c_{A,0}-(k_1+k_{-1})x}=\int_0^t\mathrm{d}t$$

$$\int_0^x -\frac{1}{k_1+k_{-1}}\cdot\frac{\mathrm{d}[k_1c_{A,0}-(k_1+k_{-1})x]}{k_1c_{A,0}-(k_1+k_{-1})x}=\int_0^t \mathrm{d}t$$

$$t=\frac{1}{k_1+k_{-1}}\ln\frac{k_1c_{A,0}}{k_1c_{A,0}-(k_1+k_{-1})x}$$

上式就是对峙反应动力学方程的另一种积分式。在不知道 $c_{A,e}$ 求转化率时，经常用到。根据题意，转化 10%，即 $x=0.1c_{A,0}$，代入上式，得

$$t=\left(\frac{1}{2\times1.9\times10^{-6}}\ln\frac{1.9\times10^{-6}}{1.9\times10^{-6}-2\times0.1\times1.9\times10^{-6}}\right)\mathrm{s}=\left(\frac{1}{3.8\times10^{-6}}\ln\frac{1}{0.8}\right)\mathrm{s}=5.87\times10^4\,\mathrm{s}$$

(2) $24\times3600=\frac{1}{k_1+k_{-1}}\ln\frac{k_1}{k_1-(k_1+k_{-1})x/c_{A,0}}$

设 $y=x/c_{A,0}$，则

$$24\times3600=\frac{1}{k_1+k_{-1}}\ln\frac{k_1}{k_1-(k_1+k_{-1})y}=\frac{1}{2\times1.9\times10^{-6}}\ln\frac{1.9\times10^{-6}}{1.9\times10^{-6}-2\times1.9\times10^{-6}y}$$

求得 $y=0.14$，即 24h 后转化率为 14%

39. 反应 $A\xrightarrow{k_1}B\xrightarrow{k_2}C$ 为一级连串反应，A 的初始浓度为 $1.0\mathrm{mol\cdot dm^{-3}}$，$k_1=0.1\mathrm{h^{-1}}$，$k_2=0.05\mathrm{h^{-1}}$。求 $[B]_{max}$ 及 t_{max} 并画出 A、B、C 浓度随时间变化示意图。

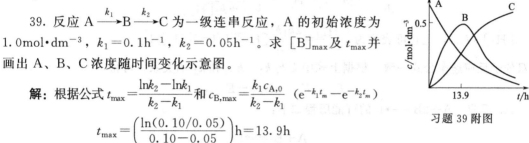

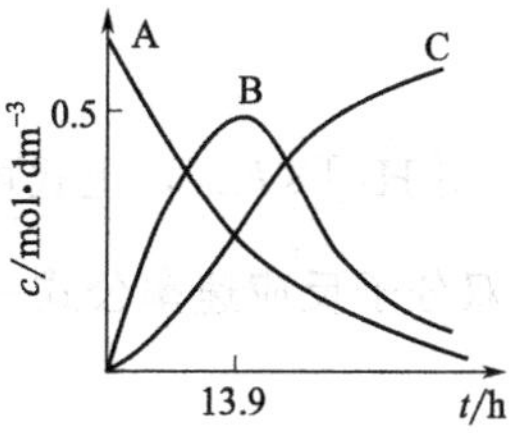

习题 39 附图

解：根据公式 $t_{max}=\frac{\ln k_2-\ln k_1}{k_2-k_1}$ 和 $c_{B,max}=\frac{k_1c_{A,0}}{k_2-k_1}\left(e^{-k_1t_m}-e^{-k_2t_m}\right)$

$$t_{max}=\left(\frac{\ln(0.10/0.05)}{0.10-0.05}\right)\mathrm{h}=13.9\mathrm{h}$$

$$c_{B,max}=\frac{0.1\times1.0}{0.05-0.1}\left(e^{-0.1\times13.9}-e^{-0.05\times13.9}\right)\ \mathrm{mol\cdot dm^{-3}}$$

$$=-\frac{0.1}{0.05}\cdot e^{-13.9}\left(1-e^{0.05\times13.9}\right)\ \mathrm{mol\cdot dm^{-3}}=0.5\mathrm{mol\cdot dm^{-3}}$$

40. 光气热分解的总反应为 $COCl_2 = CO+Cl_2$，该反应的历程为

(1) $Cl_2 \underset{k_{-1}}{\overset{k_1}{\rightleftharpoons}} 2Cl$

(2) $Cl+COCl_2 \xrightarrow{k_2} CO+Cl_3$

(3) $Cl_3 \underset{k_{-3}}{\overset{k_3}{\rightleftharpoons}} Cl_2+Cl$

其中反应 (2) 为决速步，反应 (1)、反应 (3) 是快速对峙反应，试导出以产物 CO 表示的速率方程。

解：因反应 (2) 为决速步，故

$$\frac{\mathrm{d}[CO]}{\mathrm{d}t}=k_2[Cl][COCl_2]$$

而反应 (1) 是快速对峙反应，有

$$\frac{[Cl]^2}{[Cl_2]}=K=\frac{k_1}{k_{-1}}$$

$$[Cl]=\left(\frac{k_1}{k_{-1}}\right)^{1/2}[Cl_2]^{1/2}$$

$$\frac{d[CO]}{dt}=k_2[Cl][COCl_2]=k_2\left(\frac{k_1}{k_{-1}}\right)^{1/2}[Cl_2]^{1/2}[COCl_2]=k[COCl_2][Cl_2]^{1/2}$$

式中，$k=k_2(k_1/k_{-1})^{1/2}$。上面推导结果表明，速控步之后的快速对峙反应对速率方程没有影响。

41. $H_2(g)+I_2(g)\longrightarrow 2HI(g)$ 反应机理如下：

$$I_2 \underset{k_{-1}}{\overset{k_1}{\rightleftharpoons}} 2I,\quad 2I+H_2 \xrightarrow{k_2} 2HI$$

请导出以产物 HI 表示的速率公式，并讨论在何条件下，与双分子反应的速率公式一致及其 $E_{表}$ 的表达式。

解： 据稳态近似假设 $\frac{d[I]}{dt}=2k_1[I_2]-2k_{-1}[I]^2-2k_2[I]^2[H_2]=0$

得
$$[I]^2=\frac{k_1[I_2]}{k_{-1}+k_2[H_2]}$$

则
$$\frac{d[HI]}{dt}=2k_2[I]^2[H_2]=\frac{2k_1k_2[I_2][H_2]}{k_{-1}+k_2[H_2]}$$

若 $k_2[H_2]\ll k_{-1}$，上式可表示为 $\frac{d[HI]}{dt}=\frac{2k_1k_2}{k_{-1}}[H_2][I_2]=k[H_2][I_2]$

与双分子反应速率公式一致。根据上式中 k 与 k_1、k_{-1} 和 k_2 的关系，可得

$$E_{表}=E_{a,1}+E_{a,2}-E_{a,-1}$$

42. 反应　$A+2B\longrightarrow P$ 的可能历程如下：

$$A+B \underset{k_{-1}}{\overset{k_1}{\rightleftharpoons}} I$$

$$I+B \xrightarrow{k_2} P$$

其中 I 为不稳定的中间产物。若以产物 P 的生成速率表示反应速率，试问：

(1) 什么条件下，总反应表现为二级反应？

(2) 什么条件下，总反应表现为三级反应？

(3) $E_{表}$ 的表达式。

解： I 为不稳定的中间产物，利用稳态近似法有

$$\frac{d[I]}{dt}=k_1[A][B]-k_{-1}[I]-k_2[I][B]=0$$

得
$$[I]=\frac{k_1[A][B]}{k_{-1}+k_2[B]}$$

则
$$\frac{d[P]}{dt}=k_2[B][I]=\frac{k_1k_2[A][B]^2}{k_{-1}+k_2[B]}$$

(1) $k_{-1}\ll k_2[B]$，$\frac{d[P]}{dt}=k_1[A][B]$　二级反应

(2) $k_{-1}\gg k_2[B]$，$\frac{d[P]}{dt}=k[A][B]^2$　三级反应（式中，$k=k_1k_2/k_{-1}$）

(3) 根据上式中 k 与 k_1、k_{-1} 和 k_2 的关系，可得

$$E_{表}=E_{a,1}+E_{a,2}-E_{a,-1}$$

43. 气相反应 $H_2+Cl_2\longrightarrow 2HCl$ 的机理为：

$$Cl_2+M \xrightarrow{k_1} 2Cl\cdot+M$$

$$Cl\cdot + H_2 \xrightarrow{k_2} HCl + H\cdot$$

$$H\cdot + Cl_2 \xrightarrow{k_3} HCl + Cl\cdot$$

$$2Cl\cdot + M \xrightarrow{k_4} Cl_2 + M$$

试证：$\frac{dc_{HCl}}{dt}=2k_2\left(\frac{k_1}{k_4}\right)^{1/2}c_{H_2}c_{Cl_2}^{1/2}$

证：应用稳态近似法

$$\frac{dc_{HCl}}{dt}=k_2c_{Cl}c_{H_2}+k_3c_Hc_{Cl_2}$$

$$\frac{dc_{Cl}}{dt}=2k_1c_{Cl_2}c_M-k_2c_{Cl}c_{H_2}+k_3c_Hc_{Cl_2}-2k_4c_{Cl}^2c_M=0 \quad (1)$$

$$\frac{dc_H}{dt}=k_2c_{Cl}c_{H_2}-k_3c_Hc_{Cl_2}=0 \quad (2)$$

式(1)，式(2) 联立求得 $c_{Cl}=(k_1/k_4)^{1/2}c_{Cl_2}^{1/2}$

$$c_H=\frac{k_2}{k_3}\frac{c_{Cl}c_{H_2}}{c_{Cl_2}}=\frac{k_2}{k_3}\left(\frac{k_1}{k_4}\right)^{1/2}c_{H_2}c_{Cl_2}^{-1/2}$$

则 $$\frac{dc_{HCl}}{dt}=k_2\left(\frac{k_1}{k_4}\right)^{1/2}c_{Cl_2}^{1/2}c_{H_2}+k_3\frac{k_2}{k_3}\left(\frac{k_1}{k_4}\right)^{1/2}c_{H_2}c_{Cl_2}^{-1/2}c_{Cl_2}$$

$$=2k_2\left(\frac{k_1}{k_4}\right)^{1/2}c_{H_2}c_{Cl_2}^{1/2}$$ **证毕**

44. 反应 $2H_2O_2 \longrightarrow 2H_2O+O_2$ 的反应机理为：

$$H_2O_2+I^- \xrightarrow{k_1} H_2O+IO^- \quad (a)$$

$$H_2O_2+IO^- \xrightarrow{k_2} H_2O+I^-+O_2 \quad (b)$$

其中，I^- 为催化剂。

求：(1) 设 IO^- 处于稳态，试证明反应速率方程为 $dc_{O_2}/dt=kc_{I^-}c_{H_2O_2}$。

(2) 若设 (a) 为快速平衡，试推导反应速率方程。

解：(1) $$\frac{dc_{O_2}}{dt}=k_2c_{H_2O_2}c_{IO^-}$$

$$\frac{dc_{IO^-}}{dt}=k_1c_{H_2O_2}c_{I^-}-k_2c_{H_2O_2}c_{IO^-}=0$$

$$c_{IO^-}=\frac{k_1}{k_2}c_{I^-}$$

所以 $$\frac{dc_{O_2}}{dt}=k_1c_{H_2O_2}c_{I^-}$$

(2) 若 (a) 为快速平衡，则$\frac{c_{H_2O}c_{IO^-}}{c_{I^-}c_{H_2O_2}}=K_c$

则 $$c_{IO^-}=K_c\frac{c_{I^-}c_{H_2O_2}}{c_{H_2O}}$$

$$\frac{dc_{O_2}}{dt}=k_2c_{H_2O_2}K_c\frac{c_{I^-}c_{H_2O_2}}{c_{H_2O}}=\frac{k'c_{H_2O_2}^2c_{I^-}}{c_{H_2O}}=kc_{I^-}c_{H_2O_2}^2$$

45. 某双原子分子分解反应的阈能为 83680J·mol^{-1}，试问：(1) 27℃及 (2) 227℃时具有足够能量能够分解的分子占分子总数的百分数为多少？

解： (1) $\exp(-E_c/RT)=\exp[-83680/(8.314\times300)]=2.7\times10^{-15}=2.7\times10^{-13}\%$

(2) $\exp(-E_c/RT)=\exp[-83680/(8.314\times500)]=1.81\times10^{-9}=1.81\times10^{-7}\%$

46. 某气相双分子反应，$2A(g)\longrightarrow B(g)+C(g)$，能发生反应的阈能为 1×10^5J·mol^{-1}，已知 A 的相对分子质量为 60，分子的直径为 0.35nm，试计算在 300K 时，速率方程 $r=\dfrac{1}{\nu_A}\times\dfrac{dc_A}{dt}=kc_A^2$ 中速率系数 k 值。

解： 根据碰撞理论导出的速率常数公式

$$k=2\pi(d_{AA})^2L\sqrt{\frac{RT}{\pi M_A}}\exp\left(-\frac{E_c}{RT}\right)$$

$$=2\pi\times(0.35\times10^{-9})^2\times6.023\times10^{23}\times\left(\frac{300R}{60\times10^{-3}\pi}\right)^{\frac{1}{2}}\exp\left(-\frac{10^5}{300R}\right)$$

$$=2.06\times10^{-10}\,\mathrm{mol\cdot m^3\cdot s^{-1}}$$

47. 原子 A、B 在表面反应形成 AB，该表面反应的速率可表示为：$r=kc_Ac_B$，c_A 和 c_B (mol·m^{-2}) 为表面浓度。
假定表面所有吸附的物质是二维气体，且产物 AB 能在表面自由转动，试估算 298K 时速率系数 k 值。设反应的活化能为零。估算时取每个平动自由度的 $f_t=10^{10}\,\mathrm{m^{-1}}$，每个转动自由度的 $f_r=10$，除沿反应坐标的振动之外的其他振动自由度的 $f_v=1$。

解： $$k=\frac{k_BT}{h}\frac{q^{\neq}}{q_Aq_B}\exp\left(-\frac{E_0}{RT}\right)L=\frac{k_BT}{h}\frac{(f_t^2f_r^2f_v)^{\neq}}{(f_t^2)_A(f_t^2)_B}L$$

$$\approx10^{13}\times\frac{10^{20}\times10^2}{10^{20}\times10^{20}}L\approx10^{18}\,\mathrm{m^2\cdot mol^{-1}\cdot s^{-1}}$$

48. 在 285℃时，二乙酰单分子分解反应的指前因子是 $8.7\times10^{15}\,\mathrm{s^{-1}}$，试计算该反应的活化熵。

解： 根据艾林方程 $k=\dfrac{k_BT}{h}(c^{\ominus})^{1-n}e^ne^{\Delta^{\neq}S^{\ominus}/R}e^{-E_a/RT}$，对于单分子反应有

$$A=\frac{k_BT}{h}\exp\left(\frac{\Delta_r^{\neq}S_m^{\ominus}}{R}\right)=8.7\times10^{15}\,\mathrm{s^{-1}}$$

解得 $$\Delta_r^{\neq}S_m^{\ominus}=46.6\,\mathrm{J\cdot K^{-1}\cdot mol^{-1}}$$

49. 乙烯丙烯醚重排反应，在 423～473K 之间，实验测得

$$k=5.00\times10^{11}\exp\left(\frac{-128\mathrm{kJ\cdot mol^{-1}}}{RT}\right)\mathrm{s^{-1}}$$

求该反应在 $T=473$K 时的 $\Delta_r^{\neq}H_m^{\ominus}$、$\Delta_r^{\neq}S_m^{\ominus}$，并解释 $\Delta_r^{\neq}S_m^{\ominus}$ 之结果。

解： 由速率常数的单位可知，乙烯丙烯醚重排反应为单分子反应，因此有

$$\Delta_r^{\neq}H_m^{\ominus}=E_a-RT=(128-8.314\times473\times10^{-3})\mathrm{kJ\cdot mol^{-1}}=124\mathrm{kJ\cdot mol^{-1}}$$

$$\Delta_r^{\neq}S_m^{\ominus}=R\ln\frac{Ah}{ek_BT(c^{\ominus})^0}=\left(8.314\ln\frac{5.0\times10^{11}\times6.626\times10^{-3}}{2.718\times1.38\times10^{-23}\times473}\right)\mathrm{J\cdot mol^{-1}\cdot K^{-1}}$$

$$=-33.1\,\mathrm{J\cdot mol^{-1}\cdot K^{-1}}$$

$\Delta_r^{\neq}S_m^{\ominus}<0$ 说明过渡态较反应物分子有一更紧密或更有序的结构。

50. 实验测定了过硫酸离子与碘离子在不同离子强度下的反应速率系数，现取其中二点，数据如下：

$I/10^{-3}\mathrm{mol \cdot dm^{-3}}$	2.45	12.45
$k/\mathrm{dm^3 \cdot mol^{-1} \cdot s^{-1}}$	1.05	1.39

试求 $z_A z_B$ 的值 $[A=0.51(\mathrm{kg \cdot mol^{-1}})^{1/2}]$。

解： 据 $\lg k=\lg K_0+1.02 z_A z_B\sqrt{I/\mathrm{mol \cdot dm^{-3}}}$

$$z_A z_B=\frac{\lg(k_2/k_1)}{1.02(\sqrt{I_2}-\sqrt{I_1})}=\frac{0.122}{1.02\times(0.1116-0.0495)}=1.93\approx 2$$

51. 对于反应 $Cr(H_2O)_6^{3+}+SCN^- \longrightarrow Cr(H_2O)_5SCN^{2+}+H_2O$ 得到如下数据：

$I(\times 10^3)$	0.4	0.9	1.6	2.5	4.9	10.0
k/k_0	0.87	0.81	0.76	0.71	0.62	0.50

(1) 试根据以上实验事实，分析此反应的活化络合物应具有什么性质？

(2) 逆反应速率对离子强度的依赖关系是什么？

解： (1) $\lg\dfrac{k}{k_0}=2Az_A z_B\sqrt{I}$，25℃水溶液的 $A=0.509(\mathrm{kg \cdot mol^{-1}})^{1/2}$，$z_A=+3$，$z_B=-1$，$z_A z_B=-3$，因此 $\lg k/k_0$ 对 $I^{1/2}$ 作图，是一条斜率为 -3 的直线，理论与实验值一致，可见生成的活化络合体即为二种离子的结合：$[Cr(H_2O)_6SCN]^{2-}$。

(2) 在逆反应中，其中一个物质不带电荷，速率系数与离子强度无关。

52. 将基元反应碰撞理论应用于扩散控制的溶液反应，可得 $k_d=4\pi(D_A+D_B)(r_A+r_B)$，式中，$D_A$、$D_B$ 为反应物的扩散系数，可应用 Stockes-Einstein 扩散系数方程 $D_i=(k_B T)/(6\pi\eta r_i)$ 计算，η 为溶剂的黏度系数。今在正己烷中研究碘原子复合反应，已知 $\eta(298\mathrm{K})=3.26\times 10^{-4}\mathrm{kg \cdot m^{-1} \cdot s^{-1}}$，请计算碘原子在正己烷中 298K 时的复合速率系数。

解： $k_d=4\pi(r_A+r_B)\dfrac{k_B TL}{6\pi\eta}\left(\dfrac{1}{r_A}+\dfrac{1}{r_B}\right)$，因为 $r_A=r_B$，则

$$k_d=\frac{8RT}{3\eta}=\frac{8\times 8.314\times 298}{3\times 3.26\times 10^{-4}}\mathrm{mol^{-1} \cdot m^3 \cdot s^{-1}}=2.03\times 10^{10}\mathrm{mol^{-1} \cdot dm^3 \cdot s^{-1}}$$

53. 已知 298K 时溶剂水的黏度 $\eta_1=8.973\times 10^{-4}\mathrm{kg \cdot m^{-1} \cdot s^{-1}}$，308K 时其黏度为 $\eta_2=7.725\times 10^{-4}\mathrm{kg \cdot m^{-1} \cdot s^{-1}}$，试求以水为溶剂时扩散控制反应的活化能。已知 $\eta=A\exp\left(\dfrac{E_a}{RT}\right)$。

解： $\ln\eta=\ln A+\dfrac{E_a}{RT}$，代入数据

可得 $$E_a=R\left(\frac{T_1T_2}{T_2-T_1}\right)\ln\frac{\eta_1}{\eta_2}=R\left(\frac{298\times 308}{308-298}\right)\ln\frac{8.973}{7.725}=11.43\mathrm{kJ \cdot mol^{-1}}$$

54. 中性分子间反应 $A+B\longrightarrow P$，$r_A=294\mathrm{pm}$，$r_B=825\mathrm{pm}$（$1\mathrm{pm}=10^{-12}\mathrm{m}$），在黏度 $\eta=2.37\times 10^{-3}\mathrm{kg \cdot m^{-1} \cdot s^{-1}}$ 的溶剂中反应，当初始浓度 $c_{A,0}=0.15\mathrm{mol \cdot dm^{-3}}$，$c_{B,0}=0.330\mathrm{mol \cdot dm^{-3}}$时，求 40℃时扩散控制的初始反应速率 $[D_i=(RT)/(16\pi n r_i)]$。

解： $k_d=4\pi(D_A+D_B)(r_A+r_B)L=\dfrac{2RT}{3\eta}\times\dfrac{(r_A+r_B)^2}{r_A r_B}$

$$=\frac{2\times 8.314\times 313}{3\times 2.37\times 10^{-3}}\times\frac{(294+825)^2\times 10^{-24}}{294\times 825\times 10^{-24}}\mathrm{mol^{-1} \cdot m^3 \cdot s^{-1}}$$

$$=3.7\times 10^6\mathrm{mol^{-1} \cdot m^3 \cdot s^{-1}}=3.7\times 10^9\mathrm{mol^{-1} \cdot dm^3 \cdot s^{-1}}$$

$$r_0=k_d c_{A,0} c_{B,0}=3.7\times10^9\times0.33\times0.15=1.83\text{mol}\cdot\text{dm}^{-3}\cdot\text{s}^{-1}$$

55. 用 10W 吸收强度（即被辐射系统单位时间吸收 10W）和平均波长 550nm 的光照射一株藻类 100s，来测定其光合成效率，所产生的氧是 5.75×10^{-4}mol，计算 O_2 生成的量子产率（$h=6.6261\times10^{-34}$J·s，$L=6.022\times10^{-23}$mol^{-1}，$c=2.99792458\times10^{-23}$m·s^{-1}）。

解： $E=\dfrac{Lhc}{\lambda}=\left(\dfrac{6.6261\times10^{-34}\times6.022\times10^{23}\times3.0\times10^8}{550\times10^{-9}}\right)\text{J}\cdot(\text{Einstein})^{-1}$

$=2.176\times10^5\text{J}\cdot(\text{Einstein})^{-1}$

$$\phi=\frac{1}{I_0}\frac{dn(O_2)}{dt}=\frac{5.75\times10^{-4}/100}{10/2.17\times10^5}=\frac{5.75\times10^{-4}\times2.17\times10^5}{100\times10}=0.125$$

56. 用汞灯照射溶解在 CCl_4 溶液中的氯气和正庚烷。由于 Cl_2 吸收了 I_0(mol·dm^{-3}·s^{-1}) 的辐射引起链反应：

$$Cl_2+h\nu\xrightarrow{I_0}2Cl$$

$$Cl+C_7H_{16}\xrightarrow{k_2}HCl+C_7H_{15}$$

$$C_7H_{15}+Cl_2\xrightarrow{k_3}C_7H_{15}Cl+Cl$$

$$C_7H_{15}\xrightarrow{k_4}\text{断链}$$

试写出 $-d[Cl_2]/dt$ 的速率表达式并求反应的量子产率。

解： $-\dfrac{d[Cl_2]}{dt}=I_0+k_3[C_7H_{15}][Cl_2]$ (1)

用稳态近似法：

$$\frac{d[C_7H_{15}]}{dt}=k_2[C_7H_{16}][Cl]-k_3[C_7H_{15}][Cl_2]-k_4[C_7H_{15}]=0 \quad (2)$$

$$\frac{d[Cl]}{dt}=2I_0-k_2[Cl][C_7H_{16}]+k_3[C_7H_{15}][Cl_2]=0 \quad (3)$$

(2)+(3) 得 $[C_7H_{15}]=\dfrac{2I_0}{k_4}$ (4)

将式(4) 代入式(1) 中得

$$-\frac{d[Cl_2]}{dt}=I_0\left(1+\frac{2k_3}{k_4}[Cl_2]\right)$$

则 $\phi=-\dfrac{d[Cl_2]}{dt}/I_0=1+\dfrac{2k_3}{k_4}[Cl_2]$

57. 氢在氧化铬催化剂上吸附量 V（标准状况下的 cm^3）与吸附时间 t 服从下式：$V=5.85\times(1-e^{-0.16t})$，试求：

(1) 初始吸附速率；

(2) 第 10 分钟的吸附速率；

(3) 10min 内的平均吸附速率。

解： 由 $V=5.85\times(1-e^{-0.16t})$，得 $r=dV/dt=0.963e^{-0.16t}$

(1) $r_0=\dfrac{dV}{dt}=0.936\text{cm}^3\cdot\text{min}^{-1}$

(2) $r_{10}=\dfrac{dV}{dt}=0.194\text{cm}^3\cdot\text{min}^{-1}$

(3) $\overline{r_a}=\frac{1}{10}\int_0^{10}0.936\,e^{-0.16t}dt=0.467\text{cm}^3\cdot\text{min}^{-1}$

58. 1000℃时，NH_3 在铂催化剂上分解 $2NH_3 = N_2+3H_2$。已知 H_2 在催化剂上强吸附，试推导分解反应的速率方程。

解：$r=k\theta_A$　　　　（A 代表 NH_3）

$$\theta_A=\frac{b_Ap_A}{1+b_Ap_A+b_Bp_B}\qquad \text{（B 代表 } H_2\text{）}$$

H_2 在催化剂上强吸附，则 $b_Bp_B\gg 1+b_Ap_A$

故　$\theta_A=\frac{b_Ap_A}{b_Bp_B}$

则　$r=\frac{kb_Ap_A}{b_Bp_B}=k'\frac{p_A}{p_B}$　其中 $k'=k\frac{b_A}{b_B}$

59. 在某种条件下，O_2 和 CO 反应，在石英表面其反应速率正比于 O_2 的压力 p_{O_2}，反比于 CO 的压力 p_{CO}。试用催化动力学方法，讨论何者是强吸附？

解：依题意，反应速率 $r=k\theta_{O_2}\theta_{CO}=\frac{kb_{O_2}b_{CO}p_{O_2}p_{CO}}{(1+b_{O_2}p_{O_2}+b_{CO}p_{CO})^2}$

当 CO 是强吸附，则 $1+b_{O_2}p_{O_2}+b_{CO}p_{CO}\approx b_{CO}p_{CO}$

$$r=\frac{kb_{O_2}b_{CO}p_{O_2}p_{CO}}{(1+b_{O_2}p_{O_2}+b_{CO}p_{CO})^2}\approx\frac{kb_{O_2}b_{CO}p_{O_2}p_{CO}}{(b_{CO}p_{CO})^2}=\frac{kb_{O_2}p_{O_2}}{b_{CO}p_{CO}}=k'\frac{p_{O_2}}{p_{CO}}$$

推导的结果表明，CO 是强吸附。

60. 设反应物 A 和 B 在催化剂表面的反应机理为爱利-里迪尔（E-R）机理，即

吸附：$A+K \underset{k_d}{\overset{k_{ad}}{\rightleftharpoons}} AK$　　（快速平衡）

表面反应：$AK+B(g)\xrightarrow{k_s}ABK$　　（慢）

产物脱附：$ABK\longrightarrow AB+K$　　（快）

式中，K 为催化剂表面活性中心；k_{ad}、k_d 和 k_s 分别为反应物 A 的吸附速率常数、脱附速率常数和表面反应速率常数。请导出 E-R 机理的速率方程（假设产物吸附很弱，且被吸附的反应物 B 不参与表面反应）。

因表面反应为速率控制步骤，根据表面质量作用定律，有

$$r=-\frac{dp_A}{dt}=k_s\theta_Ap_B$$

若产物吸附很弱，且吸附的 B 不参与表面反应，根据复合吸附的朗格缪尔吸附等温式，有

$$\theta_i=\frac{b_ip_i}{1+\sum b_ip_i}$$

$$r=-\frac{dp_A}{dt}=\frac{k_sb_Ap_Ap_B}{1+b_Ap_A+b_Bp_B}$$

11.4　典型例题精解

例 1　反应 $A(g)\longrightarrow 2B(g)$ 在一个恒容容器中进行，反应温度为 373K，测得不同时间系统的总压如下（$t=\infty$时，A 全部消失）：

t/min	0	5	10	25	∞
p/kPa	35.579	393997	42.663	46.663	53.329

试求：(1) A 的浓度与系统总压的关系；

(2) 该二级反应的速率系数 k（单位用 $dm^3 \cdot mol^{-1} \cdot s^{-1}$ 表示）。

解： 本题给出了气相反应中易于测定的系统总压-时间的关系数据，可由题给反应方程找出系统总压与反应物浓度的对应关系，利用二级反应积分式，求出反应的速率系数 k。

(1)	A(g) ⟶	2B(g)	总压力
$t=0$	p_{0A}	p_{0B}	$p_0 = p_{0A} + p_{0B}$
$t=t$	$p_{0A} - p_x$	$p_{0B} + 2p_x$	$p_t = p_{0A} + p_{0B} + p_x$
$t=\infty$	0	$p_{0B} + 2p_{0A}$	$p_\infty = p_{0B} + 2p_{0A}$

得到 $p_x = p_t - p_0$，$p_{0A} = p_\infty - p_0$，$p_{0A} - p_x = p_\infty - p_t$

设反应体系视为理想气体，则 A 的浓度与系统总压的关系为：

$$c_{0,A} = \frac{p_{0A}}{RT} = \frac{p_\infty - p_0}{RT}，\quad c_A = \frac{p_{0A} - p_x}{RT} = \frac{p_\infty - p_t}{RT}$$

(2) 二级反应，积分式 $1/c_A - 1/c_{0,A} = kt$

将 c_{0A}、c_A 代入积分式，整理得：$k = \dfrac{RT(p_t - p_0)}{t(p_\infty - p_t)(p_\infty - p_0)}$

代入题给数据，计算出 k 值，取平均值得到 $k_{平均} = 0.193 dm^3 \cdot mol^{-1} \cdot s^{-1}$。

讨论： 动力学实验中常利用物理分析法得到某物理量与时间的关系，此类题目解题的关键是找出所测物理量与反应物浓度之间的对应关系，从而得到反应物浓度随时间变化的关系数据，然后再求解相关物理量。这是解动力学题目的基本功，是动力学计算中的难点也是热点问题，应熟练掌握。例如题目中常给出体系的总体积或旋光度或电导率等随时间的变化。

例 2 反应 A+2B→P 的速率方程为 $-(dc_A/dt) = kc_A c_B$，25℃时 $k = 2\times10^{-4} dm^3 \cdot mol^{-1} \cdot s^{-1}$。若将过量的反应物 A 与 B 的挥发性固体装入 $5dm^3$ 的密闭容器中，并知道 25℃时 A 与 B 的饱和蒸气压分别为 10.133kPa 和 2.072kPa，试求：

(1) A 与 B 在气相的浓度 c_A、c_B；

(2) 25℃下反应掉 0.5molA 时所需要的时间 $t=$？

解： 本题已知反应动力学方程，求出相关物理量。一般反应，随时间延长，反应物浓度减小，反应速率随时间延长而减小。本题涉及相平衡和化学反应速率问题。可认为反应过程中挥发性固体 A 和 B 始终与其蒸气呈平衡，即密闭容器中 A 和 B 的气相分压分别为其饱和蒸气压，随反应进行，反应物浓度不随时间而改变，故该反应为匀速反应。在常规题型之外，应考虑到某些特殊体系，应具体问题具体分析。

(1)
$$c_{A0} = \frac{p_A^*}{RT} = \left(\frac{10133}{8.314\times298}\right) mol \cdot m^{-3} = 4.09\times10^{-3} mol \cdot dm^{-3}$$

$$c_{B0} = \frac{p_B^*}{RT} = \left(\frac{2072}{8.314\times298}\right) mol \cdot m^{-3} = 0.836\times10^{-3} mol \cdot dm^{-3}$$

因 A、B 过量，故 反应中 A、B 的浓度不改变，则

$$c_A = c_{A0} = 4.09\times10^{-3} mol \cdot dm^{-3}；\quad c_B = c_{B0} = 0.836\times10^{-3} mol \cdot dm^{-3}$$

(2) $-(dc_A/dt) = kc_A c_B = [2\times10^{-4}\times4.09\times10^{-3}\times0.836\times10^{-3}] mol \cdot dm^{-3} \cdot s^{-1}$

$$=6.84\times10^{-10}\text{mol}\cdot\text{dm}^{-3}\cdot\text{s}^{-1}$$

若反应掉A的量：$\Delta c_A=\dfrac{0.5\text{mol}}{5\text{dm}^3}=0.1\text{mol}\cdot\text{dm}^{-3}$

则所需时间为： $\Delta t=\left(\dfrac{0.1}{6.84\times10^{-10}}\right)\text{s}=1.46\times10^8\text{s}$

讨论： 某些体系在实际操作过程中，或考虑到经济效应，或考虑到问题的简化处理，反应投料时常使反应物中某物质大大过量，此时应考虑动力学方程的适时改变。再如有催化剂参与的反应中，由于反应过程中催化剂浓度不变，比如已知速率方程为 $r=kc_Ac_{cat}$，进行相关计算时应注意将速率方程改变为 $r=k'c_A(k'=kc_{cat})$，这样二级反应成为准一级反应。

例3 某溶液中反应 A+B→P，当 $c_{A0}=1\times10^{-4}\text{mol}\cdot\text{dm}^{-3}$、$c_{B0}=1\times10^{-2}\text{mol}\cdot\text{dm}^{-3}$ 时，实验测得不同温度下吸光度随时间的变化如下表：

t/min	0	57	130	∞
298K A（吸光度）	1.390	1.030	0.706	0.100
308K A（吸光度）	1.460	0.542	0.210	0.110

当固定 $c_{A0}=1\times10^{-4}\text{mol}\cdot\text{dm}^{-3}$，改变 c_{B0} 时，实验测得298K下 $t_{1/2}$ 随 c_{B0} 的变化如下：

$c_{B0}/\text{mol}\cdot\text{dm}^{-3}$	1×10^{-2}	2×10^{-2}
$t_{1/2}$/min	120	30

设速率方程为 $r=kc_A^{\alpha}c_B^{\beta}$，求 α、β 及 k 和 E_a。

解： 本题数据涉及反应物B过量情况下，反应物A吸光度随时间的变化以及反应物B初浓度对其半衰期的影响。因此首先应考虑到要用隔离法求出分级数 α，再利用半衰期法求出分级数 β，相应求出两个不同温度下的速率系数，最后由 Arrhenius 方程求出 E_a（解题时，同样涉及找出所测物理量与反应物浓度之间对应关系的基本功）。

$$c_{B,0}\gg c_{A,0}，故\ r=k'c_A^{\alpha}\qquad k'=kc_B^{\beta}$$

用尝试法，设为一级反应，则：$k'=\dfrac{1}{t}\ln\dfrac{c_{A,0}}{c_A}=\dfrac{1}{t}\ln\dfrac{A_\infty-A_0}{A_\infty-A_t}$

代入298K的数据： $k_1'=5.74\times10^{-3}\text{min}^{-1}$，$k_1''=5.81\times10^{-3}\text{min}^{-1}$

$$k'_{平均}=5.775\times10^{-3}\text{min}^{-1}，假设正确，\alpha=1$$

则 $\dfrac{t'_{1/2}}{t''_{1/2}}=\dfrac{120}{30}=\dfrac{\ln2/kc_{B0,1}^{\beta}}{\ln2/kc_{B0,2}^{\beta}}=\left[\dfrac{2\times10^{-2}}{1\times10^{-2}}\right]^{\beta}$，解之 $\beta=2$

298K $k_1=\dfrac{k'}{c_{B0,1}^2}=57.75\text{min}^{-1}(\text{mol}\cdot\text{dm}^{-3})^{-2}$

同理，308K $k_2=200\text{min}^{-1}(\text{mol}\cdot\text{dm}^{-3})^{-2}$

$$E_a=\ln\frac{k_2}{k_1}\frac{RT_1T_2}{T_2-T_1}=94.79\text{kJ}\cdot\text{mol}^{-1}$$

讨论： 本题综合性较强，将速率方程的确定和 Arrhenius 方程两个考试热点问题结合在一起。本题用吸光度来反映浓度，因此应清楚吸光度与浓度的关系，即贝尔-朗比定律；本题中反应级数的确定用到隔离法及一级反应动力学特征，除此之外，也常用半衰期法、初浓度法、改变反应物配比等方法确定反应级数。

例4 已知反应 A+B→P，得到如下数据：

A的起始浓度$[A]_0/mol\cdot dm^{-3}$	0.5	0.5	0.2
B的起始浓度$[B]_0/mol\cdot dm^{-3}$	0.01	0.02	0.01
半衰期$(t_{1/2})/s$	720	360	1800

试求此反应的动力学方程。

解： 题给反应物A过量，因此所给半衰期数据应是反应物B的半衰期。因此可利用反应物B的初浓度与半衰期的关系数据求出反应物B的分级数，然后利用反应物B的级数特征求出反应物A的分级数，最后求出反应速率系数，从而得到反应动力学方程。例3和例4都给出了反应物之一的初浓度与反应半衰期的关系，但用法不同，仔细审题，注意区别。

由题意知反应物初浓度关系 $[A]_0 \gg [B]_0$

则 $r=k[A]^n[B]^m=k'[B]^m$ 其中 $k'=k[A]^n$

对反应物B $t_{1/2}=\dfrac{2^{m-1}-1}{k'[B]_0^{m-1}}$

对比1、2组数据可得 $\dfrac{(t_{1/2})_1}{(t_{1/2})_2}=\dfrac{720}{360}=\dfrac{(0.02)^{m-1}}{(0.01)^{m-1}}$，$m=2$

则 $k'=k[A]_0^n=\dfrac{1}{t_{1/2}[B]_0}$

据1、3组数据可得 $\dfrac{[A]_{0,1}^n}{[A]_{0,3}^n}=\dfrac{0.5^n}{0.2^n}=\dfrac{1800}{720}$，$n=1$

反应的速率方程： $r=k[A][B]^2$

由1组数据可得 $(t_{1/2})_1=\dfrac{1}{k'[B]_{0,1}}=\dfrac{1}{k[A]_{0,1}[B]_{0,1}}$

代入数据求知 $k=0.278dm^6\cdot mol^{-2}\cdot s^{-1}$

讨论： 本题利用半衰期法及二级反应动力学特征求反应级数。注意简单n级反应的半衰期通式不适合一级反应，故解题时应首先依据题给数据判定反应是否为一级反应（一级反应半衰期与初浓度无关），若判定不是一级反应，再考虑应用半衰期法求反应级数。

例5 已知气相反应 $A+B\underset{k_{-1}}{\overset{k_1}{\rightleftharpoons}}C+D$ 的速率方程：

$$-\frac{dp_A}{dt}=k_1p_A\left(\frac{p_B}{p_C}\right)^{1/2}-k_{-1}p_D\left(\frac{p_C}{p_B}\right)^{1/2}$$

实验测得300K时，k_1为$0.2min^{-1}$、k_{-1}为$0.1min^{-1}$，标准摩尔反应焓$\Delta_rH_m^\ominus$为$41.6kJ\cdot mol^{-1}$。当温度升高10K，速率系数k_1增大1倍。求：

（1）300K的标准平衡常数$K^\ominus$；

（2）正逆反应的活化能$E_{a,1}$和$E_{a,-1}$；

（3）当$c_{A,0}=c_{B,0}=1mol\cdot dm^{-3}$，A的平衡转化率为80%时的温度。

解： 本题所给速率方程看似较为复杂，实为一级对峙反应。表观上看，反应级数与方程中反应物系数不一致，但由反应达平衡时$-(dp_A/dt)=0$知，对反应速率方程整理仍有$k_1p_Ap_B=k_{-1}p_Dp_C$，故仍可用正逆反应速率系数的比求出反应的实验平衡常数。由于$\sum\nu_B=0$，则该反应$\Delta_rH_m^\ominus=\Delta_rU_m^\ominus$。此外，本题平衡转化率为80%时的温度依题意应由反应平衡常数与温度的关系求出。

（1）300K的标准平衡常数 $K^\ominus(300K)=(k_1/k_{-1})(p^\ominus)^{-\sum\nu_B}=0.2/0.1=2$

（2）正反应，$\frac{k_1(310\mathrm{K})}{k_1(300\mathrm{K})}=2$，$E_{\mathrm{a},1}=\frac{RT_1T_2}{T_2-T_1}\ln\frac{k_1(T_2)}{k_1(T_1)}=53.59\mathrm{kJ\cdot mol^{-1}}$

则
$$E_{\mathrm{a},-1}=E_{\mathrm{a},1}-\Delta_\mathrm{r}U_\mathrm{m}^{\ominus}=11.99\mathrm{kJ\cdot mol^{-1}}$$

（3）$c_{\mathrm{A0}}=c_{\mathrm{B0}}=1\mathrm{mol\cdot dm^{-3}}$，A 的转化率为 80%时，
$$K^{\ominus}(T)=\frac{(p_\mathrm{C}/p^{\ominus})(p_\mathrm{D}/p^{\ominus})}{(p_\mathrm{A}/p^{\ominus})(p_\mathrm{B}/p^{\ominus})}=\frac{0.8^2}{0.2^2}=16$$

由
$$\ln\frac{K^{\ominus}(T)}{K^{\ominus}(300\mathrm{K})}=-\frac{\Delta_\mathrm{r}H_\mathrm{m}^{\ominus}}{R}\left(\frac{1}{T}-\frac{1}{300}\right)$$

代入数据
$$\ln\frac{16}{2}=-\frac{41600}{8.314}\left(\frac{1}{T}-\frac{1}{300}\right)$$，求得 $T=340\mathrm{K}$

讨论： 本题把热力学与动力学联系起来，包含了平衡常数与速率系数、热力学函数变化值与活化能之间的关系、平衡常数与温度的关系等诸多热点问题，综合性很强。

例 6　乙醛的光解机理拟定如下：

（1）$CH_3CHO+h\nu \xrightarrow{I_a} CH_3^{\cdot}+CHO^{\cdot}$

（2）$CH_3^{\cdot}+CH_3CHO \xrightarrow{k_2} CH_4+CH_3CO^{\cdot}$

（3）$CH_3CO^{\cdot} \xrightarrow{k_3} CO+CH_3^{\cdot}$

（4）$CH_3^{\cdot}+CH_3^{\cdot} \xrightarrow{k_4} C_2H_6$

试推导出 CH_4 的生成速率表达式和 CH_4 的量子产率表达式。

解： 本题把由反应机理推导速率方程和光化学反应的量子产率概念这两个考研热点问题结合在一起。本题反应的基元步骤中存在自由基，因此可采用稳态近似法推导反应的速率方程，该反应由光照引发，要注意光化学反应初级过程的反应速率只与光强度有关，与反应物浓度无关。

用稳态近似法，则
$$\mathrm{d}[CH_3CO]/\mathrm{d}t=k_2[CH_3][CH_3CHO]-k_3[CH_3CO]=0$$
$$\mathrm{d}[CH_3]/\mathrm{d}t=I_a-k_2[CH_3][CH_3CHO]+k_3[CH_3CO]-2k_4[CH_3]^2=0$$

整理得　$[CH_3]=(I_a/2k_4)^{1/2}$

则　$\mathrm{d}[CH_4]/\mathrm{d}t=k_2[CH_3][CH_3CHO]=k_2(I_a/2k_4)^{1/2}[CH_3CHO]$

量子产率
$$\Phi=\frac{\mathrm{d}[CH_4]/\mathrm{d}t}{I_a}=\frac{k_2[CH_3CHO]}{(2k_4I_a)^{1/2}}$$

讨论： 对于复杂反应，由反应机理推导动力学方程时，可依据反应体系的条件，相应采取稳态近似法或平衡态近似法来避免复杂数学处理过程，是行之有效的简化的近似处理方法，应熟练掌握。在有些反应中，由于各基元反应活化能差别很大，各基元反应速率系数差别更大。因此，可以对所得到的速率方程进行合理的近似简化，以得到更简洁的规律性，并有可能根据各基元过程的活化能计算总反应的活化能。

例 7　今有催化分解气相反应 $A\longrightarrow B+C$，实验证明其速率方程为 $-(\mathrm{d}p_A/\mathrm{d}t)=kp_A$

（1）在 675℃下若 A 的转化率为 0.05%时，反应时间为 19.34min，试计算此温度下反应速率系数 k 及 A 转化率达 50%的反应时间。

（2）经动力学测定 527℃下反应的速率系数 $k=7.78\times10^{-5}\mathrm{min^{-1}}$，试计算该反应的活化能。

(3) 有人认为此反应的历程可写为（其中 S 为固体催化剂表面的活性位）：

(a) $A+S \rightleftharpoons AS$　　(b) $AS \xrightarrow{k_1} BS+CS$

(c) $BS \rightleftharpoons B+S$　　(d) $CS \rightleftharpoons C+S$

表面反应 (b) 为反应的控制步骤，其余三个过程都是对行进行，且 A、B、C 在催化剂表面吸附都是很微弱。试证明此反应历程符合实验得的速率方程。

解： 本题涉及简单一级反应动力学特征、Arrhenius 方程、表面催化反应及其动力学方程推导等多个热点问题，综合性较强。对于表面催化反应，涉及催化剂表面吸附，因此由机理推导速率方程时，要用到 Langmuir 等温方程。

(1) 由速率方程 $-\dfrac{dp_A}{dt}=kp_A$ 知反应为一级

则
$$k=\frac{1}{t_1}\ln\frac{1}{1-y_1}=\frac{1}{19.34\text{min}}\ln\frac{1}{1-0.05}=2.652\times10^{-3}\text{min}^{-1}$$

$$t_{1/2}=\frac{1}{k}\ln\frac{1}{1-y_2}=\frac{1}{2.652\text{min}^{-1}}\ln\frac{1}{1-0.5}=261.4\text{min}$$

(2)
$$\ln\frac{k_2}{k_1}=\frac{E_a}{R}\left(\frac{1}{T_1}-\frac{1}{T_2}\right)$$

$$\ln\frac{7.78\times10^{-5}}{2.265\times10^{-5}}=\frac{E_a}{R}\left(\frac{1}{948.15}-\frac{1}{800.15}\right)$$

$$E_a=150.3\text{kJ·mol}^{-1}$$

(3) 根据多种物质同时吸附的 Langmuir 等温方程，则

$$\theta_A=\frac{b_Ap_A}{1+b_Ap_A+b_Bp_B+b_Cp_C}$$

又 A、B、C 都是弱吸附，则 $1+b_Ap_A+b_Bp_B+b_Cp_C\approx1$，因此 $\theta_A\approx b_Ap_A$

由反应历程知，(b) 是反应的速控步，则 $-(d\theta_A/dt)=k_1\theta_A$

$$-[d(b_Ap_A)/dt]=k_1b_Ap_A,\text{则}-(dp_A/dt)=k_1p_A$$

即此反应历程符合实验速率方程。

讨论： 复杂反应动力学方程的推导涉及稳态近似法、平衡态近似法，在有光参与的反应中，涉及光化动力学，有催化剂参与的反应中涉及表面吸附等知识，这些均为考试热点问题，注意灵活掌握。

例 8 反应 $[Co(NH_3)_5(H_2O)]^{3+}+Br^- \underset{k_{-2}}{\overset{k_2}{\rightleftharpoons}} [Co(NH_3)_5Br]^{2+}+H_2O$，298K 平衡常数 $K=0.37$，$k_{-2}=6.3\times10^{-6}\text{s}^{-1}$，试求：

(1) 在低离子强度介质中正向反应速率系数 k_2；

(2) 在 0.1mol·dm^{-3} $NaClO_4$ 溶液中正向反应的速率系数 k_2'。

解： 本题反应是溶液中电解质间的反应，应考虑离子强度对反应速率的影响。稀溶液中离子强度对反应速率的影响称为原盐效应，即考虑第三种电解质存在对反应速率的影响。$z_Az_B>0$，为正原盐效应；$z_Az_B<0$，为负原盐效应；$z_Az_B=0$，第三种电解质存在对反应速率无影响。

反应式可简写为 $A+B \underset{k_{-2}}{\overset{k_2}{\rightleftharpoons}} C+D$

(1) $K=\frac{a_C a_D}{a_A a_B}$　　低离子强度时　$K=\frac{[C][D]}{[A][B]}=\frac{k_2}{k_{-2}}$

则　　$k_2=Kk_{-2}=2.3\times10^{-6}dm^3\cdot mol^{-1}\cdot s^{-1}$

(2) $\lg k=\lg k_0+2z_A z_B AI^{1/2}$，$k_0$为无限稀释溶液的速率系数

设　　$k_2=k_0$　则 $\lg k_2'=\lg k_2+2z_A z_B AI^{1/2}$

$$I=\frac{1}{2}\sum c_i z_i^2=0.1mol\cdot dm^{-3}$$

代入数据得　　$k_2'=2.5\times10^{-7}dm^3\cdot mol^{-1}\cdot s^{-1}$

在逆反应中，其中一个物质不带电荷，速率系数与离子强度无关。

例 9　已知乙烯氧化制环氧乙烷，可发生下列两个反应：

$$C_2H_4(g)+1/2O_2(g)\longrightarrow C_2H_4O(g) \qquad (1)$$

$$C_2H_4(g)+3O_2(g)\longrightarrow 2CO_2(g)+2H_2O(g) \qquad (2)$$

其热力学数据如下（T=298K）：

物质	$C_2H_4O(g)$	$C_2H_4(g)$	$CO_2(g)$	$H_2O(g)$
$\Delta_f G_m^\ominus/kJ\cdot min^{-1}$	−13.1	68.1	−394.4	−228.6

当在银催化剂上，研究上述反应时得到反应（1）及反应（2）的反应级数完全相同，E_1=63.6kJ·min^{-1}，E_2=82.8kJ·min^{-1}，而且可以控制 C_2H_4O 的进一步氧化的速率极低。

(1) 请从热力学观点，讨论乙烯氧化生产环氧乙烷之可能性。

(2) 求 T_1=298K 及 T_2=503K，r_1/r_2（反应速率之比）的比值?

(3) 从动力学观点，讨论乙烯氧化生产环氧乙烷是否可行？并据计算结果讨论应如何选择反应温度?

解：从热力学观点判断乙烯氧化生产环氧乙烷的可能性，需使用相关热力学判据，$\Delta_r G_m<0$时，热力学上可行，也可用 $\Delta_r G_m^\ominus$估计过程的倾向性；若反应体系中存在多个反应，则要根据各反应的 $\Delta_r G_m^\ominus$的相对大小，判断各反应的趋势大小。从动力学观点，考察乙烯氧化生产环氧乙烷是否可行，需要看各反应速率的相对大小，若主反应速率远大于副反应的速率，则动力学上是可行的。

(1) 据$\Delta_r G_m^\ominus=\sum\nu_B\Delta_f G_m^\ominus(B)$ 可得：

$$\Delta_r G_m^\ominus(1)=-81.2kJ\cdot mol^{-1}，\Delta_r G_m^\ominus(2)=-1314.2kJ\cdot mol^{-1}$$

由于　　$\Delta_r G_m^\ominus(2)\ll\Delta_r G_m^\ominus(1)$即反应主要生成 CO_2及 H_2O。

即从热力学上看，由 C_2H_4 氧化生产 C_2H_4O 是不可行的。

(2) 据 Arrhenius 公式，$k=A\exp(-E_a/RT)$ 及相同反应级数的平行反应之规律

可得　　$\frac{r_1}{r_2}=\frac{k_1}{k_2}=\exp\left(\frac{E_2-E_1}{RT}\right)$，代入数据可得：

T/K	298	503
r_1/r_2	1896	98.6

(3) $E_2>E_1$，即环氧乙烷产率将远远大于 CO_2。(2) 中的计算说明此点，尽管提高反应温度加速了 CO_2 的生成，但可保持 [C_2H_4O]=98.6[CO_2](503K)。高温可提高反应速率，提高生产强度，而仍能保持 [C_2H_4O] 的纯度。

讨论：涉及实际化工生产问题时，既要从热力学上考虑反应的理论可行性，也要从动力

学角度考虑反应的实际可行性。本题从热力学倾向性而言，C_2H_4 氧化生产 C_2H_4O 难度较大，但从动力学角度，由于其相对于 C_2H_4 氧化生成 CO_2 及 H_2O 而言，其反应速率很快，因此实际体系中 C_2H_4O 产率远远大于 CO_2。

例 10 已知基元反应 $A+B \rightarrow P$

298K 时，$k_p=2.777\times10^{-5}\,Pa^{-1}\cdot s^{-1}$，308K 时，$k_p=5.55\times10^{-5}\,Pa^{-1}\cdot s^{-1}$。

（1）若 $r_A=0.36nm$，$r_B=0.41nm$，$M_A=28\times10^{-3}\,kg\cdot mol^{-1}$，$M_B=71\times10^{-3}\,kg\cdot mol^{-1}$，求该反应的概率因子 P。

（2）计算 298K 时的 $\Delta_r^{\neq}S_m^{\ominus}$、$\Delta_r^{\neq}H_m^{\ominus}$、$\Delta_r^{\neq}G_m^{\ominus}$。

解：本题涉及二级反应速率系数 k_p 与 k_c 的转化（碰撞理论的速率系数的浓度单位是 $mol\cdot dm^{-3}$）、将 Arrhenius 方程、碰撞理论、概率因子 P 以及过渡状态理论等相关知识一线串，综合性很强。

本题先由 Arrhenius 方程求 E_a，再由 E_c 与 E_a 关系求 E_c。概率因子 P 是对碰撞理论计算的速率系数偏离实际速率系数的修正，因此可由实验 k_c 和 k（STC）计算出 P。随后根据艾林方程的热力学表示式，由活化能求出 $\Delta_r^{\neq}H_m^{\ominus}$，再由速率方程求 $\Delta_r^{\neq}S_m^{\ominus}$，最后由 $\Delta_r^{\neq}G_m^{\ominus}=\Delta_r^{\neq}H_m^{\ominus}-T\Delta_r^{\neq}S_m^{\ominus}$ 求 $\Delta_r^{\neq}G_m^{\ominus}$。

（1）二级反应 由 $k_c=k_p(RT)^{2-1}$

可得 $k_c(298K)=68.8\,mol^{-1}\cdot dm^3\cdot s^{-1}$，$k_c(308K)=142\,mol^{-1}\cdot dm^3\cdot s^{-1}$

由 $$\ln\frac{k_2}{k_1}=\frac{E_a}{R}\left(\frac{1}{T_1}-\frac{1}{T_2}\right)\text{求得 } E_a=55.3\,kJ\cdot mol^{-1}$$

298K 时 $$E_c=E_a-\frac{RT}{2}=54.1\,kJ\cdot mol^{-1}$$

据 $$k_c(298K)=P\pi d^2(AB)\sqrt{\frac{8k_BT}{\pi\mu(AB)}}\exp\left(-\frac{E_c}{RT}\right)=PZ_0\exp\left(-\frac{E_c}{RT}\right)$$

则 $$P=\frac{k_c(298K)\exp\left(\dfrac{E_c}{RT}\right)}{Z_0}=0.333$$

（2） $$\Delta_r^{\neq}H_m^{\ominus}=E_a-2RT=50.3\,kJ\cdot mol^{-1}$$

根据 $$k_c=\frac{k_BT}{h}(c^{\ominus})^{1-n}\exp\left(\frac{\Delta_r^{\neq}S_m^{\ominus}}{R}\right)\exp\left(-\frac{\Delta_r^{\neq}H_m^{\ominus}}{RT}\right)$$

$$\Delta_r^{\neq}S_m^{\ominus}=R\left[\ln\left(\frac{k_ch}{k_BT}\cdot\frac{1}{c^{\ominus}}\right)+\frac{\Delta_r^{\neq}H_m^{\ominus}}{RT}\right]=-40.3\,J\cdot K^{-1}\cdot mol^{-1}$$

$$\Delta_r^{\neq}G_m^{\ominus}=\Delta_r^{\neq}H_m^{\ominus}-298K\times\Delta_r^{\neq}S_m^{\ominus}=62.5\,kJ\cdot mol^{-1}$$

参 考 文 献

[1] 傅献彩，沈文霞，姚天扬等．物理化学．第5版．北京：高等教育出版社，2005（上册），2006（下册）.

[2] 印永嘉，奚正楷，张树永．物理化学简明教程．第4版．北京：高等教育出版社，2008.

[3] 胡英．物理化学．第5版．北京：高等教育出版社，2007.

[4] Atkins P W，de Paula J. Physical Chemistry. 8th ed. Oxford：Oxford University Press，2006.

[5] Levine Ira N. Physical Chemistry. 5th ed. New York：McGwaw-Hill Ine，2001.

[6] Berry R S，Rice S A，Ross J. Physical Chemistry. John Wiley & Sons，Inc. New York. CHichester. Brisbane，1980.

[7] 傅鹰．化学热力学导论．北京：科学出版社，1963.

[8] 韩德刚，高执．化学热力学．北京：高等教育出版社，1997.

[9] 范康年，陆靖等，物理化学．第2版．北京：高等教育出版社，2005.

[10] Poling B E，Prausnitz J M，O'Connell J P. The Properties of Gases and Liquids. New York：McGraw-Hill，2004.

[11] [英] 登比 K G 著．化学平衡原理．第4版．戴冈夫，谭曾振，韩德刚译．北京：化学工业出版社，1985.

[12] 周公度，段连运．结构化学基础．第4版．北京：北京大学出版社，2008.

[13] 唐有祺．统计热力学及其在物理化学中的应用．北京：科学出版社，1964.

[14] 朱文浩，顾毓沁．统计物理学基础．北京：清华大学出版社，1983.

[15] Wright M R. An Introduction to Chemical Kinetics. West Suessex：John Wiley & Sons Ltd，2004.

[16] 艾林 H，林 S H，林 S M. 基础化学动力学．王作新，潘强余译．北京：科学出版社，1984.

[17] 韩德刚，高盘良．化学动力学基础．北京：化学工业出版社，1987.

[18] 朱步耀，赵振国．界面化学基础．北京：化学工业出版社，1996.

[19] Morrison S R. 表面化学物理．赵璧英，刘英骏等译．北京：北京大学出版社，1984.

[20] Satterfield C N. 实用多相催化．庞礼等译．北京：北京大学出版社，1990.

[21] Shaw D J. Introduction to Colloid & Surface Chemistry. 4th ed. London：Butterworth-Heinemann，1999.

[22] Chorkendorff I，Niemantsverdriet J W. Concepts of Modern Catalysis and Kinetics. Weinheim：WILEY-VCH Verlag GmbH & CO.，2003.

[23] 王文兴．工业催化．北京：化学工业出版社，1978.